清华社"视频大讲堂"大系

CAD/CAM/CAE技术视频大讲堂

AutoCAD 2018 中文版园林景观设计从入门到精通

CAD/CAM/CAE 技术联盟　编著

清華大學出版社

北 京

内 容 简 介

《AutoCAD 2018 中文版园林景观设计从入门到精通》主要介绍了 AutoCAD 2018 在园林景观设计方面的应用方法和技巧。全书分为基础知识篇、园林单元设计篇和综合实例篇。其中,第 1 篇(基础知识篇)包括园林设计概述和 AutoCAD 操作基础等知识,为后面的具体设计进行必要的知识准备。第 2 篇(园林单元设计篇)包括园林建筑、园林小品、园林水景、植物等知识,详细介绍园林各组成部分的绘制方法。第 3 篇(综合实例篇)包括附属绿地设计、小游园设计和带状公园设计 3 个实例,综合介绍园林设计中不同特性的园林的设计过程和方法。

另外,本书附赠的电子资料中还配备了极为丰富的学习资源,具体内容如下:

1．92 集本书实例配套教学视频,可像看电影一样轻松学习,然后对照书中实例进行练习。

2．AutoCAD 应用技巧大全、疑难问题汇总、经典练习题、常用图块集、快捷键命令速查手册、快捷键速查手册、常用工具按钮速查手册等,能极大地方便学习,提高学习和工作效率。

3．5 套大型图纸设计方案及长达 8 小时同步教学视频,可以增强实战,拓展视野。

4．全书实例的源文件和素材,方便按照书中实例操作时直接调用。

本书适合入门级读者学习使用,也适合有一定基础的读者作参考,还可用作职业培训、职业教育的教材。

图书在版编目(CIP)数据

AutoCAD 2018 中文版园林景观设计从入门到精通/CAD/CAM/CAE 技术联盟编著. —北京:清华大学出版社,2018(2022.7 重印)

(清华社"视频大讲堂"大系 CAD/CAM/CAE 技术视频大讲堂)

ISBN 978-7-302-50586-0

Ⅰ．①A⋯ Ⅱ．①C⋯ Ⅲ. ①园林设计-景观设计-计算机辅助设计-AutoCAD 软件 Ⅳ. ①TU986.2-39

中国版本图书馆 CIP 数据核字(2018)第 153373 号

责任编辑:杨静华
封面设计:李志伟
版式设计:魏 远
责任校对:马子杰
责任印制:丛怀宇

出版发行:清华大学出版社
　　　　网　　　址:http://www.tup.com.cn,http://www.wqbook.com
　　　　地　　　址:北京清华大学学研大厦 A 座　　　　　邮　　　编:100084
　　　　社 总 机:010-83470000　　　　　　　　　　　　邮　　　购:010-62786544
　　　　投稿与读者服务:010-62776969,c-service@tup.tsinghua.edu.cn
　　　　质 量 反 馈:010-62772015,zhiliang@tup.tsinghua.edu.cn
印 装 者:三河市金元印装有限公司
经　　销:全国新华书店
开　　本:203mm×260mm　　印　　张:28.5　　插　　页:2　　字　　数:843 千字
版　　次:2018 年 9 月第 1 版　　　　　　　　　　　　　印　　次:2022 年 7 月第 4 次印刷
定　　价:89.80 元

产品编号:074456-01

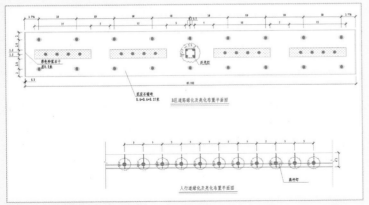

人行道绿化及亮化布置平面图

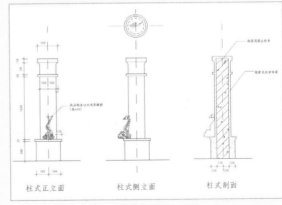

灯柱（上机实验）

灯柱

跌水墙平面图

跌水墙A—A断面图

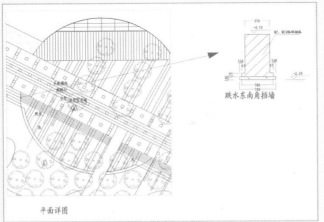

跌水墙平面详图

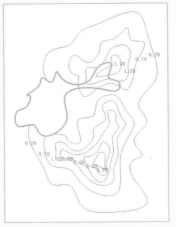

给地形图标高

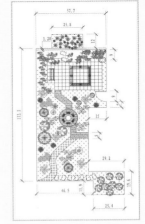

给花园平面图标注尺寸

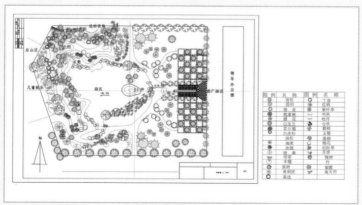

公共事业庭园绿地规划设计平面图

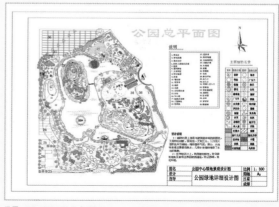

公园设计图

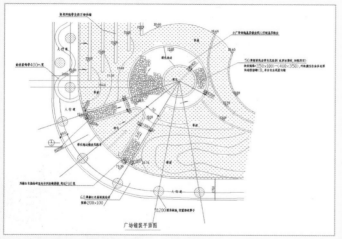

广场铺装方案图

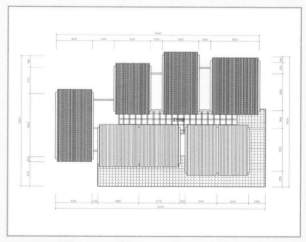

茶室顶视平面图

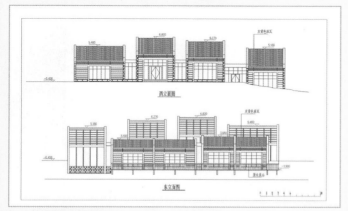

茶室立面图

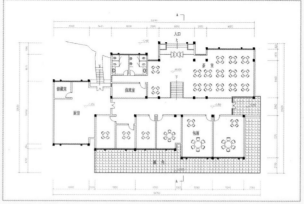

茶室平面图

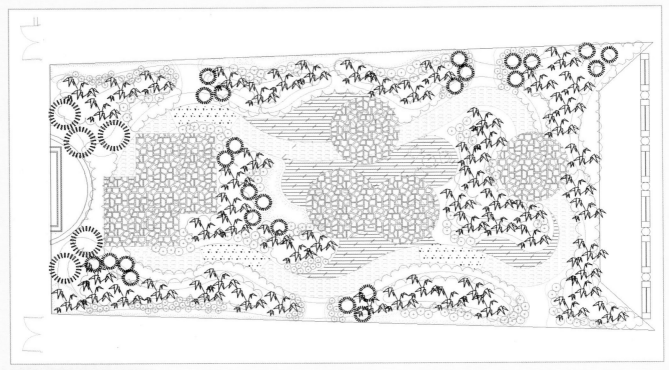

屋顶花园总平面图

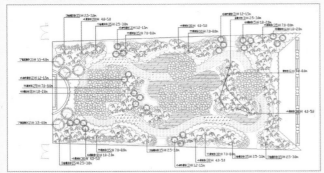

屋顶花园种植图-乔木种植

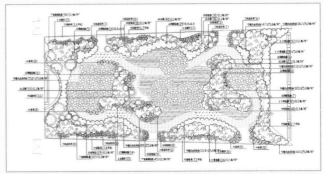

屋顶花园种植图-灌木种植

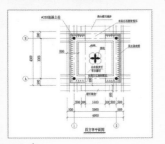

亭

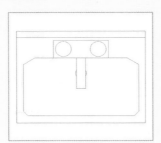

水盆

水池的绘制

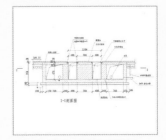

水池1-1剖面图

屋顶花园

前 言

Preface

园林（garden and park）是指在一定地域内运用工程技术和艺术手段，通过因地制宜地改造地形、整治水系、栽种植物、营造建筑和布置园路等方法创造而成的优美的游憩境域。

园林学（landscape architecture，garden architecture）是指综合运用生物科学技术、工程技术和美学理论来保护和合理利用自然环境资源，协调环境与人类经济和社会发展，创造生态健全、景观优美、具有文化内涵和可持续发展的人居环境的科学和艺术。

AutoCAD 是世界范围内较早开发，也是用户群庞大的 CAD 软件。经过多年的发展，其功能不断完善，现已覆盖机械、建筑、服装、电子、气象、地理等多个学科，在全球建立了牢固的用户网络。目前，在计算机辅助园林设计领域，AutoCAD 是应用非常广泛的软件，本书的写作目的也正是基于这一点。

一、编写目的

鉴于 AutoCAD 强大的功能和深厚的工程应用底蕴，我们力图开发一套全方位介绍 AutoCAD 在各个工程行业应用实际情况的书籍。具体就每本书而言，我们不求事无巨细地将 AutoCAD 知识点全面讲解清楚，而是针对本专业或本行业的需要，利用 AutoCAD 大体知识脉络作为线索，以实例作为"抓手"，帮助读者掌握利用 AutoCAD 进行本行业工程设计的基本技能和技巧。

二、本书特点

☑ **专业性强**

本书作者拥有多年计算机辅助设计领域的工作经验和教学经验，我们总结多年的设计经验以及教学的心得体会，历时多年精心编著，力求全面、细致地展现出 AutoCAD 2018 在园林设计领域的各种功能和使用方法。在具体讲解的过程中，严格遵守园林设计相关规范和国家标准，并将这种一丝不苟的细致作风融入字里行间，目的是培养读者严谨细致的工程素养，传播规范的园林设计理论与应用知识。

☑ **实例典型**

本书引用的实例都来自园林设计工程实践，实例典型、真实实用。这些实例经过作者精心提炼和改编，不仅保证了读者能够学好知识点，更重要的是能帮助读者掌握实际的操作技能。

☑ **涵盖面广**

本书在有限的篇幅内，讲解了 AutoCAD 2018 常用的功能以及常见的园林设计类型，涵盖了 AutoCAD 2018 绘图基础知识、园林设计基本技能、园林单元设计、综合园林设计等知识。通过实例的演练，能够帮助读者找到一条学习 AutoCAD 2018 园林设计的终南捷径。

☑ **突出技能提升**

本书从全面提升园林设计与 AutoCAD 2018 应用能力的角度出发，结合具体的案例来讲解如何利用 AutoCAD 进行园林设计，让读者在学习案例的过程中潜移默化地掌握 AutoCAD 2018 软件的操作技巧，同时培养了工程设计实践能力，从而独立完成各种园林设计。

三、本书的配套资源

本书提供了极为丰富的学习配套资源，可通过扫描书中和封底二维码下载查看，希望读者朋友在最短的时间学会并精通这门技术。

1．配套教学视频

针对本书实例专门制作了 92 集配套教学视频，读者可以先看视频，像看电影一样轻松愉悦地学习本书内容，然后对照课本加以实践和练习，可以大大提高学习效率。

2．AutoCAD 应用技巧、疑难解答等资源

（1）AutoCAD 应用技巧大全：汇集了 AutoCAD 绘图的各类技巧，对提高作图效率很有帮助。

（2）AutoCAD 疑难问题汇总：疑难解答的汇总，对入门者来讲非常有用，可以扫清学习障碍，让读者少走弯路。

（3）AutoCAD 经典练习题：额外精选了不同类型的练习题，读者朋友只要认真去练，到一定程度就可以实现从量变到质变的飞跃。

（4）AutoCAD 常用图块集：在实际工作中，积累大量的图块可以拿来就用，或者改改就可以用，对于提高作图效率极有帮助。

（5）AutoCAD 快捷命令速查手册：汇集了 AutoCAD 常用快捷命令，熟记可以提高作图效率。

（6）AutoCAD 快捷键速查手册：汇集了 AutoCAD 常用快捷键，绘图高手通常会直接使用快捷键。

（7）AutoCAD 常用工具按钮速查手册：熟练掌握 AutoCAD 工具按钮的使用也是提高作图效率的方法之一。

3．5 套大型图纸设计方案及 8 小时同步教学视频

为了帮助读者拓展视野，特意赠送 5 套设计图纸集，包括图纸源文件，以及总长 8 个小时的视频教学录像（动画演示）。

4．全书实例的源文件和素材

本书附带了很多实例，包括源文件和素材，读者可以安装 AutoCAD 2018 软件，打开并使用它们。

四、关于本书的服务

1．"AutoCAD 2018 简体中文版"安装软件的获取

按照本书的实例进行操作练习，以及使用 AutoCAD 2018 进行绘图，需要事先在电脑上安装 AutoCAD 2018 软件。可以登录 http://www.autodesk.com.cn 联系购买"AutoCAD 2018 简体中文版"正版软件，或者使用其试用版。另外，当地电脑城、软件经销商一般有售。

2．关于本书的技术问题或有关本书信息的发布

读者朋友遇到有关本书的技术问题，可以登录 www.tup.com.cn，找到该书后，单击下方的"网络资源"进行下载，看该书的留言是否已经对相关问题进行了回复，如果没有请直接留言，我们将尽快回复。

3．关于手机在线学习

扫描书后刮刮卡二维码，即可绑定书中二维码的读取权限，再扫描书中二维码，即可在手机中观看对应教学视频。充分利用碎片化时间，随时随地提升。需要强调的是，书中给出的是实例的重点步骤，详细操作过程还需读者通过视频来仔细领会。

五、关于作者

本书由 CAD/CAM/CAE 技术联盟主编。CAD/CAM/CAE 技术联盟是一个集 CAD/CAM/CAE 技术

研讨、工程开发、培训咨询和图书创作于一体的工程技术人员协作联盟，包含 20 多位专职和众多兼职 CAD/CAM/CAE 工程技术专家。

CAD/CAM/CAE 技术联盟负责人由 Autodesk 中国认证考试中心首席专家担任，全面负责 Autodesk 中国官方认证考试大纲制定、题库建设、技术咨询和师资力量培训工作，成员精通 Autodesk 系列软件。其创作的很多教材成为国内具有引导性的旗帜作品，在国内相关专业方向图书创作领域具有举足轻重的地位。

本书由 CAD/CAM/CAE 技术联盟主编。赵志超、张辉、赵黎黎、朱玉莲、徐声杰、卢园、杨雪静、孟培、闫聪聪、李兵、甘勤涛、孙立明、李亚莉、王敏、宫鹏涵、左昉、李谨、张亭、秦志霞、井晓翠、解江坤、吴秋彦、胡仁喜、刘昌丽、康士廷、毛瑢、王玮、王艳池、王培合、王义发、王玉秋、张红松、陈晓鸽、张日晶、禹飞舟、杨肖、吕波、李瑞、刘建英、薄亚、方月、刘浪、穆礼渊、张俊生、郑传文等参与了具体章节的编写或为本书的出版提供了必要的帮助，对他们的付出表示真诚的感谢。

六、致谢

在写作过程中，编辑贾小红女士和柴东先生给予了很大的帮助和支持，提出了很多中肯的建议，在此表示感谢。同时，还要感谢清华大学出版社的所有编审人员为本书的出版所付出的辛勤劳动。本书的成功出版是大家共同努力的结果，谢谢所有给予支持和帮助的人们。

编　者

2018.2

目 录

Contents

第 1 篇　基础知识篇

Note

第 2 篇　园林单元设计篇

第 3 篇　综合实例篇

AutoCAD 疑难问题汇总

（本目录对应的内容在本书配套资源中）

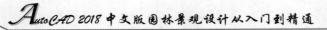

AutoCAD 应用技巧大全

（本目录对应的内容在本书配套资源中）

Note

基础知识篇

　　本篇主要介绍了园林设计的一些基础知识，包括园林设计概述、AutoCAD 2018 基础等。

　　本篇还介绍了 AutoCAD 2018 应用于园林设计的一些基本功能，为后面的具体设计做准备。

第1章

园林设计基本概念

园林是指在一定地域内，运用工程技术和艺术手段，通过因地制宜地改造地形、整治水系、栽种植物、营造建筑和布置园路等方法创作而成的优美的游憩境域。

☑ 园林布局 ☑ 园林设计图的绘制

☑ 园林设计的程序

任务驱动&项目案例

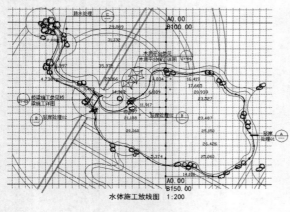

（1）

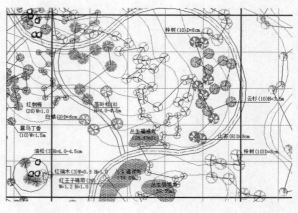

（2）

1.1 概 述

园林设计是为了给人类提供美好的生活环境。

1.1.1 园林设计的意义

从中国古书《淮南子》《山海经》中记载的"悬圃""归墟"到西方圣经中的伊甸园，从建章宫太液池到拙政园、颐和园，再到近年的各种城市公园和绿地，人类历史实现了从理想自然到现实自然的转化。有人说园林工作者从事的是上帝的工作。按照中国的说法，可以说他们从事的是老祖宗盘古的工作，要"开天辟地"，为大家提供美好的生活环境。

1.1.2 当前我国园林设计状况

近年来，随着人们生活水平的不断提高，园林行业受到了更多的关注，发展也更为迅速，在科技队伍建设、设计水平、行业发展等各方面都取得了巨大的成就。

在科研进展上，建设部早在20世纪80年代初就制定了"园林绿化"科研课题，进行了系统的研究，并逐步落实；风景名胜和大地景观的科研项目也有所进展。另外，经过多年不懈地努力，园林行业的发展也取得了很大的成绩，建设部在1992年颁布的《城市园林绿化产业政策实施办法》中，明确了风景园林在社会经济建设中的作用，是国家重点扶持的产业。园林科技队伍建设步伐加快，在各省市都有相关的科研单位和大专院校。

但是，在园林设计中也存在一些不足，如盲目模仿现象、一味追求经济效益和迎合领导的意图，还有一些不负责任的现象。

面对我国园林行业存在的一些不足，应该出台一些具体的措施：尽快制定符合我国园林行业发展形势的法律、法规及各种规章制度；积极拓宽我国园林行业的研究范围，开发出高质量系列产品，用于园林建设；积极贯彻"以人为本"的思想，尽早实行公众参与式的设计，设计出符合人们要求的园林作品；最后，在园林作品设计上，严格制止盲目模仿、抄袭的现象，使园林作品符合自身特点，突出自身特色。

1.1.3 我国园林发展方向

1. 生态园林的建设

随着环境的恶化和人们环境保护意识的提高，以生态学原理与实践为依据建设生态园林将是园林行业发展的趋势，其理念是"创造多样性的自然生态环境，追求人与自然共生的乐趣，提高人们的自然志向，使人们在观察自然、学习自然的过程中，认识到对生态环境保护的重要性"。

2. 园林城市的建设

现在城市园林化已逐步提高到人类生存的角度，园林城市的建设已成为我国城市发展的阶段性目标。

1.2 园 林 布 局

园林的布局就是在选定园址（相地）的基础上，根据园林的性质、规模、地形条件等因素进行全园的总布局，通常称之为总体设计。总体设计是园林艺术的一个构思过程，也是园林的内容与形式统一的创作过程。

1.2.1　立意

立意是指园林设计的总意图，即设计思想。要做到"神仪在心，意在笔先""情因景生，景为情造"。在园林创作过程中，选择园址或依据现状确定园林主题思想，创造园景的几个方面是不可分割的有机整体。而造园的立意最终要通过具体的园林艺术创造出一定的园林形式，通过精心布局得以实现。

1.2.2　布局

园林布局是指在园林选址、构思的基础上，设计者在孕育园林作品过程中所进行的思维活动。主要包括选取、提炼题材，酝酿、确定主景、配景，功能分区，景点、游赏线分布，探索采用的园林形式。

园林的形式需要根据园林的性质、当地的文化传统和意识形态等来决定。构成园林的五大要素分别为山水地形、植物、建筑、广场与道路以及园林小品。这在以后的相关章节中会详细讲述。园林的布置形式可以分为 3 类，即规则式园林、自然式园林和混合式园林。

1. 规则式园林

又称整形式、建筑式、图案式或几何式园林。西方园林，在 18 世纪英国风景式园林产生以前，基本上以规则式园林为主，其中以文艺复兴时期意大利台地建筑式园林和 17 世纪法国勒诺特平面图案式园林为代表。这一类园林，以建筑和建筑式空间布局作为园林风景表现的主要题材。规则式园林的特点如下。

（1）中轴线。全园在平面规划上有明显的中轴线，基本上依中轴线进行对称式布置，园地的划分大都成为几何形体。

（2）地形。在平原地区，由不同标高的水平面及缓倾斜的平面组成；在山地及丘陵地带，由阶梯式的大小不同的水平台地、倾斜平面及石级组成。

（3）水体设计。外形轮廓均为几何形，多采用整齐式驳岸，园林水景的类型以整形水池、壁泉、整形瀑布及运河等为主，其中常以喷泉作为水景的主题。

（4）建筑布局。园林不仅个体建筑采用中轴对称均衡的设计，甚至建筑群和大规模建筑组群的布局也采取中轴对称均衡的手法，以主要建筑群和次要建筑群形成的主轴和副轴控制全园。

（5）道路广场。园林中的空旷地和广场外形轮廓均为几何形状。封闭性的草坪、广场空间，以对称建筑群或规则式林带、树墙包围。道路均由直线、折线或几何曲线组成，构成方格形或环状放射形、中轴对称或不对称的几何布局。

（6）种植设计。园内花卉布置用以图案为主题的模纹花坛和花境为主，有时布置成大规模的花坛群，树木配置以行列式和对称式为主，并运用大量的绿篱、绿墙以区划和组织空间。树木整形修剪以模拟建筑体形和动物形态为主，如绿柱、绿塔、绿门、绿亭和用常绿树修剪而成的鸟兽等。

（7）园林小品。常采用盆树、盆花、瓶饰、雕像为主要景物。雕像的基座为规则式，雕像位置多配置于轴线的起点、终点或交点上。

2. 自然式园林

又称为风景式、不规则式、山水派园林等。我国园林，从周秦时代开始，无论是大型的帝皇苑囿，还是小型的私家园林，多以自然式山水园林为主，古典园林中以北京颐和园、三海园林、承德避暑山庄、苏州拙政园、留园为代表。我国自然式山水园林，从唐代开始影响日本的园林，从 18 世纪后半期传入英国，从而引起了欧洲园林对古典形式主义的革新运动。自然式园林的特点如下。

（1）地形。平原地带，地形为自然起伏的和缓地形与人工堆置的若干自然起伏的土丘相结合，其断面为和缓的曲线。在山地和丘陵地带，则利用自然地形地貌，除建筑和广场基地以外不做人工阶梯形的地形改造工作，原有破碎割切的地形地貌也加以人工整理，使其自然。

（2）水体。其轮廓为自然的曲线，岸为各种自然曲线的倾斜坡度，如有驳岸也是自然山石驳岸，园林水景的类型以溪涧、河流、自然式瀑布、池沼、湖泊等为主。常以瀑布为水景主题。

（3）建筑。园林内个体建筑为对称或不对称均衡的布局，其建筑群和大规模建筑组群，多采取不对称均衡的布局。全园不以轴线控制，而以主要导游线构成的连续构图控制全园。

（4）道路广场。园林中的空旷地和广场的轮廓为自然形的封闭性的空旷草地和广场，以不对称的建筑群、土山、自然式的树丛和林带包围。道路平面和剖面由自然起伏曲折的平面线和竖曲线组成。

（5）种植设计。园林内种植不成行列式，以反映自然界植物群落自然之美。花卉布置以花丛、花群为主，不用模纹花坛；树木配置以孤立树、树丛、树林为主，不用规则修剪的绿篱。以自然的树丛、树群、树带来区划和组织园林空间。树木整形不作建筑鸟兽等体形模拟，而以模拟自然界苍老的大树为主。

（6）园林其他景物。除建筑、自然山水、植物群落为主景以外，其余尚采用山石、假石、桩景、盆景、雕像为主要景物，其中雕像的基座为自然式，雕像位置多配置于透视线集中的焦点。

自然式园林在中国的历史悠久，绝大多数古典园林都是自然式园林。体现在游人如置身于大自然之中，足不出户而游遍名山名水。

3．混合式园林

所谓混合式园林，主要是指规则式、自然式交错组合，全园没有或形不成控制全园的轴线，只有局部景区、建筑，以中轴对称布局，或全园没有明显的自然山水骨架，形不成自然格局。

在园林规则中，原有地形平坦的可规划成规则式；原有地形起伏不平，丘陵、水面多的可规划成自然式。大面积园林以自然式为宜，小面积则以规则式较经济。四周环境为规则式宜规划成规则式，四周环境为自然式则宜规划成自然式。

相应地，园林的设计方法也有 3 种，即轴线法、山水法和综合法。

1.2.3　园林布局基本原则

1．构园有法，法无定式

园林设计所牵涉的范围广泛、内容丰富，所以在设计时要根据园林内容和园林特点，采用一定的表现形式。形式和内容确定后还要根据园址的原状，通过设计手段创造出具有个性的园林。

（1）主景与配景

各种艺术创作中，首先确定主题、副题，重点、一般，主角、配角，主景、配景等关系。所以，园林布局要首先在确定主题思想的前提下考虑主要的艺术形象，也就是考虑园林主景。主要景物能通过次要景物的配景、陪衬、烘托得到加强。

为了表现主题，在园林和建筑艺术中主景突出通常采用下列手法。

☑　中轴对称。在布局中，确定某方向一轴线，轴线上方通常安排主要景物，在主景前方两侧，常常配置一对或若干对的次要景物，以陪衬主景，如天安门广场、凡尔赛宫殿、广州起义烈士陵园等。

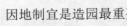

- ☑ 主景升高。主景升高犹如鹤立鸡群，这是普通、常用的艺术手段。主景升高往往与中轴对称方法同步使用，如美国华盛顿纪念性园林和北京人民英雄纪念碑等。
- ☑ 环拱水平视觉四合空间的交汇点。园林中，环拱四合空间主要出现在宽阔的水平面景观或四周由群山环抱盆地类型园林空间，如杭州西湖中的三潭印月等。自然式园林中四周由土山和树林环抱的林中草地，也是环拱的四合空间。四周配杆林带，在视觉交汇点上布置主景，即可起到主景突出作用。
- ☑ 构图重心位置。三角形、圆形图案等重心为几何构图中心，往往是处理主景突出的最佳位置，起到最好的位能效应。自然山水园的视觉重心忌居正中。
- ☑ 渐变法。渐变法即园林景物布局，采用渐变的方法，从低到高，逐步升级，由次要景物到主景，级级引入，通过园林景观的序列布置，引人入胜，引出主景。

（2）对比与调和

对比与调和是布局中运用统一与变化的基本规律，是物体形象的具体表现。采用骤变的景象，以产生唤起兴致的效果。调和的手法，主要通过布局形式、造园材料等方面的统一、协调来表现。

园林设计中，对比手法主要应用于空间对比、疏密对比、虚实对比、藏露对比、高低对比、曲直对比等。主景与配景本身就是"主次对比"的一种对比表现形式。

（3）节奏与韵律

在园林布局中，同样的景物重复出现和布局，就是节奏与韵律在园林中的应用。韵律可分为连续韵律、渐变韵律、交错韵律、起伏韵律等处理方法。

（4）均衡与稳定

在园林布局中均以静态或依靠动势求得均衡，或称之为拟对称的均衡。对称的均衡为静态均衡，一般在主轴两边景物以相等的距离、体量、形态组成均衡即气态均衡。拟对称均衡，是主轴不在中线上，两边景物的形体、大小、与主轴的距离都不相同，但两景物又处于动态的均衡之中。

（5）尺度与比例

任何物体，不论任何形状，必有 3 个方向，即长、宽、高的度量。比例就是研究三者之间的关系。任何园林景观，都要研究双重的三者关系，一是景物本身的三维空间；二是整体与局部的三维关系。园林中的尺度，指园林空间中各个组成部分与具有一定自然尺度的物体的比较。功能、审美和环境特点决定园林设计的尺度。尺度可分为可变尺度和不可变尺度两种。可变尺度如建筑形体、雕像的大小、桥景的幅度等都要依具体情况而定。不可变尺度是按一般人体的常规尺寸确定的尺度。园林中常应用的是夸张尺度，夸张尺度往往是将景物放大或缩小，以达到造园造景效果的需要。

以上 5 点便是构园有法的"法"，但是法无定式，我们要因地制宜地创造出个性化的园林。

2. 功能明确，组景有方

园林布局是园林综合艺术的最终体现，所以园林必须要有合理的功能分区。以颐和园为例，有宫廷区、生活区和苑林区 3 个分区，苑林区又可分为前湖区、后湖区。现代园林的功能分区更为明确，如花港观鱼公园有 6 个景区。

在合理的功能分区基础上，组织游赏路线，创造构图空间，安排景区、景点，创造意境、情景，是园林布局的核心内容。游赏路线就是园路，园路的职能之一便是组织交通、引导游览路线。

3. 因地制宜，景以境出

因地制宜是造园最重要的原则之一，我们应在园址现状基础上进行布景设点，最大限度地发挥现有地形地貌的特点，以达到虽由人作、宛自天开的境界。要注意根据不同的基地条件进行布局安排，高方欲就亭台，低凹可开池沼，稍高的地形堆土使其形成假山，而在低洼地上再挖深使其变成池湖。

颐和园即在原来的"翁山""翁山泊"上建成，圆明园则在"丹棱沜"上设计建造，避暑山庄则是在原来的山水基础上建造出来的风景式自然山水园。

4．掇山理水，理及精微

人们常用"挖湖堆山"来概括中国园林创作的特征。

掇山，挖湖后的土方即可用来堆山。在堆山的过程中可根据工程的技术要求，设计成土山、石山、土石混合山等不同类型。

理水，首先要沟通水系，即"疏水之去由，察源之来历"，忌水出无源或死水一潭。

5．建筑经营，时景为精

园林建筑既有使用价值，又能与环境组成景致，供人们游览和休憩。其设计方法概括起来主要有6个方面，即立意、选址、布局、借景、尺度与比例和色彩与质感。中国园林的布局手法有以下几点。

（1）山水为主，建筑配合。建筑有机地与周围结合，创造出别具特色的建筑形象。在五大要素中，山水是骨架，建筑是眉目。

（2）统一中求变化，对称中有异象。对于建筑的布局来讲，就是除了主从关系外，还要在统一中求变化，在对称中求灵活。如佛香阁东西两侧的湖山碑和铜亭，位置对称，但碑体和铜亭的高度、造型、性质、功能等却截然不同，然而正是这样截然不同的景物却在园中得到了完美的统一。

（3）对景顾盼，借景有方。在园林中，观景点和在具有透景线的条件下所面对的两景物之间形成对景。一般透景线穿过水面、草坪，或仰视、俯视空间，两景物之间互为对景。如拙政园内的远香堂对雪香云蔚亭，留园的涵碧山房对可亭，退思园的退思草堂对闹红一舸等。借景是《园冶》在最后一句话中提到的，可见借景的重要性，它是丰富园景的重要手法之一。如从颐和园借景园外的玉泉塔，从拙政园借景绣绮亭和从竹幽居借景北寺塔。

6．道路系统，顺势通畅

园林中，道路系统的设计是十分重要的内容，道路的设计形式决定了园林的形式，表现了不同的园林内涵。道路既是园林划分不同区域的界线，又是连接园林各不同区域活动内容的纽带。园林设计过程中，除考虑上述内容外，还要使道路与山体、水系、建筑、花木之间构成有机的整体。

7．植物造景，四时烂漫

植物造景是园林设计全过程中十分重要的组成部分之一。在后面的相关章节会对种植设计进行简单介绍。植物造景是一门学问，详细的种植设计可以参照苏雪痕老师编写的《植物造景》。

1.3　园林设计的程序

园林设计的程序主要包括以下几个步骤。

1.3.1　园林设计的前提工作

（1）掌握自然条件、环境状况及历史沿革。

（2）图纸资料，如地形图、局部放大图、现状图、地下管线图等。

（3）现场踏看。

（4）编制总体设计任务文件。

1.3.2 总体设计方案阶段

（1）主要设计图纸内容。包括位置图、现状图、分区图、总体设计方案图、地形图、道路总体设计图、种植设计图、管线总体设计图、电气规划图和园林建筑布局图。

（2）鸟瞰图。直接表达公园设计的意图，通过钢笔画、水彩画、水粉画等均可。

（3）总体设计说明书。总体设计方案除了图纸外，还要求配有一份文字说明，全面介绍设计者的构思、设计要点等内容。

1.4 园林设计图的绘制

园林设计总平面图是设计范围内所有造园要素的水平投影图，它能表明在设计范围内的所有内容。

1.4.1 园林设计总平面图

1. 园林设计总平面图的内容

园林设计总平面图是园林设计的最基本图纸，能够反映园林设计的总体思想和设计意图，是绘制其他设计图纸及施工、管理的主要依据，主要包括以下内容。

（1）规划用地区域现状及规划的范围。

（2）对原有地形地貌等自然状况的改造和新的规划设计意图。

（3）竖向设计情况。

（4）景区景点的设置、景区出入口的位置、各种造园素材的种类和位置。

（5）比例尺，指北针，风玫瑰。

2. 园林设计总平面图的绘制

首先要选择合适的比例，常用的比例有 1:200、1:500 和 1:1000 等。

绘制图中设计的各种造园要素的水平投影。其中，地形用等高线表示，并在等高线的断开处标注设计的高程。设计地形的等高线用实线绘制，原地形的等高线用虚线绘制；道路和广场的轮廓线用中实线绘制；建筑用粗实线绘制其外轮廓线，园林植物用图例表示；水体驳岸用粗线绘制，并用细实线绘制水底的坡度等高线；山石用粗线绘制其外轮廓。

通过标注定位尺寸和坐标网进行定位，尺寸标注是指以图中某一原有景物为参照物，标注新设计的主要景物和该参照物之间的相对距离；坐标网是以直角坐标的形式进行定位，有建筑坐标网和测量坐标网两种形式，园林上常用建筑坐标网，即以某一点为"零点"并以水平方向为 B 轴，垂直方向为 A 轴，按一定距离绘制出方格网。坐标网用细实线绘制。

编制图例表，图中应用的图例都应在图上的位置编制图例表中说明其含义。

绘制指北针和风玫瑰；注写图名、标题栏和比例尺等。

编写设计说明，设计说明是用文字的形式进一步表达设计思想，或作为图纸内容的补充等。

1.4.2 园林建筑初步设计图

1. 园林建筑初步设计图的内容

园林建筑是指在园林中与园林造景有直接关系的建筑，园林建筑初步设计图须绘制出平、立、剖面图，并标注出各主要控制尺寸，图纸要能反映建筑的形状、大小和周围环境等内容，一般包括建筑总平面图、建筑平面图、建筑立面图和建筑剖面图等图纸。

2. 园林建筑初步设计图的绘制

☑　建筑总平面图：要反映新建建筑的形状、所在位置、朝向及室外道路、地形、绿化等情况以及该建筑与周围环境的关系和相对位置。绘制时首先要选择合适的比例，其次要绘制图例，建筑总平面图是用建筑总平面图例表达其内容的，其中的新建建筑、保留建筑、拆除建筑等都有对应的图例。接着要标注标高，即新建建筑首层平面的绝对标高、室外地面及周围道路的绝对标高及地形等高线的高程数字。最后要绘制比例尺、指北针、风玫瑰、图名和标题栏等。

☑　建筑平面图：用来表示建筑的平面形状、大小、内部的分隔和使用功能以及墙、柱、门窗、楼梯等的位置。绘制时同样首先要确定比例，然后绘制定位轴线，接着绘制墙、柱的轮廓线、门窗细部，再进行尺寸标注、注写标高，最后绘制指北针、剖切符号、图名、比例等。

☑　建筑立面图：主要用于表示建筑的外部造型和各部分的形状及相互关系等，如门窗的位置和形状，阳台、雨篷、台阶、花坛、栏杆等的位置和形状。绘制顺序依次为选择比例、绘制外轮廓线、主要部位的轮廓线、细部投影线、尺寸和标高标注、绘制配景、注写比例、图名等。

☑　建筑剖面图：表示房屋的内部结构及各部位标高，剖切位置应选择在建筑的主要部位或构造较特殊的部位。绘制顺序依次为选择比例、主要控制线、主要结构的轮廓线、细部结构、尺寸和标高标注、注写比例、图名等。

1.4.3　园林施工图绘制的具体要求

园林制图是表达园林设计意图最直接的方法，是每个园林设计师必须掌握的技能。园林 AutoCAD 制图是风景园林景观设计的基本语言，在园林图纸中，对制图的基本内容都有规定。这些内容包括图纸幅面、标题栏及会签栏、线宽及线型、汉字、字符、数字、符号和标注等。

一套完整的园林施工图一般包括封皮、目录、设计说明、总平面图、施工放线图、竖向设计施工图、植物配置图、照明电气图、喷灌施工图、给排水施工图、园林小品施工详图、铺装剖切段面等。

1. 文字部分应该包括封皮、目录、总说明、材料表等

（1）封皮的内容包括工程名称、建设单位、施工单位、时间、工程项目编号等。

（2）目录的内容包括图纸的名称、图别、图号、图幅、基本内容、张数等。图纸编号以专业为单位，各专业分别编排各自的图号。对于大、中型项目，应按照以下专业进行图纸编号：园林、建筑、结构、给排水、电气、材料附图等；对于小型项目，可以按照以下专业进行图纸编号：园林、建筑、结构、给排水、电气等。每一专业图纸应该对图号加以统一标识，以方便查找，如建筑结构施工可以缩写为"建施（JS）"、给排水施工可以缩写为"水施（SS）"、种植施工图可以缩写为"绿施（LS）"。

（3）设计说明主要针对整个工程需要说明的问题。如设计依据、施工工艺、材料数量、规格及其他要求。其主要包括以下内容。

☑　设计依据及设计要求。应注明采用的标准图集及依据的法律规范。

☑　设计范围。

☑　标高及标注单位。应说明图纸文件中采用的标注单位，采用的是相对坐标还是绝对坐标，如为相对坐标，须说明采用的依据以及与绝对坐标的关系。

☑　材料选择及要求。对各部分材料的材质要求及建议，一般应说明的材料包括饰面材料、木材、

钢材、防水疏水材料、种植土及铺装材料等。

☑ 施工要求。强调需注意工种配合及对气候有要求的施工部分。

☑ 经济技术指标。施工区域总的占地面积，绿地、水体、道路、铺地等的面积及占地百分比、绿化率及工程总造价等。

除了总的说明之外，在各个专业图纸之前还应该配备专门的说明，有时施工图纸中还应该配有适当的文字说明。

2．施工放线应该包括施工总平面图、各分区施工放线图和局部放线详图等

（1）施工总平面图的主要内容

☑ 指北针（或风玫瑰图），绘图比例（比例尺），文字说明，景点、建筑物或者构筑物的名称标注，图例表。

☑ 道路、铺装的位置、尺度和主要点的坐标、标高以及定位尺寸。

☑ 小品主要控制点坐标及小品的定位、定形尺寸。

☑ 地形、水体的主要控制点坐标、标高及控制尺寸。

☑ 植物种植区域轮廓。

☑ 对无法用标注尺寸准确定位的自由曲线园路、广场、水体等，应给出该部分局部放线详图，用放线网表示，并标注控制点坐标。

（2）施工总平面图绘制的要求

☑ 布局与比例。图纸应按上北下南方向绘制，根据场地形状或布局，可向左或右偏转，但不宜超过 45°。施工总平面图一般采用 1:500、1:1000、1:2000 的比例进行绘制。

☑ 图例。《总图制图标准》（GB/T 50103—2010）中列出了建筑物、构筑物、道路、铁路以及植物等的图例，具体内容见相应的制图标准。如果由于某些原因必须另行设定图例的，应该在总图上绘制专门的图例表进行说明。

☑ 图线。在绘制总图时应该根据具体内容采用不同的图线，具体内容参照《总图制图标准》（GB/T 50103—2010）。

☑ 单位。施工总平面图中的坐标、标高、距离宜以米为单位，并应至少取至小数点后两位，不足时以 0 补齐。详图宜以毫米为单位，如不以毫米为单位，应另加说明。

建筑物、构筑物、铁路、道路方位角（或方向角）和铁路、道路转向角的度数，宜注写到秒，特殊情况应另加说明。

道路纵坡度、场地平整坡度、排水沟沟底纵坡度宜以百分计，并应取至小数点后一位，不足时以 0 补齐。

☑ 坐标网格。坐标分为测量坐标和施工坐标。测量坐标为绝对坐标，测量坐标网应画成交叉十字线，坐标代号宜用 X、Y 表示。施工坐标为相对坐标，相对零点宜通常选用已有建筑物的交叉点或道路的交叉点，为区别于绝对坐标，施工坐标用大写英文字母 A、B 表示。

施工坐标网格应以细实线绘制，一般画成 100m×100m 或者 50m×50m 的方格网；当然也可以根据需要调整，如采用 30m×30m 的网格；对于面积较小的场地可以采用 5m×5m 或者 10m×10m 的施工坐标网。

☑ 坐标标注。坐标宜直接标注在图上，如图面无足够位置，也可列表标注，如坐标数字的位数太多时，可将前面相同的位数省略，其省略位数应在附注中加以说明。

建筑物、构筑物、铁路、道路等应标注下列部位的坐标：建筑物、构筑物的定位轴线（或外墙线）或其交点；圆形建筑物、构筑物的中心；挡土墙墙顶外边缘线或转折点。表示建筑物、构筑物位置的

坐标，宜标注其3个角的坐标，如果建筑物、构筑物与坐标轴线平行，可标注对角坐标。

平面图上有测量和施工两种坐标系统时，应在附注中注明两种坐标系统的换算公式。

☑ 标高标注。施工图中标注的标高应为绝对标高，如标注相对标高，则应注明相对标高与绝对标高的关系。

建筑物、构筑物、铁路、道路等应按以下规定标注标高：建筑物室内地坪，标注图中±0.00处的标高，对不同高度的地坪，分别标注其标高；建筑物室外散水，标注建筑物四周转角或两对角的散水坡脚处的标高；构筑物标注其有代表性的标高，并用文字注明标高所指的位置；道路标注路面中心交点及变坡点的标高；挡土墙标注墙顶及墙脚标高，路堤、边坡标注坡顶和坡脚标高，排水沟标注沟顶和沟底标高；场地平整标注其控制位置标高；铺砌场地标注其铺砌面标高。

（3）施工总平面图绘制步骤

☑ 绘制设计平面图。

☑ 根据需要确定坐标原点及坐标网格的精度，绘制测量和施工坐标网。

☑ 标注尺寸、标高。

☑ 绘制图框、比例尺、指北针，填写标题、标题栏、会签栏，编写说明及图例表。

（4）施工放线图

施工放线图内容主要包括道路、广场铺装、园林建筑小品、放线网格（间距1m或5m或10m不等）、坐标原点、坐标轴、主要点的相对坐标、标高（等高线、铺装等），如图1-1所示。

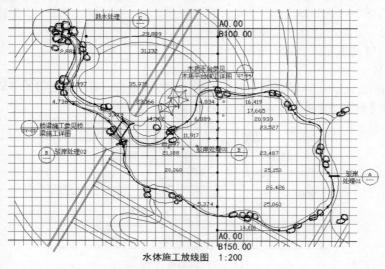

图1-1 水体施工放线图

3. 土方工程应该包括竖向设计施工图、土方调配图

1）竖向设计施工图

竖向设计是指在一块场地中进行垂直于水平方向的布置和处理，也就是地形高程设计。

（1）竖向施工图的内容

☑ 指北针、图例、比例、文字说明、图名。文字说明中应该包括标注单位、绘图比例、高程系统的名称、补充图例等。

☑ 现状与原地形标高、地形等高线、设计等高线的等高距一般取0.25~0.5m，当地形较为复杂时，需要绘制地形等高线放样网格。

☑ 最高点或者某些特殊点的坐标及该点的标高。如道路的起点、变坡点、转折点和终点等的设计标高（道路在路面中、阴沟在沟顶和沟底）；纵坡度、纵坡距、纵坡向、平曲线要素、竖曲线半径、关键点坐标；建筑物、构筑物室内外设计标高；挡土墙、护坡或土坡等构筑物的坡顶和坡脚的设计标高；水体驳岸、岸顶、岸底标高；池底标高，水面最低、最高及正常水位。

☑ 地形的汇水线和分水线，或用坡向箭头标明设计地面坡向，指明地表排水的方向、排水的坡度等。

☑ 绘制重点地区、坡度变化复杂的地段的地形断面图，并标注标高、比例尺等。

☑ 当工程比较简单时，竖向设计施工平面图可与施工放线图合并。

（2）竖向施工图的具体要求

☑ 计量单位。通常标高的标注单位为米，如果有特殊要求应该在设计说明中注明。

☑ 线型。竖向设计图中比较重要的就是地形等高线，设计等高线用细实线绘制，原有地形等高线用细虚线绘制，汇水线和分水线用细单点长划线绘制。

☑ 坐标网格及其标注。坐标网格采用细实线绘制，网格间距取决于施工的需要以及图形的复杂程度，一般采用与施工放线图相同的坐标网体系。对于局部的不规则等高线，或者单独做出施工放线图，或者在竖向设计图纸中局部缩小网格间距，提高放线精度。竖向设计图的标注方法同施工放线图，针对地形中最高点、建筑物角点或者特殊点进行标注。

☑ 地表排水方向和排水坡度。利用箭头表示排水方向，并在箭头上标注排水坡度，对于道路或者铺装等区域除了要标注排水方向和排水坡度之外，还要标注坡长，一般排水坡度标注在坡度线的上方，坡长标注在坡度线的下方。

其他方面的绘制要求与施工总平面图相同。

2）土方调配图

在土方调配图上要注明挖填调配区、调配方向、土方数量和每对挖填之间的平均运距。图 1-2（A为挖方，B 为填方）中的土方调配，仅考虑场内挖方、填方平衡。

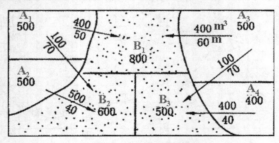

图 1-2　土方调配图

（1）建筑工程应该包括建筑设计说明，建筑构造做法一览表，建筑平面图、立面图、剖面图，建筑施工详图等。

（2）结构工程应该包括结构设计说明，基础图、基础详图，梁、柱详图，结构构件详图等。

（3）电气工程应该包括电气设计说明，主要设备材料表，电气施工平面图、施工详图、系统图、控制线路图等。大型工程应按强电、弱电、火灾报警及其智能系统分别设置目录。

（4）照明电气施工图的内容主要包括灯具形式、类型、规格、布置位置、配电图（电缆电线型号规格、连接方式；配电箱数量、形式规格等）。

电位走线只需标明开关与灯位的控制关系，线型宜用细圆弧线（也可适当用中圆弧线），各种强弱电的插座走线不需标明。

要有详细的开关（一联、二联、多联）、电源插座、电话插座、电视插座、空调插座、宽带网插座、配电箱等图标及位置（插座高度未注明的一律距地面 300mm，有特殊要求的要在插座旁注明标高）。

- ☑ 给排水工程应该包括给排水设计说明，给排水系统总平面图、详图，给水、消防、排水、雨水系统图，喷灌系统施工图。
- ☑ 喷灌、给排水施工图内容主要包括给水、排水管的布设、管径、材料、喷头、检查井、阀门井、排水井、泵房。
- ☑ 园林绿化工程应该包括植物种植设计说明、植物材料表、种植施工图、局部施工放线图、剖面图等。如果采用乔、灌、草多层组合，分层种植设计较为复杂，应该绘制分层种植施工图。

植物配置图的主要内容包括植物种类、规格、配置形式以及其他特殊要求，其主要目的是为苗木购买、苗木栽植提高准确的工程量，如图 1-3 所示。

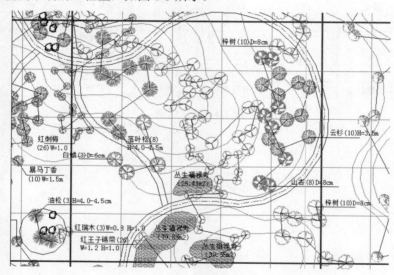

图 1-3　植物配置图

4. 现状植物的表示

（1）行列式种植

对于行列式的种植形式（如行道树、树阵等），可用尺寸标注出株行距、始末树种植点与参照物的距离。

（2）自然式种植

对于自然式的种植形式（如孤植树），可用坐标标注种植点的位置或采用三角形标注法进行标注。孤植树往往对植物的造型、规格的要求较严格，应在施工图中表达清楚，除利用立面图、剖面图示意外，可与苗木表相结合，用文字来加以标注。

5. 图例及尺寸标注

（1）片植、丛植

施工图应绘出清晰的种植范围边界线，标明植物名称、规格、密度等。对于边缘线呈规则的几何形状的片状种植，可用尺寸标注方法标注，为施工放线提供依据，而对边缘线呈不规则的自由线的片状种植，应绘制坐标网格，并结合文字标注。

（2）草皮种植

草皮是用打点的方法表示，标注应标明其草坪名、规格及种植面积。

（3）常见图例

园林设计中，经常使用各种标准化的图例来表示特定的建筑景点或常见的园林植物，如图 1-4 所示。

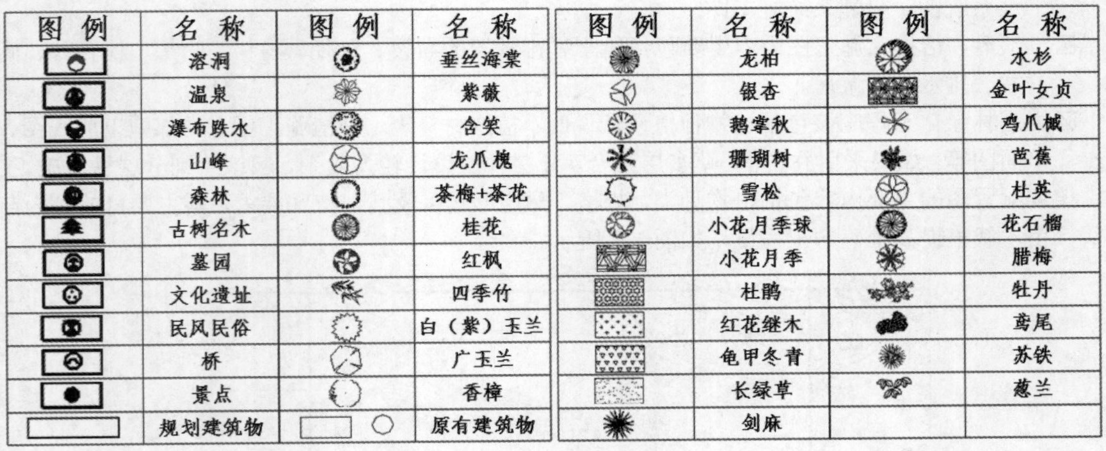

图 例	名 称	图 例	名 称	图 例	名 称	图 例	名 称
	溶洞		垂丝海棠		龙柏		水杉
	温泉		紫薇		银杏		金叶女贞
	瀑布跌水		含笑		鹅掌秋		鸡爪槭
	山峰		龙爪槐		珊瑚树		芭蕉
	森林		茶梅+茶花		雪松		杜英
	古树名木		桂花		小花月季球		花石榴
	墓园		红枫		小花月季		腊梅
	文化遗址		四季竹		杜鹃		牡丹
	民风民俗		白（紫）玉兰		红花继木		鸢尾
	桥		广玉兰		龟甲冬青		苏铁
	景点		香樟		长绿草		葱兰
	规划建筑物		原有建筑物		剑麻		

图 1-4 常见图例

第2章

AutoCAD 2018 入门

本章将循序渐进地介绍 AutoCAD 2018 中与绘图有关的基本知识，以帮助读者了解操作界面的基本布局，掌握如何设置图形的系统参数，熟悉文件管理方法，学会各种基本输入操作方式，熟练地进行图层设置、应用各种绘图辅助工具，为后面进入系统学习做好准备。

- ☑ 操作界面
- ☑ 配置绘图系统
- ☑ 图层设置

- ☑ 图形显示工具
- ☑ 基本输入操作

任务驱动&项目案例

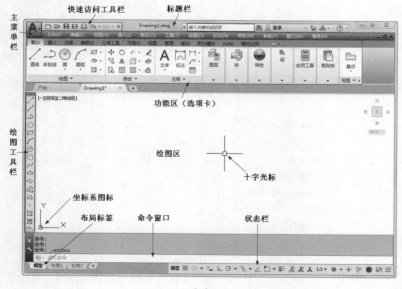

（1）

（2）

2.1 操作界面

AutoCAD 2018 的操作界面是显示、编辑图形的区域。启动 AutoCAD 2018，打开其默认的操作界面，如图 2-1 所示。相对之前的版本，该界面采用了一种全新的风格，更加直观、简洁。

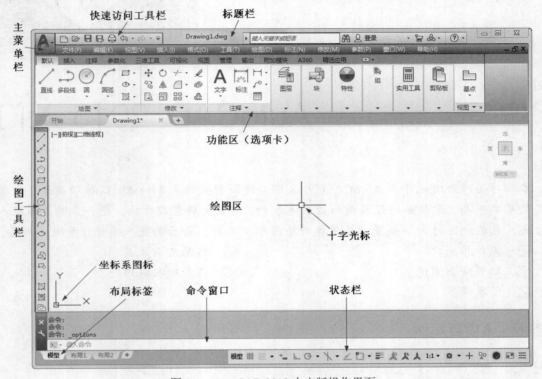

图 2-1 AutoCAD 2018 中文版操作界面

同时，转换不同的工作空间可以提供不同的工作界面。具体的转换方法是：单击界面右下角的"切换工作空间"按钮 ，在打开的列表中选择"草图与注释"选项（如图 2-2 所示），系统即转换到"草图与注释"界面。

图 2-2 工作空间转换

一个完整的 AutoCAD 2018 经典操作界面包括标题栏、绘图区、十字光标、菜单栏、工具栏、坐标系图标、命令行窗口、状态栏、布局标签和滚动条等。

说明：安装 AutoCAD 2018 后，默认的界面如图 2-3 所示，在绘图区中右击，打开快捷菜单，如图 2-4 所示，选择"选项"命令，打开"选项"对话框，选择"显示"选项卡，设置"窗口元素"选项组中的"配色方案"为"明"，如图 2-5 所示，单击"确定"按钮，退出对话框。继续单击"窗口元素"选项组中的"颜色"按钮，打开"图形窗口颜色"对话框。在"颜色"下拉列表框中选择白色，如图 2-6 所示，然后单击"应用并关闭"按钮，继续单击"确定"按钮，退出对话框，其界面如图 2-7 所示。

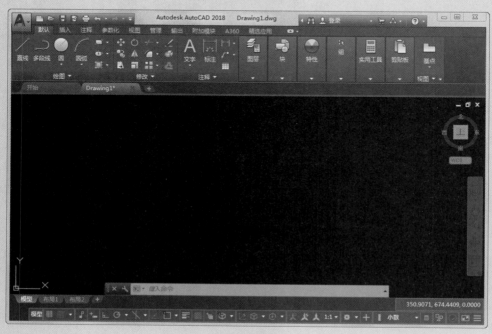

图 2-3　默认界面

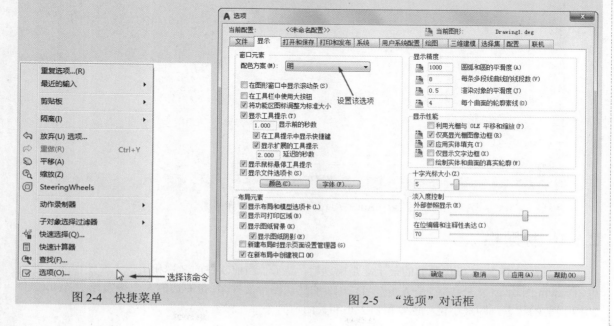

图 2-4　快捷菜单　　　　　　　　　　　　　　图 2-5　"选项"对话框

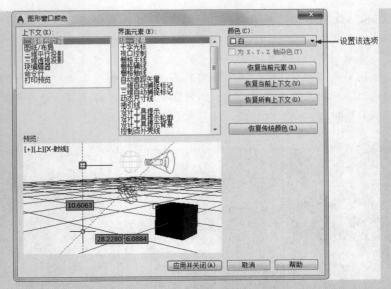

图 2-6　"图形窗口颜色"对话框

图 2-7　AutoCAD 2018 中文版的操作界面

2.1.1　标题栏

在 AutoCAD 2018 操作界面的最上端是标题栏，显示了当前软件的名称和用户正在使用的图形文件，DrawingN.dwg（N 是数字）是 AutoCAD 2018 的默认图形文件名；最右边的 3 个按钮控制 AutoCAD 2018 当前的状态，即最小化、恢复窗口大小和关闭。

2.1.2　菜单栏

在 AutoCAD 快速访问工具栏处调出菜单栏，如图 2-8 所示。AutoCAD 2018 的菜单栏位于标题栏的下方，同 Windows 程序一样，AutoCAD 2018 的菜单也是下拉形式的，并在菜单中包含子菜单，如图 2-9 所示。菜单栏是执行各种操作的途径之一。

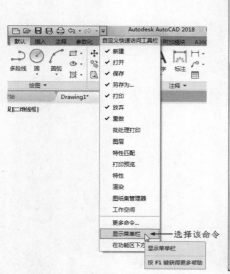

図 2-8　调出菜单栏 　　　　　　　　　　　　　　　　図 2-9　下拉菜单

一般来讲，AutoCAD 2018 下拉菜单中的菜单项有以下 3 种类型。

（1）右边带有小三角形的菜单项。表示该菜单后面带有子菜单，将光标放在上面会打开它的子菜单。

（2）右边带有省略号的菜单项。表示选择该选项后会打开一个对话框。

（3）右边没有任何内容的菜单项。选择它可以直接执行一个相应的 AutoCAD 2018 命令，在命令行窗口中显示出相应的提示。

2.1.3　工具栏

工具栏是一组按钮工具的集合，选择菜单栏中的"工具"→"工具栏"→AutoCAD 命令，调出所需要的工具栏，把光标移动到某个按钮上，稍停片刻即在该按钮的一侧显示相应的功能提示，此时，单击按钮就可以启动相应的命令。

工具栏是执行各种操作最方便的途径。工具栏是一组图标型按钮的集合，单击这些图标按钮即可调用相应的 AutoCAD 命令。AutoCAD 2018 的标准菜单提供有几十种工具栏，每一种工具栏都有一个名称。对工具栏的操作介绍如下。

☑　固定工具栏：绘图窗口的四周边界为工具栏固定位置，在此位置上的工具栏不显示名称，在工具栏的最左端显示出一个句柄。

☑　浮动工具栏：拖动固定工具栏的句柄到绘图窗口内，工具栏转变为浮动状态，拖动工具栏的左、右、下边框可以改变工具栏的形状。

☑ 打开工具栏：将光标放在任一工具栏的非标题区，单击鼠标右键，系统会自动打开单独的工具栏标签，如图 2-10 所示。单击某一个未在界面中显示的工具栏名称，系统将自动在界面中打开该工具栏。

☑ 隐藏工具栏：有些图标按钮的右下角带有◢标志，表示该工具项具有打开工具栏，打开工具下拉列表，按住鼠标左键，将光标移到某一图标上后松手，该图标就成为当前图标，如图 2-11 所示。

图 2-10　打开工具栏　　　　图 2-11　打开工具栏

2.1.4　绘图区

绘图区是显示、绘制和编辑图形的矩形区域。左下角是坐标系图标，表示当前使用的坐标系和坐标方向，根据工作需要，用户可以打开或关闭该图标的显示。十字光标由鼠标控制，其交叉点的坐标值显示在状态栏中。

1．改变绘图窗口的颜色

（1）选择菜单栏中的"工具"→"选项"命令，打开"选项"对话框。

（2）选择"显示"选项卡，如图 2-12 所示。

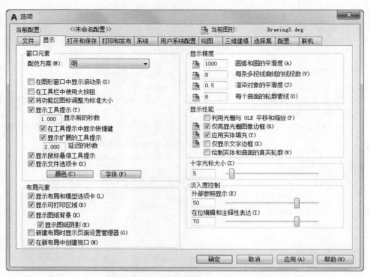

图 2-12　"显示"选项卡

（3）单击"窗口元素"选项组中的"颜色"按钮，打开如图 2-13 所示的"图形窗口颜色"对话框。

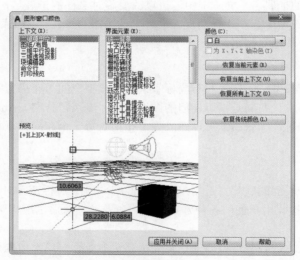

图 2-13　"图形窗口颜色"对话框

（4）从"颜色"下拉列表框中选择一种颜色，如白色，单击"应用并关闭"按钮，即可将绘图窗口改为白色。

2. 改变十字光标的大小

在如图 2-12 所示的"显示"选项卡中拖动"十字光标大小"选项组中的滑块，或在文本框中直接输入数值，即可对十字光标的大小进行调整。

3. 设置自动保存时间和位置

（1）选择菜单栏中的"工具"→"选项"命令，打开"选项"对话框。
（2）选择"打开和保存"选项卡，如图 2-14 所示。

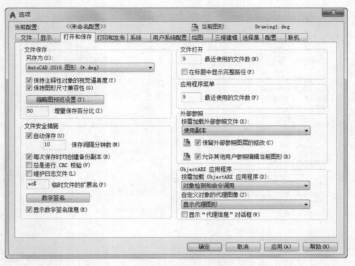

图2-14 "打开和保存"选项卡

（3）选中"文件安全措施"选项组中的"自动保存"复选框，在其下方的文本框中输入自动保存的间隔分钟数，建议设置为10～30min。

（4）在"临时文件的扩展名"文本框中，可以改变临时文件的扩展名，默认为ac$。

（5）选择"文件"选项卡，在"自动保存文件"选项组中单击"浏览"按钮修改自动保存文件的存储位置，最后单击"确定"按钮。

4．布局标签

在绘图窗口左下角有模型空间标签和布局标签来实现模型空间与布局空间的转换。模型空间提供了设计模型（绘图）的环境。布局是指可访问的图纸显示，专用于打印。AutoCAD 2018 可以在一个布局上建立多个视图，同时，一张图纸可以建立多个布局且每一个布局都有相对独立的打印设置。

2.1.5 命令行窗口

命令行窗口位于操作界面的底部，是用户与 AutoCAD 2018 进行交互对话的窗口。在"命令："提示下，AutoCAD 2018 接收用户使用各种方式输入的命令，然后显示出相应的提示，如命令选项、提示信息和错误信息等。

命令行窗口中显示文本的行数可以改变，将光标移至命令行窗口上边框处，光标变为双箭头后，按住鼠标左键拖动即可。命令行窗口的位置可以在操作界面的上方或下方，也可以浮动在绘图窗口内。将光标移至该窗口左边框处，光标变为箭头，单击并拖动即可。使用 F2 功能键可以放大显示命令行窗口。

2.1.6 状态栏和滚动条

1．状态栏

状态栏在操作界面的最下部，能够显示有关的信息。例如，当光标在绘图区时，显示十字光标的三维坐标；当光标在工具栏的图标按钮上时，显示该按钮的提示信息。

状态栏上包括若干个功能按钮，它们是 AutoCAD 2018 的绘图辅助工具，有以下几种方法控制这些功能按钮的开关。

（1）使用鼠标单击相应的按钮即可打开/关闭该功能。

（2）使用相应的功能键。如按 F8 键可以循环打开/关闭正交模式。

（3）使用快捷菜单。在一个功能按钮上右击，在打开的快捷菜单中选择相应命令可打开/关闭该功能。

2. 滚动条

滚动条包括水平滚动条和垂直滚动条，用于上下或左右移动绘图窗口内的图形。用鼠标拖动滚动条中的滑块或单击滚动条两侧的三角按钮，即可移动图形。

2.1.7　快速访问工具栏和交互信息工具栏

1. 快速访问工具栏

该工具栏包括"新建""打开""保存""另存为""打印""放弃""重做""工作空间"等几个最常用的工具。用户也可以单击该工具栏后面的下拉按钮设置需要的常用工具。

2. 交互信息工具栏

该工具栏包括"搜索"、Autodesk A360、Autodesk App Store、"保持连接""单击此处访问帮助"等几个常用的数据交互访问工具。

2.1.8　功能区

包括"默认"、"插入"、"注释"、"参数化"、"视图"、"三维工具"、"可视化"、"管理"、"输出"、"附加模块"、A 360 和"精选应用"几个功能区，每个功能区集成了相关的操作工具，方便用户的使用。用户可以单击功能区选项后面的 按钮控制功能的展开与收缩。

打开或关闭功能区的操作方式如下。

☑　命令行：RIBBON 或 RIBBONCLOSE。

☑　菜单栏："工具"→"选项板"→"功能区"。

2.1.9　状态托盘

状态托盘包括一些常见的显示工具和注释工具，以及模型空间与布局空间转换工具（如图 2-15 所示），通过这些工具按钮可以控制图形或绘图区的状态。

图 2-15　状态托盘

2.2　配置绘图系统

由于每台计算机所使用的显示器、输入设备和输出设备的类型不同，用户喜好的风格及计算机的目录设置也是不同的，所以每台计算机都是独特的。一般来讲，使用 AutoCAD 2018 的默认配置即可绘图，但为了使用用户的定点设备或打印机，以及为提高绘图的效率，AutoCAD 2018 推荐用户在开始作图前先进行必要的配置。

1. 执行方式

☑ 命令行：PREFERENCES。

☑ 菜单栏："工具"→"选项"。

☑ 快捷菜单：在绘图区右击，系统打开快捷菜单，选择"选项"命令，如图 2-16 所示。

2. 操作步骤

执行上述命令后，系统自动打开"选项"对话框。用户可以在该对话框中选择有关选项，对系统进行配置。下面将对其中主要的几个选项卡做一下说明，其他配置选项在后面用到时再做具体说明。

图 2-16　快键菜单

2.2.1　显示配置

　　"选项"对话框中的第 2 个选项卡为"显示"选项卡，该选项卡控制 AutoCAD 2018 窗口的外观，如图 2-5 所示。在该选项卡中可设定屏幕菜单、滚动条显示与否，以及 AutoCAD 2018 运行时的其他各项性能参数的设定等。前面已经讲述了屏幕菜单设定、屏幕颜色、光标大小等知识，其余有关选项的设置读者可参照"帮助"文件学习。

　　在设置实体显示精度时要务必记住，显示精度越高，即分辨率越高，计算机计算的时间越长，千万不要将其设置太高。显示质量设定在一个合理的程度上是非常重要的。

2.2.2　系统配置

　　"选项"对话框中的第 5 个选项卡为"系统"选项卡，如图 2-17 所示。该选项卡用来设置 AutoCAD 2018 系统的有关特性。

图 2-17　"系统"选项卡

1．"硬件加速"选项组

控制与图形显示系统的配置相关的设置。设置及其名称会随着产品而变化。

2．"常规选项"选项组

确定是否选择系统配置的有关基本选项。

3．"布局重生成选项"选项组

确定切换布局时是否重生成或缓存模型选项卡和布局。

4．"数据库连接选项"选项组

确定数据库连接的方式。

2.3　图层设置

AutoCAD 2018 中的图层就如同在手工绘图中使用的重叠透明图纸，如图 2-18 所示，可以使用图层来组织不同类型的信息。在 AutoCAD 2018 中，图形的每个对象都位于一个图层上，所有图形对象都具有图层、颜色、线型和线宽这 4 个基本属性。

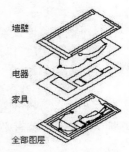

图 2-18　图层示意图

在绘图时，图形对象将创建在当前的图层上。每个 CAD 文档中图层的数量是不受限制的，每个图层都有自己的名称。

2.3.1　建立新图层

新建的 CAD 文档中只能自动创建一个名为 0 的特殊图层。默认情况下，图层 0 将被指定使用 7 号颜色、Continuous 线型、默认线宽以及 NORMAL 打印样式，并且不能被删除或重命名。通过创建新的图层，可以将类型相似的对象指定给同一个图层使其相关联。例如，可以将构造线、文字、标注和标题栏置于不同的图层上，并为这些图层指定通用特性。通过将对象分类放到各自的图层中，可以快速有效地控制对象的显示以及对其进行更改。

1．执行方式

☑　命令行：LAYER。

☑　菜单栏："格式"→"图层"。

☑　工具栏："图层"→"图层特性管理器"　，如图 2-19 所示。

图 2-19　"图层"工具栏

☑　功能区："默认"→"图层"→"图层特性"　或"视图"→"选项板"→"图层特性"　。

2．操作步骤

执行上述操作之一后，系统打开"图层特性管理器"对话框，如图 2-20 所示。单击"新建图层"按钮　，建立新图层，默认的图层名为"图层 1"。可以根据绘图需要，更改图层名。在一个图形中可以创建的图层数以及在每个图层中可以创建的对象数实际上是无限的，图层最长可使用 255 个字符的字母数字命名。图层特性管理器按名称的字母顺序排列图层。

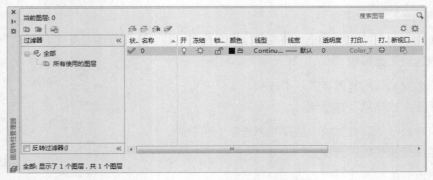

图 2-20 "图层特性管理器"对话框

📖 **说明：** 如果要建立不止一个图层，无须重复单击"新建图层"按钮。更有效的方法是：在建立一个新图层"图层 1"后，改变图层名，在其后输入逗号"，"，这样系统会自动建立一个新图层"图层 1"，改变图层名，再输入一个逗号，又一个新的图层建立了，这样可以依次建立各个图层。也可以按两次 Enter 键，建立另一个新图层。

在每个图层属性设置中，包括"状态""名称""开/关闭""冻结/解冻""锁定/解锁""颜色""线型""线宽""透明度""打印样式""打印/不打印""新视口冻结""说明" 13 个参数。下面讲述如何设置主要的图层参数。

（1）设置图层线条颜色

在工程图中，整个图形包含多种不同功能的图形对象，如实体、剖面线与尺寸标注等，为了便于直观地区分它们，就有必要针对不同的图形对象使用不同的颜色，如实体层使用白色、剖面线层使用青色等。

要改变图层的颜色时，单击图层所对应的颜色图标，打开"选择颜色"对话框，如图 2-21 所示。它是一个标准的颜色设置对话框，可以使用"索引颜色""真彩色""配色系统" 3 个选项卡中的参数来设置颜色。

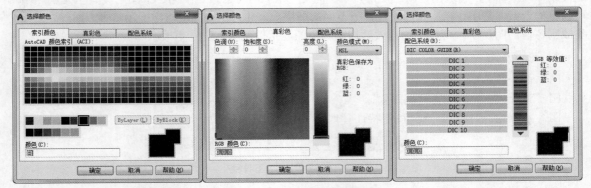

图 2-21 "选择颜色"对话框

（2）设置图层线型

线型是指作为图形基本元素的线条的组成和显示方式，如实线、点划线等。在许多绘图工作中，常常以线型划分图层，为某一个图层设置适合的线型。在绘图时，只需将该图层设为当前工作层，即可绘制出符合线型要求的图形对象，极大地提高了绘图效率。

单击图层所对应的线型图标，打开"选择线型"对话框，如图 2-22 所示。默认情况下，在"已加载的线型"列表框中系统只添加了 Continuous 线型。单击"加载"按钮,打开"加载或重载线型"对话框,如图 2-23 所示。可以看到 AutoCAD 2018 提供了许多线型,用鼠标选择所需的线型,单击"确定"按钮,即可把该线型加载到"已加载的线型"列表框中。也可以按住 Ctrl 键选择几种线型同时加载。

图 2-22 "选择线型"对话框

图 2-23 "加载或重载线型"对话框

（3）设置图层线宽

线宽设置,顾名思义,就是改变线条的宽度。用不同宽度的线条表现图形对象的类型,可以提高图形的表达能力和可读性,例如绘制外螺纹时大径使用粗实线,小径使用细实线。

单击"图层特性管理器"对话框中图层所对应的线宽图标,打开"线宽"对话框,如图 2-24 所示。选择一个线宽,单击"确定"按钮即完成对图层线宽的设置。

图层线宽的默认值为 0.25mm。在状态栏为"模型"状态时,显示的线宽同计算机的像素有关。线宽为零时,显示为一个像素的线宽。单击状态栏中的"显示/隐藏线宽"按钮 ,显示的图形线宽与实际线宽成比例,如图 2-25 所示,但线宽不随着图形的放大和缩小而变化。线宽功能关闭时,不显示图形的线宽,图形的线宽均为默认宽度值显示。可以在"线宽"对话框中选择所需的线宽。

图 2-24 "线宽"对话框

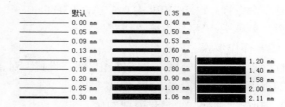

图 2-25 线宽显示效果图

2.3.2 设置图层

除了前面讲述的通过"图层特性管理器"对话框设置图层的方法外,还有其他几种简便方法可以设置图层的颜色、线宽、线型等参数。

1. 直接设置图层

可以直接通过命令行或菜单设置图层的颜色、线宽、线型等参数。

1）设置颜色

（1）执行方式

☑ 命令行：COLOR。

☑ 菜单栏："格式"→"颜色"。

（2）操作步骤

执行上述操作之一后，系统打开"选择颜色"对话框（如图2-26所示）。

2）设置线型

（1）执行方式

☑ 命令行：LINETYPE。

☑ 菜单栏："格式"→"线型"。

（2）操作步骤

执行上述操作之一后，系统打开"线型管理器"对话框，如图2-27所示。该对话框的使用方法与图2-22所示的"选择线型"对话框类似。

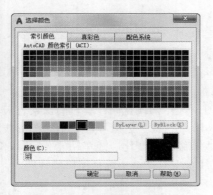

图2-26　"选择颜色"对话框

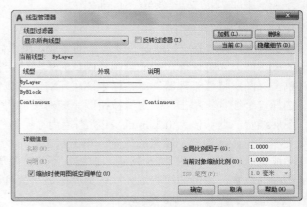

图2-27　"线型管理器"对话框

3）设置线宽

（1）执行方式

☑ 命令行：LINEWEIGHT 或 LWEIGHT。

☑ 菜单栏："格式"→"线宽"。

（2）操作步骤

执行上述操作之一后，系统打开"线宽设置"对话框，如图2-28所示。该对话框的使用方法与图2-24所示的"线宽"对话框类似。

2．利用"特性"工具栏设置图层

AutoCAD 2018提供了一个"特性"工具栏，如图2-29所示。用户能够控制和使用工具栏中的对象特性工具快速查看和改变所选对象的颜色、线型、线宽等特性。"特性"工具栏增强了查看和编辑对象属性的功能，在绘图区选择任意对象将在该工具栏中自动显示它所在的图层、颜色、线型等属性。

也可以在"特性"工具栏的"颜色""线型""线宽""打印样式"下拉列表框中选择需要的参数值。如果在"颜色"下拉列表框中选择"选择颜色"选项，系统就会打开"选择颜色"对话框。同样，如果在"线型"下拉列表框中选择"其他"选项（如图2-30所示），系统就会打开"线型管理器"对话框。

3．用"特性"对话框设置图层

（1）执行方式

☑　命令行：DDMODIFY 或 PROPERTIES。

☑　菜单栏："修改"→"特性"。

☑　工具栏："标准"→"特性" 。

（2）操作步骤

执行上述操作之一后，系统打开"特性"对话框，如图 2-31 所示。在其中可以方便地设置或修改图层、颜色、线型、线宽等属性。

图 2-28　"线宽设置"对话框

图 2-29　"特性"工具栏

图 2-30　"其他"选项

图 2-31　"特性"对话框

2.3.3　控制图层

1．切换当前图层

不同的图形对象需要绘制在不同的图层中，在绘制前，需要将工作图层切换到所需的图层上来。单击"图层"工具栏中的"图层特性管理器"按钮 ，打开"图层特性管理器"对话框，选择图层，单击"置为当前"按钮即可完成设置。

2．删除图层

在"图层特性管理器"对话框的图层列表框中选择要删除的图层，单击"删除"按钮即可删除该图层。从图形文件定义中删除选定的图层时，只能删除未参照的图层。参照图层包括图层 0 及 DEFPOINTS、包含对象（包括块定义中的对象）的图层、当前图层和依赖外部参照的图层。不包含对象（包括块定义中的对象）的图层、非当前图层和不依赖外部参照的图层都可以删除。

3．关闭/打开图层

在"图层特性管理器"对话框中单击 图标，可以控制图层的可见性。图层打开且图标小灯泡呈鲜艳的颜色时，该图层上的图形可以显示在屏幕上或绘制在绘图仪上。单击该属性图标后，图标小灯泡呈灰暗色时，该图层上的图形不显示在屏幕上，而且不能被打印输出，但仍然作为图形的一部分保留在文件中。

4. 冻结/解冻图层

在"图层特性管理器"对话框中单击❄图标，可以冻结图层或将图层解冻。图标呈雪花灰暗色时，该图层处于冻结状态；图标呈太阳鲜艳色时，该图层处于解冻状态。冻结图层上的对象不能显示，也不能打印，同时也不能编辑修改。在冻结了图层后，该图层上的对象不影响其他图层上对象的显示和打印。例如，在使用 HIDE 命令消隐对象时，被冻结图层上的对象不隐藏。

5. 锁定/解锁图层

在"图层特性管理器"对话框中单击🔓或🔒图标，可以锁定图层或将图层解锁。锁定图层后，该图层上的图形依然显示在屏幕上并可打印输出，也可以在该图层上绘制新的图形对象，但不能对该图层上的图形进行编辑修改操作。可以对当前图层进行锁定，也可对锁定图层上的图形对象进行查询或捕捉。锁定图层可以防止对图形的意外修改。

6. 打印样式

在 AutoCAD 2018 中，可以使用一个名为"打印样式"的对象特性。打印样式控制对象的打印特性，包括颜色、抖动、灰度、笔号、虚拟笔、淡显、线型、线宽、线条端点样式、线条连接样式和填充样式。打印样式功能给用户提供了很大的灵活性，用户可以设置打印样式来替代其他对象特性，也可以根据需要关闭这些替代设置。

7. 打印/不打印

在"图层特性管理器"对话框中单击🖨或🖨图标，可以设定该图层是否打印，以保证在图形可见性不变的条件下，控制图形的打印特征。打印功能只对可见的图层起作用，对于已经被冻结或被关闭的图层不起作用。

8. 新视口冻结

新视口冻结功能用于控制在当前视口中图层的冻结和解冻，不解冻图形中设置为"关"或"冻结"的图层，对于模型空间视口不可用。

9. 透明度

控制所有对象在选定图层上的可见性。对单个对象应用透明度时，对象的透明度特性将替代图层的透明度设置。

10. 说明

（可选）描述图层或图层过滤器。

2.4 图形显示工具

对于一个较为复杂的图形来说，在观察整幅图形时往往无法对其局部细节进行查看和操作，而当在屏幕上显示一个细部时又看不到其他部分，为解决这类问题，AutoCAD 2018 提供了缩放、平移、鸟瞰视图和视口等一系列图形显示控制命令，可以用来任意地放大、缩小或移动屏幕上的图形显示，或者同时从不同的角度、不同的部位来显示图形。AutoCAD 2018 还提供了重画和重新生成命令来刷新屏幕、重新生成图形。

2.4.1 图形缩放

图形缩放命令类似于照相机的镜头，可以放大或缩小屏幕所显示的范围，只改变视图的比例，但是对象的实际尺寸并不发生变化。当放大图形一部分的显示尺寸时，可以更清楚地查看这个区域的细节；相反，如果缩小图形的显示尺寸，则可以查看更大的区域，如整体浏览。

图形缩放功能在绘制大幅面机械图，尤其是装配图时非常实用，是使用频率最高的命令之一。这个命令可以透明地使用，也就是说，该命令可以在其他命令执行时运行。用户完成涉及透明命令的过程时，AutoCAD 会自动地返回到在用户调用透明命令前正在运行的命令。执行图形缩放的方法如下。

1. 执行方式

- ☑ 命令行：ZOOM。
- ☑ 菜单栏："视图"→"缩放"。
- ☑ 工具栏："标准"→"实时缩放" ，如图 2-32 所示。

图 2-32 "标准"工具栏

2. 操作步骤

执行上述命令后，系统提示如下：

> 指定窗口的角点，输入比例因子 (nX 或 nXP)，或者
> [全部(A)/中心(C)/动态(D)/范围(E)/上一个(P)/比例(S)/窗口(W)/对象(O)] <实时>：

3. 选项说明

（1）实时：这是缩放命令的默认操作，即在输入"ZOOM"后，直接按 Enter 键，将自动执行实时缩放操作。实时缩放就是可以通过上下滚动鼠标滚轮交替进行放大和缩小。在使用实时缩放时，系统会显示一个"+"号或"–"号。当缩放比例接近极限时，AutoCAD 2018 将不再与光标一起显示"+"号或"–"号。需要从实时缩放操作中退出时，可按 Enter 键或 Esc 键。

（2）全部(A)：执行 ZOOM 命令后，在提示文字后输入"A"，即可执行"全部(A)"缩放操作。不论图形有多大，该操作都将显示图形的边界或范围，即使对象不包括在边界以内，它们也将被显示。因此，使用"全部(A)"缩放选项，可查看当前视口中的整个图形。

（3）中心(C)：通过确定一个中心点，该选项可以定义一个新的显示窗口。操作过程中需要指定中心点以及输入比例或高度。默认新的中心点就是视图的中心点，默认的输入高度就是当前视图的高度，直接按 Enter 键后，图形将不会被放大。输入比例，则数值越大，图形放大倍数也将越大。也可以在数值后面紧跟一个 X，如 3X，表示在放大时不是按照绝对值变化，而是按相对于当前视图的相对值缩放。

（4）动态(D)：通过操作一个表示视口的视图框，可以确定所需显示的区域。选择该选项，在绘图窗口中出现一个小的视图框，按住鼠标左键左右移动可以改变该视图框的大小，定形后放开左键，再按下鼠标左键移动视图框，确定图形中的放大位置，系统将清除当前视口并显示一个特定的视图选择屏幕。这个特定屏幕，由有关当前视图及有效视图的信息所构成。

（5）范围(E)：可以使图形缩放至整个显示范围。图形的范围由图形所在的区域构成，剩余的空白区域将被忽略。应用这个选项，图形中所有的对象都尽可能地被放大。

（6）上一个(P)：在绘制一幅复杂的图形时，有时需要放大图形的一部分以进行细节的编辑。当编辑完成后，有时希望回到前一个视图。这种操作可以使用"上一个(P)"选项来实现。当前视口由缩放命令的各种选项或移动视图、视图恢复、平行投影或透视命令引起的任何变化，系统都将做保存。每一个视口最多可以保存 10 个视图。连续使用"上一个(P)"选项可以恢复前 10 个视图。

（7）比例(S)：提供了 3 种使用方法。在提示信息下，直接输入比例系数，AutoCAD 将按照此比例因子放大或缩小图形的尺寸。如果在比例系数后面加一个 X，则表示相对于当前视图计算的比例因子。使用比例因子的第 3 种方法就是相对于图形空间，例如，可以在图纸空间阵列布排或打印出模型的不同视图。为了使每一张视图都与图纸空间单位成比例，可以使用"比例(S)"选项，每一个视图可以有单独的比例。

（8）窗口(W)：是最常使用的选项。通过确定一个矩形窗口的两个对角来指定所需缩放的区域，对角点可以由鼠标指定，也可以输入坐标确定。指定窗口的中心点将成为新的显示屏幕的中心点。窗口中的区域将被放大或者缩小。调用 ZOOM 命令时，可以在没有选择任何选项的情况下，利用鼠标在绘图窗口中直接指定缩放窗口的两个对角点。

（9）对象(O)：缩放以便尽可能大地显示一个或多个选定的对象并使其位于视图的中心。可以在启动 ZOOM 命令前后选择对象。

说明：这里所提到的诸如放大、缩小或移动的操作，仅是对图形在屏幕上的显示进行控制，图形本身并没有任何改变。

2.4.2 图形平移

当图形幅面大于当前视口时，例如使用图形缩放命令将图形放大，如果需要在当前视口之外观察或绘制一个特定区域，则可以使用图形平移命令来实现。"平移"命令能将在当前视口以外的图形的一部分移动进来查看或编辑，但不会改变图形的缩放比例。执行图形平移的方法如下。

1. 执行方式
☑ 命令行：PAN。
☑ 菜单栏："视图"→"平移"。
☑ 工具栏："标准"→"实时平移" 。
☑ 快捷菜单：绘图窗口中右击→"平移"。

2. 操作步骤

激活"平移"命令之后，光标将变成一只"小手"，可以在绘图窗口中任意移动，以示当前正处于平移模式。单击并按住鼠标左键将光标锁定在当前位置，即"小手"已经抓住图形，然后拖动图形使其移动到所需位置上，松开鼠标左键将停止平移图形。可以反复执行按下鼠标左键、拖动、松开操作，将图形平移到其他位置上。

"平移"命令预先定义了一些不同的菜单选项与按钮，它们可用于在特定方向上平移图形，在激活"平移"命令后，这些选项可以从菜单"视图"→"平移"子菜单中调用。
☑ 实时：是"平移"命令中最常用的选项，也是默认选项，前面提到的平移操作都是指实时平移，通过鼠标的拖动来实现任意方向上的平移。
☑ 点：该选项要求确定位移量，这就需要确定图形移动的方向和距离。可以通过输入点的坐标或用鼠标指定点的坐标来确定位移。
☑ 左：该选项移动图形使屏幕左部的图形进入显示窗口。
☑ 右：该选项移动图形使屏幕右部的图形进入显示窗口。

☑　上：该选项向底部平移图形后，使屏幕顶部的图形进入显示窗口。

☑　下：该选项向顶部平移图形后，使屏幕底部的图形进入显示窗口。

2.5　基本输入操作

在 AutoCAD 中，有一些基本的输入操作方法是进行 AutoCAD 2018 绘图的必备知识，也是深入学习 AutoCAD 功能的前提。

2.5.1　命令输入方式

AutoCAD 交互绘图必须输入必要的指令和参数。有以下几种 AutoCAD 2018 命令输入方式（以画直线为例）。

1．在命令行窗口中输入命令名

命令字符不区分大小写。执行命令时，在命令行提示中经常会出现命令选项。如输入绘制直线命令"LINE"后，命令行提示与操作如下：

```
命令：LINE✓
指定第一个点：（在屏幕上指定一点或输入一个点的坐标）
指定下一点或 [放弃(U)]：
```

命令中不带括号的提示为默认选项，因此可以直接输入直线段的起点坐标或在屏幕上指定一点，如果要选择其他选项，则应该首先输入该选项的标识字符，如"放弃"选项的标识字符"U"，然后按系统提示输入数据即可。在命令选项的后面有时还带有尖括号，尖括号内的数值为默认数值。

2．在命令行窗口中输入命令缩写字

如 L（Line）、C（Circle）、A（Arc）、Z（Zoom）、R（Redraw）、M（More）、CO（Copy）、PL（Pline）、E（Erase）等。

3．选择"绘图"菜单中的"直线"命令

选取该命令后，在状态栏中可以看到对应的命令说明及命令名。

4．单击工具栏中的对应图标

单击该图标后在状态栏中也可以看到对应的命令说明及命令名。

5．在绘图区域打开右键快捷菜单

如果在前面刚使用过要输入的命令，可以在绘图区域打开右键快捷菜单，在"最近的输入"子菜单中选择需要的命令，如图 2-33 所示。"最近的输入"子菜单中储存了最近使用的几个命令，如果是经常重复使用的命令，这种方法就比较简捷。

6．在绘图区右击

如果要重复使用上次使用的命令，可以直接在绘图区右击，系统立即重复执行上次使用的命令，这种方法适用

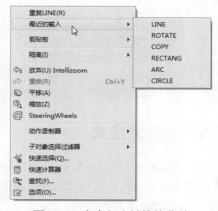

图 2-33　命令行右键快捷菜单

于重复执行某个命令。

2.5.2 命令的重复、撤销、重做

1．命令的重复

在命令行窗口中按 Enter 键可重复调用上一个命令，不管上一个命令是完成了还是被取消了。

2．命令的撤销

在命令执行的任何时刻都可以取消和终止命令的执行。执行方式如下。

☑ 命令行：UNDO。

☑ 菜单栏："编辑"→"放弃"。

☑ 快捷键：按 Esc 键。

3．命令的重做

已被撤销的命令还可以恢复重做。要恢复撤销的最后一个命令，具体如下。

（1）执行方式

☑ 命令行：REDO。

☑ 菜单栏："编辑"→"重做"。

（2）操作步骤

该命令可以一次执行多重放弃和重做操作。

单击快速访问工具栏中的"放弃"按钮或"重做"按钮后面的小三角，可以选择要放弃或重做的操作，如图 2-34 所示。

图 2-34　多重放弃或重做

2.5.3 透明命令

在 AutoCAD 2018 中有些命令不仅可以直接在命令行中使用，而且还可以在其他命令的执行过程中插入并执行，待该命令执行完毕后，系统继续执行原命令，这种命令称为透明命令。如 2.5.2 节中 3 种命令的执行方式就适用于透明命令的执行。透明命令一般多为修改图形设置或打开辅助绘图工具的命令。

下面的命令行操作表示在执行"圆弧"命令的过程中执行缩放操作，然后再继续执行"圆弧"命令：

```
命令：ARC✓
指定圆弧的起点或 [圆心(C)]：ZOOM✓ （透明使用显示缩放命令 ZOOM）
>>（执行 ZOOM 命令）
正在恢复执行 ARC 命令
指定圆弧的起点或 [圆心(C)]：（继续执行原命令）
```

2.5.4 按键定义

在 AutoCAD 2018 中，除了可以通过在命令行窗口中输入命令、单击工具栏上的图标按钮或选择菜单命令来完成外，还可以使用键盘上的一组功能键或快捷键快速实现指定功能，如按 F1 键，系统调用 AutoCAD 帮助对话框。

系统使用 AutoCAD 传统标准（Windows 之前）或 Microsoft Windows 标准快捷键。有些功能键或快捷键在 AutoCAD 的菜单中已经指出，如"粘贴"的快捷键为 Ctrl+V，这些只要在使用的过程中多加留意，就会熟练掌握。

2.5.5　命令执行方式

有的命令有两种执行方式，通过对话框或命令行输入命令。如指定使用命令行窗口方式，可以在命令名前加短划线来表示，如"_LAYER"表示用命令行方式执行"图层"命令。而如果在命令行中输入"LAYER"，系统则会自动打开"图层特性管理器"对话框。

另外，有些命令同时存在命令行、菜单和工具栏 3 种执行方式，这时如果选择菜单或工具栏方式，命令行会显示该命令，并在前面加一下划线，如通过菜单或工具栏方式执行直线命令时，命令行会显示"_line"，命令的执行过程与结果和命令行方式相同。

2.5.6　坐标系统与数据的输入方法

1. 坐标系

AutoCAD 2018 采用两种坐标系，即世界坐标系（WCS）与用户坐标系（UCS）。用户刚进入 AutoCAD 2018 时的坐标系统就是世界坐标系，是固定的坐标系统。世界坐标系也是坐标系统中的基准，绘制图形时多数情况下都是在该坐标系统下进行的。也可以根据需要切换到用户坐标系，具体方法如下。

（1）执行方式

☑　命令行：UCS。

☑　菜单栏："工具"→"新建 UCS"子菜单中相应的命令。

☑　工具栏：单击 UCS 工具栏中的相应按钮。

（2）操作步骤

AutoCAD 有两种视图显示方式，即模型空间和布局空间。模型空间是指单一视图显示法，我们通常使用的都是这种显示方式；布局空间是指在绘图区域创建图形的多视图。用户可以对其中每一个视图进行单独操作。在默认情况下，当前 UCS 与 WCS 重合。图 2-35（a）所示为模型空间下的 UCS 坐标系图标，通常放在绘图区左下角处；也可以指定它放在当前 UCS 的实际坐标原点位置，如图 2-35（b）所示；图 2-35（c）所示为布局空间下的坐标系图标。

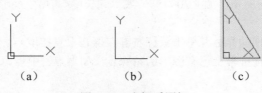

(a)　　　　　　(b)　　　　　　(c)

图 2-35　坐标系图标

2. 数据输入方法

在 AutoCAD 2018 中，点的坐标可以用直角坐标、极坐标、球面坐标和柱面坐标表示，每一种坐标又分别具有两种坐标输入方式，即绝对坐标和相对坐标。其中，直角坐标和极坐标最为常用，下面主要介绍它们的输入。

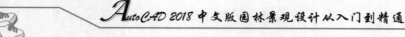

（1）直角坐标法。用点的 X、Y 坐标值表示的坐标。

例如，在命令行中输入点的坐标提示下输入"15,18"，则表示输入了一个 X、Y 的坐标值分别为 15、18 的点，此为绝对坐标输入方式，表示该点的坐标是相对于当前坐标原点的坐标值，如图 2-36（a）所示。如果输入"@10,20"，则为相对坐标输入方式，表示该点的坐标是相对于前一点的坐标值，如图 2-36（b）所示。

（2）极坐标法。用长度和角度表示的坐标，只能用来表示二维点的坐标。

在绝对坐标输入方式下，表示为"长度<角度"，如"25<50"，其中长度为该点到坐标原点的距离，角度为该点至原点的连线与 X 轴正向的夹角，如图 2-36（c）所示。

在相对坐标输入方式下，表示为"@长度<角度"，如"@25<45"，其中长度为该点到前一点的距离，角度为该点至前一点的连线与 X 轴正向的夹角，如图 2-36（d）所示。

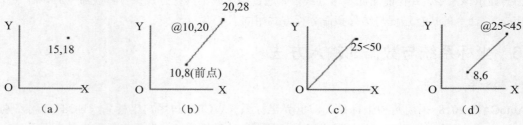

图 2-36　数据输入方法

3．动态数据输入

单击状态栏中的"动态输入"按钮，系统打开动态输入功能，可以在屏幕上动态地输入某些参数数据，例如，绘制直线时，在光标附近，会动态地显示"指定第一个点"，以及后面的坐标框，当前显示的是光标所在位置，可以输入数据，两个数据之间以逗号隔开，如图 2-37 所示。指定第一个点后，系统动态显示直线的角度，同时要求输入线段长度值，如图 2-38 所示，其输入效果与"@长度<角度"方式相同。

下面分别讲述点与距离值的输入方法。

（1）点的输入。绘图过程中，常需要输入点的位置，AutoCAD 提供了如下几种输入点的方式。

☑ 用键盘直接在命令行窗口中输入点的坐标。直角坐标有两种输入方式，即"X,Y"（点的绝对坐标值，如"100,50"）和"@X,Y"（相对于前一点的相对坐标值，如"@50,-30"）。坐标值均相对于当前的用户坐标系。

☑ 极坐标的输入方式为：长度<角度（其中，长度为点到坐标原点的距离，角度为原点至该点连线与 X 轴的正向夹角，如"20<45"）或"@长度<角度"（相对于前一点的相对极坐标，如"@50 <-30"）。

☑ 用鼠标等定标设备移动光标并单击鼠标左键在屏幕上直接取点。

☑ 用目标捕捉方式捕捉屏幕上已有图形的特殊点（如端点、中点、中心点、插入点、交点、切点、垂足点等）。

☑ 直接距离输入：先用光标拖拉出橡筋线确定方向，然后用键盘输入距离，这样有利于准确控制对象的长度等参数。如要绘制一条 10mm 长的线段，命令行提示与操作如下：

```
命令：line↙
指定第一个点：（在绘图区指定一点）
指定下一点或 [放弃(U)]：
```

这时在屏幕上移动鼠标指明线段的方向（但不要单击鼠标左键确认），如图 2-39 所示，然后在命令行中输入"10"，这样就在指定方向上准确地绘制出了长度为 10mm 的线段。

图 2-37　动态输入坐标值　　　图 2-38　动态输入长度值　　　图 2-39　绘制线段

（2）距离值的输入。在 AutoCAD 2018 命令中，有时需要提供高度、宽度、半径、长度等距离值。AutoCAD 2018 提供了两种输入距离值的方式：一种是用键盘在命令行窗口中直接输入数值；另一种是在屏幕上拾取两点，以两点的距离值定出所需数值。

2.6　实践与操作

通过本章的学习，读者对 AutoCAD 2018 的基础知识，如 AutoCAD 2018 的操作界面、绘图系统的基本配置、图层设置以及命令的执行方式等知识也有了大体的了解。本节将通过两个操作练习使读者进一步掌握本章知识要点。

1. 熟悉 AutoCAD 2018 的操作界面

（1）运行 AutoCAD 2018，进入 AutoCAD 2018 操作界面。
（2）调整操作界面的大小。
（3）移动、打开、关闭工具栏。
（4）设置绘图窗口的颜色和十字光标的大小。
（5）利用下拉菜单和工具栏按钮随意绘制图形。
（6）切换到 AutoCAD 2018 的各种界面。

2. 显示图形文件

（1）选择菜单栏中的"文件"→"打开"命令，打开"选择文件"对话框。
（2）打开一个图形文件。
（3）将其进行实时缩放、局部放大等显示操作。

第3章

二维绘图命令

　　二维图形是指在二维平面空间绘制的图形，主要由一些图形元素组成，如点、直线、圆弧、圆、椭圆、矩形、多边形、多段线、样条曲线、多线等几何元素。AutoCAD 2018 提供了大量的绘图工具，可以帮助用户完成二维图形的绘制。本章主要内容包括直线、圆和圆弧、椭圆和椭圆弧、平面图形、点、轨迹线与区域填充、徒手线和修订云线、多段线、样条曲线、多线和图案填充等。

- ☑ 直线与点命令
- ☑ 圆类图形
- ☑ 平面图形
- ☑ 多段线

- ☑ 样条曲线
- ☑ 多线
- ☑ 图案填充

任务驱动&项目案例

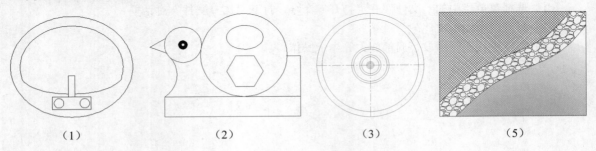

(1)　　　　　　　　(2)　　　　　　　　(3)　　　　　　　　(5)

3.1　直线与点命令

直线类命令主要包括“直线”和“构造线”命令。“直线”命令和“点”命令是 AutoCAD 中最简单的绘图命令。

3.1.1　绘制点

1. 执行方式

☑　命令行：POINT。

☑　菜单栏：“绘图”→“点”→“单点或多点”。

☑　工具栏：“绘图”→“点”。

☑　功能区：“默认”→“绘图”→“多点”。

2. 操作步骤

```
命令：POINT↙
当前点模式：PDMODE=0  PDSIZE=0.0000
指定点：(指定点所在的位置)
```

3. 选项说明

（1）通过菜单方法进行操作时（如图 3-1 所示），“单点”命令表示只输入一个点，“多点”命令表示可输入多个点。

（2）可以单击状态栏中的“对象捕捉”开关按钮，设置点的捕捉模式，以帮助用户拾取点。

（3）点在图形中的表示样式共有 20 种。可通过 DDPTYPE 命令或执行“格式”→“点样式”菜单命令，打开“点样式”对话框来设置点样式，如图 3-2 所示。

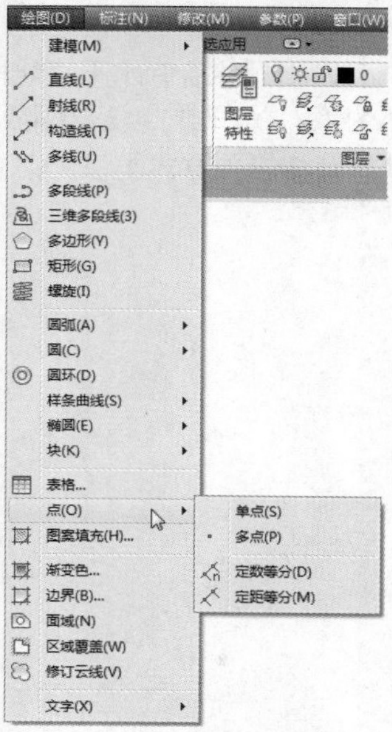

图 3-1　“点”子菜单

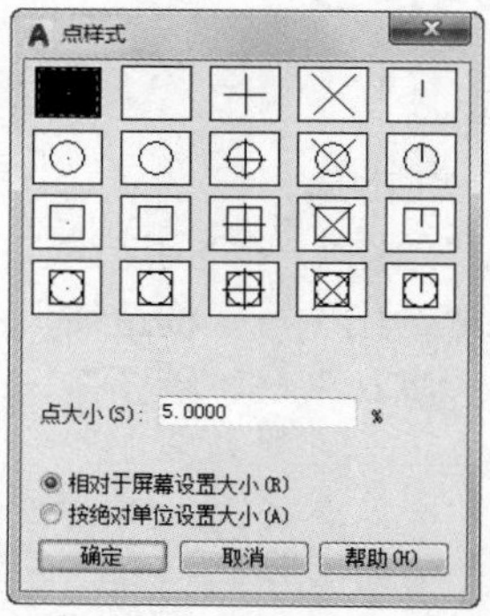

图 3-2　“点样式”对话框

3.1.2 绘制直线段

1. 执行方式

☑ 命令行：LINE。
☑ 菜单栏："绘图" → "直线"。
☑ 工具栏："绘图" → "直线" ✎。
☑ 功能区："默认" → "绘图" → "直线" ✎。

2. 操作步骤

命令：LINE✓
指定第一个点：（输入直线段的起点，用鼠标指定点或者给定点的坐标）
指定下一点或 [放弃(U)]：（输入直线段的端点，也可以用鼠标指定一定角度后，直接输入直线段的长度）
指定下一点或 [放弃(U)]：（输入下一直线段的端点。输入"U"表示放弃前面的输入；右击或按Enter键，结束命令）
指定下一点或 [闭合(C)/放弃(U)]：（输入下一直线段的端点，或输入"C"使图形闭合，结束命令）

3. 选项说明

（1）若按 Enter 键响应"指定第一个点:"的提示，则系统会把上次绘线（或弧）的终点作为本次操作的起始点。特别地，若上次操作为绘制圆弧，按 Enter 键响应后，绘出通过圆弧终点的与该圆弧相切的直线段，该线段的长度由鼠标在屏幕上指定的一点与切点之间线段的长度确定。

（2）在"指定下一点"的提示下，用户可以指定多个端点，从而绘出多条直线段。但是，每一条直线段都是一个独立的对象，可以进行单独的编辑操作。

（3）绘制两条以上的直线段后，若用选项"C"响应"指定下一点"的提示，系统会自动连接起始点和最后一个端点，从而绘出封闭的图形；若用选项"U"响应提示，则会擦除最近一次绘制的直线段。

（4）若设置正交方式（单击状态栏上的"正交"按钮），则只能绘制水平直线段或垂直直线段。

（5）若设置动态数据输入方式（单击状态栏上的 DYN 按钮），则可以动态输入坐标或长度值。下面的命令同样可以设置动态数据输入方式，效果与非动态数据输入方式类似。除了特别需要（以后不再强调），否则只按非动态数据输入方式输入相关数据。

3.1.3 绘制构造线

1. 执行方式

☑ 命令行：XLINE。
☑ 菜单栏："绘图" → "构造线"。
☑ 工具栏："绘图" → "构造线" ✎。
☑ 功能区："默认" → "绘图" → "构造线" ✎。

2. 操作步骤

命令：XLINE✓
指定点或 [水平(H)/垂直(V)/角度(A)/二等分(B)/偏移(O)]：（给出点）

指定通过点：（给定通过点 2，画一条双向的无限长直线）
指定通过点：（继续给点，继续画线，按 Enter 键，结束命令）

3. 选项说明

（1）执行选项中有"指定点""水平(H)""垂直(V)""角度(A)""二等分(B)""偏移(O)"6 种方式绘制构造线。

（2）这种线可以模拟手工绘图中的辅助绘图线。用特殊的线型显示，在绘图输出时，可不作输出。常用于辅助绘图。

扫码看视频

3.1.4 标高符号

3.1.4 实例——标高符号

绘制标高符号流程图如图 3-3 所示。

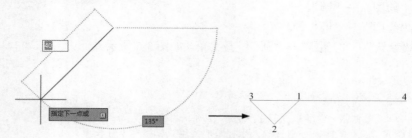

图 3-3 绘制标高符号的流程图

操作步骤：

```
命令：_line↙
指定第一个点：100,100↙（1 点）
指定下一点或 [放弃(U)]：@40,-135↙
指定下一点或 [放弃(U)]：u↙（输入错误，取消上次操作）
指定下一点或 [放弃(U)]：@40<-135↙（2 点，也可以单击状态栏上的 DYN 按钮，在鼠标位置为
135°时，动态输入"40"，如图 3-4 所示）
指定下一点或 [放弃(U)]：@40<135↙（3 点，相对极坐标数值输入方法，此方法便于控制线段长度）
指定下一点或 [闭合(C)/放弃(U)]：@180,0↙（4 点，相对直角坐标数值输入方法，此方法便于控制坐标点之间的正交距离）
指定下一点或 [闭合(C)/放弃(U)]：↙（按 Enter 键结束"直线"命令）
```

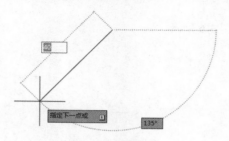

图 3-4 动态输入

说明：一般每个命令有 3 种执行方式，这里只给出了命令行执行方式，其他两种执行方式的操作方法与命令行执行方式相同。

Note

3.2 圆类图形

圆类命令主要包括"圆""圆弧""椭圆""椭圆弧""圆环"等命令，这几个命令是 AutoCAD 2018 中比较简单的圆类命令。

3.2.1 绘制圆

1. 执行方式

☑ 命令行：CIRCLE。
☑ 菜单栏："绘图"→"圆"。
☑ 工具栏："绘图"→"圆" ⊘。
☑ 功能区："默认"→"绘图"→"圆"下拉菜单（如图 3-5 所示）。

图 3-5 "圆"下拉菜单

2. 操作步骤

```
命令：CIRCLE✓
指定圆的圆心或 [三点(3P)/两点(2P)/切点、切点、半径(T)]:（指定圆心）
指定圆的半径或 [直径(D)]:（直接输入半径数值或用鼠标指定半径长度）
指定圆的直径 <默认值>:（输入直径数值或用鼠标指定直径长度）
```

3. 选项说明

☑ 三点(3P)：用指定圆周上三点的方法画圆。
☑ 两点(2P)：按指定直径的两端点的方法画圆。
☑ 切点、切点、半径(T)：按先指定两个相切对象，后给出半径的方法画圆。
当功能区选择"相切、相切、相切"的方法，系统提示：

```
指定圆上的第一个点：_tan 到:（指定相切的第一个圆弧）
指定圆上的第二个点：_tan 到:（指定相切的第二个圆弧）
指定圆上的第三个点：_tan 到:（指定相切的第三个圆弧）
```

3.2.2 实例——喷泉水池

绘制喷泉水池的流程图如图 3-6 所示。

扫码看视频

3.2.2 喷泉水池

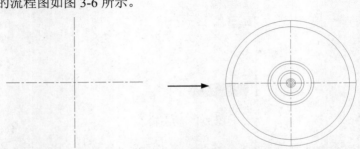

图 3-6 绘制喷泉水池的流程图

操作步骤：

（1）单击"默认"选项卡"绘图"面板中的"直线"按钮，绘制一条长为 8000 的水平直线。重复"直线"命令，以大约中点位置为起点向上绘制一条长为 4000 的垂直直线，重复"直线"命令，以中点为起点向下绘制一条长为 4000 的垂直直线，并设置线型为 CENTER，线型比例为 20，如图 3-7 所示。

图 3-7　喷泉顶视图定位中心线绘制

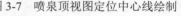

（2）单击"默认"选项卡"绘图"面板中的"圆"按钮，绘制圆，命令行提示与操作如下：

```
命令：_circle↙
指定圆的圆心或 [三点(3P)/两点(2P)/切点、切点、半径(T)]：(指定中心线交点)
指定圆的半径或 [直径(D)]：120↙
```

重复"圆"命令，绘制同心圆，圆的半径分别为 200、280、650、800、1250、1400、3600、4000。最终结果如图 3-6 所示。

3.2.3　绘制圆弧

1. 执行方式

- ☑ 命令行：ARC（快捷命令：A）。
- ☑ 菜单栏："绘图"→"圆弧"。
- ☑ 工具栏："绘图"→"圆弧" 。
- ☑ 功能区："默认"→"绘图"→"圆弧" 。

2. 操作步骤

```
命令：ARC↙
指定圆弧的起点或 [圆心(C)]：(指定起点)
指定圆弧的第二点或 [圆心(C)/端点(E)]：(指定第二点)
指定圆弧的端点：(指定端点)
```

3. 选项说明

（1）用命令行方式画圆弧时，可以根据系统提示选择不同的选项，具体功能和用"绘制"菜单中的"圆弧"子菜单提供的 11 种方式的功能相似。

（2）需要强调的是"继续"方式，绘制的圆弧与上一线段圆弧相切，使用"继续"方式画圆弧，因此提供端点即可。

3.2.4　实例——圆桌

绘制梅花式圆桌的流程图如图 3-8 所示。

扫码看视频

3.2.4　圆桌

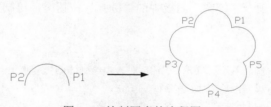

图 3-8　绘制圆桌的流程图

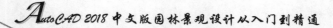

操作步骤：

（1）在命令行中输入"NEW"命令，或单击快速访问工具栏中的"新建"按钮，系统创建一个新图形。

（2）单击"默认"选项卡"绘图"面板中的"圆弧"按钮，绘制第一段圆弧，命令行提示与操作如下：

```
命令：_arc↙
指定圆弧的起点或 [圆心(C)]：140,110↙
指定圆弧的第二个点或 [圆心(C)/端点(E)]：E↙
指定圆弧的端点：@40<180↙
指定圆弧的中心点(按住 Ctrl 键以切换方向)或 [角度(A)/方向(D)/半径(R)]：R↙
指定圆弧半径(按住 Ctrl 键以切换方向)：20↙
```

（3）单击"默认"选项卡"绘图"面板中的"圆弧"按钮，绘制第二段圆弧，命令行提示与操作如下：

```
命令：_arc↙
指定圆弧的起点或 [圆心(C)]：(选择步骤（2）中绘制的圆弧端点 P2)
指定圆弧的第二个点或 [圆心(C)/端点(E)]：E↙
指定圆弧的端点：@40<252↙
指定圆弧的中心点(按住 Ctrl 键以切换方向)或 [角度(A)/方向(D)/半径(R)]：A↙
指定夹角(按住 Ctrl 键以切换方向)：180↙
```

（4）单击"默认"选项卡"绘图"面板中的"圆弧"按钮，绘制第三段圆弧，命令行提示与操作如下：

```
命令：_arc↙
指定圆弧的起点或 [圆心(C)]：(选择步骤（3）中绘制的圆弧端点 P3)
指定圆弧的第二个点或 [圆心(C)/端点(E)]：C↙
指定圆弧的圆心：@20<324↙
指定圆弧的端点(按住 Ctrl 键以切换方向)或 [角度(A)/弦长(L)]：A↙
指定夹角(按住 Ctrl 键以切换方向)：180↙
```

（5）单击"默认"选项卡"绘图"面板中的"圆弧"按钮，绘制第四段圆弧，命令行提示与操作如下：

```
命令：_arc↙
指定圆弧的起点或 [圆心(C)]：(选择步骤（4）中绘制的圆弧端点 P4)
指定圆弧的第二个点或 [圆心(C)/端点(E)]：C↙
指定圆弧的圆心：@20<36↙
指定圆弧的端点(按住 Ctrl 键以切换方向)或 [角度(A)/弦长(L)]：L↙
指定弦长(按住 Ctrl 键以切换方向)：40↙
```

（6）单击"默认"选项卡"绘图"面板中的"圆弧"按钮，绘制第五段圆弧，命令行提示与操作如下：

```
命令：_arc↙
指定圆弧的起点或 [圆心(C)]：(选择步骤（5）中绘制的圆弧端点 P5)
指定圆弧的第二个点或 [圆心(C)/端点(E)]：E↙
指定圆弧的端点：选择圆弧起点 P1
```

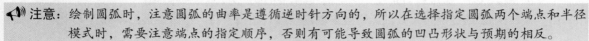

指定圆弧的中心点(按住 Ctrl 键以切换方向)或 [角度(A)/方向(D)/半径(R)]：D↙
指定圆弧的起点相切方向(按住 Ctrl 键以切换方向)：@20,20↙

完成五瓣梅的绘制，最终绘制结果如图 3-8 所示。

（7）在命令行中输入"QSAVE"命令，或单击快速访问工具栏中的"保存"按钮■，在打开的"图形另存为"对话框中输入文件名保存即可。

🔊注意：绘制圆弧时，注意圆弧的曲率是遵循逆时针方向的，所以在选择指定圆弧两个端点和半径模式时，需要注意端点的指定顺序，否则有可能导致圆弧的凹凸形状与预期的相反。

3.2.5　绘制圆环

1. 执行方式

☑　命令行：DONUT。
☑　菜单栏："绘图"→"圆环"。
☑　功能区："默认"→"绘图"→"圆环"◎。

2. 操作步骤

命令：DONUT↙
指定圆环的内径 <默认值>：（指定圆环内径）
指定圆环的外径 <默认值>：（指定圆环外径）
指定圆环的中心点或 <退出>：（指定圆环的中心点）
指定圆环的中心点或 <退出>：（继续指定圆环的中心点，则继续绘制具有相同内外径的圆环。按 Enter 键、空格键或右击，结束命令）

3. 选项说明

（1）若指定内径为零，则画出实心填充圆。
（2）用 FILL 命令可以控制圆环是否填充。命令行提示与操作如下：

命令：FILL↙
输入模式 [开(ON)/关(OFF)] <开>：（选择 ON 表示填充，选择 OFF 表示不填充）

3.2.6　绘制椭圆与椭圆弧

1. 执行方式

☑　命令行：ELLIPSE。
☑　菜单栏："绘图"→"椭圆"→"圆弧"。
☑　工具栏："绘图"→"椭圆"◯或"绘图"→"椭圆弧"◯。
☑　功能区："默认"→"绘图"→"椭圆"下拉菜单（如图 3-9 所示）。

2. 操作步骤

图 3-9　"椭圆"下拉菜单

命令：ELLIPSE↙
指定椭圆的轴端点或 [圆弧(A)/中心点(C)]：

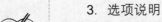

指定轴的另一个端点：
指定另一条半轴长度或 [旋转(R)]：

3. 选项说明

☑ 指定椭圆的轴端点：根据两个端点，定义椭圆的第一条轴。第一条轴的角度确定了整个椭圆的角度。第一条轴既可定义为椭圆的长轴，也可定义为椭圆的短轴。

☑ 旋转(R)：通过绕第一条轴旋转圆来创建椭圆。相当于将一个圆绕椭圆轴翻转一个角度后的投影视图。

☑ 中心点(C)：通过指定的中心点创建椭圆。

☑ 圆弧(A)：该选项用于创建一段椭圆弧。与工具栏中的"绘图"→"椭圆弧"命令功能相同。其中第一条轴的角度确定了椭圆弧的角度。第一条轴既可定义为椭圆弧长轴，也可定义为椭圆弧短轴。选择该选项，系统继续提示：

指定椭圆弧的轴端点或 [中心点(C)]：（指定端点或输入"C"）
指定轴的另一个端点：（指定另一端点）
指定另一条半轴长度或 [旋转(R)]：（指定另一条半轴长度或输入"R"）
指定起点角度或 [参数(P)]：（指定起始角度或输入"P"）
指定端点角度或 [参数(P)/夹角(I)]：

其中各选项含义介绍如下。

➤ 指定起始角度和指定端点角度：指定椭圆弧端点的两种方式之一，光标与椭圆中心点连线的夹角为椭圆弧端点位置的角度。

➤ 参数(P)：指定椭圆弧端点的另一种方式，该方式同样是指定椭圆弧端点的角度，通过以下矢量参数方程式创建椭圆弧。

$$p(u) = c + a* \cos(u) + b* \sin(u)$$

其中，c 为椭圆的中心点，a 和 b 分别为椭圆的长轴和短轴，u 为光标与椭圆中心点连线的夹角。

➤ 夹角(I)：定义从起始角度开始的包含角度。

3.2.7 实例——盥洗盆

绘制盥洗盆的流程图如图 3-10 所示。

扫码看视频
3.2.7 盥洗盆

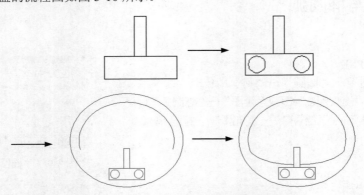

图 3-10 绘制盥洗盆的流程图

操作步骤：

（1）单击"默认"选项卡"绘图"面板中的"直线"按钮，绘制水龙头图形，结果如图 3-11 所示。

（2）单击"默认"选项卡"绘图"面板中的"圆"按钮，绘制两个水龙头旋钮，结果如图 3-12 所示。

（3）单击"默认"选项卡"绘图"面板中的"椭圆"按钮，绘制脸盆外沿，命令行提示与操作如下：

```
命令: _ellipse✓
指定椭圆的轴端点或 [圆弧(A)/中心点(C)]: (用鼠标指定椭圆轴端点)
指定轴的另一个端点: (用鼠标指定另一端点)
指定另一条半轴长度或 [旋转(R)]: (用鼠标在屏幕上拉出另一半轴长度)
```

绘制结果如图 3-13 所示。

（4）单击"默认"选项卡"绘图"面板中的"椭圆弧"按钮，绘制脸盆部分内沿，命令行提示与操作如下：

```
命令: _ellipse✓
指定椭圆的轴端点或 [圆弧(A)/中心点(C)]: _a✓
指定椭圆弧的轴端点或 [中心点(C)]: C✓
指定椭圆弧的中心点: (单击状态栏中的"对象捕捉"按钮，捕捉刚才绘制的椭圆中心点，关于"捕捉"
后面将进行介绍)
指定轴的端点: (适当指定一点)
指定另一条半轴长度或 [旋转(R)]: R✓
指定绕长轴旋转的角度: (用鼠标指定椭圆轴端点)
指定起点角度或 [参数(P)]: (用鼠标拉出起点角度)
指定端点角度或 [参数(P)/夹角(I)]: (用鼠标拉出端点角度)
```

绘制结果如图 3-14 所示。

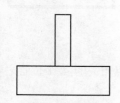　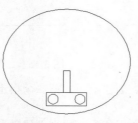　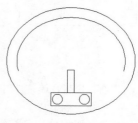

图 3-11　绘制水龙头　　　图 3-12　绘制旋钮　　　图 3-13　绘制脸盆外沿　　　图 3-14　绘制脸盆部内沿

（5）单击"默认"选项卡"绘图"面板中的"圆弧"按钮，绘制脸盆其他部分内沿。最终结果如图 3-10 所示。

3.3　平面图形

平面图形主要包括"矩形"和"正多边形"等命令。

3.3.1 绘制矩形

1. 执行方式

☑ 命令行：RECTANG（快捷命令：REC）。
☑ 菜单栏："绘图" → "矩形"。
☑ 工具栏："绘图" → "矩形" ▭。
☑ 功能区："默认" → "绘图" → "矩形" ▭。

2. 操作步骤

命令：RECTANG✓
指定第一个角点或 [倒角(C)/标高(E)/圆角(F)/厚度(T)/宽度(W)]：
指定另一个角点或 [面积(A)/尺寸(D)/旋转(R)]：

3. 选项说明

☑ 第一个角点：通过指定两个角点来确定矩形，如图 3-15（a）所示。
☑ 倒角(C)：指定倒角距离，绘制带倒角的矩形（如图 3-15（b）所示），每一个角点的逆时针和顺时针方向的倒角可以相同，也可以不同，其中第一个倒角距离是指角点逆时针方向的倒角距离，第二个倒角距离是指角点顺时针方向的倒角距离。
☑ 标高(E)：指定矩形标高（Z 坐标），即把矩形画在标高为 Z，和 XOY 坐标面平行的平面上，并作为后续矩形的标高值。
☑ 圆角(F)：指定圆角半径，绘制带圆角的矩形，如图 3-15（c）所示。
☑ 厚度(T)：指定矩形的厚度，如图 3-15（d）所示。
☑ 宽度(W)：指定线宽，如图 3-15（e）所示。

| （a） | （b） | （c） | （d） | （e） |

图 3-15　绘制矩形

☑ 尺寸(D)：使用长和宽创建矩形。第二个指定点将矩形定位在与第一角点相关的 4 个位置之一内。
☑ 面积(A)：通过指定面积和长或宽来创建矩形。选择该选项，系统提示：

输入以当前单位计算的矩形面积 <20.0000>：（输入面积值）
计算矩形标注时依据 [长度(L)/宽度(W)] <长度>：（按 Enter 键或输入 "W"）
输入矩形长度 <4.0000>：（指定长度或宽度）

指定长度或宽度后，系统自动计算出另一个维度后绘制出矩形。如果矩形被倒角或圆角，则在长度或宽度计算中会考虑此设置，如图 3-16 所示。

☑ 旋转(R)：旋转所绘制矩形的角度。选择该选项，系统提示：

指定旋转角度或 [拾取点(P)] <135>：（指定角度）
指定另一个角点或 [面积(A)/尺寸(D)/旋转(R)]：（指定另一个角点或选择其他选项）

第 3 章 二维绘图命令

指定旋转角度后，系统按指定旋转角度创建矩形，如图 3-17 所示。

倒角距离 (1,1)　　　　圆角半径: 1.0
面积: 20 长度: 6　　　面积: 20 宽度: 6

图 3-16　按面积绘制矩形

图 3-17　按指定旋转角度创建矩形

扫码看视频
3.3.2　办公桌

3.3.2　实例——办公桌

绘制办公桌的流程图如图 3-18 所示。

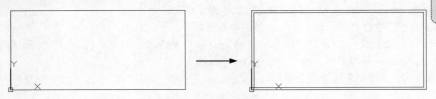

图 3-18　绘制办公桌的流程图

操作步骤：

（1）单击"默认"选项卡"绘图"面板中的"直线"按钮 ，绘制外轮廓线，命令行提示与操作如下：

```
命令: _line↙
指定第一个点: 0,0↙
指定下一点或 [放弃(U)]: @150,0↙
指定下一点或 [放弃(U)]: @0,70↙
指定下一点或 [闭合(C)/放弃(U)]: @-150,0↙
指定下一点或 [闭合(C)/放弃(U)]: c↙
```

结果如图 3-19 所示。

图 3-19　绘制外轮廓线

（2）单击"默认"选项卡"绘图"面板中的"矩形"按钮 ，绘制内轮廓线，命令行提示与操作如下：

```
命令: _rectang↙
指定第一个角点或 [倒角(C)/标高(E)/圆角(F)/厚度(T)/宽度(W)]: 2,2↙
指定另一个角点或 [面积(A)/尺寸(D)/旋转(R)]: @146,66↙
```

最终结果如图 3-18 所示。

3.3.3 绘制正多边形

1. 执行方式

- ☑ 命令行：POLYGON。
- ☑ 菜单栏："绘图"→"多边形"。
- ☑ 工具栏："绘图"→"多边形" ⬠。
- ☑ 功能区："默认"→"绘图"→"多边形" ⬠。

2. 操作步骤

命令：POLYGON↙
输入侧面数 <4>：（指定多边形的边数，默认值为 4）
指定正多边形的中心点或 [边(E)]：（指定中心点）
输入选项 [内接于圆(I)/外切于圆(C)] <I>：（指定是内接于圆或外切于圆，I 表示内接于圆，如图 3-20（a）所示；C 表示外切于圆，如图 3-20（b）所示）
指定圆的半径：（指定外接圆或内切圆的半径）

3. 选项说明

如果选择"边"选项，则只要指定多边形的一条边，系统就会按逆时针方向创建该正多边形，如图 3-20（c）所示。

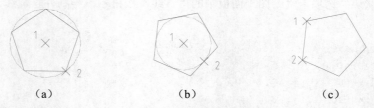

（a）　　　　　　　　（b）　　　　　　　　（c）

图 3-20　绘制正多边形

3.3.4 实例——石雕摆饰

绘制石雕摆饰流程图如图 3-21 所示。

扫码看视频

3.3.4　石雕摆饰

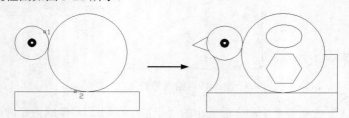

图 3-21　绘制石雕摆饰流程图

操作步骤：

（1）单击"默认"选项卡"绘图"面板中的"圆"按钮 ⊘，在左边绘制圆心坐标为（230,210）、圆半径为 30 的小圆；继续单击"默认"选项卡"绘图"面板中的"圆环"按钮 ◎，绘制内径为 5、外径为 15、中心点坐标为（230,210）的圆环。

（2）单击"默认"选项卡"绘图"面板中的"矩形"按钮 ，绘制矩形。命令行提示与操作如下：

```
命令：_rectang↙
指定第一个角点或 [倒角(C)/标高(E)/圆角(F)/厚度(T)/宽度(W)]：200,122↙（矩形左上角点
坐标值）
指定另一个角点：420,88↙（矩形右上角点的坐标值）
```

（3）单击"默认"选项卡"绘图"面板中的"圆"按钮 ⊙，绘制与图 3-22 中点 1、点 2 相切、半径为 70 的大圆。

（4）单击"默认"选项卡"绘图"面板中的"椭圆"按钮 ⬭，绘制中心点坐标为（330,222）、长轴的右端点坐标为（360,222）、短轴的长度为 20 的小椭圆。

（5）单击"默认"选项卡"绘图"面板中的"多边形"按钮 ⬠，绘制中心点坐标为（330,165）、内接圆半径为 30 的正六边形。命令行提示与操作如下：

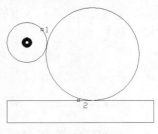

图 3-22　步骤图

```
命令：_polygon↙
输入侧面数 <4>：6↙（指定边数）
指定正多边形的中心点或 [边(E)]：330,165↙
输入选项 [内接于圆(I)/外切于圆(C)] <I>：I↙
指定圆的半径：30↙
```

（6）单击"默认"选项卡"绘图"面板中的"直线"按钮 ⁄，绘制端点坐标分别为（202,221）、（@30<-150）和（@30<-150）、（@30<-20）的折线；继续单击"默认"选项卡"绘图"面板中的"圆弧"按钮 ⌒，绘制起点坐标为（200,122）、端点坐标为（210,188）、半径为 45 的圆弧。

（7）单击"默认"选项卡"绘图"面板中的"直线"按钮 ⁄，绘制端点坐标分别为（420,122）、（@68<90）（@23<180）的折线，结果如图 3-21 所示。

3.4　多　段　线

多段线是一种由线段和圆弧组合而成的、不同线宽的多线，由于其组合形式的多样和线宽的不同，弥补了直线或圆弧功能的不足，适合绘制各种复杂的图形轮廓，因而得到了广泛的应用。

3.4.1　绘制多段线

1. 执行方式

☑ 命令行：PLINE（快捷命令：PL）。
☑ 菜单栏："绘图"→"多段线"。
☑ 工具栏："绘图"→"多段线" ⌐。
☑ 功能区："默认"→"绘图"→"多段线" ⌐。

2. 操作步骤

```
命令：PLINE↙
```

指定起点：（指定多段线的起点）
当前线宽为 0.0000
指定下一个点或 [圆弧(A)/半宽(H)/长度(L)/放弃(U)/宽度(W)]:（指定多段线的下一点）
指定下一点或 [圆弧(A)/闭合(C)/半宽(H)/长度(L)/放弃(U)/宽度(W)]:

3. 选项说明

多段线主要由不同长度的连续的线段或圆弧组成，如果在上述提示中选择"圆弧"命令，则命令行提示如下：

指定圆弧的端点(按住 Ctrl 键以切换方向)或 [角度(A)/圆心(CE)/闭合(CL)/方向(D)/半宽(H)/直线(L)/半径(R)/第二个点(S)/放弃(U)/宽度(W)]:

绘制圆弧的方法与"圆弧"命令相似。

3.4.2 编辑多段线

1. 执行方式

☑ 命令行：PEDIT（快捷命令：PE）。
☑ 菜单栏："修改"→"对象"→"多段线"。
☑ 工具栏："修改 II"→"编辑多段线" ✎。
☑ 快捷菜单：选择要编辑的多线段，在绘图区右击，从打开的快捷菜单中选择"多段线"→"编辑多段线"命令。

2. 操作步骤

命令：PEDIT↙
选择多段线或 [多条(M)]:（选择一条要编辑的多段线）
输入选项 [闭合(C)/合并(J)/宽度(W)/编辑顶点(E)/拟合(F)/样条曲线(S)/非曲线化(D)/线型生成(L)/反转(R)/放弃(U)]:

3. 选项说明

☑ 合并(J)：以选中的多段线为主体，合并其他直线段、圆弧或多段线，使其成为一条多段线。能合并的条件是各段线的端点首尾相连，如图 3-23 所示。
☑ 宽度(W)：修改整条多段线的线宽，使其具有同一线宽，如图 3-24 所示。

（a）合并前　　　　　　　（b）合并后　　　　　　（a）修改前　　　　　　（b）修改后

图 3-23　合并多段线　　　　　　　　　图 3-24　修改整条多段线的线宽

☑ 编辑顶点(E)：选择该选项后，在多段线起点处出现一个斜的十字叉"×"，它为当前顶点的标记，并在命令行出现进行后续操作的提示：

[下一个(N)/上一个(P)/打断(B)/插入(I)/移动(M)/重生成(R)/拉直(S)/切向(T)/宽度(W)/退

出(X)] <N>:

这些选项允许用户进行移动、插入顶点和修改任意两点间的线的线宽等操作。

☑ 拟合(F)：从指定的多段线生成由光滑圆弧连接而成的圆弧拟合曲线，该曲线经过多段线的各顶点，如图 3-25 所示。

（a）修改前　　　　　　（b）修改后

图 3-25　生成圆弧拟合曲线

☑ 样条曲线(S)：以指定的多段线的各顶点作为控制点生成 B 样条曲线，如图 3-26 所示。

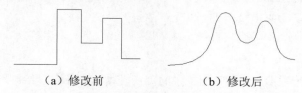

（a）修改前　　　　　　（b）修改后

图 3-26　生成 B 样条曲线

☑ 非曲线化(D)：用直线代替指定的多段线中的圆弧。对于选择"拟合(F)"选项或"样条曲线(S)"选项后生成的圆弧拟合曲线或样条曲线，删去其生成曲线时新插入的顶点，则恢复成由直线段组成的多段线。

☑ 线型生成(L)：当多段线的线型为点划线时，控制多段线的线型生成方式开关。选择该选项，系统提示如下：

输入多段线线型生成选项 [开(ON)/关(OFF)] <关>:

选择"开(ON)"选项时，将在每个顶点处允许以短划线开始或结束生成线型；选择"关(OFF)"选项时，将在每个顶点处允许以长划线开始或结束生成线型。"线型生成"不能用于包含带变宽的线段的多段线，如图 3-27 所示。

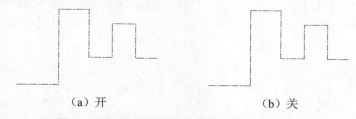

（a）开　　　　　　　　　　（b）关

图 3-27　控制多段线的线型（线型为点划线时）

☑ 反转(R)：反转多段线顶点的顺序。使用该选项可反转使用包含文字线型的对象的方向。

3.4.3　实例——交通标志

绘制交通标志的流程图如图 3-28 所示。

扫码看视频

3.4.3　交通标志

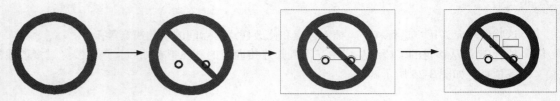

图 3-28　绘制交通标志的流程图

操作步骤：

（1）单击"默认"选项卡"绘图"面板中的"圆环"按钮◎，绘制圆环。命令行提示与操作如下：

```
命令：_donut✓
指定圆环的内径 <0.5000>：110✓
指定圆环的外径 <1.0000>：140✓
指定圆环的中心点或 <退出>：100,100✓
指定圆环的中心点或 <退出>：✓
```

结果如图 3-29 所示。

（2）单击"默认"选项卡"绘图"面板中的"多段线"按钮⟶，绘制斜线。命令行提示与操作如下：

```
命令：_pline✓
指定起点：（在圆环左上方适当捕捉一点）
当前线宽为 0.0000
指定下一个点或 [圆弧(A)/半宽(H)/长度(L)/放弃(U)/宽度(W)]：W✓
指定起点宽度 <0.0000>：10✓
指定端点宽度 <10.0000>：✓
指定下一个点或 [圆弧(A)/半宽(H)/长度(L)/放弃(U)/宽度(W)]：（斜向向下在圆环上捕捉一点）
指定下一点或 [圆弧(A)/闭合(C)/半宽(H)/长度(L)/放弃(U)/宽度(W)]：✓
```

结果如图 3-30 所示。

（3）设置当前图层颜色为黑色。单击"默认"选项卡"绘图"面板中的"圆环"按钮◎，绘制圆心坐标为（128,83）和（83,83）、内径为 9、外径为 14 的两个圆环，结果如图 3-31 所示。

（4）单击"默认"选项卡"绘图"面板中的"多段线"按钮⟶，绘制车身。命令行提示与操作如下：

```
命令：_pline✓
指定起点：140,83✓
当前线宽为 0.0000
指定下一个点或 [圆弧(A)/半宽(H)/长度(L)/放弃(U)/宽度(W)]：136.775,83✓
指定下一点或 [圆弧(A)/闭合(C)/半宽(H)/长度(L)/放弃(U)/宽度(W)]：a✓
指定圆弧的端点(按住 Ctrl 键以切换方向)或 [角度(A)/圆心(CE)/闭合(CL)/方向(D)/半宽(H)/
直线(L)/半径(R)/第二个点(S)/放弃(U)/宽度(W)]：ce✓
指定圆弧的圆心：128,83✓
指定圆弧的端点(按住 Ctrl 键以切换方向)或 [角度(A)/长度(L)]：（指定一点，在极轴追踪的条
件下拖动鼠标向左在屏幕上单击）
```

指定圆弧的端点(按住 Ctrl 键以切换方向)或 [角度(A)/圆心(CE)/闭合(CL)/方向(D)/半宽(H)/直线(L)/半径(R)/第二个点(S)/放弃(U)/宽度(W)]: l↙(选择"直线(L)"选项)

　　指定下一点或 [圆弧(A)/闭合(C)/半宽(H)/长度(L)/放弃(U)/宽度(W)]: @-27.22,0↙

　　指定下一点或 [圆弧(A)/闭合(C)/半宽(H)/长度(L)/放弃(U)/宽度(W)]: a↙

　　指定圆弧的端点(按住 Ctrl 键以切换方向)或 [角度(A)/圆心(CE)/闭合(CL)/方向(D)/半宽(H)/直线(L)/半径(R)/第二个点(S)/放弃(U)/宽度(W)]: ce↙

　　指定圆弧的圆心: 83,83↙

　　指定圆弧的端点(按住 Ctrl 键以切换方向)或 [角度(A)/长度(L)]: a↙

　　指定夹角(按住 Ctrl 键以切换方向): 180↙

　　指定圆弧的端点(按住 Ctrl 键以切换方向)或 [角度(A)/圆心(CE)/闭合(CL)/方向(D)/半宽(H)/直线(L)/半径(R)/第二个点(S)/放弃(U)/宽度(W)]: l↙(选择"直线(L)"选项)

　　指定下一点或 [圆弧(A)/闭合(C)/半宽(H)/长度(L)/放弃(U)/宽度(W)]: 58,83↙

　　指定下一点或 [圆弧(A)/闭合(C)/半宽(H)/长度(L)/放弃(U)/宽度(W)]: 58,104.5↙

　　指定下一点或 [圆弧(A)/闭合(C)/半宽(H)/长度(L)/放弃(U)/宽度(W)]: 71,127↙

　　指定下一点或 [圆弧(A)/闭合(C)/半宽(H)/长度(L)/放弃(U)/宽度(W)]: 82,127↙

　　指定下一点或 [圆弧(A)/闭合(C)/半宽(H)/长度(L)/放弃(U)/宽度(W)]: 82,106↙

　　指定下一点或 [圆弧(A)/闭合(C)/半宽(H)/长度(L)/放弃(U)/宽度(W)]: 140,106↙

　　指定下一点或 [圆弧(A)/闭合(C)/半宽(H)/长度(L)/放弃(U)/宽度(W)]: c↙

结果如图 3-32 所示。

图 3-29　绘制圆环　　　图 3-30　绘制斜线　　　图 3-31　绘制轮胎　　　图 3-32　绘制车身

　　(5)单击"默认"选项卡"绘图"面板中的"矩形"按钮□,在车身后部合适的位置绘制几个矩形作为货箱,结果如图 3-28 所示。

3.5　样条曲线

　　AutoCAD 使用一种称为非一致有理 B 样条(NURBS)曲线的特殊样条曲线类型。NURBS 曲线在控制点之间产生一条光滑的样条曲线,如图 3-33 所示。样条曲线可用于创建形状不规则的曲线,例如,为地理信息系统(GIS)应用或汽车设计绘制轮廓线。

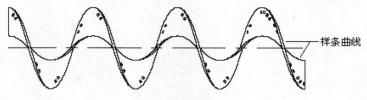

图 3-33　样条曲线

3.5.1 绘制样条曲线

1. 执行方式

- ☑ 命令行：SPLINE。
- ☑ 菜单栏："绘图"→"样条曲线"。
- ☑ 工具栏："绘图"→"样条曲线" ～。
- ☑ 功能区："默认"→"绘图"→"样条曲线拟合" ～。

2. 操作步骤

```
命令：SPLINE✓
当前设置：方式=拟合      节点=弦
指定第一个点或 [方式(M)/节点(K)/对象(O)]：（指定一点或选择"对象(O)"选项）
输入下一个点或 [起点切向(T)/公差(L)]：（指定一点）
输入下一个点或 [端点相切(T)/公差(L)/放弃(U)]：（输入下一个点）
输入下一个点或 [端点相切(T)/公差(L)/放弃(U)/闭合(C)]：C✓
```

3. 选项说明

- ☑ 方式(M)：控制是使用拟合点还是使用控制点来创建样条曲线。选项会因选择的是使用拟合点创建样条曲线的选项还是使用控制点创建样条曲线的选项而异。
- ☑ 节点(K)：指定节点参数化，它会影响曲线在通过拟合点时的形状（SPLKNOTS 系统变量）。
- ☑ 对象(O)：将二维或三维的二次或三次样条曲线拟合多段线转换为等价的样条曲线，然后（根据 DELOBJ 系统变量的设置）删除该多段线。
- ☑ 起点切向(T)：基于切向创建样条曲线。
- ☑ 公差(L)：指定距样条曲线必须经过的指定拟合点的距离。公差应用于除起点和端点外的所有拟合点。
- ☑ 端点相切(T)：停止基于切向创建曲线。可通过指定拟合点继续创建样条曲线。选择"端点相切"后，将提示指定最后一个输入拟合点的最后一个切点。
- ☑ 闭合(C)：将最后一点定义为与第一点一致，并使它在连接处相切，这样可以闭合样条曲线。选择该选项，系统继续提示如下：

```
指定切向：（指定点或按 Enter 键）
```

用户可以指定一点来定义切向矢量，或者使用"切点"和"垂足"对象捕捉模式使样条曲线与现有对象相切或垂直。

3.5.2 编辑样条曲线

1. 执行方式

- ☑ 命令行：SPLINEDIT。
- ☑ 菜单栏："修改"→"对象"→"样条曲线"。
- ☑ 工具栏："修改 II"→"编辑样条曲线" δ。
- ☑ 快捷菜单：选择要编辑的样条曲线，在绘图区右击，在打开的快捷菜单中选择"样条曲线"

下拉菜单中的选项进行编辑。

2. 操作步骤

命令：SPLINEDIT✓
选择样条曲线：(选择要编辑的样条曲线。若选择的样条曲线是用 SPLINE 命令创建的，其近似点以夹点的颜色显示出来；若选择的样条曲线是用 PLINE 命令创建的，其控制点以夹点的颜色显示出来)
输入选项 [闭合(C)/合并(J)/拟合数据(F)/编辑顶点(E)/转换为多段线(P)/反转(R)/放弃(U)/退出(X)]:

3. 选项说明

☑ 拟合数据(F)：编辑近似数据。选择该选项后，创建该样条曲线时指定的各点将以小方格的形式显示出来。
☑ 编辑顶点(E)：精密调整样条曲线定义。
☑ 转换为多段线(P)：将样条曲线转换为多段线。精度值决定结果多段线与源样条曲线拟合的精确程度。有效值为 0～99 之间的任意整数。
☑ 反转(R)：反转样条曲线的方向。该选项主要适用于第三方应用程序。

3.5.3 实例——碧桃花瓣

本实例绘制碧桃花瓣，主要介绍样条曲线的具体应用，如图 3-34 所示。

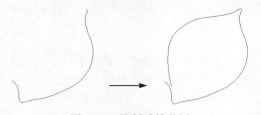

图 3-34 绘制碧桃花瓣

操作步骤：

单击"默认"选项卡"绘图"面板中的"样条曲线拟合"按钮，绘制碧桃花瓣，命令行提示与操作如下：

命令：_SPLINE✓
当前设置：方式=拟合 节点=弦
指定第一个点或 [方式(M)/节点(K)/对象(O)]:_M✓
输入样条曲线创建方式 [拟合(F)/控制点(CV)] <拟合>:_FIT✓
当前设置：方式=拟合 节点=弦
指定第一个点或 [方式(M)/节点(K)/对象(O)]:
输入下一个点或 [起点切向(T)/公差(L)]:
输入下一个点或 [端点相切(T)/公差(L)/放弃(U)]:
输入下一个点或 [端点相切(T)/公差(L)/放弃(U)/闭合(C)]:
......
输入下一个点或 [端点相切(T)/公差(L)/放弃(U)/闭合(C)]:✓

结果如图 3-34 所示。

3.6 多 线

多线是一种复合线，由连续的直线段复合组成。多线的一个突出优点是能够提高绘图效率，保证图线之间的统一性。

3.6.1 绘制多线

1. 执行方式

☑ 命令行：MLINE。
☑ 菜单栏："绘图"→"多线"。

2. 操作步骤

> 命令：MLINE✓
> 当前设置：对正=上，比例=20.00，样式=STANDARD
> 指定起点或 [对正(J)/比例(S)/样式(ST)]：（指定起点）
> 指定下一点：（给定下一点）
> 指定下一点或 [放弃(U)]：（继续给定下一点，绘制线段。输入"U"，则放弃前一段的绘制；右击或按 Enter 键，结束命令）
> 指定下一点或 [闭合(C)/放弃(U)]：（继续给定下一点，绘制线段。输入"C"，则闭合线段，结束命令）

3. 选项说明

☑ 对正(J)：该选项用于给定绘制多线的基准。共有 3 种对正类型，即"上""无""下"。其中，"上"表示以多线上侧的线为基准，依此类推。
☑ 比例(S)：选择该选项，要求用户设置平行线的间距。输入值为零时，平行线重合；值为负时，多线的排列倒置。
☑ 样式(ST)：该选项用于设置当前使用的多线样式。

3.6.2 定义多线样式

1. 执行方式

命令行：MLSTYLE。

2. 操作步骤

执行该命令后，打开如图 3-35 所示的"多线样式"对话框。在该对话框中，用户可以对多线样式进行定义、保存和加载等操作。

3.6.3 编辑多线

1. 执行方式

☑ 命令行：MLEDIT。

图 3-35 "多线样式"对话框

☑　菜单栏："修改"→"对象"→"多线"。

2．操作步骤

执行该命令后，打开"多线编辑工具"对话框，如图 3-36 所示。

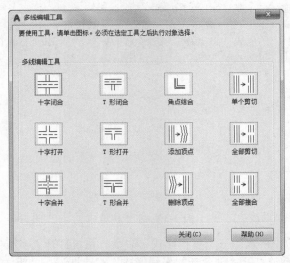

图 3-36　"多线编辑工具"对话框

利用该对话框，可以创建或修改多线的模式。对话框中分 4 列显示了示例图形。其中，第一列管理十字交叉形式的多线，第二列管理 T 形多线，第三列管理拐角接合点和节点形式的多线，第四列管理多线被剪切或连接的形式。

单击选择某个示例图形，然后单击"关闭"按钮，即可调用该选项编辑功能。

扫码看视频

3.6.4　视频

3.6.4　实例——墙体

绘制墙体的流程图如图 3-37 所示。

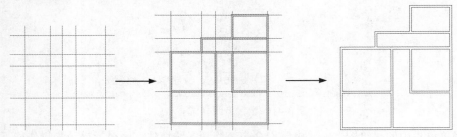

图 3-37　绘制墙体的流程图

操作步骤：

（1）单击"默认"选项卡"绘图"面板中的"构造线"按钮，绘制出一条水平构造线和一条竖直构造线，组成"十"字形辅助线，如图 3-38 所示。

（2）单击"默认"选项卡"修改"面板中的"偏移"按钮（此命令会在以后详细讲述），将水平构造线依次向上偏移 4200、5100、1800 和 3000，偏移得到的水平构造线如图 3-39 所示。重复"偏移"命令，将垂直构造线依次向右偏移 3900、1800、2100 和 4500，结果如图 3-40 所示。命令行提示与操作如下：

```
命令：_offset✓
当前设置：删除源=否  图层=源  OFFSETGAPTYPE=0
指定偏移距离或 [通过(T)/删除(E)/图层(L)] <通过>：4200✓
选择要偏移的对象或 [退出(E)/放弃(U)] <退出>：(选择水平构造线)
指定要偏移的那一侧上的点或 [退出(E)/多个(M)/放弃(U)] <退出>：(向下侧偏移)
选择要偏移的对象或 [退出(E)/放弃(U)] <退出>：✓
```

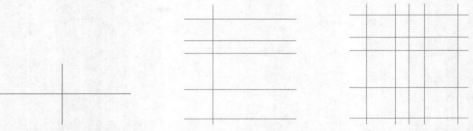

图 3-38　"十"字形辅助线　　　图 3-39　水平构造线　　　图 3-40　居室的辅助线网格

（3）选择菜单栏中的"格式"→"多线样式"命令，系统打开"多线样式"对话框，在该对话框中单击"新建"按钮，系统打开"创建新的多线样式"对话框，在"新样式名"文本框中输入"墙体线"，单击"继续"按钮。

（4）系统打开"新建多线样式：墙体线"对话框，进行如图 3-41 所示的设置。

图 3-41　设置多线样式

（5）选择菜单栏中的"绘图"→"多线"命令，绘制多线墙体。命令行提示与操作如下：

```
命令：_mline✓
当前设置：对正=上，比例=20.00，样式=STANDARD
指定起点或 [对正(J)/比例(S)/样式(ST)]：S✓
输入多线比例 <20.00>：1✓
当前设置：对正=上，比例=1.00，样式=STANDARD
指定起点或 [对正(J)/比例(S)/样式(ST)]：J✓
输入对正类型 [上(T)/无(Z)/下(B)] <上>：Z✓
当前设置：对正=无，比例=1.00，样式=STANDARD
```

指定起点或 [对正(J)/比例(S)/样式(ST)]：（在绘制的辅助线交点上指定一点）
指定下一点：（在绘制的辅助线交点上指定下一点）
指定下一点或 [放弃(U)]：（在绘制的辅助线交点上指定下一点）
指定下一点或 [闭合(C)/放弃(U)]：（在绘制的辅助线交点上指定下一点）
指定下一点或 [闭合(C)/放弃(U)]：C↙

根据辅助线网格，用相同方法绘制多线，绘制结果如图 3-42 所示。

（6）编辑多线。选择菜单栏中的"修改"→"对象"→"多线"命令，系统打开"多线编辑工具"对话框，如图 3-43 所示。单击其中的"T 形合并"图标后，单击"关闭"按钮，命令行提示与操作如下：

命令：_mledit↙
选择第一条多线：（选择多线）
选择第二条多线：（选择多线）
选择第一条多线或 [放弃(U)]：

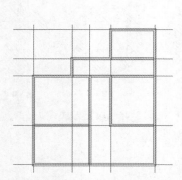

图 3-42　全部多线绘制结果

图 3-43　"多线编辑工具"对话框

（7）重复"编辑多线"命令，继续进行多线编辑，编辑的最终结果如图 3-37 所示。

3.7　图案填充

当用户需要用一个重复的图案（pattern）填充某个区域时，可以使用 BHATCH 命令建立一个相关联的填充阴影对象，即图案填充。

3.7.1　基本概念

1. 图案边界

当进行图案填充时，首先要确定图案填充的边界。定义边界的对象只能是直线、双向射线、单向射线、多段线、样条曲线、圆弧、圆、椭圆、椭圆弧、面域等对象或用这些对象定义的块，而且作为边界的对象，在当前屏幕上必须全部可见。

2. 孤岛

在进行图案填充时，我们把位于总填充域内的封闭区域称为孤岛，如图 3-44 所示。在用 BHATCH 命令进行图案填充时，AutoCAD 2018 允许用户以拾取点的方式确定填充边界，即在希望填充的区域内任意拾取一点，AutoCAD 2018 会自动确定出填充边界，同时也确定该边界内的孤岛。如果用户是以点取对象的方式确定填充边界的，则必须确切地点取这些孤岛，有关知识将在 3.7.2 节中介绍。

3. 填充方式

在进行图案填充时，需要控制填充的范围，AutoCAD 2018 为用户设置了以下 3 种填充方式，实现对填充范围的控制。

- ☑ 普通方式：如图 3-45（a）所示，该方式从边界开始，并从每条填充线或每个剖面符号的两端向里画，遇到内部对象与之相交时，填充线或剖面符号断开，直到遇到下一次相交时再继续画。采用这种方式时，要避免填充线或剖面符号与内部对象的相交次数为奇数。该方式为系统内部的默认方式。
- ☑ 最外层方式：如图 3-45（b）所示，该方式从边界开始，向里画剖面符号，如果在边界内部与对象相交，则剖面符号由此断开，而不再继续画。
- ☑ 忽略方式：如图 3-45（c）所示，该方式忽略边界内部的对象，所有内部结构都被剖面符号覆盖。

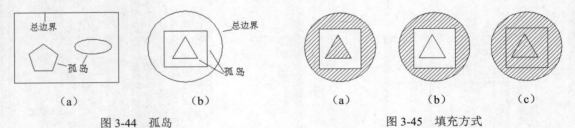

图 3-44　孤岛　　　　　　　　　　　　　　　　图 3-45　填充方式

3.7.2　图案填充的操作

1. 执行方式

- ☑ 命令行：BHATCH。
- ☑ 菜单栏："绘图"→"图案填充"。
- ☑ 工具栏："绘图"→"图案填充" 或"绘图"→"渐变色" 。
- ☑ 功能区："默认"→"绘图"→"图案填充" 。

2. 操作步骤

执行上述命令后，系统打开如图 3-46 所示的"图案填充创建"选项卡，单击"选项"面板下的斜三角按钮，打开"图案填充和渐变色"对话框。

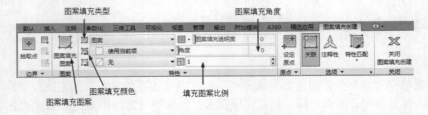

图 3-46　"图案填充创建"选项卡

3.　选项说明

（1）"边界"面板

☑　拾取点：通过选择由一个或多个对象形成的封闭区域内的点，确定图案填充边界（如图 3-47 所示）。指定内部点时，可以随时在绘图区域中单击鼠标右键以显示包含多个选项的快捷菜单。

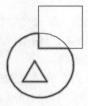

　　　　选择一点　　　　　　　　填充区域　　　　　　　　填充结果

图 3-47　边界确定

☑　选择边界对象：指定基于选定对象的图案填充边界。使用该选项时，不会自动检测内部对象，必须选择选定边界内的对象，以按照当前孤岛检测样式填充这些对象，如图 3-48 所示。

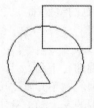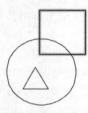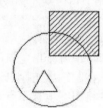

　　　　原始图形　　　　　　　选取边界对象　　　　　　　填充结果

图 3-48　选取边界对象

☑　删除边界对象：从边界定义中删除之前添加的任何对象，如图 3-49 所示。

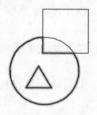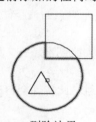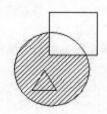

　　　选取边界对象　　　　　　　删除边界　　　　　　　　填充结果

图 3-49　删除"岛"后的边界

☑　重新创建边界：围绕选定的图案填充或填充对象创建多段线或面域，并使其与图案填充对象相关联（可选）。

☑　显示边界对象：选择构成选定关联图案填充对象的边界对象，使用显示的夹点可修改图案填充边界。

☑　保留边界对象：指定如何处理图案填充边界对象。包括以下几个选项。

　　➢　不保留边界。（仅在图案填充创建期间可用）不创建独立的图案填充边界对象。

　　➢　保留边界 - 多段线。（仅在图案填充创建期间可用）创建封闭图案填充对象的多段线。

> ➤ 保留边界 - 面域。（仅在图案填充创建期间可用）创建封闭图案填充对象的面域对象。
> ➤ 选择新边界集。指定对象的有限集（称为边界集），以便通过创建图案填充时的拾取点进行计算。

（2）"图案"面板

显示所有预定义和自定义图案的预览图像。

（3）"特性"面板

☑ 图案填充类型：指定是使用纯色、渐变色、图案还是用户定义的填充。

☑ 图案填充颜色：替代实体填充和填充图案的当前颜色。

☑ 背景色：指定填充图案背景的颜色。

☑ 图案填充透明度：设定新图案填充或填充的透明度，替代当前对象的透明度。

☑ 图案填充角度：指定图案填充或填充的角度。

☑ 填充图案比例：放大或缩小预定义或自定义填充图案。

☑ 相对图纸空间：（仅在布局中可用）相对于图纸空间单位缩放填充图案。使用该选项，可很容易地做到以适合于布局的比例显示填充图案。

☑ 双向：（仅当"图案填充类型"设定为"用户定义"时可用）将绘制第二组直线，与原始直线成 90° 角，从而构成交叉线。

☑ ISO 笔宽：（仅对于预定义的 ISO 图案可用）基于选定的笔宽缩放 ISO 图案。

（4）"原点"面板

☑ 设定原点：直接指定新的图案填充原点。

☑ 左下：将图案填充原点设定在图案填充边界矩形范围的左下角。

☑ 右下：将图案填充原点设定在图案填充边界矩形范围的右下角。

☑ 左上：将图案填充原点设定在图案填充边界矩形范围的左上角。

☑ 右上：将图案填充原点设定在图案填充边界矩形范围的右上角。

☑ 中心：将图案填充原点设定在图案填充边界矩形范围的中心。

☑ 使用当前原点：将图案填充原点设定在 HPORIGIN 系统变量中存储的默认位置。

☑ 存储为默认原点：将新图案填充原点的值存储在 HPORIGIN 系统变量中。

（5）"选项"面板

☑ 关联：指定图案填充或填充为关联图案填充。关联的图案填充或填充在用户修改其边界对象时将会更新。

☑ 注释性：指定图案填充为注释性。此特性会自动完成缩放注释过程，从而使注释能够以正确的大小在图纸上打印或显示。

☑ 特性匹配。

> ➤ 使用当前原点：使用选定图案填充对象（除图案填充原点外）设定图案填充的特性。
> ➤ 使用源图案填充的原点：使用选定图案填充对象（包括图案填充原点）设定图案填充的特性。

☑ 允许的间隙：设定将对象用作图案填充边界时可以忽略的最大间隙。默认值为 0，此值指定对象必须封闭区域而没有间隙。

☑ 创建独立的图案填充：控制当指定了几个单独的闭合边界时，是创建单个图案填充对象，还是创建多个图案填充对象。

☑ 孤岛检测。

> ➤ 普通孤岛检测：从外部边界向内填充。如果遇到内部孤岛，填充将关闭，直到遇到孤岛

中的另一个孤岛。

> 外部孤岛检测：从外部边界向内填充。此选项仅填充指定的区域，不会影响内部孤岛。

> 忽略孤岛检测：忽略所有内部的对象，填充图案时将通过这些对象。

☑ 绘图次序：为图案填充或填充指定绘图次序。选项包括不更改、后置、前置、置于边界之后和置于边界之前。

（6）"关闭"面板

关闭"图案填充创建"：退出 HATCH 并关闭上下文选项卡。也可以按 Enter 键或 Esc 键退出 HATCH。

3.7.3　编辑填充的图案

利用 HATCHEDIT 命令，编辑已经填充的图案。

1．执行方式

☑ 命令行：HATCHEDIT。

☑ 菜单栏："修改"→"对象"→"图案填充"。

☑ 工具栏："修改 II"→"编辑图案填充" 。

☑ 功能区："默认"→"修改"→"编辑图案填充" 。

2．操作步骤

执行上述命令后，AutoCAD 2018 会给出如下提示：

选择图案填充对象：

选取图案填充物体后，系统打开如图 3-50 所示的"图案填充编辑"对话框。

图 3-50　"图案填充编辑"对话框

在图 3-50 中，只有正常显示的选项，才可以对其进行操作。该选项卡中各项的含义与图 3-46 所示的"图案填充创建"选项卡中各项的含义相同。利用该选项卡，可以对已填充的图案进行一系列的编辑修改。

扫码看视频

3.7.4 公园一角

3.7.4 实例——公园一角

绘制公园一角的布局流程图如图 3-51 所示。

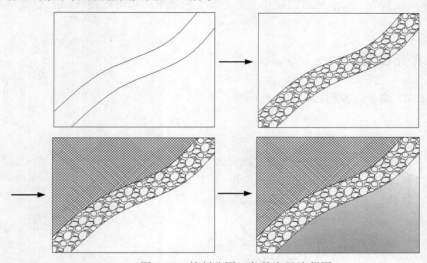

图 3-51 绘制公园一角的布局流程图

操作步骤：

（1）单击"默认"选项卡"绘图"面板中的"矩形"按钮□和"样条曲线拟合"按钮～，绘制花园外形，如图 3-52 所示。

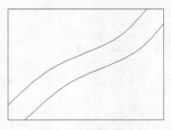

图 3-52 花园外形

（2）单击"默认"选项卡"绘图"面板中的"图案填充"按钮，系统打开"图案填充创建"选项卡，选择 GRAVEL 图案进行填充，从而完成鹅卵石小路的绘制，如图 3-53 所示。

图 3-53 "图案填充创建"选项卡

（3）从图 3-54 中可以看出，填充图案过于细密，可以对其进行编辑修改。单击填充图案，系统打开"图案填充编辑器"选项卡，将"填充图案比例"改为 3，如图 3-55 所示，按 Enter 键，修改后的填充图案如图 3-56 所示。

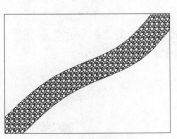

图 3-54　填充小路图

图 3-55　"图案填充编辑器"选项卡

（4）单击"默认"选项卡"绘图"面板中的"图案填充"按钮，系统打开"图案填充创建"选项卡，单击"选项"面板中的斜三角按钮，打开"图案填充和渐变色"对话框，选择图案"类型"为"用户定义"，"图案填充角度"为 45，选中"双向"复选框，"图案填充间距"为 10，如图 3-57 所示。单击"拾取点"按钮，在绘制的图形左上方拾取一点，按 Enter 键，完成草坪的绘制，如图 3-58 所示。

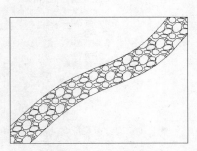

图 3-56　修改后的填充图案　　　　　　图 3-57　"图案填充和渐变色"选项卡

（5）单击"默认"选项卡"绘图"面板中的"图案填充"按钮，系统打开"图案填充创建"选项卡，单击"选项"面板中的斜三角按钮，打开"图案填充和渐变色"对话框，在"渐变色"选项卡中选中"单色"单选按钮，如图 3-59 所示。单击"单色"显示框右侧的按钮，打开"选择颜色"对话框，选择如图 3-60 所示的绿色，单击"确定"按钮，返回"图案填充和渐变色"对话框，选择如图 3-61 所示的颜色变化方式后，单击"拾取点"按钮，在绘制的图形右下方拾取一点，按 Enter 键，完成池塘的绘制，最终绘制结果如图 3-51 所示。

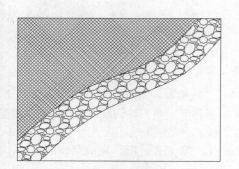

图 3-58　填充草坪

图 3-59　"渐变色"选项卡

图 3-60　"选择颜色"对话框

图 3-61　选择颜色变化方式

3.8　实践与操作

　　通过本章的学习，读者对直线、多段线、图案图形的绘制以及图案填充的相关知识有了大体的了解。本节将通过两个操作练习使读者进一步掌握本章知识要点。

　　（1）绘制如图 3-62 所示的八角凳。

　　（2）绘制如图 3-63 所示的小房子。

图 3-62　八角凳

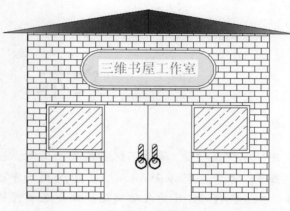

图 3-63　小房子

第 **4** 章

文本、表格和尺寸标注

在进行各种设计时，通常不仅要绘制出图形，还要在图形中标注一些文字，如技术要求、注释说明等。另外，表格在 AutoCAD 2018 图形中也有大量的应用，如明细表、参数表和标题栏等。AutoCAD 2018 的表格功能使绘制表格变得方便快捷。由于图形的主要作用是表达物体的形状，而物体各部分的真实大小和各部分之间的确切位置只能通过尺寸标注来表达。

- ☑ 绘图辅助工具
- ☑ 文字
- ☑ 表格
- ☑ 尺寸标注

任务驱动&项目案例

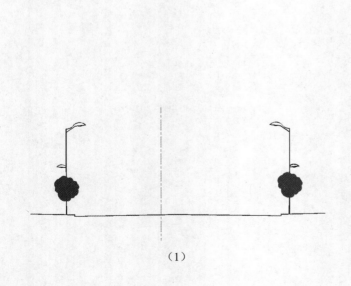

（1）

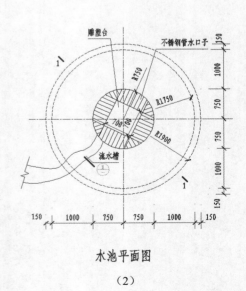

水池平面图

（2）

4.1 绘图辅助工具

要快速顺利地完成图形绘制工作，有时要借助一些辅助工具，如用于准确确定绘制位置的精确定位工具和对象捕捉工具等。下面简要介绍这两种非常重要的辅助绘图工具。

4.1.1 精确定位工具

在绘制图形时，可以使用直角坐标和极坐标精确定位点，但是有些点（如端点、中心点等）的坐标我们是不知道的，如果想精确地指定这些点是很困难的，有时甚至是不可能的。AutoCAD 2018 中提供了精确定位工具，使用这类工具，可以很容易地在屏幕中捕捉到这些点，进行精确绘图。

1. 推断约束

可以在创建和编辑几何对象时自动应用几何约束。

启用"推断约束"模式会自动在正在创建或编辑的对象与对象捕捉的关联对象或点之间应用约束。与 AUTOCONSTRAIN 命令相似，约束也只在对象符合约束条件时才会应用。推断约束后不会重新定位对象。

打开"推断约束"时，用户在创建几何图形时指定的对象捕捉将用于推断几何约束。但是，不支持下列对象捕捉：交点、外观交点、延长线和象限点；无法推断下列约束：固定、平滑、对称、同心、等于、共线。

2. 捕捉模式

捕捉是指 AutoCAD 2018 可以生成一个隐含分布于屏幕上的栅格，这种栅格能够捕捉光标，使光标只能落到其中的某一个栅格点上。捕捉可分为矩形捕捉和等轴测捕捉两种类型，默认设置为矩形捕捉，即捕捉点的阵列类似于栅格，如图 4-1 所示。用户可以指定捕捉模式在 X 轴方向和 Y 轴方向上的间距，也可改变捕捉模式与图形界限的相对位置。与栅格不同之处在于，捕捉间距的值必须为正实数，且捕捉模式不受图形界限的约束。等轴测捕捉表示捕捉模式为等轴测模式，此模式是绘制正等轴测图时的工作环境，如图 4-2 所示。在等轴测捕捉模式下，栅格和光标十字线成绘制等轴测图时的特定角度。

在绘制图 4-1 和图 4-2 所示的图形时，输入参数点时光标只能落在栅格点上。选择菜单栏中的"工具"→"草图设置"命令，打开"草图设置"对话框，在"捕捉和栅格"选项卡的"捕捉类型"选项组中，通过选中"矩形捕捉"或"等轴测捕捉"单选按钮，即可切换两种模式。

3. 栅格显示

AutoCAD 中的栅格由有规则的点的矩阵组成，延伸到指定为图形界限的整个区域。使用栅格绘图与在坐标纸上绘图是十分相似的，利用栅格可以对齐对象并直观显示对象之间的距离。如果放大或缩小图形，可能需要调整栅格间距，使其适合新的比例。虽然栅格在屏幕上是可见的，但它并不是图形对象，因此不会被打印成图形中的一部分，也不会影响在何处绘图。

可以单击状态栏中的"栅格显示"按钮■或按 F7 键打开或关闭栅格。启用栅格并设置栅格在 X 轴方向和 Y 轴方向上的间距的方法如下。

（1）执行方式

☑ 命令行：DSETTINGS（快捷命令：DS、SE 或 DDRMODES）。

☑ 菜单栏："工具"→"绘图设置"。

☑ 快捷菜单：右击"栅格显示"按钮▦，在打开的快捷菜单中选择"设置"命令。

（2）操作步骤

执行上述操作之一后，系统打开"草图设置"对话框，如图4-3所示。

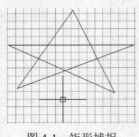

图 4-1 矩形捕捉

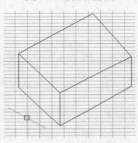

图 4-2 等轴测捕捉

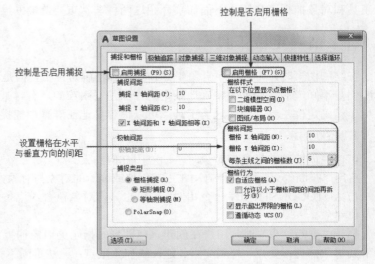

图 4-3 "草图设置"对话框

如果要显示栅格，选中"启用栅格"复选框。在"栅格 X 轴间距"文本框中输入栅格点之间的水平距离，单位为"毫米"。如果使用相同的间距设置垂直和水平分布的栅格点，则按 Tab 键；否则，在"栅格 Y 轴间距"文本框中输入栅格点之间的垂直距离。

用户可改变栅格与图形界限的相对位置。默认情况下，栅格以图形界限的左下角为起点，沿着与坐标轴平行的方向填充整个由图形界限所确定的区域。

> 说明：如果栅格的间距设置得太小，当进行打开栅格操作时，AutoCAD 将在命令行中显示"栅格太密，无法显示"提示信息，而不在屏幕上显示栅格点。使用缩放功能时，将图形缩放得很小，也会出现同样的提示，不显示栅格。

使用捕捉功能可以直接使用鼠标快速定位目标点。捕捉模式有几种不同的形式，即栅格捕捉、对象捕捉、极轴捕捉和自动捕捉，在下文中将详细讲解。

另外，还可以使用 GRID 命令通过命令行方式设置栅格，功能与"草图设置"对话框类似，这里不再赘述。

4．正交绘图

正交绘图模式，即在命令的执行过程中，光标只能沿 X 轴或者 Y 轴移动。所有绘制的线段和构造线都将平行于 X 轴或 Y 轴，因此它们相互垂直成90°相交，即正交。使用正交绘图模式，对于绘制水平线和垂直线非常有用，特别是绘制构造线时经常使用。而且当捕捉模式为等轴测模式时，它还迫使直线平行于 3 个坐标轴中的一个。

设置正交绘图模式，可以直接单击状态栏中的"正交模式"按钮，或按F8键，相应地会在文本窗口中显示开/关提示信息；也可以在命令行中输入"ORTHO"，执行开启或关闭正交绘图模式的操作。

5．极轴追踪

极轴捕捉是在创建或修改对象时，按事先给定的角度增量和距离增量来追踪特征点，即捕捉相对于初始点且满足指定极轴距离和极轴角的目标点。

极轴追踪设置主要是设置追踪的距离增量和角度增量，以及与之相关联的捕捉模式。这些设置可以通过"草图设置"对话框中的"捕捉和栅格"选项卡与"极轴追踪"选项卡来实现。

（1）设置极轴距离

如图 4-3 所示，在"草图设置"对话框的"捕捉和栅格"选项卡中，可以设置极轴距离增量，单位为毫米。绘图时，光标将按指定的极轴距离增量进行移动。

（2）设置极轴角度

在"草图设置"对话框的"极轴追踪"选项卡中，可以设置极轴角增量角度，如图 4-4 所示。设置时，可以使用"增量角"下拉列表框中预设的角度，也可以直接输入其他任意角度。光标移动时，如果接近极轴角，将显示对齐路径和工具栏提示。例如，图 4-5 所示为当极轴角增量设置为 30°，光标移动时显示的对齐路径。

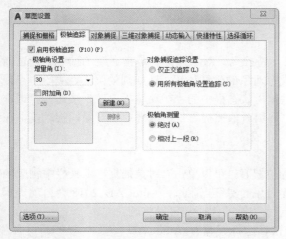

图 4-4　"极轴追踪"选项卡

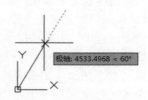

图 4-5　极轴捕捉

"附加角"用于设置极轴追踪时是否采用附加角度追踪。选中"附加角"复选框，通过"新建"按钮或者"删除"按钮来增加或删除附加角度值。

（3）对象捕捉追踪设置

用于设置对象捕捉追踪的模式。如果在"极轴追踪"选项卡的"对象捕捉追踪设置"选项组中选中"仅正交追踪"单选按钮，则当采用追踪功能时，系统仅在水平和垂直方向上显示追踪数据；如果选中"用所有极轴角设置追踪"单选按钮，则当采用追踪功能时，系统不仅可以在水平和垂直方向显示追踪数据，而且还可以在设置的极轴追踪角度与附加角度所确定的一系列方向上显示追踪数据。

（4）极轴角测量

用于设置极轴角的角度测量采用的参考基准。"绝对"是相对水平方向逆时针测量，"相对上一段"则是以上一段对象为基准进行测量。

6．允许/禁止动态 UCS

使用动态 UCS 功能，可以在创建对象时使 UCS 的 XOY 平面自动与实体模型上的平面临时对齐。

使用绘图命令时，可以通过在面的一条边上移动指针对齐 UCS，而无须使用 UCS 命令。结束该命令后，UCS 将恢复到其上一个位置和方向。

Note

7. 动态输入

动态输入在光标附近提供了一个命令界面，以帮助用户专注于绘图区域。

打开动态输入时，工具提示将在光标旁边显示信息，该信息会随光标移动动态更新。当某命令处于活动状态时，工具提示将为用户提供输入的位置。

8. 显示/隐藏线宽

可以在图形中打开和关闭线宽，并在模型空间中以不同于图纸空间布局中的方式显示。

9. 快捷特性

对于选定的对象，可以使用"快捷特性"选项板访问特性的子集。

可以自定义显示在"快捷特性"选项板上的特性。选定对象后所显示的特性是所有对象类型的共通特性，也是选定对象的专用特性。可用特性与特性选项板上的特性以及用于鼠标悬停工具提示的特性相同。

4.1.2　对象捕捉工具

1. 对象捕捉

AutoCAD 2018 给所有的图形对象都定义了特征点，对象捕捉则是指在绘图过程中通过捕捉这些特征点，迅速准确地将新的图形对象定位在现有对象的确切位置上，如圆的圆心、线段中点或两个对象的交点等。在 AutoCAD 2018 中，可以通过单击状态栏中的"对象捕捉追踪"按钮，或在"草图设置"对话框的"对象捕捉"选项卡中选中"启用对象捕捉"复选框来启用对象捕捉功能。在绘图过程中，对象捕捉功能的调用可以通过以下方式完成。

（1）使用"对象捕捉"工具栏

在绘图过程中，当系统提示需要指定点的位置时，可以单击"对象捕捉"工具栏中相应的特征点按钮，如图 4-6 所示，再把光标移动到要捕捉对象的特征点附近，AutoCAD 2018 会自动提示并捕捉到这些特征点。例如，如果需要用直线连接一系列圆的圆心，可以将圆心设置为捕捉对象。如果有多个可能的捕捉点落在选择区域内，AutoCAD 2018 将捕捉离光标中心最近的符合条件的点。在指定位置有多个符合捕捉条件的对象时，需要检查哪一个对象捕捉有效，在捕捉点之前，按 Tab 键可以遍历所有可能的点。

图 4-6　"对象捕捉"工具栏

（2）使用"对象捕捉"快捷菜单

在需要指定点的位置时，还可以按住 Ctrl 键或 Shift 键并右击，打开"对象捕捉"快捷菜单，如图 4-7 所示。在该菜单上同样可以选择某一种特征点执行对象捕捉，把光标移动到要捕捉对象的特征点附近，即可捕捉到这些特征点。

（3）使用命令行

当需要指定点的位置时，在命令行中输入相应特征点的关键字，然后把光标移动到要捕捉对象的特征点附近，即可捕捉到这些特征点。对象捕捉特征点的关键字如表 4-1 所示。

图 4-7　"对象捕捉"快捷菜单

表 4-1 对象捕捉特征点的关键字

模 式	关 键 字	模 式	关 键 字	模 式	关 键 字
临时追踪点	TT	捕捉自	FRO	端点	END
中点	MID	交点	INT	外观交点	APP
延长线	EXT	圆心	CEN	象限点	QUA
切点	TAN	垂足	PER	平行线	PAR
节点	NOD	最近点	NEA	无捕捉	NON

说明：❶ 对象捕捉不可单独使用，必须配合其他绘图命令一起使用。仅当 AutoCAD 2018 提示输入点时，对象捕捉才生效。如果试图在命令提示下使用对象捕捉，AutoCAD 2018 将显示错误信息。

❷ 对象捕捉只影响屏幕上可见的对象，包括锁定图层上的对象、布局视口边界和多段线上的对象，不能捕捉不可见的对象，如未显示的对象、关闭或冻结图层上的对象或虚线的空白部分。

2. 三维镜像捕捉

控制三维对象的执行对象捕捉设置。使用执行对象捕捉设置（也称为对象捕捉），可以在对象上的精确位置指定捕捉点。选择多个选项后，将应用选定的捕捉模式，以返回距离靶框中心最近的点。按 Tab 键以在这些选项之间循环。

当对象捕捉打开时，在三维对象捕捉模式下选定的三维对象捕捉处于活动状态。

3. 对象捕捉追踪

在绘制图形的过程中，使用对象捕捉的频率非常高，如果每次在捕捉时都要先选择捕捉模式，将使工作效率大大降低。出于此种考虑，AutoCAD 2018 提供了自动对象捕捉模式。如果启用了自动捕捉功能，当光标距指定的捕捉点较近时，系统会自动精确地捕捉这些特征点，并显示出相应的标记以及该捕捉的提示。在"草图设置"对话框的"对象捕捉"选项卡中选中"启用对象捕捉追踪"复选框，可以调用自动捕捉功能，如图 4-8 所示。

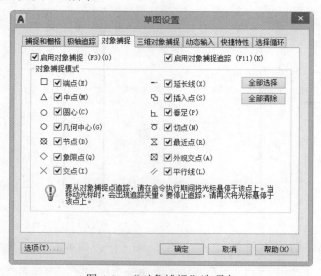

图 4-8 "对象捕捉"选项卡

📖 **说明：** 用户可以设置自己经常要用的捕捉方式。一旦设置了捕捉方式后，在每次运行时，所设定的目标捕捉方式就会被激活，而不是仅对一次选择有效，当同时使用多种捕捉方式时，系统将捕捉距光标最近、同时又满足多种目标捕捉方式之一的点。当光标距要获取的点非常近时，按 Shift 键将暂时不获取对象。

4.1.3 实例——路灯杆

扫码看视频

4.1.3 路灯杆

绘制路灯杆的流程图如图 4-9 所示。

操作步骤：

（1）单击"默认"选项卡"绘图"面板中的"多段线"按钮 ，绘制路灯杆。指定 A 点为起点，输入"w"设置多段线的宽为 0.05，然后依次垂直向上 1.4、2.6、1、4 和 2。完成的图形如图 4-10（a）所示。

（2）单击"默认"选项卡"绘图"面板中的"直线"按钮 ，指定 B 点为起点，水平向右绘制一条长为 1 的直线，然后绘制一条垂直向上长为 0.3 的直线。

（3）单击"默认"选项卡"绘图"面板中的"直线"按钮 ，以刚刚绘制好的水平直线的端点为起点，水平向右绘制一条长为 0.5 的直线，然后绘制一条垂直向上长为 0.6 的直线。

（4）单击"默认"选项卡"绘图"面板中的"直线"按钮 ，以刚刚绘制好的 0.5 长的水平直线的右端点为起点，水平向右绘制一条长为 0.5 的直线，然后绘制一条垂直向上长为 0.35 的直线。

（5）单击"默认"选项卡"绘图"面板中的"多段线"按钮 ，绘制灯罩。指定 F 点为起点，输入"w"设置多段线的宽为 0.05，指定 D 点为第二点，指定 E 点为第三点。完成的图形如图 4-10（b）所示。

（6）单击"默认"选项卡"绘图"面板中的"多段线"按钮 ，绘制灯罩。指定 B 点为起点，输入"w"设置多段线的宽为 0.03，输入"a"来绘制圆弧，在状态栏中单击"对象捕捉"按钮 ，打开对象捕捉模式，指定 G 点为圆弧第二点，指定 H 点为圆弧第三点，指定 I 点为圆弧第四点，指定 E 点为圆弧第五点，完成的图形如图 4-10（c）所示。

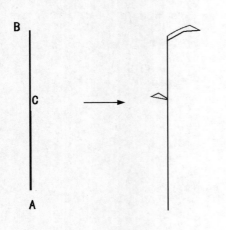

图 4-9 绘制路灯杆的流程图

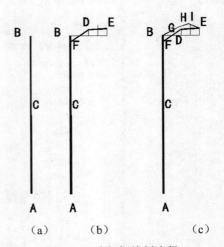

（a）　（b）　（c）

图 4-10 路灯杆绘制流程

（7）单击"默认"选项卡"修改"面板中的"删除"按钮 ，删除多余的直线，然后对该图进行标注，结果如图 4-9 所示。

4.2　文　　字

在工程制图中，文字标注往往是必不可少的环节。AutoCAD 2018 提供了文字相关命令来进行文字的输入与标注。

4.2.1　文字样式

AutoCAD 2018 提供了"文字样式"对话框，通过该对话框可方便直观地设置需要的文字样式，或对已有的样式进行修改。

1. 执行方式

☑　命令行：STYLE。

☑　菜单栏："格式"→"文字样式"。

☑　工具栏："文字"→"文字样式" 🖉。

☑　功能区："默认"→"注释"→"文字样式" 🖉（如图 4-11 所示）或"注释"→"文字"→"文字样式"→"管理文字样式"（如图 4-12 所示）或"注释"→"文字"→"对话框启动器" ↘。

图 4-11　"注释"面板

2. 操作步骤

执行上述操作之一后，系统打开"文字样式"对话框，如图 4-13 所示。

图 4-12　"文字"面板

图 4-13　"文字样式"对话框

3. 选项说明

☑ "字体"选项组：确定字体样式。在 AutoCAD 2018 中，除了它固有的 SHX 字体外，还可以使用 TrueType 字体（如宋体、楷体、italic 等）。一种字体可以设置不同的效果，从而被多种文字样式使用。

☑ "大小"选项组：用来确定文字样式使用的字体文件、字体风格及字高等。

> "注释性"复选框：指定文字为注释性文字。

> "使文字方向与布局匹配"复选框：指定图纸空间视口中的文字方向与布局方向匹配。如果取消选中"注释性"复选框，则该复选框不可用。

> "高度"文本框：如果在"高度"文本框中输入一个数值，则它将作为添加文字时的固定字高，在用 TEXT 命令输入文字时，AutoCAD 2018 将不再提示输入字高参数。如果在该文本框中设置字高为 0，文字默认值为 0.2 高度，AutoCAD 2018 则会在每一次创建文字时提示输入字高。

☑ "效果"选项组：用于设置字体的特殊效果。

> "颠倒"复选框：选中该复选框，表示将文本文字倒置标注，如图 4-14（a）所示。

> "反向"复选框：确定是否将文本文字反向标注。如图 4-14（b）所示给出了这种标注效果。

> "垂直"复选框：确定文本是水平标注还是垂直标注。选中该复选框为垂直标注，否则为水平标注，如图 4-15 所示。

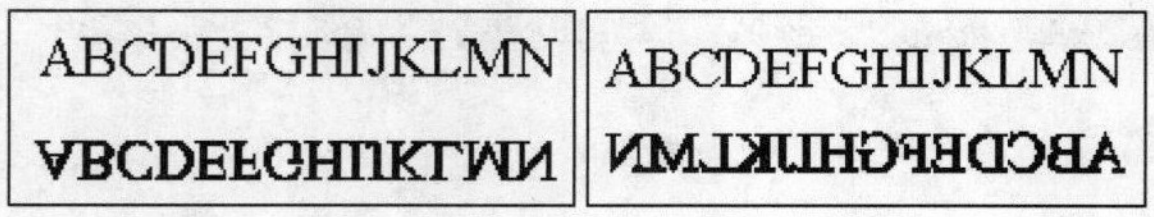

（a）　　　　　　　　　　（b）

图 4-14　文字倒置标注与反向标注　　　　　　图 4-15　水平与垂直标注文字

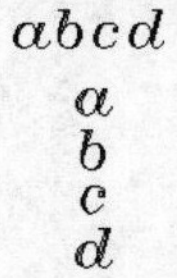

> "宽度因子"文本框：用于设置宽度系数，确定文本字符的宽高比。当宽度因子为 1 时，表示将按字体文件中定义的宽高比标注文字；小于 1 时文字会变窄，反之变宽。

> "倾斜角度"文本框：用于确定文字的倾斜角度。角度为 0 时不倾斜，为正时向右倾斜，为负时向左倾斜。

4.2.2　单行文本标注

1. 执行方式

☑ 命令行：TEXT 或 DTEXT。

☑ 菜单栏："绘图"→"文字"→"单行文字"。

☑ 工具栏："文字"→"单行文字" A̲。

☑ 功能区："默认"→"注释"→"单行文字" A̲或"注释"→"文字"→"单行文字" A̲。

2. 操作步骤

```
命令：TEXT↙
当前文字样式：Standard　当前文字高度：0.2000　注释性：否
指定文字的起点或 [对正(J)/样式(S)]：
```

3. 选项说明

☑ 指定文字的起点：在此提示下直接在绘图区拾取一点作为文本的起始点。利用 TEXT 命令也可创建多行文本，只是这种多行文本每一行都是一个对象，因此不能对多行文本同时进行操作，但可以单独修改每一单行文字的样式、字高、旋转角度和对齐方式等。

☑ 对正(J)：在命令行中输入"J"，用来确定文本的对齐方式。对齐方式决定文本的哪一部分与所选的插入点对齐。

☑ 样式(S)：指定文字样式，文字样式决定文字字符的外观。创建的文字使用当前文字样式。

实际绘图时，有时需要标注一些特殊字符，如直径符号、上划线或下划线、温度符号等，由于这些符号不能直接从键盘上输入，AutoCAD 2018 提供了一些控制码用来实现这些要求。控制码用两个百分号（%%）加一个字符构成。常用的控制码如表 4-2 所示。

表 4-2　AutoCAD 常用控制码

符　号	功　能	符　号	功　能
%%O	上划线	\U+0278	电相角
%%U	下划线	\U+E101	流线
%%D	"度数"符号	\U+2261	恒等于
%%P	"正/负"符号	\U+E102	界碑线
%%C	"直径"符号	\U+2260	不相等
%%%	百分号（%）	\U+2126	欧姆
\U+2248	几乎相等	\U+03A9	欧米加
\U+2220	角度	\U+214A	地界线
\U+E100	边界线	\U+2082	下标 2
\U+2104	中心线	\U+00B2	平方
\U+0394	差值		

其中，%%O 和%%U 分别是上划线和下划线的开关，第一次出现此符号时开始画上划线和下划线，第二次出现此符号时上划线和下划线终止。例如，在"输入文字:"提示后输入"I want to %%U go to Beijing%%U"，则得到如图 4-16（a）所示的文本行；输入"50%%D+%%C75%%P12"，则得到如图 4-16（b）所示的文本行。

I want to <u>go to Beijing</u>.　　　　50°+Ø75±12

　　　　　　（a）　　　　　　　　　　　　　　　（b）

图 4-16　文本行

用 TEXT 命令可以创建一个或若干个单行文本，也就是说用此命令可以标注多行文本。在"输入文字:"提示下输入一行文本后按 Enter 键，可输入第二行文本，依此类推，直到文本全部输完，再在此提示下按 Enter 键，结束文本输入命令。每按一次 Enter 键就结束一个单行文本的输入。

用 TEXT 命令创建文本时，在命令行中输入的文字同时显示在屏幕上，而且在创建过程中可以随时改变文本的位置，如果将光标移到新的位置单击，则当前行结束，随后输入的文本出现在新的位置上。用这种方法可以把多行文本标注到屏幕的任何地方。

4.2.3 多行文本标注

1. 执行方式

☑ 命令行：MTEXT。

☑ 菜单栏："绘图"→"文字"→"多行文字"。

☑ 工具栏："绘图"→"多行文字" **A** 或"文字"→"多行文字" **A**。

☑ 功能区："默认"→"注释"→"多行文字" **A** 或"注释"→"文字"→"多行文字" **A**。

2. 操作步骤

命令：MTEXT✓
当前文字样式：Standard　当前文字高度：1.9122　注释性：否
指定第一角点：（指定矩形框的第一个角点）
指定对角点或[高度(H)/对正(J)/行距(L)/旋转(R)/样式(S)/宽度(W)/栏(C)]:

3. 选项说明

☑ 指定对角点：直接在屏幕上拾取一个点作为矩形框的第二个角点，AutoCAD 2018 以这两个
点为对角点形成一个矩形区域，其宽度作为将来要标注的多行文本的宽度，而且第一个点作
为第一行文本顶线的起点。响应后系统打开如图 4-17 所示的"文字编辑器"选项卡，可利
用此编辑器输入多行文本并对其格式进行设置。

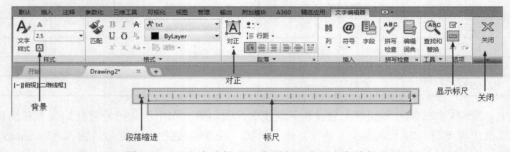

图 4-17 "文字编辑器"选项卡和多行文字编辑器

☑ 对正(J)：确定所标注文本的对齐方式。这些对齐方式与 TEXT 命令中的各对齐方式相同，在
此不再重复。选择一种对齐方式后按 Enter 键，AutoCAD 2018 回到上一级提示。

☑ 行距(L)：确定多行文本的行间距，这里所说的行间距是指相邻两文本行的基线之间的垂直
距离。选择该选项，命令行中的提示如下：

输入行距类型 [至少(A)/精确(E)] <至少(A)>:

在此提示下有两种方式确定行间距，即"至少"方式和"精确"方式。"至少"方式下，AutoCAD
2018 根据每行文本中最大的字符自动调整行间距。"精确"方式下，AutoCAD 给多行文本赋予一个固
定的行间距。可以直接输入一个确切的间距值，也可以输入"nx"，其中 n 是一个具体数，表示行间
距设置为单行文本高度的 n 倍，而单行文本高度是本行文本字符高度的 1.66 倍。

☑ 旋转(R)：确定文本行的倾斜角度。选择该选项，命令行中提示如下：

指定旋转角度 <0>:（输入倾斜角度）

输入角度值后按 Enter 键，返回到"指定对角点或 [高度(H)/对正(J)/行距(L)/旋转(R)/样式(S)/宽度(W)/栏(C)]:"提示。

☑ 样式(S)：确定当前的文字样式。

☑ 宽度(W)：指定多行文本的宽度。可在屏幕上拾取一点，将其与前面确定的第一个角点组成的矩形框的宽度作为多行文本的宽度，也可以输入一个数值，精确设置多行文本的宽度。

在创建多行文本时，只要给定了文本行的起始点和宽度后，AutoCAD 2018 就会打开如图 4-17 所示的多行文字编辑器，该编辑器包括一个"文字样式"工具栏和一个右键快捷菜单。用户可以在编辑器中输入和编辑多行文本，包括设置字高、文字样式以及倾斜角度等。

该编辑器与 Microsoft 的 Word 编辑器界面类似，事实上该编辑器与 Word 编辑器在某些功能上趋于一致。

☑ 栏(C)：可以将多行文字对象的格式设置为多栏。可以指定栏和栏之间的宽度、高度及栏数，以及使用夹点编辑栏宽和栏高。其中提供了 3 个选项，即"不分栏""静态栏""动态栏"。

（1）下面介绍"文字样式"工具栏中部分选项的功能。

☑ "文字高度"下拉列表框：用于确定文本的字符高度，可在其中直接输入新的字符高度，也可在下拉列表中选择已设定的高度。

☑ "粗体"按钮 **B** 和"斜体"按钮 *I*：用于设置粗体和斜体效果。这两个按钮只对 TrueType 字体有效。

☑ "下划线"按钮 U 和"上划线"按钮 Ō：用于设置或取消上（下）划线。

☑ "堆叠"按钮：该按钮为层叠/非层叠文本按钮，用于层叠所选的文本，也就是创建分数形式。当文本中某处出现"/"、"^"或"#"这 3 种层叠符号之一时可层叠文本，方法是选中需层叠的文字，然后单击该按钮，则符号左边的文字作为分子，右边的文字作为分母进行层叠。

☑ "倾斜角度"数值框：用于设置文本的倾斜角度。

☑ "符号"按钮 @：用于输入各种符号。单击该按钮，系统打开符号列表，如图 4-18 所示。可以从中选择符号输入到文本中。

☑ "插入字段"按钮：用于插入一些常用或预设字段。单击该按钮，系统打开"字段"对话框，如图 4-19 所示，可以从中选择字段插入到标注文本中。

图 4-18 符号列表

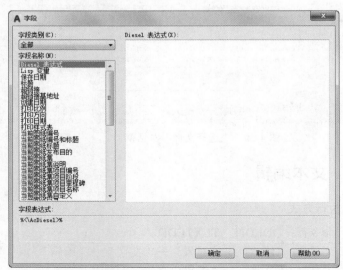

图 4-19 "字段"对话框

Note

☑ "追踪"数值框 **a.b**：用于增大或减小选定字符之间的距离。1.0 是常规间距，设置为大于 1.0 可增大间距，设置为小于 1.0 可减小间距。

☑ "宽度比例"数值框 **O**：用于扩展或收缩选定字符。1.0 代表此字体中字母的常规宽度。可以增大该宽度或减小该宽度。

☑ "栏"按钮 **☰**：显示栏菜单，该菜单中提供 4 个选项，即"不分栏""静态栏""动态栏""插入分栏符"。

☑ "多行文字对齐"按钮 **A**：显示"多行文字对齐"菜单，并且有 9 个对齐选项可用。"左上"为默认。

（2）"选项"菜单。其中许多选项与 Word 中的相关选项类似，这里只对其中比较特殊的选项进行简单介绍。

☑ 符号：在光标位置插入列出的符号或不间断空格，也可以手动插入符号。

☑ 输入文字：选择该选项，打开"选择文件"对话框，如图 4-20 所示。选择任意 ASCII 或 RTF 格式的文件，输入的文字保留原始字符格式和样式特性，可以在多行文字编辑器中编辑或格式化输入的文字。选择要输入的文本文件后，可以在文本编辑框中替换选定的文字或全部文字，或在文字边界内将插入的文字附加到选定的文字中。输入文字的文件必须小于 32KB。

☑ 删除格式：清除选定文字的粗体、斜体或下划线格式。

☑ 背景遮罩：用设定的背景对标注的文字进行遮罩。选择该命令，系统打开"背景遮罩"对话框，如图 4-21 所示。

图 4-20　"选择文件"对话框　　　　　图 4-21　"背景遮罩"对话框

4.2.4　文本编辑

1. 执行方式

☑ 命令行：DDEDIT，TEXTEDIT。

☑ 菜单栏："修改"→"对象"→"文字"→"编辑"。

☑ 工具栏："文字"→"编辑" **A**。

2. 操作步骤

```
命令: TEXTEDIT✓
当前设置: 编辑模式=Single
选择注释对象或 [模式(M)]:
```

要求选择想要修改的文本，同时光标变为拾取框。单击选择对象，如果选择的文本是用 TEXT 命令创建的单行文本，则亮显该文本，此时可对其进行修改；如果选择的文本是用 MTEXT 命令创建的多行文本，选择后则打开多行文字编辑器，可根据前面的介绍对各项设置或内容进行修改。

4.2.5 实例——标注园林道路断面图说明文字

给园林道路断面图标注说明文字的流程图如图 4-22 所示。

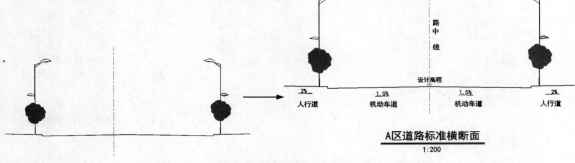

图 4-22 标注园林道路断面图说明文字的流程图

操作步骤：

1. 打开图片

打开源文件\图库\园林道路断面图，如图 4-23 所示。

图 4-23 园林道路断面图

2. 设置图层

打开源文件\图库\道路断面图，新建一个"文字"图层，其设置如图 4-24 所示。

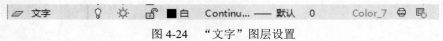

图 4-24 "文字"图层设置

3. 文字样式的设置

单击"默认"选项卡"注释"面板中的"文字样式"按钮 A，进入"文字样式"对话框，选择"仿宋"字体，"宽度因子"设置为 0.8。文字样式的设置如图 4-25 所示。

4. 绘制高程符号

（1）把"尺寸线"图层设置为当前图层。单击"默认"选项卡"绘图"面板中的"多边形"按钮 ⬠，在平面上绘制一个封闭的倒立正三角形 ABC。

（2）把"文字"图层设置为当前图层。单击"默认"选项卡"注释"面板中的"多行文字"按钮 A，标注标高文字"设计高程"，指定的高度为 0.7，旋转角度为 0。绘制流程如图 4-26 所示。

图 4-25 "文字样式"对话框

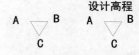

图 4-26 高程符号绘制流程

5. 绘制箭头以及标注文字

（1）单击"默认"选项卡"绘图"面板中的"多段线"按钮 ⌐，绘制箭头。指定 A 点为起点，输入"w"设置多段线的宽为 0.05；指定 B 点为第二点，输入"w"指定起点宽度为 0.15，指定端点宽度为 0；指定 C 点为第三点。

（2）单击"默认"选项卡"注释"面板中的"多行文字"按钮 A，标注标高为 1.5%，指定的高度为 0.5，旋转角度为 0。注意文字标注时需要把"文字"图层设置为当前图层。

操作步骤如图 4-27 所示。

（3）同上标注其他文字，完成的图形如图 4-28 所示。

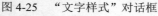

图 4-27 道路横断面图坡度绘制流程

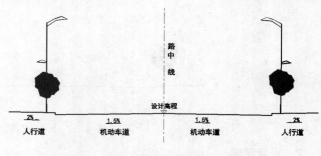

图 4-28 园林道路断面图文字标注

4.3 表 格

使用 AutoCAD 2018 提供的表格功能创建表格非常容易，可以直接插入设置好样式的表格，而不用由单独的图线重新绘制。

4.3.1 定义表格样式

表格样式是用来控制表格基本形状和间距的一组设置。和文字样式一样，所有 AutoCAD 2018 图形中的表格都有和其相对应的表格样式。当插入表格对象时，AutoCAD 2018 使用当前设置的表格样式。模板文件 acad.dwt 和 acadiso.dwt 中定义了名为 Standard 的默认表格样式。

1. 执行方式

☑ 命令行：TABLESTYLE。

☑ 菜单栏："格式"→"表格样式"。

☑ 工具栏："样式"→"表格样式管理器" 📊。

☑ 功能区："默认"→"注释"→"表格样式" 📊（如图 4-29 所示）或"注释"→"表格"→"表格样式"→"管理表格样式"（如图 4-30 所示）或"注释"→"表格"→"对话框启动器" ↘。

图 4-29 "注释"面板

2. 操作步骤

执行上述操作之一后，打开"表格样式"对话框，如图 4-31 所示。单击"新建"按钮，打开"创建新的表格样式"对话框，如图 4-32 所示。输入新的表格样式名后，单击"继续"按钮，打开"新建表格样式"对话框，如图 4-33 所示，从中可以定义新的表格样式。

图 4-30 "表格"面板

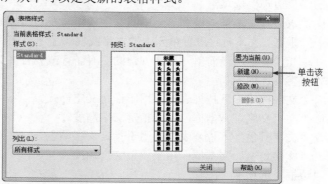

图 4-31 "表格样式"对话框

输入名称 →

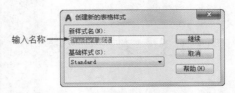

图 4-32 "创建新的表格样式"对话框

"新建表格样式"对话框中有 3 个选项卡，即"常规""文字""边框"，用于控制表格中数据、表头和标题的有关参数，如图 4-34 所示。

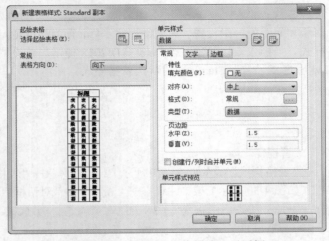

图 4-33 "新建表格样式"对话框

图 4-34 表格样式

3. 选项说明

1)"常规"选项卡

（1）"特性"选项组

☑ "填充颜色"下拉列表框：用于指定填充颜色。

☑ "对齐"下拉列表框：用于为单元内容指定一种对齐方式。

☑ "格式"选项框：用于设置表格中各行的数据类型和格式。

☑ "类型"下拉列表框：将单元样式指定为标签或数据，在包含起始表格的表格样式中插入默认文字时使用，也用于在工具选项板上创建表格工具的情况。

（2）"页边距"选项组

☑ "水平"文本框：设置单元中的文字或块与左右单元边界之间的距离。

☑ "垂直"文本框：设置单元中的文字或块与上下单元边界之间的距离。创建行（列）时合并单元，将使用当前单元样式创建的所有新行或列合并到一个单元中。

2)"文字"选项卡

☑ "文字样式"下拉列表框：用于指定文字样式。

☑ "文字高度"文本框：用于指定文字高度。

☑ "文字颜色"下拉列表框：用于指定文字颜色。

☑ "文字角度"文本框：用于设置文字角度。

3)"边框"选项卡

☑ "线宽"下拉列表框：用于设置要显示边界的线宽。

☑ "线型"下拉列表框：通过单击边框按钮，设置线型以应用于指定的边框。

☑ "颜色"下拉列表框：用于指定颜色以应用于显示的边界。

☑ "双线"复选框：选中该复选框，指定选定的边框为双线。

4.3.2 创建表格

设置好表格样式后，用户可以利用 TABLE 命令创建表格。

1. 执行方式

☑ 命令行：TABLE。

☑ 菜单栏："绘图"→"表格"。

☑ 工具栏："绘图"→"表格" ⊞。

☑ 功能区："默认"→"注释"→"表格" ⊞ 或"注释"→"表格"→"表格" ⊞。

2. 操作步骤

执行上述操作之一后，打开"插入表格"对话框，如图 4-35 所示。

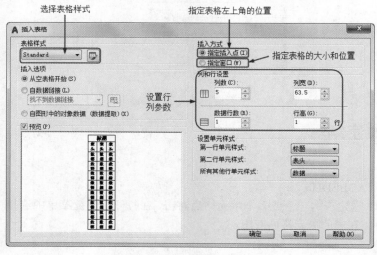

图 4-35 "插入表格"对话框

3. 选项说明

（1）"表格样式"选项组

可以在下拉列表框中选择一种表格样式，也可以单击右侧的"启动'表格样式'对话框"按钮 ，新建或修改表格样式。

（2）"插入方式"选项组

☑ "指定插入点"单选按钮：用于指定表格左上角的位置。可以使用定点设备，也可以在命令行中输入坐标值。如果表样式将表的方向设置为由下而上读取，则插入点位于表的左下角。

☑ "指定窗口"单选按钮：用于指定表格的大小和位置。可以使用定点设备，也可以在命令行中输入坐标值。选中该单选按钮时，行数、列数、列宽和行高取决于窗口的大小以及列和行的设置。

（3）"列和行设置"选项组

指定列和行的数目以及列宽与行高。

在"插入表格"对话框中进行相应的设置后，单击"确定"按钮，系统在指定的插入点处自动插入一个空表格，并显示"文字编辑器"选项卡，用户可以逐行逐列输入相应的文字或数据，如图 4-36 所示。

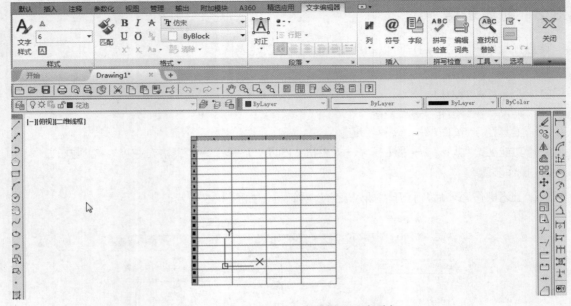

图 4-36　空表格和"文字编辑器"选项卡

4.3.3　表格文字编辑

1. 执行方式

☑　命令行：TABLEDIT。

☑　快捷菜单：选定表的一个或多个单元格后右击，在打开的快捷菜单中选择"编辑文字"命令。

☑　定点设备：在表的单元格内双击。

2. 操作步骤

执行上述操作之一后，打开多行文字编辑器，用户可以对指定单元格中的文字进行编辑。

在 AutoCAD 2018 中，可以在表格中插入简单的公式，用于求和、计数和计算平均值，以及定义简单的算术表达式。要在选定的单元格中插入公式，须在单元格中右击，在打开的快捷菜单中选择"插入点"→"公式"命令。也可以使用多行文字编辑器输入公式。选择一个公式项后，命令行提示如下：

> 选择表单元范围的第一个角点：（在表格内指定一点）
> 选择表单元范围的第二个角点：（在表格内指定另一点）

4.3.4　实例——公园设计植物明细表

绘制公园设计植物明细表的流程图如图 4-37 所示。

扫码看视频

4.3.4　公园设计
植物明细表

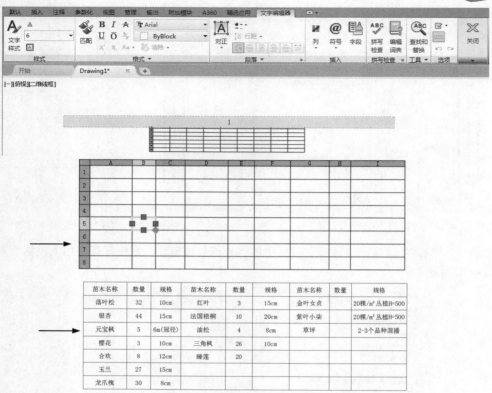

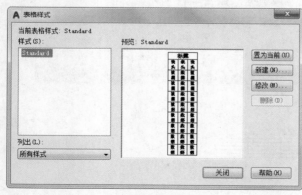

苗木名称	数量	规格	苗木名称	数量	规格	苗木名称	数量	规格
落叶松	32	10cm	红叶	3	15cm	金叶女贞		20棵/m² 丛植H=500
银杏	44	15cm	法国梧桐	10	20cm	紫叶小檗		20棵/m² 丛植H=500
元宝枫	5	6m(冠径)	油松	4	8cm	草坪		2-3个品种混播
樱花	3	10cm	三角枫	26	10cm			
合欢	8	12cm	睡莲	20				
玉兰	27	15cm						
龙爪槐	30	8cm						

图 4-37 绘制公园设计植物明细表的流程图

操作步骤：

（1）单击"默认"选项卡"注释"面板中的"表格"按钮，系统打开"表格样式"对话框，如图 4-38 所示。

（2）单击"新建"按钮，系统打开"创建新的表格样式"对话框，如图 4-39 所示。输入新的表格名称后，单击"继续"按钮，系统打开"新建表格样式"对话框，在"单元样式"对应的下拉列表框中选择"数据"选项，其对应的"常规"选项卡设置如图 4-40 所示，"文字"选项卡设置如图 4-41 所示。同理，在"单元样式"对应的下拉列表框中分别选择"标题"和"表头"选项，分别设置对齐为正中，文字高度为 8。创建好表格样式后，确定并关闭退出"表格样式"对话框。

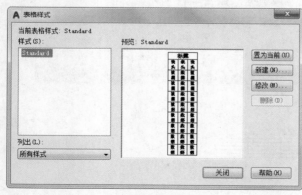

图 4-38 "表格样式"对话框

图 4-39 "创建新的表格样式"对话框

图 4-40 "常规"选项卡设置

图 4-41 "文字"选项卡设置

（3）单击"默认"选项卡"注释"面板中的"表格"按钮▦，系统打开"插入表格"对话框，设置如图 4-42 所示。

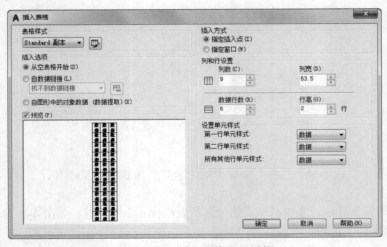

图 4-42 "插入表格"对话框

（4）单击"确定"按钮，系统在指定的插入点或窗口自动插入一个空表格，并显示"文字编辑器"选项卡，用户可以逐行逐列输入相应的文字或数据，如图 4-43 所示。

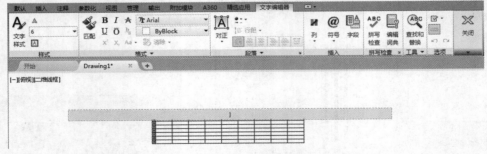

图 4-43 "文字编辑器"选项卡

（5）当编辑完成的表格有需要修改的地方时可用 TABLEDIT 命令来完成（也可在要修改的表格

上右击，在打开的快捷菜单中选择"输入文字"命令，如图 4-44 所示，同样可以达到修改文本的目的）。命令行提示与操作如下：

命令：tabledit↙
拾取表格单元：（鼠标选取需要修改文本的表格单元格）

图 4-44 快捷菜单

多行文字编辑器会再次出现，用户可以进行修改。

注意： 在插入后的表格中选择某一个单元格，单击后出现钳夹点，通过移动钳夹点可以改变单元格的大小，如图 4-45 所示。

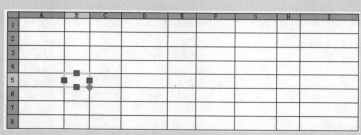

图 4-45 改变单元格大小

最后完成的植物明细表如图 4-37 所示。

4.4 尺寸标注

组成尺寸标注的尺寸界线、尺寸线、尺寸文本及箭头等可以采用多种多样的形式，实际标注一个几何对象的尺寸时，它的尺寸标注以什么形态出现，取决于当前所采用的尺寸标注样式。标注样式决定尺寸标注的形式，包括尺寸线、尺寸界线、箭头和中心标记的形式，以及尺寸文本的位置、特性等。在 AutoCAD 2018 中用户可以利用"标注样式管理器"对话框方便地设置自己需要的尺寸标注样式。下面介绍如何定制尺寸标注样式。

4.4.1　尺寸样式

Note

在进行尺寸标注之前，要建立尺寸标注的样式。如果用户不建立尺寸样式而直接进行标注，系统使用默认的名称为 Standard 的样式。用户如果认为使用的标注样式有某些设置不合适，也可以修改标注样式。

1．执行方式

☑　命令行：DIMSTYLE。

☑　菜单栏："格式"→"标注样式"或"标注"→"标注样式"。

☑　工具栏："标注"→"标注样式"📐。

☑　功能区："默认"→"注释"→"标注样式"📐或"注释"→"标注"→"标注样式"→"管理标注样式"或"注释"→"标注→"对话框启动器" ↘。

2．操作步骤

执行上述操作之一后，打开"标注样式管理器"对话框，如图 4-46 所示。利用该对话框可方便直观地设置和浏览尺寸标注样式，包括建立新的标注样式、修改已存在的样式、设置当前尺寸标注样式、重命名样式以及删除一个已存在的样式等。

3．选项说明

☑　"置为当前"按钮：单击该按钮，把在"样式"列表框中选中的样式设置为当前样式。

☑　"新建"按钮：定义一个新的尺寸标注样式。单击该按钮，打开"创建新标注样式"对话框，如图 4-47 所示，利用该对话框可创建一个新的尺寸标注样式。

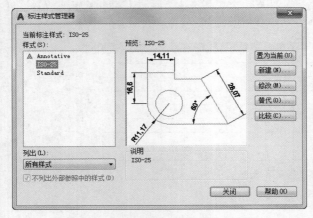

图 4-46　"标注样式管理器"对话框　　　　　图 4-47　"创建新标注样式"对话框

☑　"修改"按钮：修改一个已存在的尺寸标注样式。单击该按钮，打开"修改标注样式"对话框，该对话框中的各项与"创建新标注样式"对话框中完全相同，用户可以对已有标注样式进行修改。

☑　"替代"按钮：设置临时覆盖尺寸标注样式。单击该按钮，打开"替代当前样式"对话框，如图 4-48 所示。用户可改变各项的设置覆盖原来的设置，但这种修改只对指定的尺寸标注起作用，而不影响当前尺寸变量的设置。

☑　"比较"按钮：比较两个尺寸标注样式在参数上的区别，或浏览一个尺寸标注样式的参数设置。单击该按钮，打开"比较标注样式"对话框，如图 4-49 所示。可以把比较结果复制到剪贴板上，然后再粘贴到其他的 Windows 应用软件上。

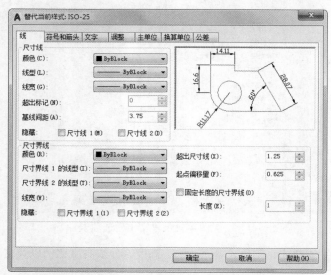

图 4-48 "替代当前样式"对话框

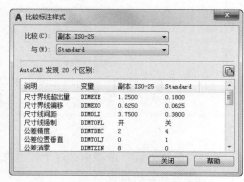

图 4-49 "比较标注样式"对话框

下面对图 4-48 所示的"替代当前样式"对话框中的主要选项卡进行简要说明，其对话框中的含义与"新建标注样式"对话框中的主要选项卡含义一致。

（1）"线"选项卡

"替代当前样式"对话框中的"线"选项卡用于设置尺寸线、尺寸界线的形式和特性。

☑ "尺寸线"选项组：用于设置尺寸线的特性。

☑ "尺寸界线"选项组：用于确定延伸线的形式。

☑ 尺寸样式显示框：在"替代当前样式"对话框的右上方，是一个尺寸样式显示框，该显示框以样例的形式显示用户设置的尺寸样式。

（2）"符号和箭头"选项卡

"替代当前样式"对话框中的"符号和箭头"选项卡如图 4-50 所示。该选项卡用于设置箭头、圆心标记、弧长符号和半径折弯标注的形式和特性。

☑ "箭头"选项组：用于设置尺寸箭头的形式。系统提供了多种箭头形状，列在"第一个"和"第二个"下拉列表框中。另外，还允许采用用户自定义的箭头形状。两个尺寸箭头可以采用相同的形式，也可以采用不同的形式。一般建筑制图中的箭头采用建筑标记样式。

☑ "圆心标记"选项组：用于设置半径标注、直径标注和中心标注中的中心标记和中心线的形式。相应的尺寸变量是 DIMCEN。

☑ "弧长符号"选项组：用于控制弧长标注中圆弧符号的显示。

☑ "折断标注"选项组：控制折断标注的间隙宽度。

☑ "半径折弯标注"选项组：控制折弯（Z 字型）半径标注的显示。

☑ "线性折弯标注"选项组：控制线性标注折弯的显示。

（3）"文字"选项卡

"替代当前样式"对话框中的"文字"选项卡如图 4-51 所示，该选项卡用于设置尺寸文本的形式、位置和对齐方式等。

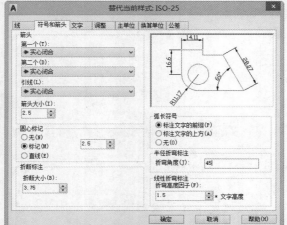

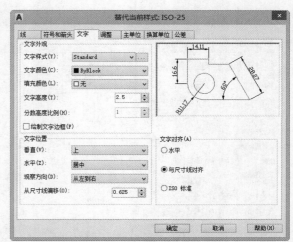

图 4-50 "符号和箭头"选项卡　　　　　图 4-51 "文字"选项卡

☑ "文字外观"选项组：用于设置文字的样式、颜色、填充颜色、高度、分数高度比例以及文字是否带边框。

☑ "文字位置"选项组：用于设置文字的位置是垂直还是水平，以及从尺寸线偏移的距离。

☑ "文字对齐"选项组：用于控制尺寸文本排列的方向。当尺寸文本在尺寸界线之内时，与其对应的尺寸变量是 DIMTIH；当尺寸文本在尺寸界线之外时，与其对应的尺寸变量是 DIMTOH。

4.4.2　尺寸标注

正确地进行尺寸标注是设计绘图工作中非常重要的一个环节，AutoCAD 2018 提供了方便快捷的尺寸标注方法，可通过执行命令实现，也可利用菜单或工具按钮来实现。本节将重点介绍如何对各种类型的尺寸进行标注。

1. 线性标注

（1）执行方式

☑ 命令行：DIMLINEAR（快捷命令：DIMLIN）。

☑ 菜单栏："标注"→"线性"。

☑ 工具栏："标注"→"线性" ⊢⊣。

☑ 功能区："默认"→"注释"→"线性" ⊢⊣或"注释"→"标注"→"线性" ⊢⊣。

（2）操作步骤

> 命令：DIMLIN✓
> 指定第一个尺寸界线原点或 <选择对象>:

（3）选项说明

在此提示下有两种选择，直接按 Enter 键选择要标注的对象或确定尺寸界线的起始点。

☑ 直接按 Enter 键：光标变为拾取框，命令行提示与操作如下：

> 选择标注对象:

用拾取框拾取要标注尺寸的线段，命令行提示与操作如下：

> 指定尺寸线位置或 [多行文字(M)/文字(T)/角度(A)/水平(H)/垂直(V)/旋转(R)]:

☑　指定第一个尺寸界线原点：指定第一条与第二条尺寸界线的起始点。

2．对齐标注

（1）执行方式

☑　命令行：DIMALIGNED。

☑　菜单栏："标注"→"对齐"。

☑　工具栏："标注"→"对齐" ⌍。

☑　功能区："默认"→"注释"→"对齐" ⌍ 或"注释"→"标注"→"对齐" ⌍。

（2）操作步骤

命令：DIMALIGNED✓
指定第一个尺寸界线原点或 <选择对象>：

使用"对齐"命令标注的尺寸线与所标注的轮廓线平行，标注的是起始点到终点之间的距离尺寸。

3．基线标注

基线标注用于产生一系列基于同一条尺寸界线的尺寸标注，适用于长度尺寸标注、角度标注和坐标标注等。在使用基线标注方式之前，应该先标注出一个相关的尺寸。

（1）执行方式

☑　命令行：DIMBASELINE。

☑　菜单栏："标注"→"基线"。

☑　工具栏："标注"→"基线" ⊟。

☑　功能区："注释"→"标注"→"基线" ⊟。

（2）操作步骤

命令：DIMBASELINE✓
指定第二个尺寸界线原点或 [放弃(U)/选择(S)] <选择>：

（3）选项说明

☑　指定第二个尺寸界线原点：直接确定第二个尺寸界线的起点，以上次标注的尺寸为基准标注出相应的尺寸。

☑　选择(S)：在上述提示下直接按 Enter 键，命令行提示与操作如下：

选择基准标注：（选择作为基准的尺寸标注）

4．连续标注

连续标注又叫尺寸链标注，用于产生一系列连续的尺寸标注，后一个尺寸标注均把前一个标注的第二条尺寸界线作为它的第一条尺寸界线。适用于长度尺寸标注、角度标注和坐标标注等。在使用连续标注方式之前，应该先标注出一个相关的尺寸。

（1）执行方式

☑　命令行：DIMCONTINUE。

☑　菜单栏："标注"→"连续"。

☑　工具栏："标注"→"连续" ⊨⊨。

☑　功能区："注释"→"标注"→"连续" ⊨⊨。

（2）操作步骤

```
命令：DIMCONTINUE✓
指定第二个尺寸界线原点或[放弃(U)/选择(S)] <选择>：
```

此提示下的各选项与基线标注中的选项完全相同，在此不再赘述。

5. 引线标注

AutoCAD 2018 提供了引线标注功能，利用该功能不仅可以标注特定的尺寸，如圆角、倒角等，还可以在图中添加多行旁注、说明。在引线标注中，指引线可以是折线，也可以是曲线；指引线端部可以有箭头，也可以没有箭头。

利用 QLEADER 命令可快速生成指引线及注释，而且可以通过命令行优化对话框进行用户自定义，由此可以消除不必要的命令行提示，取得最高的工作效率。

1）执行方式

命令行：QLEADER。

2）操作步骤

```
命令：QLEADER✓
指定第一个引线点或 [设置(S)] <设置>：
```

3）选项说明

（1）指定第一个引线点

根据命令行中的提示确定一点作为指引线的第一点，命令行提示与操作如下：

```
指定下一点：（输入指引线的第二点）
指定下一点：（输入指引线的第三点）
```

AutoCAD 2018 提示用户输入的点的数目由"引线设置"对话框确定（如图 4-52 所示）。输入完指引线的点后，命令行提示与操作如下：

```
指定文字宽度<0.0000>：（输入多行文本的宽度）
输入注释文字的第一行<多行文字(M)>：
```

此时，有以下两种方式进行输入选择。

☑ 输入注释文字的第一行：在命令行中输入第一行文本。此时，命令行提示与操作如下：

```
输入注释文字的下一行：（输入另一行文本）
输入注释文字的下一行：（输入另一行文本或按 Enter 键）
```

☑ 多行文字(M)：打开多行文字编辑器，输入、编辑多行文字。输入全部注释文本后直接按 Enter 键，系统结束 QLEADER 命令，并把多行文本标注在指引线的末端附近。

（2）设置(S)

在上面的命令行提示下直接按 Enter 键或输入"S"，打开"引线设置"对话框（如图 4-52 所示），允许对引线标注进行设置。该对话框中包含"注释""引线和箭头""附着" 3 个选项卡，下面分别进行介绍。

☑ "注释"选项卡：用于设置引线标注中注释文本的类型、多行文本的格式并确定注释文本是否多次使用。

☑ "引线和箭头"选项卡：用于设置引线标注中引线和箭头的形式，如图 4-53 所示。其中，"点数"选项组用于设置执行 QLEADER 命令时提示用户输入的点的数目。例如，设置点数为 3，执行 QLEADER 命令时当用户在提示下指定 3 个点后，AutoCAD 2018 自动提示用户输入注释文本。

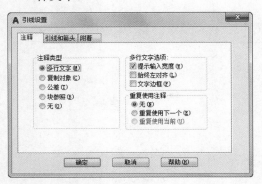

图 4-52　"引线设置"对话框

图 4-53　"引线和箭头"选项卡

注意： 设置的点数要比用户希望的指引线段数多 1。如果选中"无限制"复选框，AutoCAD 会一直提示用户输入点直到连续两次按 Enter 键为止。"角度约束"选项组用于设置第一段和第二段指引线的角度约束。

☑ "附着"选项卡：用于设置注释文本和指引线的相对位置，如图 4-54 所示。如果最后一段指引线指向右边，系统自动把注释文本放在右侧；如果最后一段指引线指向左边，系统自动把注释文本放在左侧。利用该选项卡中左侧和右侧的单选按钮，可以分别设置位于左侧和右侧的注释文本与最后一段指引线的相对位置，两者可相同也可不同。

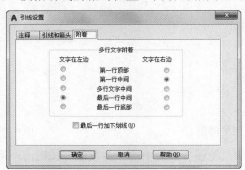

图 4-54　"附着"选项卡

4.4.3　实例——标注水池平面图

扫码看视频

4.4.3　标注水池平面图

本例首先为水池平面图标注半径尺寸、线性尺寸，然后为平面图标注剖切符号，最后为平面图添加引线并标注文字，具体流程如图 4-55 所示。

操作步骤：

（1）打开本书配套资源中相应文件夹中的"水池平面图.dwg"文件，如图 4-56 所示。

（2）单击"默认"选项卡"注释"面板中的"半径"按钮，标注半径尺寸，如图 4-57 所示。

（3）单击"默认"选项卡"注释"面板中的"线性"按钮和"连续"按钮，标注线性尺寸，如图 4-58 所示。

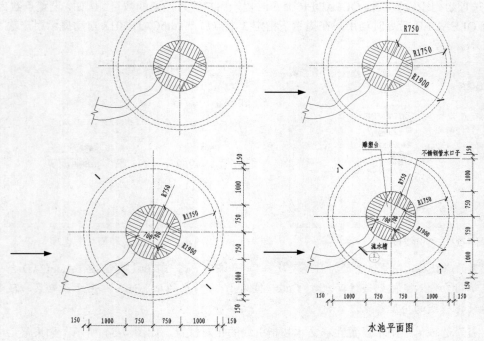

图 4-55　绘制流程图

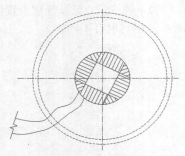

图 4-56　水池平面图

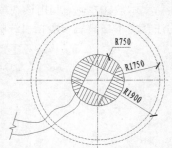

图 4-57　半径标注

（4）单击"默认"选项卡"绘图"面板中的"多段线"按钮 ，绘制剖切线符号，并修改线宽为 0.4，如图 4-59 所示。

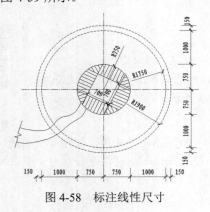

图 4-58　标注线性尺寸

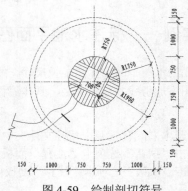

图 4-59　绘制剖切符号

（5）在命令行中输入"QLEADER"命令，命令行提示与操作如下：

命令：QLEADER✓
指定第一个引线点或 [设置(S)] <设置>：（按 Enter 键，打开如图 4-60 所示的"引线设置"对话框）
指定下一点：
指定下一点：
输入注释文字的第一行 <多行文字(M)>：（按 Enter 键，打开文本编辑器，输入文字）

图 4-60 "引线设置"对话框

结果如图 4-61 所示。

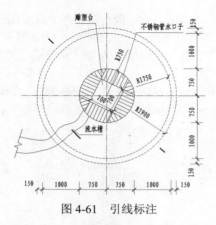

图 4-61 引线标注

（6）单击"默认"选项卡"绘图"面板中的"圆"按钮⊘和"直线"按钮／，在适当的位置绘制标号。

（7）单击"默认"选项卡"注释"面板中的"多行文字"按钮 A，标注文字，结果如图 4-55 所示。

4.5　综合实例——绘制 A3 园林设计工程图纸样板图形

下面绘制一个园林设计样板图形，具有自己的图标栏和会签栏。绘制流程图如图 4-62 所示。

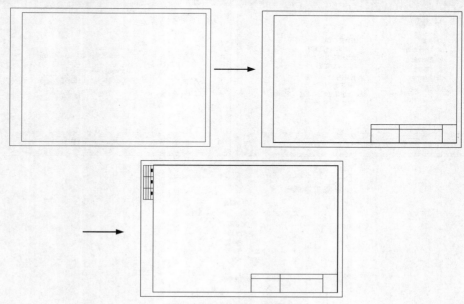

图 4-62　绘制流程图

操作步骤：

1. 设置单位和图形边界

（1）打开 AutoCAD 2018 应用程序，系统自动建立一个新的图形文件。

（2）设置单位。选择菜单栏中的"格式"→"单位"命令，打开"图形单位"对话框，如图 4-63 所示。设置长度的"类型"为"小数"，"精度"为 0；角度的"类型"为"十进制度数"，"精度"为 0，系统默认逆时针方向为正方向。

（3）设置图形边界。国标对图纸的幅面大小作了严格规定，在这里，按国标 A3 图纸幅面设置图形边界。A3 图纸的幅面为 420mm×297mm，故设置图形边界如下：

```
命令：LIMITS↙
重新设置模型空间界限：
指定左下角点或 [开(ON)/关(OFF)] <0.0000,0.0000>: ↙
指定右上角点 <12.0000,9.0000>: 420,297↙
```

2. 设置文本样式

下面列出一些本练习中的格式，可按如下约定进行设置：文本高度一般注释为 7mm，零件名称为 10mm，图标栏和会签栏中的其他文字为 5mm，尺寸文字为 5mm；线型比例为 1，图纸空间线型比例为 1；单位为十进制，尺寸小数点后 0 位，角度小数点后 0 位。

可以生成 4 种文字样式，分别用于一般注释、标题块中零件名、标题块注释及尺寸标注。

（1）单击"默认"选项卡"注释"面板中的"文字样式"按钮 ，打开"文字样式"对话框，单击"新建"按钮，系统打开"新建文字样式"对话框，如图 4-64 所示。接受默认的"样式 1"文字样式名，确认退出。

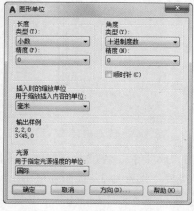

图 4-63 "图形单位"对话框

图 4-64 "新建文字样式"对话框

（2）系统返回"文字样式"对话框，在"字体名"下拉列表框中选择"宋体"选项，设置"高度"为 5，"宽度因子"为 0.7，如图 4-65 所示。单击"应用"按钮，再单击"关闭"按钮。其他文字样式进行类似的设置。

3. 绘制图框线和标题栏

（1）单击"默认"选项卡"绘图"面板中的"矩形"按钮 ，两个角点的坐标分别为（25,10）和（410,287），绘制一个 420mm×297mm（A3 图纸大小）的矩形作为图纸范围，如图 4-66 所示（外框表示设置的图纸范围）。

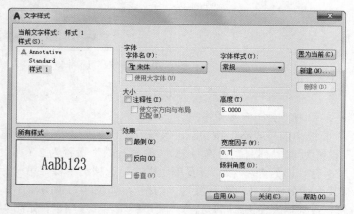

图 4-65 "文字样式"对话框

图 4-66 绘制图框线

（2）单击"默认"选项卡"绘图"面板中的"直线"按钮 ，绘制标题栏。坐标分别为{（230,10）、（230,50）、（410,50）}{（280,10）、（280,50）}{（360,10）、（360,50）}{（230,40）、（360,40）}，如图 4-67 所示（大括号中的数值表示一条独立连续线段的端点坐标值）。

4. 绘制会签栏

（1）单击"默认"选项卡"注释"面板中的"表格样式"按钮 ，打开"表格样式"对话框，如图 4-68 所示。

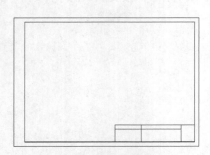

图 4-67　绘制标题栏

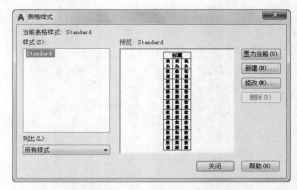

图 4-68　"表格样式"对话框

（2）单击"修改"按钮，系统打开"修改表格样式"对话框，在"单元样式"下拉列表框中选择"数据"选项，在下面的"文字"选项卡中将"文字高度"设置为 3，如图 4-69 所示。再打开"常规"选项卡，将"页边距"选项组中的"水平"和"垂直"都设置为 1，如图 4-70 所示。

图 4-69　"修改表格样式"对话框

图 4-70　"常规"选项卡

说明：表格的行高=文字高度+2×垂直页边距，此处设置为 3+2×1=5。

（3）系统回到"表格样式"对话框，单击"关闭"按钮退出。

（4）单击"默认"选项卡"注释"面板中的"表格"按钮，系统打开"插入表格"对话框，在"列和行设置"选项组中将"列数"设置为 3，"列宽"设置为 25，"数据行数"设置为 2（加上标题行和表头行共 4 行），"行高"设置为 1 行（即为 5）；在"设置单元样式"选项组中将"第一行单元样式"、"第二行单元样式"和"所有其他行单元样式"都设置为"数据"，如图 4-71 所示。

（5）在图框线左上角指定表格位置，系统生成表格，同时打开"文字编辑器"选项卡，如图 4-72 所示，在各单元格中依次输入文字，如图 4-73 所示，最后按 Enter 键生成表格，如图 4-74 所示。

（6）单击"默认"选项卡"修改"面板中的"旋转"按钮（此命令会在以后讲述），把会签栏旋转-90°，命令行提示与操作如下：

```
命令：_rotate↙
UCS 当前的正角方向：ANGDIR=逆时针　ANGBASE=0.00
选择对象：（选择刚绘制的表格）
```

选择对象：✓

指定基点：（指定图框左上角）

指定旋转角度或 [复制(C)/参照(R)] <0.00>：-90✓

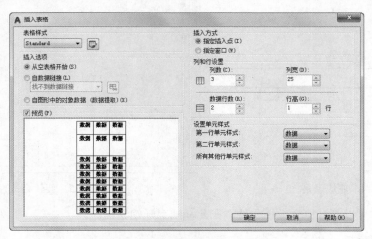

图 4-71　"插入表格"对话框

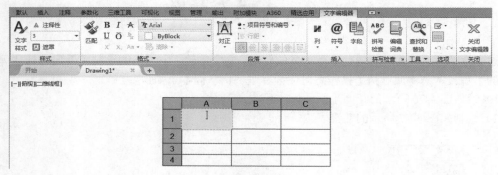

图 4-72　生成表格

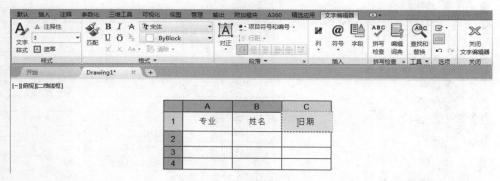

图 4-73　输入文字

结果如图 4-75 所示。这样就得到了一个样板图形，带有自己的图标栏和会签栏。

5. 保存成样板图文件

样板图及其环境设置完成后，可以将其保存成样板图文件。单击快速访问工具栏中的"保存"按钮 🖫，打开"图形另存为"对话框。在"文件类型"下拉列表框中选择"AutoCAD 图形样板（*.dwt）"

选项，输入文件名为 A3，单击"保存"按钮保存文件。

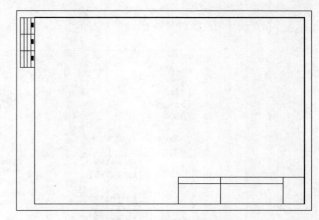

图 4-74　完成表格　　　　　　　　　　　　　图 4-75　旋转会签栏

下次绘图时，可以打开该样板图文件，在此基础上开始绘图。

4.6　实践与操作

通过本章的学习，读者对辅助绘图工具的使用、文字的输入、表格的绘制以及尺寸标注等知识有了大体的了解。本节将通过两个操作练习使读者进一步掌握本章知识要点。

（1）给如图 4-76 所示的花园平面图标注尺寸。

（2）绘制如图 4-77 所示的花卉表。

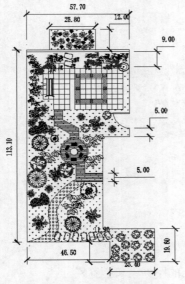

图 4-76　花园平面图

序号	图例	名　称	规　格	备　注
1		花石榴	H0.6M，50X50CM	意寓旺家春秋开花观果
2		腊　梅	H0.4-0.6M	冬天开花
3		红　枫	H1.2-1.8M	叶色火红，观叶树种
4		紫　薇	H0.5M，35X35CM	夏秋开花，秋冬枝干秀美
5		桂　花	H0.6-0.8M	秋天开花，花香
6		牡　丹	H0.3M	冬春开花
7		四季竹	H0.4-0.5M	观姿，叶色丰富
8		鸢　尾	H0.2-0.25M	春秋开花
9		海　棠	H0.3-0.45M	春天开花
10		苏　铁	H0.6M，60X60CM	观姿树种
11		葱　兰	H0.1M	烘托作用
12		芭　蕉	H0.35M，25X25CM	
13		月　季	H0.35M，25X25CM	春夏秋开花

图 4-77　花卉表

第**5**章

编辑命令

二维图形编辑操作配合绘图命令的使用可以进一步完成复杂图形对象的绘制工作，并可使用户合理安排和组织图形，保证作图准确，减少重复。因此，对编辑命令的熟练掌握和使用有助于提高设计和绘图的效率。本章主要介绍以下内容：复制类命令、改变位置类命令、删除及恢复类命令、改变几何特性类编辑命令和对象编辑命令等。

- ☑ 选择对象
- ☑ 删除及恢复类命令
- ☑ 复制类命令

- ☑ 改变位置和改变几何特性类命令
- ☑ 对象编辑

任务驱动&项目案例

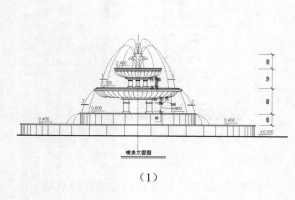

（1）

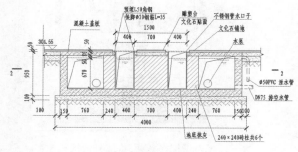

1-1剖面图

（2）

5.1 选 择 对 象

AutoCAD 2018 提供了如下两种编辑图形的途径。

（1）先执行编辑命令，然后选择要编辑的对象。

（2）先选择要编辑的对象，然后执行编辑命令。

这两种途径的执行效果是相同的，但选择对象是进行编辑的前提。AutoCAD 2018 提供了多种对象选择方法，如点取方法、用选择窗口选择对象、用选择线选择对象、用对话框选择对象等。AutoCAD 2018 可以把选择的多个对象组成整体，如选择集和对象组，进行整体编辑与修改。

下面结合 SELECT 命令说明选择对象的方法。

SELECT 命令可以单独使用，也可以在执行其他编辑命令时被自动调用。此时系统提示：

选择对象：

等待用户以某种方式选择对象作为回答。AutoCAD 2018 提供多种选择方式，可以输入"?"查看这些选择方式。选择选项后，出现如下提示：

需要点或窗口(W) /上一个(L) /窗交(C) /框(BOX) /全部(ALL) /栏选(F) /圈围(WP) /圈交(CP) /编组(G) /添加(A) /删除(R) /多个(M) /前一个(P) /放弃(U) /自动(AU) /单个(SI) /子对象(SU) /对象(O)

上面主要选项的含义介绍如下。

☑ 点：该选项表示直接通过点取的方式选择对象。用鼠标或键盘移动拾取框，使其框住要选取的对象，然后单击，则会选中该对象并以高亮度显示。

☑ 窗口(W)：用由两个对角顶点确定的矩形窗口选取位于其范围内部的所有图形，与边界相交的对象不会被选中。在指定对角顶点时应该按照从左向右的顺序，如图 5-1 所示。

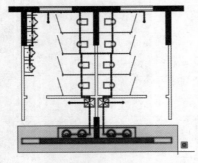
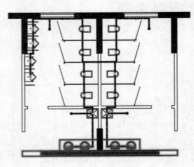

（a）图中深色覆盖部分为选择窗口　　　　　　　　（b）选择后的图形

图 5-1　"窗口"对象选择方式

☑ 上一个(L)：在"选择对象:"提示下输入"L"后，按 Enter 键，系统会自动选取最后绘出的一个对象。

☑ 窗交(C)：该方式与上述"窗口"方式类似，区别在于：它不但可选中矩形窗口内部的对象，也可选中与矩形窗口边界相交的对象。选择的对象如图 5-2 所示。

☑ 框(BOX)：使用时，系统根据用户在屏幕上给出的两个对角点的位置自动引用"窗口"或"窗

"交"方式。若从左向右指定对角点，则为"窗口"方式；反之，则为"窗交"方式。

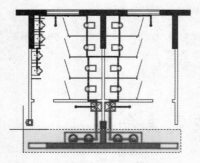

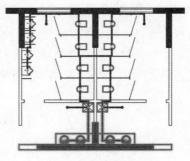

（a）图中深色覆盖部分为选择窗口　　　　（b）选择后的图形

图 5-2　"窗交"对象选择方式

☑ 全部(ALL)：选取图面上的所有对象。

☑ 栏选(F)：用户临时绘制一些直线，这些直线不必构成封闭图形，凡是与这些直线相交的对象均被选中。绘制结果如图 5-3 所示。

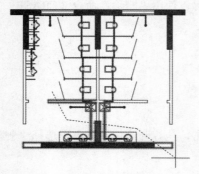
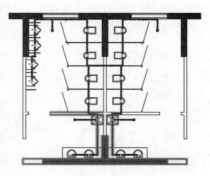

（a）图中虚线为选择栏　　　　　　　　（b）选择后的图形

图 5-3　"栏选"对象选择方式

☑ 圈围(WP)：使用一个不规则的多边形来选择对象。根据提示，用户顺次输入构成多边形的所有顶点的坐标，最后按 Enter 键结束操作，系统将自动顺序连接所有顶点以形成封闭的多边形，凡是被多边形围住的对象均被选中（不包括边界）。执行结果如图 5-4 所示。

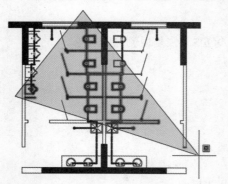
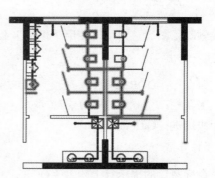

（a）图中十字线所拉出深色多边形为选择窗口　　　　（b）选择后的图形

图 5-4　"圈围"对象选择方式

☑ 圈交(CP)：类似于"圈围"方式，在"选择对象:"提示后输入"CP"，后续操作与"圈围"方式相同。区别在于：与多边形边界相交的对象也被选中。

📖 说明：若矩形框从左向右定义，即第一个选择的对角点为左侧的对角点，矩形框内部的对象被选中，框外部的及与矩形框边界相交的对象不会被选中。若矩形框从右向左定义，矩形框内部及与矩形框边界相交的对象都会被选中。

Note

5.2 删除及恢复类命令

这一类命令主要用于删除图形的某部分或对已被删除的部分进行恢复，包括"删除"和"恢复"命令。

5.2.1 "删除"命令

如果所绘制的图形不符合要求或错绘了图形，则可以使用"删除"命令（ERASE）把它删除。

1. 执行方式

☑ 命令行：ERASE。
☑ 菜单栏："修改"→"删除"。
☑ 工具栏："修改"→"删除" ✎。
☑ 功能区："默认"→"修改"→"删除" ✎。
☑ 快捷菜单：选择要删除的对象，在绘图区右击，从打开的快捷菜单中选择"删除"命令。

2. 操作步骤

可以先选择对象，然后调用"删除"命令；也可以先调用"删除"命令，然后再选择对象。选择对象时，可以使用前面介绍的各种对象选择方法。

当选择多个对象时，多个对象都被删除；若选择的对象属于某个对象组，则该对象组的所有对象都被删除。

5.2.2 "恢复"命令

若误删除了图形，则可以使用"恢复"命令（OOPS）恢复误删除的对象。

1. 执行方式

☑ 命令行：OOPS 或 U。
☑ 工具栏："标准"→"放弃" ↶。
☑ 快捷键：Ctrl+Z。

2. 操作步骤

在命令行窗口的提示行上输入"OOPS"，按 Enter 键。

5.3 复制类命令

本节详细介绍 AutoCAD 2018 的复制类命令。利用这些复制类命令，可以方便地编辑绘制图形。

5.3.1 "复制"命令

1. 执行方式

- ☑ 命令行：COPY。
- ☑ 菜单栏："修改" → "复制"。
- ☑ 工具栏："修改" → "复制" 。
- ☑ 功能区："默认" → "修改" → "复制" 🔲。
- ☑ 快捷菜单：选择要复制的对象，在绘图区右击，从打开的快捷菜单中选择"复制"命令。

2. 操作步骤

命令：COPY✓
选择对象：（选择要复制的对象）

用前面介绍的对象选择方法选择一个或多个对象，按 Enter 键，结束选择操作。系统继续提示：

当前设置：复制模式=多个
指定基点或 [位移(D)/模式(O)] <位移>：
指定第二个点或 [阵列(A)] <使用第一个点作为位移>：

3. 选项说明

（1）指定基点：指定一个坐标点后，AutoCAD 2018 会把该点作为复制对象的基点，并提示：

指定第二个点或 [阵列(A)] <使用第一个点作为位移>：

指定第二个点后，系统将根据这两点确定的位移矢量把选择的对象复制到第二点处。如果此时直接按 Enter 键，即选择默认的"使用第一个点作为位移"，则第一个点被当作相对于 X、Y、Z 的位移。例如，如果指定基点为（2,3）并在下一个提示下按 Enter 键，则该对象从它当前的位置开始，在 X 方向上移动 2 个单位，在 Y 方向上移动 3 个单位。复制完成后，系统会继续提示：

指定位移的第二点：

这时，可以不断指定新的第二点，从而实现多重复制。

（2）位移(D)：直接输入位移值，表示以选择对象时的拾取点为基准，以拾取点坐标为移动方向，沿纵横比移动指定位移后所确定的点为基点。例如，选择对象时的拾取点坐标为（2,3），输入位移为5，则表示以（2,3）点为基准，沿纵横比为 3:2 的方向移动 5 个单位所确定的点为基点。

（3）模式(O)：控制是否自动重复该命令。确定复制模式是单个还是多个。

5.3.2 实例——喷泉立面图轴线

绘制喷泉立面图轴线的流程图如图 5-5 所示。

扫码看视频

5.3.2 喷泉立面图
轴线

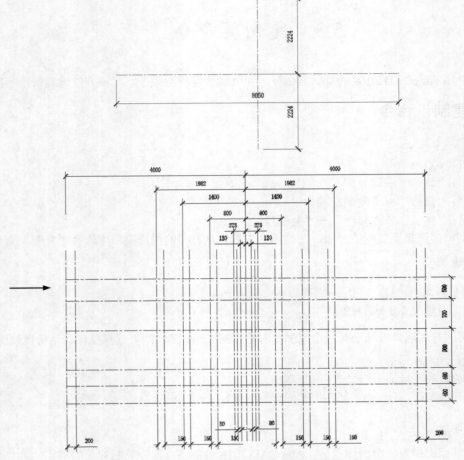

图 5-5　绘制喷泉立面图轴线的流程图

操作步骤：

（1）设置图层。设置 5 个图层，即"标注尺寸""中心线""轮廓线""文字""水面线"，将"中心线"图层设置为当前图层。设置好的图层如图 5-6 所示。

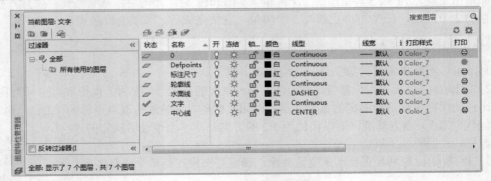

图 5-6　喷泉立面图图层设置

（2）标注样式的设置。根据绘图比例设置标注样式，对标注样式线、符号和箭头、文字和主单位进行设置，具体如下。

☑ 线：超出尺寸线为 120，起点偏移量为 150。

☑ 符号和箭头：第一个为建筑标记，箭头大小为 150，圆心标注为 75。

☑ 文字：文字高度为 150，文字位置为垂直上，从尺寸线偏移 150，文字对齐为 ISO 标准。

☑ 主单位：精度为 0，比例因子为 1。

（3）文字样式的设置。单击"默认"选项卡"注释"面板中的"文字样式"按钮 ，进入"文字样式"对话框，选择仿宋字体，宽度因子设置为 0.8。

（4）在状态栏中单击"正交模式"按钮 ，打开正交模式；在状态栏中单击"对象捕捉"按钮 ，打开对象捕捉模式。

（5）单击"默认"选项卡"绘图"面板中的"直线"按钮 ，绘制一条长为 8050 的水平直线。重复"直线"命令，以中点为起点向上绘制一条长为 2224 的垂直直线，重复"直线"命令，以中点为起点向下绘制一条长为 2224 的垂直直线。

（6）把"标注尺寸"图层设置为当前图层，单击"默认"选项卡"注释"面板中的"线性"按钮 ，标注外形尺寸。然后单击"注释"选项卡"标注"面板中的"连续"按钮 ，进行连续标注。完成的图形和尺寸如图 5-7 所示。

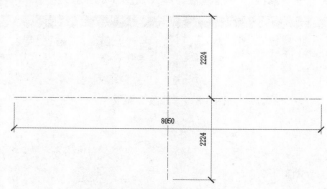

图 5-7 喷泉立面定位轴线绘制

（7）单击"默认"选项卡"修改"面板中的"删除"按钮 ，删除标注尺寸线。单击"默认"选项卡"修改"面板中的"复制"按钮 ，复制刚刚绘制好的水平直线，向上复制的位移分别为 700 和 1200。命令行提示与操作如下：

```
命令：_copy↙
选择对象：（选择水平直线）
选择对象：↙
当前设置：复制模式=多个
指定基点或 [位移(D)/模式(O)] <位移>：
指定第二个点或 [阵列(A)] <使用第一个点作为位移>：700↙
指定第二个点或 [阵列(A)/退出(E)/放弃(U)] <退出>：1200↙
```

（8）单击"默认"选项卡"修改"面板中的"复制"按钮 ，复制刚刚绘制好的水平直线，向下复制的位移分别为 900、1300 和 1700。

（9）单击"默认"选项卡"修改"面板中的"复制"按钮 ，复制刚刚绘制好的垂直直线，向右复制的位移分别为 120、200、273、650、800、1250、1400、1832、1982、3800 和 4000。重复"复制"命令，复制刚刚绘制好的垂直直线，向左复制的位移分别为120、200、273、650、800、1250、1400、1832、1982、3800和4000。

（10）单击"默认"选项卡"注释"面板中的"线性"按钮┡┥，标注直线尺寸。

（11）单击"注释"选项卡"标注"面板中的"连续"按钮┞┼┤，进行连续标注。完成的图形和尺寸如图5-5所示。

5.3.3 "镜像"命令

镜像对象是指把选择的对象以一条镜像线为对称轴进行镜像后的对象。镜像操作完成后，可以保留原对象，也可以将其删除。

1．执行方式

☑　命令行：MIRROR。

☑　菜单栏："修改"→"镜像"。

☑　工具栏："修改"→"镜像" ◁▷。

☑　功能区："默认"→"修改"→"镜像" ◁▷（如图5-8所示）。

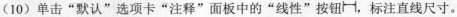
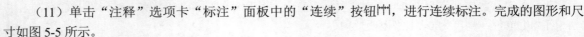

图5-8　"修改"面板

2．操作步骤

```
命令：MIRROR✓
选择对象：（选择要镜像的对象）
选择对象：✓
指定镜像线的第一点：（指定镜像线的第一个点）
指定镜像线的第二点：（指定镜像线的第二个点）
要删除源对象？ [是(Y)/否(N)] <否>：（确定是否删除源对象）
```

这两点确定一条镜像线，被选择的对象以该线为对称轴进行镜像。包含该线的镜像平面与用户坐标系统的 XOY 平面垂直，即镜像操作工作在与用户坐标系统的 XOY 平面平行的平面上。

5.3.4 实例——喷泉池立面图

绘制喷泉池立面图的流程图如图5-9所示。

扫码看视频

5.3.4　喷泉池
立面图

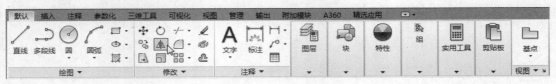

图5-9　绘制喷泉池立面图的流程图

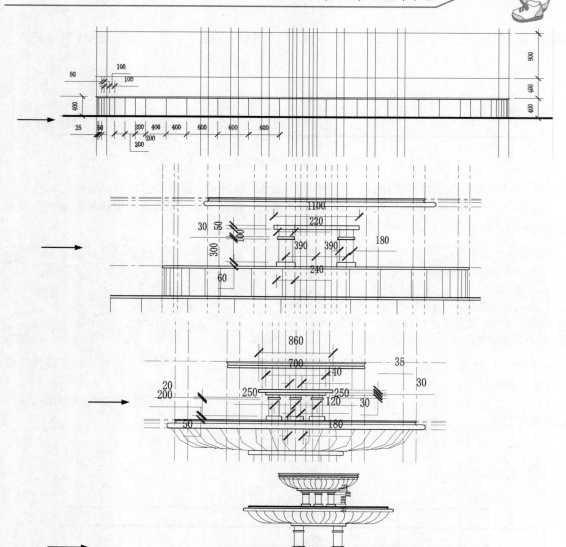

图 5-9 绘制喷泉池立面图的流程图（续）

操作步骤：

1. 绘制最底面喷池

（1）新建的"轮廓线"图层设置为当前图层，单击"默认"选项卡"绘图"面板中的"多段线"按钮 ，绘制一条水平地面线。输入"w"来指定起点和端点的宽度为30。

（2）单击"默认"选项卡"绘图"面板中的"矩形"按钮 ，绘制最外面的喷池，尺寸为8000×30。输入"f"来指定矩形的圆角半径为15，输入"w"指定矩形的线宽为5。完成的图形如图5-10所示。

（3）单击"默认"选项卡"绘图"面板中的"直线"按钮 ，绘制最底面的竖向线，设置长度为370。

（4）单击"默认"选项卡"修改"面板中的"复制"按钮 ，复制刚刚绘制好的竖向线，向右复制的距离分别为 25、75、125、225、325、525、725、925、1325、1725、2325、2925 和 3525。

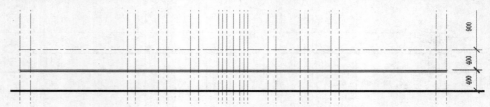

图 5-10　最底面喷池绘制

（5）单击"默认"选项卡"修改"面板中的"删除"按钮 ✍，删除最初绘制的竖向直线。

（6）单击"默认"选项卡"修改"面板中的"镜像"按钮 ⚏，以竖向线的对称轴为基点复制刚刚绘制完的竖向线。命令行提示与操作如下：

```
命令：_mirror↙
选择对象：（选择竖向线）
选择对象：↙
指定镜像线的第一点：
指定镜像线的第二点：（选择竖向线的对称轴）
要删除源对象吗？ [是(Y)/否(N)] <否>：↙
```

（7）把"标注尺寸"图层设置为当前图层，单击"默认"选项卡"注释"面板中的"线性"按钮 ┡┥，标注直线尺寸。

（8）单击"注释"选项卡"标注"面板中的"连续"按钮 ⊢⊢⊢，进行连续标注。完成的图形和尺寸如图 5-11 所示。

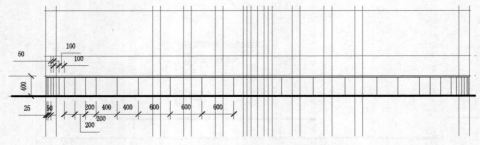

图 5-11　最底面喷池竖向线绘制

2. 绘制第二层喷池

（1）把"轮廓线"图层设置为当前图层，单击"默认"选项卡"绘图"面板中的"矩形"按钮 ▭，绘制第二层喷池，尺寸为 3964×30。输入"f"来指定矩形的圆角半径为 15，输入"w"指定矩形的线宽为 5。

（2）单击"默认"选项卡"绘图"面板中的"直线"按钮 ╱，绘制最底面的竖向线，设置长度为 370。

（3）单击"默认"选项卡"修改"面板中的"复制"按钮 ⅗，复制刚刚绘制好的竖向线，向右复制的距离分别为 25、75、125、225、325、525、725、925、1325 和 1925。

（4）单击"默认"选项卡"修改"面板中的"删除"按钮 ✍，删除最初绘制的竖向直线。

（5）单击"默认"选项卡"修改"面板中的"镜像"按钮 ⚏，以竖向线的对称轴为基点复制刚刚绘制完的竖向线。

（6）把"标注尺寸"图层设置为当前图层，单击"默认"选项卡"注释"面板中的"线性"按钮┍┑，标注直线尺寸。

（7）单击"注释"选项卡"标注"面板中的"连续"按钮，进行连续标注。完成第二层喷池的绘制，完成的图形和尺寸如图 5-12 所示。

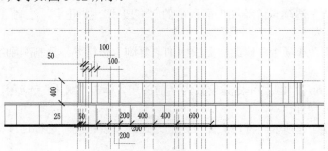

图 5-12　第二层喷池绘制

3．绘制第三层喷池

（1）单击"默认"选项卡"修改"面板中的"复制"按钮，复制离地面距离为 1700 的直线，向下复制的距离分别为 15、45 和 105。

（2）把"轮廓线"图层设置为当前图层，单击"默认"选项卡"绘图"面板中的"矩形"按钮，绘制第三层喷池，尺寸为 2800×15。输入"f"来指定矩形的圆角半径为 7.5，输入"w"指定矩形的线宽为 5。重复"矩形"命令，绘制 3000×60 的矩形。输入"f"来指定矩形的圆角半径为 30，输入"w"指定矩形的线宽为 5。

（3）单击"默认"选项卡"绘图"面板中的"多段线"按钮，绘制圆弧。输入"w"来设置起点和端点的宽度为 5，绘制多段线，结果如图 5-13 所示。

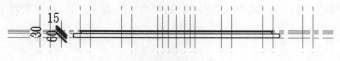

图 5-13　第三层喷池绘制

（4）把"标注尺寸"图层设置为当前图层，单击"默认"选项卡"注释"面板中的"线性"按钮┍┑，标注直线尺寸。

（5）单击"注释"选项卡"标注"面板中的"连续"按钮，进行连续标注。完成的图形和尺寸如图 5-13 所示。

（6）单击"默认"选项卡"修改"面板中的"删除"按钮，删除多余的标注尺寸。使用"直线"和"多段线"命令绘制立柱。

（7）单击"默认"选项卡"修改"面板中的"复制"按钮，复制中心的垂直直线，分别向左、向右的距离为 390，以确定底柱中心线。

（8）把"轮廓线"图层设置为当前图层，单击"默认"选项卡"绘图"面板中的"多段线"按钮，绘制 240×60 的矩形，输入"w"来设置起点宽度为 5。

（9）单击"默认"选项卡"绘图"面板中的"直线"按钮，绘制长为 300 的垂直直线。

（10）单击"默认"选项卡"修改"面板中的"复制"按钮，复制此竖向直线，向右的距离为 180。

（11）单击"默认"选项卡"绘图"面板中的"多段线"按钮，绘制 220×30 的矩形，输入"w"

来设置起点宽度为 5。

（12）单击"默认"选项卡"绘图"面板中的"直线"按钮，绘制长为 100 的垂直直线。

（13）单击"默认"选项卡"修改"面板中的"复制"按钮，复制此竖向直线，设置向右的距离为 180。

（14）单击"默认"选项卡"绘图"面板中的"多段线"按钮，绘制 1100×50 的矩形，输入"w"来设置起点宽度为 5。

（15）单击"默认"选项卡"修改"面板中的"复制"按钮，复制刚刚绘制好的立柱，复制的距离为 780。

（16）新建"标注尺寸"图层并将其设置为当前图层，单击"默认"选项卡"注释"面板中的"线性"按钮，标注直线尺寸。

（17）单击"注释"选项卡"标注"面板中的"连续"按钮，进行连续标注。完成的图形和尺寸如图 5-14 所示。

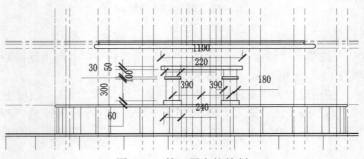

图 5-14　第三层立柱绘制

（18）单击"默认"选项卡"修改"面板中的"删除"按钮，删除多余的标注尺寸。

（19）单击"默认"选项卡"绘图"面板中的"圆弧"按钮，绘制喷池立面装饰线，完成的图形如图 5-15 所示。

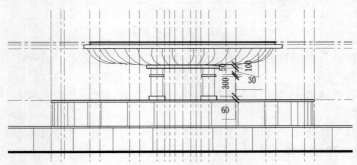

图 5-15　第三层喷池立面装饰绘制

4．绘制第四层喷池

（1）单击"默认"选项卡"修改"面板中的"复制"按钮，复制离地面距离为 2400 的直线，向下复制的距离分别为 15、45 和 75。

（2）把"轮廓线"图层设置为当前图层，单击"默认"选项卡"绘图"面板中的"矩形"按钮，绘制第四层喷池，尺寸为 1615×15。输入"f"来指定矩形的圆角半径为 7.5，输入"w"指定矩形的线宽为 5。重复"矩形"命令，绘制 1600×30 的矩形。输入"f"来指定矩形的圆角半径为 15，输入

"w"指定矩形的线宽为5。

（3）单击"默认"选项卡"绘图"面板中的"多段线"按钮⏜，绘制圆弧。输入"w"来设置起点和端点的宽度为5。

（4）把"标注尺寸"图层设置为当前图层，单击"默认"选项卡"注释"面板中的"线性"按钮⊢，标注直线尺寸。

（5）单击"注释"选项卡"标注"面板中的"连续"按钮⊪，进行连续标注。完成的图形和尺寸如图5-16所示。

（6）单击"默认"选项卡"修改"面板中的"删除"按钮🖉，删除多余的标注尺寸。

（7）把"轮廓线"图层设置为当前图层，单击"默认"选项卡"绘图"面板中的"多段线"按钮⏜，绘制180×50的矩形，输入"w"来设置起点宽度为5。

（8）单击"默认"选项卡"绘图"面板中的"直线"按钮╱，绘制长为200的垂直直线。

（9）单击"默认"选项卡"修改"面板中的"复制"按钮🗒，复制此竖向直线，设置向右的距离为120。

（10）单击"默认"选项卡"绘图"面板中的"多段线"按钮⏜，绘制140×20的矩形，输入"w"来设置起点宽度为5。

（11）单击"默认"选项卡"绘图"面板中的"直线"按钮╱，绘制长为30的垂直直线。

（12）单击"默认"选项卡"修改"面板中的"复制"按钮🗒，复制此竖向直线，设置向右的距离为120。

（13）单击"默认"选项卡"绘图"面板中的"多段线"按钮⏜，绘制700×30的矩形，输入"w"来设置起点宽度为5。

（14）单击"默认"选项卡"绘图"面板中的"多段线"按钮⏜，绘制860×35的矩形，输入"w"来设置起点宽度为5。

（15）单击"默认"选项卡"修改"面板中的"复制"按钮🗒，复制刚刚绘制好的立柱，分别向左、向右复制的距离为250。

（16）把"标注尺寸"图层设置为当前图层，单击"默认"选项卡"注释"面板中的"线性"按钮⊢，标注直线尺寸。

（17）单击"注释"选项卡"标注"面板中的"连续"按钮⊪，进行连续标注。完成第四层喷池的绘制，完成的图形和尺寸如图5-17所示。

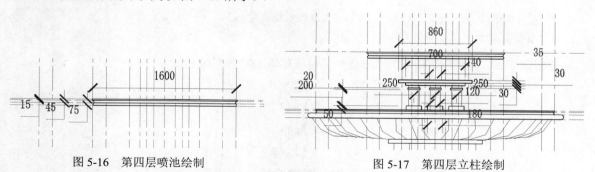

图5-16 第四层喷池绘制　　　　　　图5-17 第四层立柱绘制

（18）单击"默认"选项卡"绘图"面板中的"直线"按钮╱，绘制1550×50的矩形。

（19）单击"默认"选项卡"绘图"面板中的"圆弧"按钮╭，绘制喷池立面装饰线。

（20）单击"默认"选项卡"修改"面板中的"删除"按钮🖉，删除多余的标注尺寸和直线。完成的图形如图5-9所示。

Note

5.3.5 "偏移"命令

偏移对象是指保持所选择的对象的形状并在不同的位置以不同的尺寸大小新建的一个对象。

1. 执行方式

☑ 命令行：OFFSET。

☑ 菜单栏："修改"→"偏移"。

☑ 工具栏："修改"→"偏移" 🔂。

☑ 功能区："默认"→"修改"→"偏移" 🔂。

2. 操作步骤

命令：OFFSET✓

当前设置：删除源=否 图层=源 OFFSETGAPTYPE=0

指定偏移距离或 [通过(T)/删除(E)/图层(L)] <通过>：(指定距离值)

选择要偏移的对象或 [退出(E)/放弃(U)] <退出>：(选择要偏移的对象。按Enter键结束操作)

指定要偏移的那一侧上的点或 [退出(E)/多个(M)/放弃(U)] <退出>：(指定偏移方向)

选择要偏移的对象或 [退出(E)/放弃(U)] <退出>：

3. 选项说明

（1）指定偏移距离：输入一个距离值，或按 Enter 键，使用当前的距离值，系统把该距离值作为偏移距离，如图 5-18 所示。

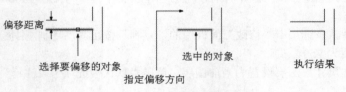

图 5-18 指定偏移对象的距离

（2）通过(T)：指定偏移对象的通过点。选择该选项后出现如下提示：

选择要偏移的对象或 <退出>：(选择要偏移的对象，按Enter键，结束操作)

指定通过点：(指定偏移对象的一个通过点)

操作完毕后，系统根据指定的通过点绘出偏移对象，如图 5-19 所示。

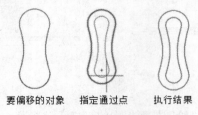

图 5-19 指定偏移对象的通过点

（3）删除(E)：偏移后，将源对象删除。选择该选项后出现如下提示：

要在偏移后删除源对象吗？ [是(Y)/否(N)] <否>：

（4）图层(L)：确定将偏移对象创建在当前图层上还是源对象所在的图层上。选择该选项后出现如下提示：

输入偏移对象的图层选项 ［当前(C)/源(S)］＜源＞：

5.3.6 实例——喷泉池顶视图

绘制喷泉池顶视图的流程图如图 5-20 所示。

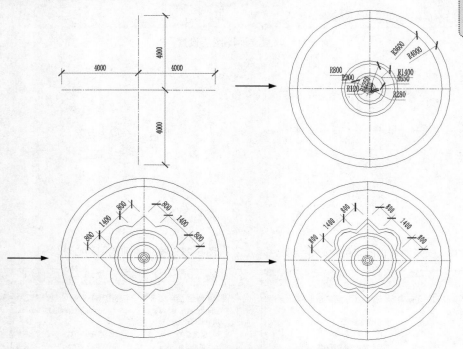

图 5-20 绘制喷泉池顶视图的流程图

操作步骤：

（1）设置 4 个图层，即"标注尺寸""中心线""轮廓线""文字"，将"中心线"图层设置为当前图层。设置好的图层如图 5-21 所示。

（2）单击"默认"选项卡"绘图"面板中的"直线"按钮／，绘制一条长为 8000 的水平直线。重复"直线"命令，以中点为起点向上绘制一条长为 4000 的垂直直线，重复"直线"命令，以中点为起点向下绘制一条长为 4000 的垂直直线，如图 5-22 所示。

（3）把"轮廓线"图层设置为当前图层。单击"默认"选项卡"绘图"面板中的"圆"按钮⊘，绘制同心圆，圆的半径分别为 120、200、280、650、800、1250、1400、3600 和 4000，如图 5-23 所示。

（4）单击"默认"选项卡"绘图"面板中的"圆"按钮⊘，绘制一个半径为 2122 的圆。

（5）单击"默认"选项卡"绘图"面板中的"直线"按钮／，绘制刚刚绘制好的圆与定位中心线的交点的直线。然后在状态栏中右击"极轴追踪"按钮◷，在弹出的快捷菜单中选择"正在追踪设置"命令，打开"草图设置"对话框中的"极轴追踪"选项卡，进行如图 5-24 所示的设置，继续选择"对象捕捉"选项卡，进行如图 5-25 所示的设置。

图 5-21　喷泉立面图图层设置

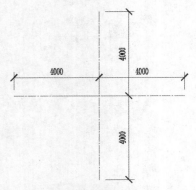

图 5-22　喷泉池顶视图定位中心线绘制

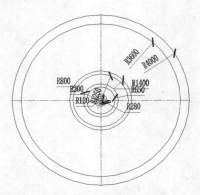

图 5-23　喷泉池顶视图同心圆绘制

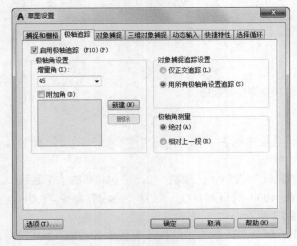

图 5-24　"极轴追踪"选项卡

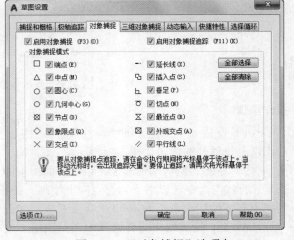

图 5-25　"对象捕捉"选项卡

（6）单击"默认"选项卡"绘图"面板中的"直线"按钮 ，在 45°处绘制长为 800 的两条直线，如图 5-26 所示。

（7）把"轮廓线"图层设置为当前图层。单击"默认"选项卡"绘图"面板中的"圆"按钮 ，以 45°方向直线的端点为圆心绘制两个半径为 750 的圆，两圆交于下方的一点为 C。

（8）单击"默认"选项卡"绘图"面板中的"圆弧"按钮 ，绘制 45°方向圆弧，指定 45°方向直线的端点 A 为圆弧的起点，指定两圆交点 C 为圆弧的圆心，指定 45° 方向直线的端点 B 为圆弧的端点，如图 5-27 所示。

图 5-26　45° 方向直线绘制

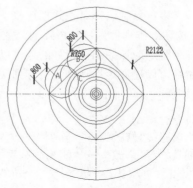

图 5-27　45° 方向圆弧绘制

（9）单击"默认"选项卡"修改"面板中的"删除"按钮 ，删除多余圆和直线。

（10）单击"默认"选项卡"修改"面板中的"镜像"按钮 ，分别以两条定位中心线为镜像线复制 45° 方向圆弧的实体。

（11）将"标注尺寸"图层设置为当前图层，单击"默认"选项卡"注释"面板中的"对齐"按钮 ，标注斜向尺寸，如图 5-28 所示。

（12）选择菜单栏中的"修改"→"对象"→"多段线"命令，把 45° 方向的实体转换为多段线，指定所有线段的新宽度为 2。

（13）单击"默认"选项卡"修改"面板中的"偏移"按钮 ，复制刚刚定义好的多段线，向内偏移距离为 150。完成的图形如图 5-29 所示。命令行操作与提示如下：

```
命令：_offset↙
当前设置：删除源=否  图层=源  OFFSETGAPTYPE=0
指定偏移距离或 [通过(T)/删除(E)/图层(L)] <通过>：150↙
选择要偏移的对象，或 [退出(E)/放弃(U)] <退出>：（选择刚刚定义好的多段线）
指定要偏移的那一侧上的点，或 [退出(E)/多个(M)/放弃(U)] <退出>：（向内指定一点）
选择要偏移的对象，或 [退出(E)/放弃(U)] <退出>：↙
```

图 5-28　45° 方向实体的复制

图 5-29　45° 方向实体的偏移

5.3.7 "阵列"命令

阵列是指多重复制选择对象并把这些副本按矩形或环形排列。把副本按矩形排列称为建立矩形阵列，把副本按环形排列称为建立极阵列。建立极阵列时，应该控制复制对象的次数和对象是否被旋转；建立矩形阵列时，应该控制行和列的数量以及对象副本之间的距离。

用该命令可以建立矩形阵列、极阵列（环形）和旋转的矩形阵列。

1. 执行方式

☑ 命令行：ARRAY。
☑ 菜单栏："修改"→"阵列"→"矩形阵列"或"环形阵列"或"路径阵列"。
☑ 工具栏："修改"→"矩形阵列"器或"路径阵列"或"环形阵列"。
☑ 功能区："默认"→"修改"→"矩形阵列"器/"路径阵列"/"环形阵列"（如图5-30所示）。

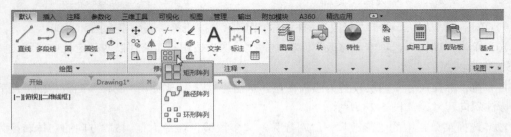

图 5-30 "修改"面板

2. 操作步骤

```
命令：ARRAY✓
选择对象：（使用对象选择方法）
选择对象：✓
输入阵列类型 [矩形(R)/路径(PA)/极轴(PO)] <矩形>：PA✓
类型=路径 关联=是
选择路径曲线：（使用一种对象选择方法）
选择夹点以编辑阵列或 [关联(AS)/方法(M)/基点(B)/切向(T)/项目(I)/行(R)/层(L)/对齐项目(A)/Z方向(Z)/退出(X)] <退出>：I✓
指定沿路径的项目之间的距离或 [表达式(E)] <1293.769>：（指定距离）
最大项目数=5
指定项目数或 [填写完整路径(F)/表达式(E)] <5>：（输入数目）
选择夹点以编辑阵列或 [关联(AS)/方法(M)/基点(B)/切向(T)/项目(I)/行(R)/层(L)/对齐项目(A)/Z方向(Z)/退出(X)] <退出>：✓
```

3. 选项说明

☑ 切向(T)：控制选定对象是否将相对于路径的起始方向重定向（旋转），然后再移动到路径的起点。
☑ 表达式(E)：使用数学公式或方程式获取值。
☑ 基点(B)：指定阵列的基点。
☑ 关联(AS)：指定是否在阵列中创建项目作为关联阵列对象，或作为独立对象。

☑ 项目(I)：编辑阵列中的项目数。
☑ 行(R)：指定阵列中的行数和行间距，以及它们之间的增量标高。
☑ 层(L)：指定阵列中的层数和层间距。
☑ 对齐项目(A)：指定是否对齐每个项目以与路径的方向相切。对齐相对于第一个项目的方向（"方向(O)"选项）。
☑ Z 方向(Z)：控制是否保持项目的原始 Z 方向或沿三维路径自然倾斜项目。

扫码看视频

5.3.8　喷泉顶视图

5.3.8　实例——喷泉顶视图

绘制喷泉顶视图的流程图如图 5-31 所示。

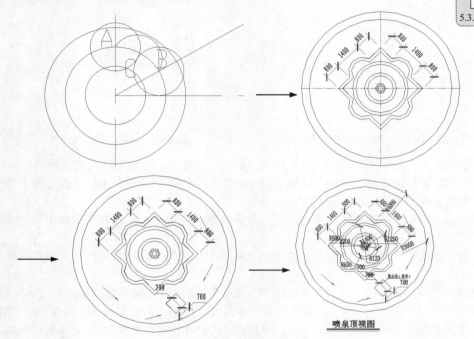

图 5-31　绘制喷泉顶视图的流程图

操作步骤：

（1）单击"默认"选项卡"绘图"面板中的"直线"按钮，绘制一条与水平线成 30°角的直线。

（2）单击"默认"选项卡"绘图"面板中的"圆"按钮，以垂直直线和 30°的直线与半径为200 的圆的交点为圆心绘制半径为 100 的圆。

（3）单击"默认"选项卡"绘图"面板中的"圆弧"按钮，绘制圆弧。完成的图形和尺寸如图 5-32 所示。

（4）单击"默认"选项卡"修改"面板中的"删除"按钮，删除多余的圆和直线。

（5）单击"默认"选项卡"修改"面板中的"环形阵列"按钮，设置阵列中心点为同心圆的圆心，阵列数目为 6，填充角度为 360，复制圆弧。完成的图形如图 5-33 所示。命令行提示与操作如下：

```
命令: _arraypolar
选择对象：（选择圆弧）
选择对象：
```

Note

类型=极轴　关联=否
指定阵列的中心点或 [基点(B)/旋转轴(A)]：(选择同心圆的圆心)
选择夹点以编辑阵列或 [关联(AS)/基点(B)/项目(I)/项目间角度(A)/填充角度(F)/行(ROW)/层(L)/旋转项目(ROT)/退出(X)] <退出>：I✓
输入阵列中的项目数或 [表达式(E)] <6>：6✓
选择夹点以编辑阵列或 [关联(AS)/基点(B)/项目(I)/项目间角度(A)/填充角度(F)/行(ROW)/层(L)/旋转项目(ROT)/退出(X)] <退出>：F✓
指定填充角度(+=逆时针、-=顺时针)或 [表达式(EX)] <360>：360✓

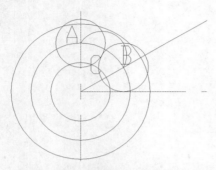

图 5-32　喷泉中心喷池平面圆弧绘制　　　　图 5-33　喷泉中心喷池绘制

（6）单击"默认"选项卡"绘图"面板中的"直线"按钮，绘制集水坑定位轴线。

（7）单击"默认"选项卡"绘图"面板中的"矩形"按钮，绘制集水坑。指定矩形的长度为700，指定矩形的宽度为700，指定旋转角度为45°。

（8）把"标注尺寸"图层设置为当前图层，单击"默认"选项卡"注释"面板中的"线性"按钮，标注外形尺寸。

（9）单击"默认"选项卡"注释"面板中的"对齐"按钮，标注斜向尺寸。完成的图形和尺寸如图 5-34 所示。

（10）单击"默认"选项卡"修改"面板中的"删除"按钮，删除多余的标注尺寸和定位直线。

（11）单击"默认"选项卡"绘图"面板中的"多段线"按钮，绘制箭头。输入"w"来指定起点宽度和端点宽度的宽度为5。输入"w"来指定起点宽度为50和端点宽度为0。完成的图形如图 5-35 所示。

（12）单击"默认"选项卡"注释"面板中的"半径"按钮，标注半径尺寸。标注完成的图形如图 5-36 所示。

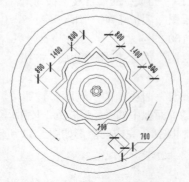
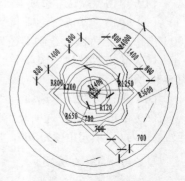

图 5-34　集水坑绘制　　　　图 5-35　箭头绘制　　　　图 5-36　喷泉标注绘制

（13）单击"默认"选项卡"注释"面板中的"多行文字"按钮$\mathbf{A}$，标注文字。完成的图形如图 5-31 所示。

5.4　改变位置类命令

这一类编辑命令的功能是按照指定要求改变当前图形或图形的某部分的位置，主要包括"移动"、"旋转"和"缩放"等命令。

5.4.1　"移动"命令

1. 执行方式

☑　命令行：MOVE。
☑　菜单栏："修改"→"移动"。
☑　工具栏："修改"→"移动"✣。
☑　功能区："默认"→"修改"→"移动"✣。
☑　快捷菜单：选择要复制的对象，在绘图区右击，从打开的快捷菜单中选择"移动"命令。

2. 操作步骤

命令:MOVE✓
选择对象：（选择对象）
（用前面介绍的对象选择方法选择要移动的对象，按 Enter 键，结束选择。系统继续提示）
指定基点或 [位移(D)] <位移>：（指定基点或位移）
指定第二个点或 <使用第一个点作为位移>：

"移动"命令的选项功能与"复制"命令类似，在此不再赘述。

5.4.2　"旋转"命令

1. 执行方式

☑　命令行：ROTATE。
☑　菜单栏："修改"→"旋转"。
☑　工具栏："修改"→"旋转"↻。
☑　功能区："默认"→"修改"→"旋转"↻。
☑　快捷菜单：选择要旋转的对象，在绘图区右击，从打开的快捷菜单中选择"旋转"命令。

2. 操作步骤

命令:ROTATE✓
UCS 当前的正角方向：ANGDIR=逆时针　ANGBASE=0
选择对象：（选择要旋转的对象）
选择对象：✓
指定基点：（指定旋转的基点。在对象内部指定一个坐标点）
指定旋转角度或 [复制(C)/参照(R)] <0>：（指定旋转角度或其他选项）

3. 选项说明

（1）复制(C)：选择该选项，旋转对象的同时，保留原对象，如图 5-37 所示。

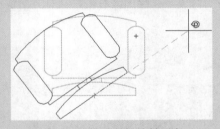

（a）旋转前　　　　　　　（b）旋转后

图 5-37　复制旋转

（2）参照(R)：采用参照方式旋转对象时，系统提示：

指定参照角 <0>：（指定要参考的角度，默认值为 0）
指定新角度：（输入旋转后的角度值）

操作完毕后，对象被旋转至指定的角度位置。

说明：可以用拖动鼠标的方法旋转对象。选择对象并指定基点后，从基点到当前光标位置会出现一条连线，鼠标选择的对象会动态地随着该连线与水平方向的夹角的变化而旋转，按 Enter 键，确认旋转操作，如图 5-38 所示。

图 5-38　拖动鼠标旋转对象

5.4.3　实例——指北针

扫码看视频

5.4.3　指北针

绘制指北针的流程图如图 5-39 所示。

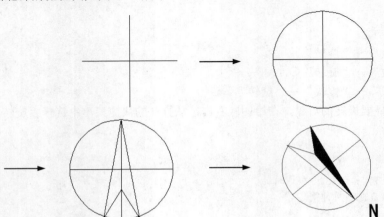

图 5-39　绘制指北针的流程图

操作步骤：

（1）单击"默认"选项卡"绘图"面板中的"直线"按钮✐，任意选择一点，沿水平方向的距离为 30。

（2）单击"默认"选项卡"绘图"面板中的"直线"按钮✐，选择刚刚绘制好的直线的中点，沿垂直方向向下距离为 15，然后沿垂直方向向上距离为 30。完成的图形如图 5-40（a）所示。

（3）单击"默认"选项卡"绘图"面板中的"圆"按钮◉，以 O 点作为圆心，绘制半径为 15 的圆。完成的图形如图 5-40（b）所示。

（4）单击"默认"选项卡"修改"面板中的"旋转"按钮⟳，将竖直直线 AB 以 B 点为旋转基点复制旋转 10°。

（5）单击"默认"选项卡"绘图"面板中的"直线"按钮✐，指定 C 点为第一点、AO 直线的中点 D 为第二点来绘制直线，如图 5-40（c）所示。

（6）单击"默认"选项卡"修改"面板中的"镜像"按钮▲，镜像 BC 和 CD 直线，完成的图形如图 5-40（d）所示。

（7）单击"默认"选项卡"绘图"面板中的"图案填充"按钮▨，打开"图案填充创建"选项卡，如图 5-41 所示，选择 SOLID 图案，单击"拾取点"按钮▣，拾取四边 AEFD 内一点，如图 5-40（e）所示。

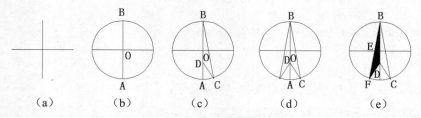

图 5-40 指北针绘制流程

图 5-41 "图案填充创建"选项卡

图 5-42 删除辅助线

（8）单击"默认"选项卡"修改"面板中的"删除"按钮✎，删除多余的直线，如图 5-42 所示。

（9）单击"默认"选项卡"修改"面板中的"旋转"按钮⟳，旋转指北针图。圆心作为基点，旋转的角度为 220°。命令行提示与操作如下：

```
命令：_rotate↙
UCS 当前的正角方向：ANGDIR=逆时针 ANGBASE=0
选择对象：（选择指北针图形）
选择对象：↙
指定基点：（选择圆心）
指定旋转角度或 [复制(C)/参照(R)] <90>：220↙
```

（10）单击"默认"选项卡"注释"面板中的"多行文字"按钮A，标注上指北针方向，完成的图形如图 5-39 所示。

5.4.4 "缩放"命令

1. 执行方式

☑ 命令行：SCALE。
☑ 菜单栏："修改"→"缩放"。
☑ 工具栏："修改"→"缩放" 🔲。
☑ 功能区："默认"→"修改"→"缩放" 🔲。
☑ 快捷菜单：选择要缩放的对象，在绘图区右击，从打开的快捷菜单中选择"缩放"命令。

2. 操作步骤

```
命令：SCALE✓
选择对象：（选择要缩放的对象）
选择对象：✓
选择对象：（可以按 Enter 键或空格键结束选择，也可以继续）
指定基点：（指定缩放操作的基点）
指定比例因子或 [复制(C)/参照(R)] <1.0000>：
```

3. 选项说明

（1）参照(R)：采用参考方向缩放对象时，系统提示：

```
指定参照长度 <1>：（指定参考长度值）
指定新的长度或 [点(P)] <1.0000>：（指定新长度值）
```

若新长度值大于参考长度值，则放大对象；否则，缩小对象。操作完毕后，系统以指定的基点按指定的比例因子缩放对象。如果选择"点(P)"选项，则指定两点来定义新的长度。

（2）指定比例因子：选择对象并指定基点后，从基点到当前光标位置会出现一条线段，线段的长度即为比例大小。鼠标选择的对象会动态地随着该连线长度的变化而缩放，按 Enter 键，确认缩放操作。

（3）复制(C)：选择"复制(C)"选项时，可以复制缩放对象，即缩放对象时，保留原对象，如图 5-43 所示。

（a）缩放前 　　　　　（b）缩放后

图 5-43　复制缩放

5.4.5　实例——喷泉详图

绘制喷泉详图的流程图如图 5-44 所示。

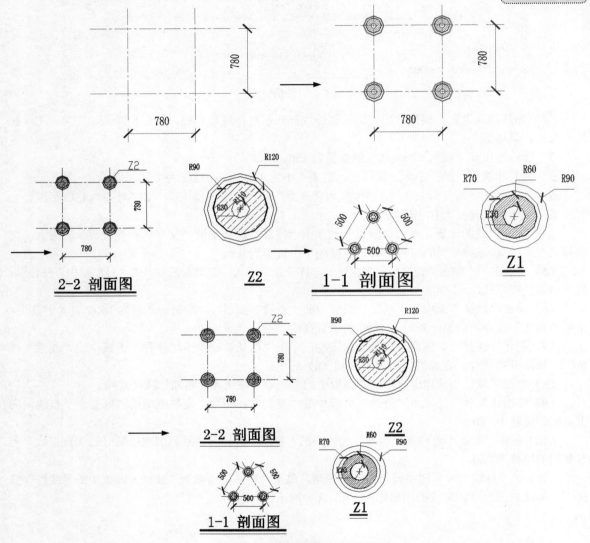

图 5-44　绘制喷泉详图的流程图

操作步骤：

（1）建立新文件。打开 AutoCAD 2018 应用程序，建立新文件，将新文件命名为"喷泉详图.dwg"并保存。

（2）设置图层。设置 6 个图层，即"标注尺寸""中心线""轮廓线""文字""填充""水面线"，把这些图层设置成不同的颜色，使图纸上表示更加清晰，将"中心线"图层设置为当前图层，如图 5-45所示。

图 5-45　图层设置

（3）标注样式设置。根据绘图比例设置标注样式，对标注样式线、符号和箭头、文字、主单位进行设置，具体如下。

☑　线：超出尺寸线为 120，起点偏移量为 150。

☑　符号和箭头：第一个为建筑标记，箭头大小为 150，圆心标注为 75。

☑　文字：文字高度为 150，文字位置为垂直上，从尺寸线偏移 150，文字对齐为 ISO 标准。

☑　主单位：精度为 0，比例因子为 1。

（4）文字样式的设置。单击"默认"选项卡"注释"面板中的"文字样式"按钮，进入"文字样式"对话框，选择"仿宋"字体，"宽度因子"设置为 0.8。

（5）在状态栏中单击"正交模式"按钮，打开正交模式；在状态栏中单击"对象捕捉"按钮，打开对象捕捉模式。

（6）单击"默认"选项卡"绘图"面板中的"直线"按钮，绘制一条长为 1600 的水平直线。重复"直线"命令，绘制一条长为 1600 的垂直直线。

（7）把"标注尺寸"图层设置为当前图层，单击"默认"选项卡"注释"面板中的"线性"按钮，标注外形尺寸。完成的图形如图 5-46（a）所示。

（8）单击"默认"选项卡"修改"面板中的"删除"按钮，删除标注尺寸线。

（9）单击"默认"选项卡"修改"面板中的"复制"按钮，复制刚刚绘制好的水平直线，向上复制的位移为 780。

（10）单击"默认"选项卡"修改"面板中的"复制"按钮，复制刚刚绘制好的垂直直线，向右复制的位移为 780。

（11）把"标注尺寸"图层设置为当前图层，单击"默认"选项卡"注释"面板中的"线性"按钮，标注外形尺寸。完成的图形如图 5-46（b）所示。

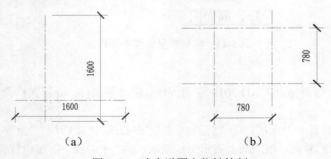

（a）　　　　　　　　　　　（b）

图 5-46　喷泉详图定位轴绘制

（12）把"轮廓线"图层设置为当前图层，单击"默认"选项卡"绘图"面板中的"圆"按钮⊙，绘制 4 个半径分别为 30、90、110 和 120 的同心圆。

（13）单击"默认"选项卡"注释"面板中的"半径"按钮⊙来标注圆的半径。完成的图形尺寸如图 5-47（a）所示。

（14）单击"默认"选项卡"修改"面板中的"删除"按钮✍，删除标注尺寸线。

（15）单击"默认"选项卡"绘图"面板中的"多段线"按钮⊃，加粗立柱圆。输入"w"设置起点宽度为 2.5，完成的图形尺寸如图 5-47（b）所示。

（16）把"填充"图层设置为当前图层，单击"默认"选项卡"绘图"面板中的"图案填充"按钮▦，打开"图案填充创建"选项卡，选择 ANSI33 图案，填充图案比例为 5，图案填充的角度为 0，单击"拾取点"按钮▦进行填充，完成的图形如图 5-47（c）所示。

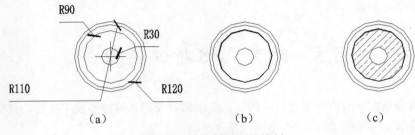

图 5-47　喷泉详图石柱绘制

（17）单击"默认"选项卡"修改"面板中的"复制"按钮❀，把绘制好的石柱复制到定位轴线的交点，完成的图形如图 5-48 所示。

（18）单击"默认"选项卡"修改"面板中的"缩放"按钮▢，把绘制好的石柱放大 5 倍，得到石柱平面放大详图。命令行提示与操作如下：

```
命令：_scale✓
选择对象：（选择石柱）
指定基点：✓
指定比例因子或 [复制(C)/参照(R)]：5✓
```

（19）单击"默认"选项卡"注释"面板中的"多行文字"按钮A，标注文字。

（20）单击"默认"选项卡"注释"面板中的"半径"按钮⊙，来标注圆的半径。完成的图形如图 5-49 所示。

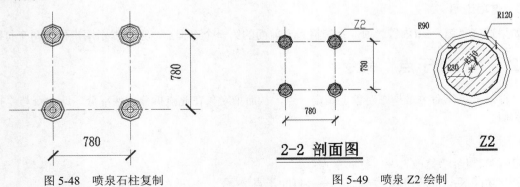

图 5-48　喷泉石柱复制　　　　　图 5-49　喷泉 Z2 绘制

同理，完成另一 Z1 详图的绘制，完成的图形如图 5-50 所示。

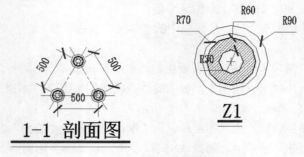

图 5-50   喷泉 Z1 绘制

完成喷泉详图，如图 5-44 所示。

5.5   改变几何特性类命令

这一类编辑命令在对指定对象进行编辑后，使编辑对象的几何特性发生改变，包括"倒角""圆角""打断""修剪""延伸""拉长""拉伸"等命令。

5.5.1   "打断"命令

1. 执行方式

☑   命令行：BREAK。
☑   菜单栏："修改"→"打断"。
☑   工具栏："修改"→"打断" 🔲。
☑   功能区："默认"→"修改"→"打断" 🔲。

2. 操作步骤

命令:BREAK↙
选择对象：（选择要打断的对象）
指定第二个打断点或 [第一点(F)]：（指定第二个断开点或输入"F"）

3. 选项说明

如果选择"第一点(F)"选项，系统将丢弃前面的第一个选择点，重新提示用户指定两个打断点。

5.5.2   "打断于点"命令

"打断于点"命令是指在对象上指定一点，从而把对象在此点拆分成两部分。此命令与"打断"命令类似。

1. 执行方式

☑   工具栏："修改"→"打断于点" 🔲。
☑   功能区："默认"→"修改"→"打断于点" 🔲。

Note

2. 操作步骤

> 选择对象：（选择要打断的对象）
> 指定第二个打断点或 [第一点(F)]：_f✓（系统自动执行"第一点(F)"选项）
> 指定第一个打断点：（选择打断点）
> 指定第二个打断点： @✓（系统自动忽略此提示）

5.5.3 "分解"命令

1. 执行方式

☑ 命令行：EXPLODE。
☑ 菜单栏："修改"→"分解"。
☑ 工具栏："修改"→"分解" 。
☑ 功能区："默认"→"修改"→"分解" 。

2. 操作步骤

> 命令：EXPLODE✓
> 选择对象：（选择要分解的对象）

选择一个对象后，该对象会被分解。系统继续提示该行信息，允许分解多个对象。

5.5.4 "合并"命令

可以将直线、圆弧、椭圆弧和样条曲线等独立的对象合并为一个对象，如图 5-51 所示。

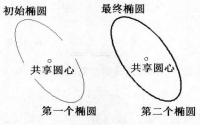

图 5-51 合并对象

1. 执行方式

☑ 命令行：JOIN。
☑ 菜单栏："修改"→"合并"。
☑ 工具栏："修改"→"合并" 。
☑ 功能区："默认"→"修改"→"合并" 。

2. 操作步骤

> 命令：JOIN✓
> 选择源对象或要一次合并的多个对象：（选择一个对象）
> 选择要合并的对象：（选择另一个对象）
> 选择要合并的对象： ✓

5.5.5 "修剪"命令

1. 执行方式

- ☑ 命令行：TRIM。
- ☑ 菜单栏："修改"→"修剪"。
- ☑ 工具栏："修改"→"修剪" ⊸⊷。
- ☑ 功能区："默认"→"修改"→"修剪" ⊸⊷。

2. 操作步骤

命令：TRIM↙
当前设置：投影=UCS，边=无
选择剪切边...
选择对象或 <全部选择>：（选择用作修剪边界的对象）
选择要修剪的对象，或按住 Shift 键选择要延伸的对象，或 [栏选(F)/窗交(C)/投影(P)/边(E)/删除(R)/放弃(U)]：

3. 选项说明

（1）按住 Shift 键：在选择对象时，如果按住 Shift 键，系统就自动将"修剪"命令转换成"延伸"命令，"延伸"命令将在 5.5.7 节中介绍。

（2）边(E)：选择该选项时，可以选择对象的修剪方式，即延伸和不延伸。

- ☑ 延伸(E)：对延伸边界进行修剪。在此方式下，如果剪切边没有与要修剪的对象相交，系统会延伸剪切边直至与要修剪的对象相交，然后再修剪，如图 5-52 所示。

（a）选择剪切边　（b）选择要修剪的对象　（c）修剪后的结果

图 5-52　延伸方式修剪对象

- ☑ 不延伸(N)：不延伸边界修剪对象。只修剪与剪切边相交的对象。

（3）栏选(F)：选择该选项时，系统以栏选的方式选择被修剪对象，如图 5-53 所示。

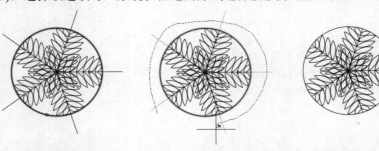

（a）选定剪切边　（b）使用栏选选定要修剪的对象　（c）结果

图 5-53　栏选选择修剪对象

（4）窗交(C)：选择该选项时，系统以窗交的方式选择被修剪对象，如图 5-54 所示。

 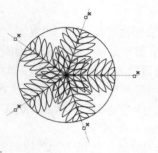 

（a）使用窗交选择选定的边　　（b）选定要修剪的对象　　（c）结果

图 5-54　窗交选择修剪对象

被选择的对象可以互为边界和被修剪对象，此时系统会在选择的对象中自动判断边界，如图 5-54 所示。

扫码看视频

5.5.6　喷泉立面图

5.5.6　实例——喷泉立面图

绘制喷泉立面图的流程图如图 5-55 所示。

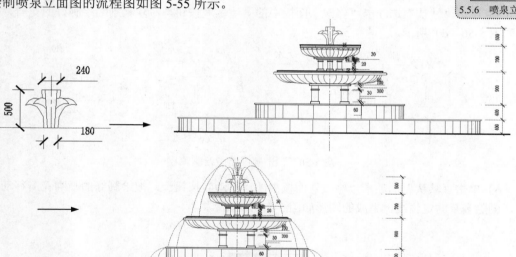

图 5-55　绘制喷泉立面图的流程图

操作步骤:

（1）将前面绘制的喷泉池立面图打开，利用"复制"命令将其粘贴到喷泉立面图中，然后把"轮廓线"图层设置为当前图层，单击"默认"选项卡"绘图"面板中的"直线"按钮╱，绘制喷嘴。

（2）把"标注尺寸"图层设置为当前图层，单击"默认"选项卡"注释"面板中的"线性"按钮┌┐，标注直线尺寸，完成的图形和尺寸如图5-56（a）所示。

（3）把"轮廓线"图层设置为当前图层，单击"默认"选项卡"绘图"面板中的"圆弧"按钮╱，绘制花瓣，完成的图形如图5-56（b）所示。

（4）单击"默认"选项卡"修改"面板中的"修剪"按钮╱┄，剪切多余的部分。命令行提示与操作如下：

```
命令：_trim✓
当前设置：投影=UCS，边=无
选择剪切边...
选择对象或 <全部选择>：（选择多余的直线）
选择要修剪的对象，或按住 Shift 键选择要延伸的对象，或 [栏选(F)/窗交(C)/投影(P)/边(E)/删除(R)/放弃(U)]：
```

完成的图形如图5-56（c）所示。

（5）单击"默认"选项卡"修改"面板中的"镜像"按钮⚓，复制刚刚绘制好的花瓣，完成的图形如图5-56（d）所示。

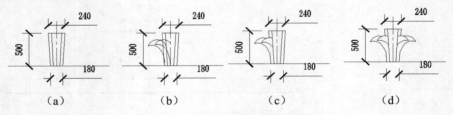

图5-56 顶部喷嘴造型绘制流程

（6）单击"默认"选项卡"修改"面板中的"移动"按钮✛，把绘制好的喷嘴花瓣移动到指定位置，删除多余的定位线，完成的图形如图5-57所示。

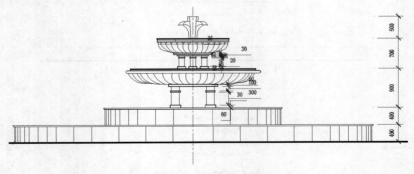

图5-57 喷泉轮廓图

（7）将"水面线"图层设置为当前图层，单击"默认"选项卡"绘图"面板中的"样条曲线拟合"按钮〜，绘制喷水。完成的图形如图5-58所示。

（8）单击"默认"选项卡"绘图"面板中的"直线"按钮╱，绘制标高符号。

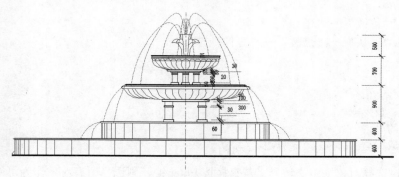

图 5-58　喷水的绘制

（9）单击"默认"选项卡"注释"面板中的"多行文字"按钮 **A**，在标高上方输入标高数值，使用同样的方法对图中其他位置标注标高。完成的图形如图 5-59 所示。

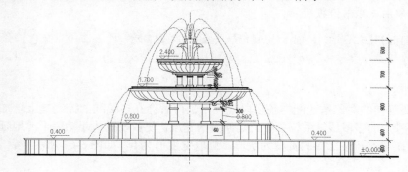

图 5-59　喷泉立面图标高标注

（10）单击"默认"选项卡"绘图"面板中的"多段线"按钮↳，绘制剖切线。输入"w"来确定多段线的宽度为 10。

（11）单击"默认"选项卡"注释"面板中的"多行文字"按钮 **A**，标注剖切文字和图名，完成的图形如图 5-55 所示。

5.5.7　"延伸"命令

延伸对象是指将要延伸的对象延伸至另一个对象的边界线，如图 5-60 所示。

（a）选择边界　　　　（b）选择要延伸的对象　　　　（c）执行结果

图 5-60　延伸对象

1．执行方式

☑　命令行：EXTEND。

☑　菜单栏："修改"→"延伸"。

☑　工具栏:"修改"→"延伸"⊣✓。

☑　功能区:"默认"→"修改"→"延伸"⊣✓。

2．操作步骤

命令: EXTEND✓
当前设置: 投影=UCS, 边=无
选择边界的边...
选择对象或 <全部选择>:(选择边界对象)

此时可以通过选择对象来定义边界。若直接按 Enter 键,则选择所有对象作为可能的边界对象。系统规定可以用作边界对象的对象有直线段、射线、双向无限长线、圆弧、圆、椭圆、二维和三维多段线、样条曲线、文本、浮动的视口、区域。如果选择二维多段线作为边界对象,系统会忽略其宽度而把对象延伸至多段线的中心线上。

选择边界对象后,系统继续提示:

选择要延伸的对象,或按住 Shift 键选择要修剪的对象,或 [栏选(F)/窗交(C)/投影(P)/边(E)/放弃(U)]:

3．选项说明

(1)如果要延伸的对象是适配样条多段线,则延伸后会在多段线的控制框上增加新节点。如果要延伸的对象是锥形的多段线,系统会修正延伸端的宽度,使多段线从起始端平滑地延伸至新的终止端。如果延伸操作导致新终止端的宽度为负值,则取宽度值为 0,如图 5-61 所示。

(a)选择边界对象　　(b)选择要延伸的多段线　　(c)延伸后的结果

图 5-61　延伸对象

(2)选择对象时,如果按住 Shift 键,则系统自动将"延伸"命令转换成"修剪"命令。

5.5.8　实例——水池平面图

绘制如图 5-62 所示的水池平面图。

扫码看视频

5.5.8　水池平面图

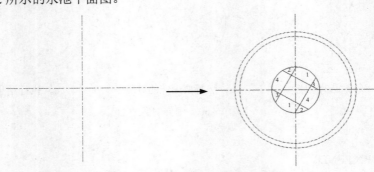

图 5-62　绘制水池平面图的流程图

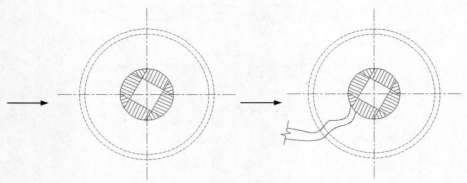

图 5-62 绘制水池平面图的流程图（续）

操作步骤：

1．设置图层

设置 5 个图层，即"标注尺寸""中心线""轮廓线""文字""溪水"。把这些图层设置成不同的颜色，使图纸上表示更加清晰。设置好的图层如图 5-63 所示。

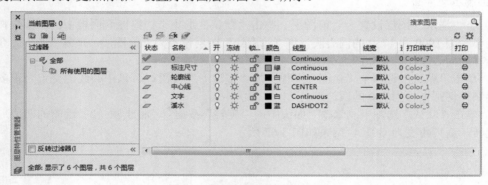

图 5-63 水池平面图图层设置

2．标注样式的设置

根据绘图比例设置标注样式，对标注样式线、符号和箭头、文字、主单位进行设置，具体如下。

☑ 线：超出尺寸线为 80，起点偏移量为 120。

☑ 符号和箭头：第一个为建筑标记，箭头大小为 80，圆心标注为 60。

☑ 文字：文字高度为 100，文字位置为垂直上，从尺寸线偏移 75，文字对齐为与尺寸线对齐。

☑ 主单位：精度为 0，比例因子为 1。

3．文字样式的设置

单击"默认"选项卡"注释"面板中的"文字样式"按钮 🗛，打开"文字样式"对话框，选择"仿宋"字体，"宽度因子"设置为 0.8。文字样式的设置如图 5-64 所示。

4．绘制定位轴线

（1）在状态栏中单击"正交模式"按钮 ⊾，打开正交模式；在状态栏中单击"对象捕捉"按钮 🗖，打开对象捕捉模式。

（2）将"中心线"图层设置为当前图层。单击"默认"选项卡"绘图"面板中的"直线"按钮 ╱，绘制一条竖直中心线和水平中心线，长度均为 5000。

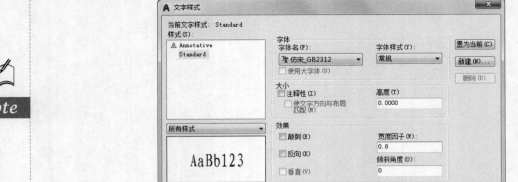

图 5-64　水池平面图文字样式设置

（3）选中两条相交的直线，右击，在打开的快捷菜单中选择"特性"命令，打开"特性"对话框，设置线型比例为 10，结果如图 5-65 所示。

5．绘制水池平面图

（1）将"溪水"图层设置为当前图层。单击"默认"选项卡"绘图"面板中的"圆"按钮⊙，分别绘制半径为 1900 和 1750 的同心圆。将"轮廓线"图层设置为当前图层。重复"圆"命令，绘制半径为 750 的同心圆，结果如图 5-66 所示。

（2）单击"默认"选项卡"绘图"面板中的"多边形"按钮⬠，以中心线的交点为正多边形的交点，绘制外切圆半径为 350 的四边形。

（3）单击"默认"选项卡"修改"面板中的"旋转"按钮↻，将步骤（2）绘制的四边形绕中心线角度旋转，旋转角度为-30°，结果如图 5-67 所示。

图 5-65　绘制定位线　　　　图 5-66　绘制圆　　　　图 5-67　绘制正多边形

（4）单击"默认"选项卡"修改"面板中的"分解"按钮🗗，将步骤（3）绘制的正多边形进行分解。命令行提示与操作如下：

```
命令:_explode✓
选择对象:（选择正多边形）
选择对象:
```

（5）单击"默认"选项卡"修改"面板中的"延伸"按钮⟶，将分解后的 4 条边延伸至小圆，命令行提示与操作如下：

```
命令：_extend↙
当前设置：投影=UCS，边=无
选择边界的边...
选择对象或 <全部选择>：(选择分解后的 4 条边)
选择对象：
选择要延伸的对象，或按住 Shift 键选择要修剪的对象，或 [栏选(F)/窗交(C)/投影(P)/边(E)/
放弃(U)]：
```

结果如图 5-68 所示。

（6）单击"默认"选项卡"绘图"面板中的"图案填充"按钮，打开"图案填充创建"选项卡，分别设置图 5-68 中的填充参数如下。

☑ 区域 1 的参数：图案为 ANSI31，角度为 20°，比例为 30。
☑ 区域 2 的参数：图案为 ANSI31，角度为 74°，比例为 30。
☑ 区域 3 的参数：图案为 ANSI31，角度为 334°，比例为 30。
☑ 区域 4 的参数：图案为 ANSI31，角度为 110°，比例为 30。

结果如图 5-69 所示。

（7）将"溪水"图层设置为当前图层。单击"默认"选项卡"绘图"面板中的"样条曲线拟合"按钮，在适当位置绘制流水槽，如图 5-70 所示。

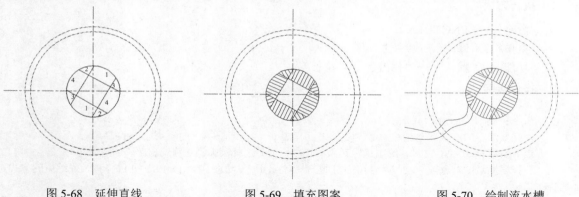

图 5-68　延伸直线　　　　图 5-69　填充图案　　　　图 5-70　绘制流水槽

（8）将"轮廓线"图层设置为当前图层。单击"默认"选项卡"绘图"面板中的"多段线"按钮，绘制折线。

（9）单击"默认"选项卡"修改"面板中的"修剪"按钮，修剪多余的线段，结果如图 5-62 所示。

5.5.9 "拉伸"命令

拉伸对象是指拖拉选择的对象，且形状发生改变。拉伸对象时，应指定拉伸的基点和移至点。利用一些辅助工具如捕捉、钳夹功能及相对坐标等可以提高拉伸的精度。

1. 执行方式

☑ 命令行：STRETCH。
☑ 菜单栏："修改"→"拉伸"。
☑ 工具栏："修改"→"拉伸"。
☑ 功能区："默认"→"修改"→"拉伸"。

Note

2. 操作步骤

```
命令：STRETCH✓
以交叉窗口或交叉多边形选择要拉伸的对象...
选择对象：C✓
指定第一个角点：（采用交叉窗口的方式选择要拉伸的对象）
选择对象：✓
指定基点或 [位移(D)] <位移>：（指定拉伸的基点）
指定第二个点或 <使用第一个点作为位移>：（指定拉伸的移至点）
```

此时，若指定第二个点，系统将根据这两点决定的矢量拉伸对象。若直接按 Enter 键，系统会把第一个点作为 X 轴和 Y 轴的分量值。

STRETCH 仅移动位于交叉选择内的顶点和端点，不更改那些位于交叉选择外的顶点和端点。部分包含在交叉选择窗口内的对象将被拉伸。

📖 说明：用交叉窗口选择拉伸对象时，落在交叉窗口内的端点被拉伸，落在外部的端点保持不动。

5.5.10 "拉长"命令

1. 执行方式

☑ 命令行：LENGTHEN。
☑ 菜单栏："修改" → "拉长"。
☑ 功能区："默认" → "修改" → "拉长" ⟋。

2. 操作步骤

```
命令：LENGTHEN✓
选择要测量的对象或 [增量(DE)/百分比(P)/总计(T)/动态(DY)]：（选定对象）
当前长度：30.5001✓（给出选定对象的长度，如果选择圆弧则还将给出圆弧的包含角）
选择要测量的对象或 [增量(DE)/百分数(P)/总计(T)/动态(DY)]：DE✓（选择拉长或缩短的方式。
如选择"增量(DE)"方式）
输入长度增量或 [角度(A)]<0.0000>：10✓（输入长度增量数值。如果选择圆弧段，则可输入"A"
给定角度增量）
选择要修改的对象或 [放弃(U)]：（选定要修改的对象，进行拉长操作）
选择要修改的对象或 [放弃(U)]：（继续选择，按 Enter 键，结束命令）
```

3. 选项说明

☑ 增量(DE)：用指定增加量的方法来改变对象的长度或角度。
☑ 百分比(P)：用指定要修改对象的长度占总长度的百分比的方法来改变圆弧或直线段的长度。
☑ 总计(T)：用指定新的总长度或总角度值的方法来改变对象的长度或角度。
☑ 动态(DY)：在这种模式下，可以使用拖拉鼠标的方法来动态地改变对象的长度或角度。

5.5.11 "倒角"命令

倒角是指用斜线连接两个不平行的线型对象。可以用斜线连接直线段、双向无限长线、射线和多段线。

1．执行方式

☑　命令行：CHAMFER。

☑　菜单栏："修改"→"倒角"。

☑　工具栏："修改"→"倒角"◿。

☑　功能区："默认"→"修改"→"倒角"◿。

2．操作步骤

> 命令:CHAMFER✓
>
> （"不修剪"模式）当前倒角距离 1=0.0000，距离 2=0.0000
>
> 选择第一条直线或 [放弃(U)/多段线(P)/距离(D)/角度(A)/修剪(T)/方式(E)/多个(M)]：（选择第一条直线或其他选项）
>
> 选择第二条直线，或按住 Shift 键选择直线以应用角点或 [距离(D)/角度(A)/方法(M)]：（选择第二条直线）

3．选项说明

☑　距离(D)：选择倒角的两个斜线距离。斜线距离是指从被连接的对象与斜线的交点到被连接的两对象的可能的交点之间的距离，如图 5-71 所示。这两个斜线距离可以相同也可以不相同，若两者均为 0，则系统不绘制连接的斜线，而是把两个对象延伸至相交，并修剪超出的部分。

☑　角度(A)：选择第一条直线的斜线距离和角度。采用这种方法连接对象时，需要输入两个参数，即斜线与一个对象的斜线距离和斜线与该对象的夹角，如图 5-72 所示。

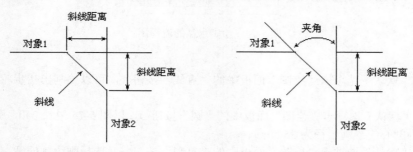

图 5-71　斜线距离　　　　　　　　图 5-72　斜线距离与夹角

☑　多段线(P)：对多段线的各个交叉点进行倒角编辑。为了得到最好的连接效果，一般设置斜线是相等的值。系统根据指定的斜线距离把多段线的每个交叉点都作斜线连接，连接的斜线成为多段线新添加的构成部分，如图 5-73 所示。

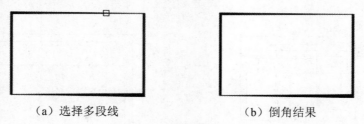

（a）选择多段线　　　　　　　　　（b）倒角结果

图 5-73　斜线连接多段线

☑　修剪(T)：与圆角连接命令相同，该选项决定连接对象后是否剪切原对象。

☑ 方式(E)：决定采用"距离"方式还是"角度"方式来倒角。
☑ 多个(M)：同时对多个对象进行倒角编辑。

 说明：有时用户在执行"圆角"和"倒角"命令时，发现命令不执行或执行后没什么变化，那是因为系统默认圆角半径和斜线距离均为 0，如果不事先设定圆角半径或斜线距离，系统就以默认值执行命令，所以看起来好像没有执行命令。

5.5.12 实例——水盆

扫码看视频

5.5.12 水盆

绘制水盆的流程图如图 5-74 所示。

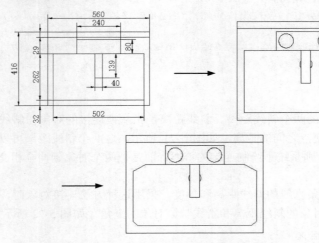

图 5-74 绘制水盆的流程图

操作步骤：

（1）单击"默认"选项卡"绘图"面板中的"直线"按钮 ，可以绘制出初步轮廓，大约尺寸如图 5-75 所示。

（2）单击"默认"选项卡"绘图"面板中的"圆"按钮 ，以图 5-75 中长 240、宽 80 的矩形大约左中位置处为圆心，绘制半径为 35 的圆。

（3）单击"默认"选项卡"修改"面板中的"复制"按钮 ，选择刚绘制的圆，复制到右边合适的位置，完成旋钮绘制。

（4）单击"默认"选项卡"绘图"面板中的"圆"按钮 ，以图 5-75 中长 139、宽 40 的矩形大约正中位置为圆心，绘制半径为 25 的圆作为出水口。

（5）单击"默认"选项卡"修改"面板中的"修剪"按钮 ，将绘制的出水口圆修剪，如图 5-76 所示。

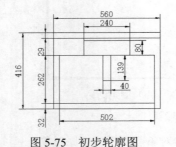

图 5-75 初步轮廓图

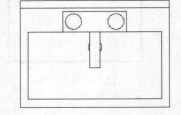

图 5-76 绘制水龙头和出水口

（6）单击"默认"选项卡"修改"面板中的"倒角"按钮，绘制水盆四角。命令行提示与操作如下：

```
命令：_chamfer↙
（"修剪"模式）当前倒角距离 1=0.0000，距离 2=0.0000
选择第一条直线或 [放弃(U)/多段线(P)/距离(D)/角度(A)/修剪(T)/方式(E)/多个(M)]：D↙
指定第一个倒角距离 <0.0000>：50↙
指定第二个倒角距离 <50.0000>：30↙
选择第一条直线或 [多段线(P)/距离(D)/角度(A)/修剪(T)/方式(M)/多个(U)]：U↙
选择第一条直线或 [放弃(U)/多段线(P)/距离(D)/角度(A)/修剪(T)/方式(E)/多个(M)]：（选择
左上角横线段）
选择第二条直线，或按住 Shift 键选择直线以应用角点或 [距离(D)/角度(A)/方法(M)]：（选择右
上角竖线段）
选择第一条直线或 [放弃(U)/多段线(P)/距离(D)/角度(A)/修剪(T)/方式(E)/多个(M)]：（选择
左上角横线段）
选择第二条直线，或按住 Shift 键选择直线以应用角点或 [距离(D)/角度(A)/方法(M)]：（选择右
上角竖线段）
命令：_chamfer↙
（"修剪"模式）当前倒角距离 1=50.0000，距离 2=30.0000
选择第一条直线或 [放弃(U)/多段线(P)/距离(D)/角度(A)/修剪(T)/方式(E)/多个(M)]：A↙
指定第一条直线的倒角长度 <20.0000>：↙
指定第一条直线的倒角角度 <0>：45↙
选择第一条直线或 [放弃(U)/多段线(P)/距离(D)/角度(A)/修剪(T)/方式(E)/多个(M)]：U↙
选择第一条直线或 [放弃(U)/多段线(P)/距离(D)/角度(A)/修剪(T)/方式(E)/多个(M)]：（选择
左下角横线段）
选择第二条直线，或按住 Shift 键选择直线以应用角点或 [距离(D)/角度(A)/方法(M)]：（选择左
下角竖线段）
选择第一条直线或 [放弃(U)/多段线(P)/距离(D)/角度(A)/修剪(T)/方式(E)/多个(M)]：（选择
右下角横线段）
选择第二条直线，或按住 Shift 键选择直线以应用角点或 [距离(D)/角度(A)/方法(M)]：（选择右
下角竖线段）
```

水盆绘制结果如图 5-74 所示。

5.5.13 "圆角"命令

圆角是指用指定的半径决定的一段平滑的圆弧连接两个对象。系统规定可以圆角连接一对直线段、非圆弧的多段线段、样条曲线、双向无限长线、射线、圆、圆弧和椭圆。可以在任何时刻圆角连接非圆弧多段线的每个节点。

1. 执行方式

☑ 命令行：FILLET。
☑ 菜单栏："修改"→"圆角"。
☑ 工具栏："修改"→"圆角" 。
☑ 功能区："默认"→"修改"→"圆角" 。

2. 操作步骤

```
命令：FILLET↙
当前设置：模式=修剪，半径=0.0000
```

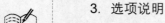

选择第一个对象或 [放弃(U)/多段线(P)/半径(R)/修剪(T)/多个(M)]：（选择第一个对象或其他选项）
选择第二个对象，或按住 Shift 键选择对象以应用角点或 [半径(R)]：（选择第二个对象）

3. 选项说明

☑ 多段线(P)：在一条二维多段线的两段直线段的节点处插入圆滑的弧。选择多段线后，系统会根据指定的圆弧的半径把多段线各顶点用圆滑的弧连接起来。

☑ 修剪(T)：决定在圆角连接两条边时，是否修剪这两条边，如图 5-77 所示。

（a）修剪方式　　　　（b）不修剪方式

图 5-77　圆角连接

☑ 多个(M)：可以同时对多个对象进行圆角编辑，而不必重新使用命令。

按住 Shift 键并选择两条直线，可以快速创建零距离倒角或零半径圆角。

5.5.14　实例——水池 1-1 剖面图

绘制水池 1-1 剖面图的流程图如图 5-78 所示。

扫码看视频

5.5.14　水池 1-1
剖面图

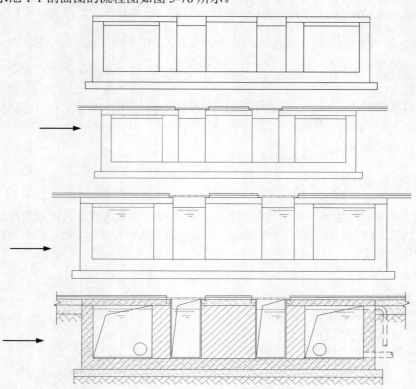

图 5-78　绘制水池 1-1 剖面图的流程图

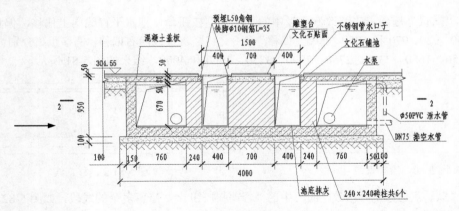

1-1剖面图

图 5-78　绘制水池 1-1 剖面图的流程图（续）

操作步骤：

1. 前期准备以及绘图设置

（1）设置图层。设置 7 个图层，即"标注尺寸""中心线""轮廓线""填充""水管""栈道""路沿"，将"轮廓线"图层设置为当前图层。设置好的图层如图 5-79 所示。

图 5-79　1-1 剖面图图层设置

（2）标注样式设置。

☑　线：超出尺寸线为 80，起点偏移量为 120。

☑　符号和箭头：第一个为建筑标记，箭头大小为 80，圆心标注为 60。

☑　文字：文字高度为 100，文字位置为垂直上，从尺寸线偏移 75，文字对齐为与尺寸线对齐。

☑　主单位：精度为 0，比例因子为 1。

（3）文字样式的设置。单击"默认"选项卡"注释"面板中的"文字样式"按钮 ，打开"文字样式"对话框，选择"仿宋"字体，设置"宽度因子"为 0.8。

2. 绘制剖面轮廓

（1）在状态栏中单击"正交模式"按钮 ，打开正交模式；在状态栏中单击"对象捕捉"按钮 ，打开对象捕捉模式。

（2）单击"默认"选项卡"绘图"面板中的"直线"按钮 ，绘制一条长度为 4000 的水平直线。重复"直线"命令，以水平直线的端点为起点，绘制一条长度为 1100 的竖直线，结果如图 5-80 所示。

（3）单击"默认"选项卡"修改"面板中的"偏移"按钮，把水平直线向上偏移，偏移距离分别为100、250、920、970和1050。重复"偏移"命令，将竖直直线向右偏移，偏移距离分别为100、250、1010、1250、1650、2350、2750、2990、3750、3900和4000，结果如图5-81所示。

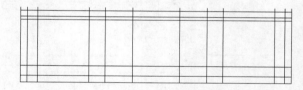

图 5-80　绘制直线　　　　　　　　　　　　　　　图 5-81　偏移直线

（4）单击"默认"选项卡"修改"面板中的"修剪"按钮，修剪多余的线段，如图5-82所示。

（5）单击"默认"选项卡"修改"面板中的"拉长"按钮，拉长最上端的水平直线。命令行提示与操作如下：

```
命令：_lengthen✓
选择要测量的对象或 [增量(DE)/百分比(P)/总计(T)/动态(DY)]:
当前长度：3800.0000✓
选择要测量的对象或 [增量(DE)/百分比(P)/总计(T)/动态(DY)]: DE✓
输入长度增量或 [角度(A)] <206.5612>: 指定第二点：
选择要修改的对象或 [放弃(U)]:（选择最上端的水平直线）
选择要修改的对象或 [放弃(U)]: ✓
```

（6）单击"默认"选项卡"修改"面板中的"偏移"按钮，将步骤（5）拉伸的直线向上偏移，偏移距离分别为5、25、30和50，结果如图5-83所示。

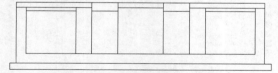 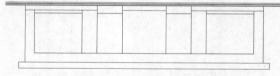

图 5-82　修剪图形　　　　　　　　　　　　　　　图 5-83　偏移直线

（7）单击"默认"选项卡"绘图"面板中的"直线"按钮，绘制竖直线。

（8）单击"默认"选项卡"注释"面板中的"线性"按钮，进行线性标注。复制的尺寸和完成的图形如图5-84所示。

（9）单击"默认"选项卡"修改"面板中的"修剪"按钮，修剪多余的线段，如图5-85所示。

 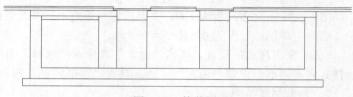

图 5-84　标注尺寸　　　　　　　　　　　　　　　图 5-85　修剪图形

3. 绘制栈道、角铁和路沿

（1）将"栈道"图层设置为当前图层，单击"默认"选项卡"绘图"面板中的"直线"按钮，绘制竖直线，完成栈道的绘制，如图5-86所示。

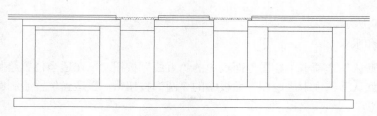

图 5-86 绘制栈道

（2）将"路沿"图层设置为当前图层，单击"默认"选项卡"绘图"面板中的"直线"按钮 ∕，在适当位置绘制 3 条水平直线，完成路沿的绘制，结果如图 5-87 所示。

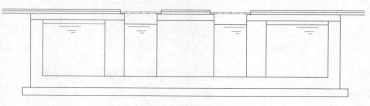

图 5-87 绘制路沿

（3）单击"默认"选项卡"绘图"面板中的"直线"按钮 ∕，绘制一条长度为 50 的竖直线和长度为 50 的水平直线。

（4）单击"默认"选项卡"修改"面板中的"偏移"按钮 ⚒，将步骤（3）绘制的直线向内偏移，偏移距离为 5。

（5）单击"默认"选项卡"绘图"面板中的"圆弧"按钮 ∕，在偏移后的直线两端绘制圆弧。

（6）单击"默认"选项卡"修改"面板中的"修剪"按钮 ⁄，修剪多余的线段，如图 5-88 所示。

（7）单击"默认"选项卡"绘图"面板中的"直线"按钮 ∕，在适当位置绘制直线，结果如图 5-89 所示。

图 5-88 绘制角铁轮廓

图 5-89 完成角铁绘制

（8）单击"默认"选项卡"修改"面板中的"复制"按钮 ⚙，将绘制的角铁复制到适当位置。

（9）单击"默认"选项卡"修改"面板中的"旋转"按钮 ↻，将角度不对的角铁旋转，旋转角度为 90°。命令行提示与操作如下：

```
命令：_rotate↙
UCS 当前的正角方向：ANGDIR=逆时针  ANGBASE=0
选择对象：（选择角铁）
选择对象：↙
指定基点：
指定旋转角度或 [复制(C)/参照(R)] <0>：90↙
```

结果如图 5-90 所示。

4．绘制水池和水管

（1）单击"默认"选项卡"绘图"面板中的"直线"按钮 ✎，在适当位置绘制线段。

（2）单击"默认"选项卡"绘图"面板中的"圆"按钮 ⊘，在适当位置绘制圆，结果如图 5-91 所示。

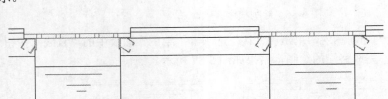

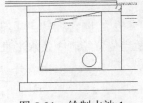

图 5-90　布置角铁　　　　　　　　　　　　　　图 5-91　绘制水池 1

（3）单击"默认"选项卡"修改"面板中的"复制"按钮 ◌，将步骤（1）和步骤（2）绘制的直线和圆复制到适当位置，结果如图 5-92 所示。

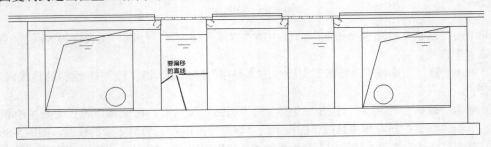

图 5-92　复制图形

（4）单击"默认"选项卡"修改"面板中的"偏移"按钮 ⇔，将图纸所示绘制的直线向内偏移，偏移距离为 13。

（5）单击"默认"选项卡"绘图"面板中的"直线"按钮 ✎，在适当位置绘制直线。

（6）单击"默认"选项卡"修改"面板中的"修剪"按钮 ⊱，修剪多余的线段，结果如图 5-93 所示。

（7）单击"默认"选项卡"修改"面板中的"复制"按钮 ◌，将直线和圆复制到适当位置，结果如图 5-94 所示。

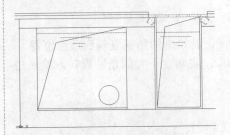

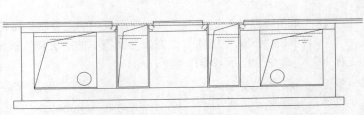

图 5-93　绘制水池 2　　　　　　　　　　　图 5-94　绘制水池 3

（8）将"水管"图层设置为当前图层。单击"默认"选项卡"绘图"面板中的"直线"按钮 ✎，绘制一条水平直线。

（9）单击"默认"选项卡"修改"面板中的"偏移"按钮⊆，将步骤（8）绘制的直线向上偏移，偏移距离为75。

（10）单击"默认"选项卡"绘图"面板中的"圆弧"按钮╱，在直线端绘制3段圆弧，结果如图5-95所示。

（11）单击"默认"选项卡"绘图"面板中的"直线"按钮╱，绘制一条水平直线和一条竖直线。

（12）单击"默认"选项卡"修改"面板中的"偏移"按钮⊆，将步骤（11）绘制的直线向外偏移，偏移距离为50。

（13）单击"默认"选项卡"修改"面板中的"圆角"按钮◯，将步骤（12）绘制的直线进行倒圆角，圆角半径分别为50和100。命令行提示与操作如下：

```
命令：_fillet✓
当前设置：模式=修剪，半径=0.0000
选择第一个对象或 [放弃(U)/多段线(P)/半径(R)/修剪(T)/多个(M)]：R✓
指定圆角半径 <0.0000>：50✓
选择第一个对象或 [放弃(U)/多段线(P)/半径(R)/修剪(T)/多个(M)]：
选择第二个对象，或按住 Shift 键选择对象以应用角点，或 [半径(R)]：
命令：_fillet✓
当前设置：模式=修剪，半径=50.0000
选择第一个对象或 [放弃(U)/多段线(P)/半径(R)/修剪(T)/多个(M)]：R✓
指定圆角半径 <50.0000>：100✓
选择第一个对象或 [放弃(U)/多段线(P)/半径(R)/修剪(T)/多个(M)]：
选择第二个对象，或按住 Shift 键选择对象以应用角点，或 [半径(R)]：
```

（14）单击"默认"选项卡"绘图"面板中的"圆弧"按钮╱，在直线端绘制3段圆弧，结果如图5-96所示。

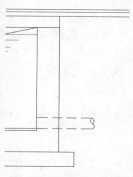

图 5-95 绘制排空水管

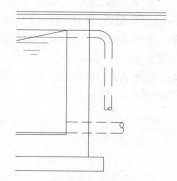

图 5-96 泄水管

（15）单击"默认"选项卡"绘图"面板中的"多段线"按钮⤵，在剖面图的一端适当位置绘制折断线。

（16）单击"默认"选项卡"修改"面板中的"复制"按钮⛀，将"水池平面图"实例中绘制的折断线复制到剖面图的另一端，如图5-97所示。

（17）单击"默认"选项卡"绘图"面板中的"直线"按钮╱，以图5-97所示的端点1和2为起点，绘制直线至折断线。

（18）单击"默认"选项卡"修改"面板中的"偏移"按钮⊆，将步骤（17）绘制的两条直线向下偏移，偏移距离为120。

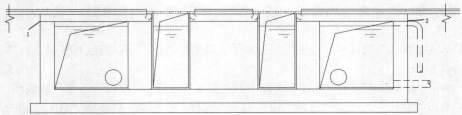

图 5-97　绘制折断线

（19）单击"默认"选项卡"修改"面板中的"修剪"按钮，修剪多余的线段，结果如图 5-98 所示。

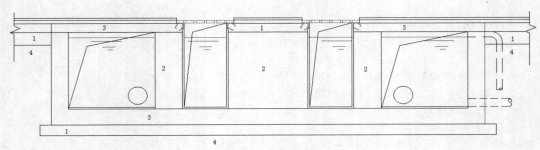

图 5-98　整理图形

5. 填充图案

将"填充"图层设置为当前图层，单击"默认"选项卡"绘图"面板中的"图案填充"按钮，填充基础和喷池。各部分选择如下。

- ☑ 区域 1：选择 AR-SAND 图例，填充比例和角度分别为 1 和 0。
- ☑ 区域 2：选择 ANSI31 图例，填充比例和角度分别为 20 和 0。
- ☑ 区域 3：选择 ANSI31 图例，填充比例和角度分别为 20 和 0；选择 AR-SAND 图例，填充比例和角度分别为 1 和 0。
- ☑ 区域 4：选择 AR-HBONE 图例，填充比例和角度分别为 0.6 和 0。

完成的图形如图 5-99 所示。

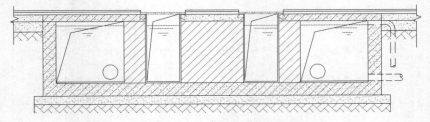

图 5-99　1-1 剖面图的填充

6. 标注尺寸和文字

（1）将"标注尺寸"图层设置为当前图层，按 Ctrl+C 快捷键复制喷泉立面图中绘制好的标高，然后按 Ctrl+V 快捷键粘贴到 1-1 剖面图中，并修改数字。

（2）单击"默认"选项卡"注释"面板中的"线性"按钮和"连续"按钮，标注线性尺寸，如图 5-100 所示。

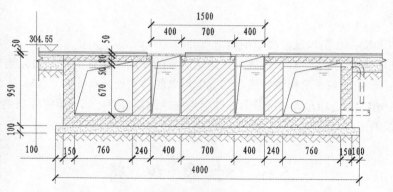

图 5-100　标注尺寸

（3）单击"默认"选项卡"绘图"面板中的"直线"按钮，绘制剖切线符号，并修改线宽为 0.4，如图 5-101 所示。

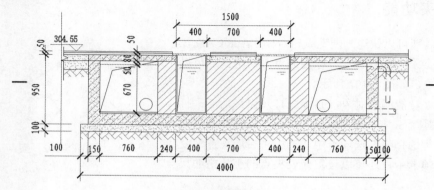

图 5-101　绘制剖切符号

（4）单击"默认"选项卡"注释"面板中的"多行文字"按钮 A，标注文字，结果如图 5-78 所示。

5.5.15　光顺曲线

在两条选定直线或曲线之间的间隙中创建样条曲线。

1. 执行方式

☑　命令行：BLEND。
☑　菜单栏："修改"→"光顺曲线"。
☑　工具栏："修改"→"光顺曲线"。

2. 操作步骤

```
命令：BLEND
连续性=相切
选择第一个对象或 [连续性(CON)]：CON
输入连续性 [相切(T)/平滑(S)] <相切>：
选择第一个对象或 [连续性(CON)]：
选择第二个点：
```

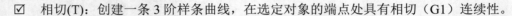

3. 选项说明

☑ 连续性(CON)：在两种过渡类型中指定一种。

☑ 相切(T)：创建一条 3 阶样条曲线，在选定对象的端点处具有相切（G1）连续性。

☑ 平滑(S)：创建一条 5 阶样条曲线，在选定对象的端点处具有曲率（G2）连续性。

如果使用"平滑(S)"选项，请勿将显示从控制点切换为拟合点。此操作将样条曲线更改为 3 阶，这会改变样条曲线的形状。

5.6　对象编辑

在对图形进行编辑时，还可以对图形对象本身的某些特性进行编辑，从而方便地进行图形绘制。

5.6.1　钳夹功能

利用钳夹功能可以快速方便地编辑对象。AutoCAD 在图形对象上定义了一些特殊点，称为夹点，利用夹点可以灵活地控制对象，如图 5-102 所示。

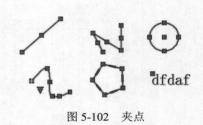

图 5-102　夹点

要使用钳夹功能编辑对象，必须先打开钳夹功能，打开方法是：选择"工具"→"选项"命令，在打开的"选项"对话框的"选择集"选项卡中，选中"启用夹点"复选框。在该选项卡中，还可以设置代表夹点的小方格的尺寸和颜色。

也可以通过 GRIPS 系统变量来控制是否打开钳夹功能，1 代表打开，0 代表关闭。

打开了钳夹功能后，应该在编辑对象之前先选择对象。夹点表示对象的控制位置。

使用夹点编辑对象，要选择一个夹点作为基点，称为基准夹点。然后选择一种编辑操作，即镜像、移动、旋转、拉伸和缩放。可以用空格键、Enter 键或键盘上的快捷键循环选择这些功能。

下面仅就其中的拉伸对象操作作为例进行讲述，其他操作类似。

在图形上拾取一个夹点，该夹点改变颜色，此点为夹点编辑的基准夹点。这时系统提示：

** 拉伸 **
指定拉伸点或 [基点(B)/复制(C)/放弃(U)/退出(X)]：

在上述拉伸编辑提示下输入"镜像"命令或右击并选择快捷菜单中的"镜像"命令，系统就会转换为"镜像"操作，其他操作类似。

5.6.2　修改对象属性

1. 执行方式

☑ 命令行：DDMODIFY 或 PROPERTIES。

☑ 菜单栏："修改"→"特性"。

☑ 工具栏："标准"→"特性" 📇。

2. 操作步骤

在 AutoCAD 2018 中打开"特性"对话框，如图 5-103 所示。利用它可以方便地设置或修改对象的各种属性。

不同的对象属性种类和值不同，修改属性值，对象改变为新的属性。

5.6.3 特性匹配

利用特性匹配功能可以将目标对象的属性与源对象的属性进行匹配，使目标对象的属性与源对象属性相同。利用特性匹配功能可以方便快捷地修改对象属性，并保持不同对象的属性相同。

1. 执行方式

☑ 命令行：MATCHPROP。
☑ 菜单栏："修改"→"特性匹配"。
☑ 工具栏："标准"→"特性匹配" 🖌。

2. 操作步骤

图 5-103 "特性"对话框

```
命令：MATCHPROP✓
选择源对象：（选择源对象）
选择目标对象或 [设置(S)]：（选择目标对象）
```

图 5-104（a）所示为两个属性不同的对象，以左边的圆为源对象，对右边的矩形进行特性匹配，结果如图 5-104（b）所示。

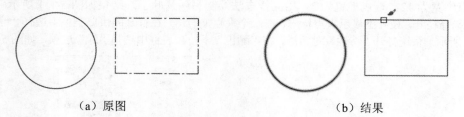

（a）原图　　　　　　　　　　　　　　（b）结果

图 5-104 特性匹配

5.6.4 实例——花朵

绘制花朵的流程图如图 5-105 所示。

扫码看视频

5.6.4 花朵

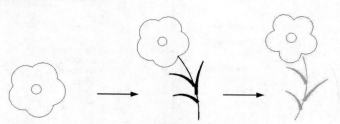

图 5-105 绘制花朵的流程图

操作步骤：

（1）单击"默认"选项卡"绘图"面板中的"圆"按钮⊙，绘制花蕊。

（2）单击"默认"选项卡"绘图"面板中的"多边形"按钮⬠，绘制图 5-106 中的中心点为正多边形的中心点内接于圆的正五边形，结果如图 5-107 所示。

图 5-106　捕捉圆心

> **说明：** 一定要先绘制中心的圆，因为正五边形的外接圆与此圆同心，必须通过捕捉获得正五边形外接圆圆心的位置。如果反过来，先画正五边形，再画圆，会发现无法捕捉正五边形外接圆圆心。

（3）单击"默认"选项卡"绘图"面板中的"圆弧"按钮⌒，以最上面斜边的中点为圆弧起点，左上斜边中点为圆弧端点，绘制花朵。绘制结果如图 5-108 所示。重复"圆弧"命令，绘制另外 4 段圆弧，结果如图 5-109 所示。

最后删除正五边形，结果如图 5-110 所示。

 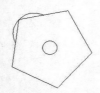 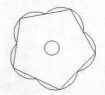 

图 5-107　绘制正五边形　　图 5-108　绘制一段圆弧　　图 5-109　绘制所有圆弧　　图 5-110　绘制花朵

（4）单击"默认"选项卡"绘图"面板中的"多段线"按钮⏝，绘制枝叶。花枝的宽度为 4；叶子的起点半宽为 12，端点半宽为 3。用同样方法绘制另两片叶子，结果如图 5-111 所示。

（5）选择枝叶，枝叶上显示夹点标志，在一个夹点上右击，在打开的快捷菜单中选择"特性"命令，如图 5-112 所示。系统打开"特性"对话框，在"颜色"下拉列表框中选择"绿"选项，如图 5-113 所示。

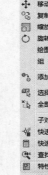 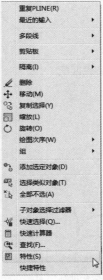  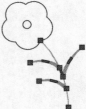

图 5-111　绘制出花朵图案　　图 5-112　快捷菜单　　　　图 5-113　修改枝叶颜色

Note

（6）按照步骤（5）的方法修改花朵颜色为红色，花蕊颜色为洋红色，最终结果如图 5-105 所示。

5.7　实践与操作

通过本章的学习，读者对图形编辑的相关知识有了大体的了解。本节将通过两个操作练习使读者进一步掌握本章知识要点。

（1）绘制如图 5-114 所示的十字走向交叉口盲道。

（2）绘制如图 5-115 所示的行进盲道。

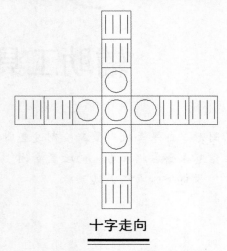

十字走向

图 5-114　十字走向交叉口盲道

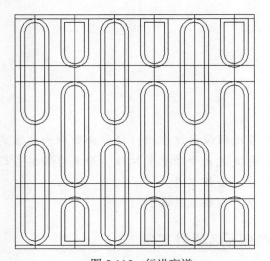

图 5-115　行进盲道

第6章

辅助工具

在绘图设计过程中，经常会遇到一些重复出现的图形。如果每次都重新绘制这些图形，不仅会造成大量的重复工作，而且存储这些图形及其信息也会占据相当大的磁盘空间。

- ☑ 查询工具
- ☑ 图块及其属性
- ☑ 设计中心与工具选项板

任务驱动&项目案例

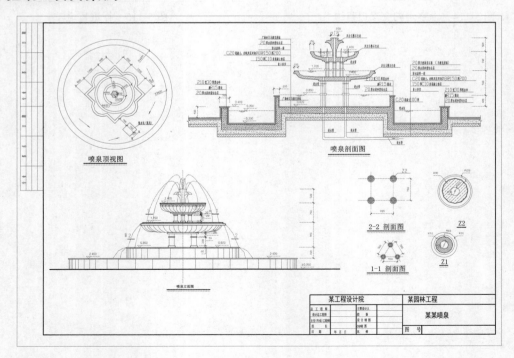

Note

6.1 查 询 工 具

为方便用户及时了解图形信息，AutoCAD 2018 提供了很多查询工具，这里简要进行说明。

6.1.1 距离查询

1. 执行方式

- ☑ 命令行：MEASUREGEOM。
- ☑ 菜单栏："工具" → "查询" → "距离"。
- ☑ 工具栏："查询" → "距离" 📏。
- ☑ 功能区："默认" → "实用工具" → "距离" 📏。

2. 操作步骤

```
命令：MEASUREGEOM✓
输入选项 [距离(D)/半径(R)/角度(A)/面积(AR)/体积(V)] <距离>：
指定第一点：
指定第二个点或 [多个点(M)]：
距离=65.3123，XY 平面中的倾角=0，  与 XY 平面的夹角=0
X 增量=65.3123，  Y 增量=0.0000，  Z 增量=0.0000
输入选项 [距离(D)/半径(R)/角度(A)/面积(AR)/体积(V)/退出(X)] <距离>：
```

3. 选项说明

多个点(M)：如果使用该选项，将基于现有直线段和当前橡皮线即时计算总距离。

6.1.2 面积查询

1. 执行方式

- ☑ 命令行：MEASUREGEOM。
- ☑ 菜单栏："工具" → "查询" → "面积"。
- ☑ 工具栏："查询" → "面积" 📐。
- ☑ 功能区："默认" → "实用工具" → "面积" 📐。

2. 操作步骤

```
命令：MEASUREGEOM✓
输入选项 [距离(D)/半径(R)/角度(A)/面积(AR)/体积(V)] <距离>：AR✓
指定第一个角点或 [对象(O)/增加面积(A)/减少面积(S)/退出(X)] <对象(O)>：选择选项
```

3. 选项说明

在工具选项板中，系统设置了一些常用图形的选项卡，这些选项卡可以方便用户绘图。

（1）指定第一个角点：计算由指定点所定义的面积和周长。

（2）增加面积(A)：打开"加"模式，并在定义区域时即时保持总面积。

（3）减少面积(S)：从总面积中减去指定的面积。

6.2　图块及其属性

把一组图形对象组合成图块加以保存，需要时可以把图块作为一个整体以任意比例和旋转角度插入到图中任意位置，这样不仅避免了大量的重复工作，提高了绘图速度和工作效率，还大大节省了磁盘空间。

6.2.1　图块操作

1.图块定义

（1）执行方式

☑　命令行：BLOCK。

☑　菜单栏："绘图"→"块"→"创建"。

☑　工具栏："绘图"→"创建块"。

☑　功能区："默认"→"块"→"创建"。

（2）操作步骤

执行上述命令，系统打开如图 6-1 所示的"块定义"对话框。利用该对话框指定定义对象和基点以及其他参数，可定义图块并命名。

2.图块保存

（1）执行方式

命令行：WBLOCK。

（2）操作步骤

执行上述命令，系统打开如图 6-2 所示的"写块"对话框。利用该对话框可把图形对象保存为图块或把图块转换成图形文件。

图 6-1　"块定义"对话框　　　　　　　　图 6-2　"写块"对话框

3.图块插入

（1）执行方式

☑　命令行：INSERT。

☑ 菜单栏："插入"→"块"。
☑ 工具栏："插入"→"插入块" ❑或"绘图"→"插入块" ❑。
☑ 功能区："默认"→"块"→"插入" ❑。
（2）操作步骤

执行上述命令，系统打开"插入"对话框，如图6-3所示。利用该对话框设置插入点位置、插入比例以及旋转角度可以指定要插入的图块及插入位置。

图6-3 "插入"对话框

6.2.2 图块的属性

1. 属性定义

1）执行方式
☑ 命令行：ATTDEF。
☑ 菜单栏："绘图"→"块"→"定义属性"。

2）操作步骤

执行上述命令，系统打开"属性定义"对话框，如图6-4所示。

图6-4 "属性定义"对话框

3）选项说明

（1）"模式"选项组

☑ "不可见"复选框：选中该复选框，属性为不可见显示方式，即插入图块并输入属性值后，属性值在图中并不显示出来。

☑ "固定"复选框：选中该复选框，属性值为常量，即属性值在属性定义时给定，在插入图块时 AutoCAD 2018 不再提示输入属性值。

☑ "验证"复选框：选中该复选框，当插入图块时 AutoCAD 2018 重新显示属性值让用户验证该值是否正确。

☑ "预设"复选框：选中该复选框，当插入图块时 AutoCAD 2018 自动把事先设置好的默认值赋予属性，而不再提示输入属性值。

☑ "锁定位置"复选框：选中该复选框，当插入图块时 AutoCAD 2018 锁定块参照中属性的位置。解锁后，属性可以相对于使用夹点编辑的块的其他部分移动，并且可以调整多行属性的大小。

☑ "多行"复选框：指定属性值可以包含多行文字。

（2）"属性"选项组

☑ "标记"文本框：用于输入属性标签。属性标签可由除空格和感叹号以外的所有字符组成。AutoCAD 2018 自动把小写字母改为大写字母。

☑ "提示"文本框：用于输入属性提示。属性提示是插入图块时 AutoCAD 2018 要求输入属性值的提示。如果不在该文本框内输入文本，则以属性标签作为提示。如果在"模式"选项组中选中"固定"复选框，即设置属性为常量，则不需设置属性提示。

☑ "默认"文本框：设置默认的属性值。可把使用次数较多的属性值作为默认值，也可不设默认值。

其他各选项组比较简单，这里不再赘述。

2. 修改属性定义

（1）执行方式

☑ 命令行：DDEDIT。

☑ 菜单栏："修改"→"对象"→"文字"→"编辑"。

☑ 快捷方法：双击要修改的属性定义。

（2）操作步骤

```
命令：DDEDIT↙
当前设置：编辑模式=Single
选择注释对象或[模式(M)]：
```

在此提示下选择要修改的属性定义，打开"编辑属性定义"对话框，如图 6-5 所示。可以在该对话框中修改属性定义。

3. 图块属性编辑

（1）执行方式

☑ 命令行：EATTEDIT。

☑ 菜单栏："修改"→"对象"→"属性"→"单个"。

☑ 工具栏："修改 II"→"编辑属性" 。

☑ 功能区："默认"→"块"→"编辑属性" 。

（2）操作步骤

```
命令：EATTEDIT↙
选择块：
```

选择块后，系统打开"增强属性编辑器"对话框，如图 6-6 所示。该对话框不仅可以编辑属性值，还可以编辑属性的文字选项和图层、线型、颜色等特性值。

图 6-5 "编辑属性定义"对话框

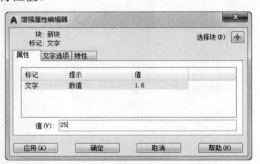

图 6-6 "增强属性编辑器"对话框

Note

6.2.3 实例——标注标高符号

标注标高符号的流程图如图 6-7 所示。

扫码看视频

6.2.3 标注标高符号

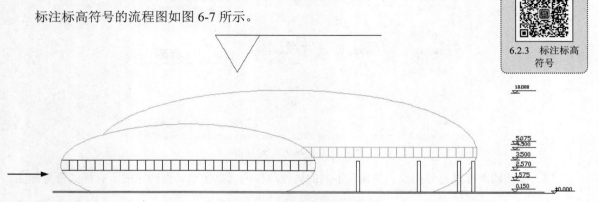

图 6-7 标注标高符号的流程图

操作步骤：

（1）单击"默认"选项卡"绘图"面板中的"直线"按钮，绘制如图 6-8 所示的标高符号图形。

（2）选择菜单栏中的"绘图"→"块"→"定义属性"命令，系统打开"属性定义"对话框，进行如图 6-9 所示的设置，插入点为标高符号水平线中点，确认退出。

图 6-8 绘制标高符号

（3）在命令行中输入"WBLOCK"命令，打开"写块"对话框，如图 6-10 所示。拾取图 6-8 所示图形下尖点为基点，以此图形为对象，输入图块名称并指定路径，确认退出。此时打开"编辑属性"对话框，在对话框中输入标高值 0.150，单击"确认"按钮退出。

（4）单击"默认"选项卡"块"面板中的"插入"按钮，打开"插入"对话框，如图 6-11 所示。单击"浏览"按钮找到刚才保存的图块，在屏幕上指定插入点和旋转角度，将该图块插入到如图 6-7 所示的图形中，这时打开"编辑属性"对话框，在对话框中输入标高数值 0.150，就完成了一个标高的标注。命令行提示与操作如下：

```
命令：_INSERT✓
指定插入点或 [基点(B)/比例(S)/旋转(R)]：（在对话框中指定相关参数，如图 6-11 所示）
```

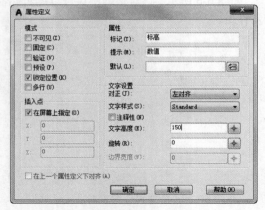

图 6-9　"属性定义"对话框

图 6-10　"写块"对话框

图 6-11　"插入"对话框

（5）继续插入标高符号图块，并输入不同的属性值作为标高数值，直到完成所有标高符号标注。

6.3　设计中心与工具选项板

使用 AutoCAD 2018 设计中心可以很容易地组织设计内容，并把它们拖动到当前图形中。工具选项板是"工具选项板"对话框中选项卡形式的区域，提供组织、共享和放置块及填充图案的有效方法；还可以包含由第三方开发人员提供的自定义工具；也可以利用设置组织内容，并将其创建为工具选项板。设计中心与工具选项板的使用大大方便了绘图，并加快了绘图的效率。

6.3.1　设计中心

1．启动设计中心

（1）执行方式

☑　命令行：ADCENTER。

☑　菜单栏："工具"→"选项板"→"设计中心"。

☑　工具栏："标准"→"设计中心"。

☑　功能区："视图"→"选项板"→"设计中心"。

☑　快捷键：Ctrl+2。

（2）操作步骤

执行上述命令，系统打开设计中心。第一次启动设计中心时，它默认打开的选项卡为"文件夹"。内容显示区采用大图标显示，左边的资源管理器采用 tree view 显示方式显示系统的树形结构，浏览资源的同时，在内容显示区显示所浏览资源的有关细目或内容，如图 6-12 所示。也可以搜索资源，方法与 Windows 资源管理器类似。

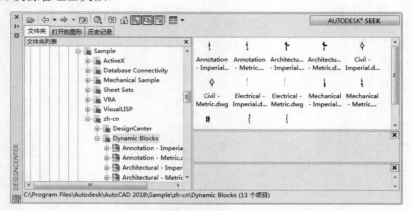

图 6-12　AutoCAD 2018 设计中心的资源管理器和内容显示区

2. 利用设计中心插入图形

设计中心一个最大的优点是可以将系统文件夹中的 DWG 图形当成图块插入到当前图形中去。

从查找结果列表框中选择要插入的对象，双击对象，打开"插入"对话框，如图 6-13 所示。在该对话框中插入点、比例和旋转角度等数值，这样被选择的对象就会根据指定的参数插入到图形当中。

图 6-13　"插入"对话框

6.3.2　工具选项板

1. 打开工具选项板

（1）执行方式

☑　命令行：TOOLPALETTES。

☑　菜单栏："工具"→"选项板"→"工具选项板"。

☑　工具栏："标准"→"工具选项板窗口"。

☑　功能区："视图"→"选项板"→"工具选项板"。

☑　快捷键：Ctrl+3。

（2）操作步骤

执行上述操作后，系统自动打开"工具选项板"对话框，如图 6-14 所示。单击鼠标右键，在打开的快捷菜单中选择"新建选项板"命令，如图 6-15 所示。系统新建一个空白选项板，可以命名该选项板，如图 6-16 所示。

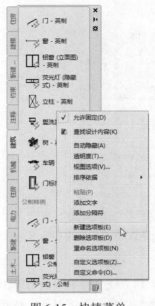

图 6-14　"工具选项板"对话框　　　　图 6-15　快捷菜单　　　　图 6-16　新建选项板

2. 将设计中心内容添加到工具选项板

在 DesignCenter 文件夹上单击鼠标右键，在打开的快捷菜单中选择"创建块的工具选项板"命令，如图 6-17 所示。设计中心中储存的图元就出现在工具选项板中新建的 DesignCenter 选项板上，如图 6-18 所示。这样就可以将设计中心与工具选项板结合起来，建立一个快捷方便的工具选项板。

图 6-17　快捷菜单

3. 利用工具选项板绘图

只需要将工具选项板中的图形单元拖动到当前图形，该图形单元就以图块的形式插入到当前图形中。如图 6-19 所示是将工具选项板中"建筑"选项板中的"床-双人床"图形单元拖到当前图形。

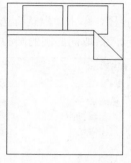

图 6-18　创建工具选项板　　　　图 6-19　双人床

6.4　综合实例——喷泉施工图

扫码看视频

6.4　喷泉施工图

将前面绘制的各个喷泉视图定义成块插入到视图中，完成喷泉施工图的绘制，如图 6-20 所示。

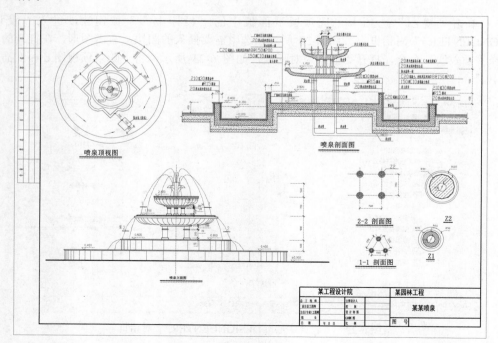

图 6-20　喷泉施工图

操作步骤:

(1)打开源文件\图库\A3 图框,按 Ctrl+C 快捷键复制"A3 图框.dwt",然后按 Ctrl+V 快捷键粘贴到一个新的文件中,并将文件另存为"喷泉.dwg"。

(2)继续在图库中找到喷泉立面图、剖面图,按 Ctrl+C 快捷键复制,然后按 Ctrl+V 快捷键粘贴到"喷泉.dwg"中。

(3)单击"默认"选项卡"修改"面板中的"移动"按钮✣,把立面图和剖面图移动到合适的位置。

(4)打开喷泉顶视图,单击"默认"选项卡"块"面板中的"创建"按钮🖵,打开"块定义"对话框,如图 6-21 所示,拾取同心圆的圆心为拾取点,把喷泉顶视图创建为块并输入块的名称。

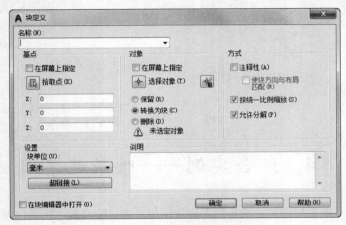

图 6-21 "块定义"对话框

(5)单击"视图"选项卡"选项板"面板中的"设计中心"按钮▦,进入"设计中心(DESIGNCENTER)"对话框,如图 6-22 所示,选中需要插入的图块,右击图形,在打开的快捷菜单中选择"插入块"命令,打开"插入"对话框,如图 6-23 所示,将"喷泉顶视图.dwg"插入到喷泉文件中。

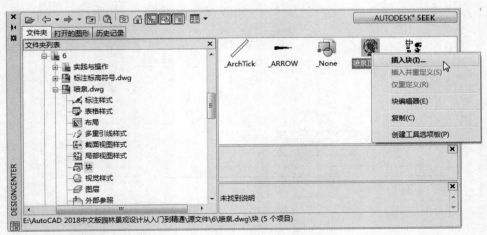

图 6-22 "设计中心(DESIGNCENTER)"对话框

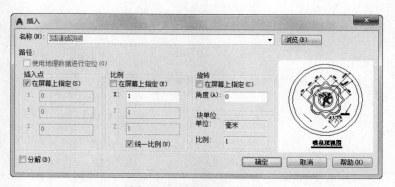

图 6-23　"插入"对话框

（6）将前面绘制的喷泉详图打开，按 Ctrl+C 快捷键复制图形，然后按 Ctrl+V 快捷键粘贴到喷泉中，然后进行调整，结果如图 6-20 所示。

6.5　实践与操作

通过本章的学习，读者对查询工具、设计中心等辅助工具的应用以及图块的相关操作等有了大体的了解。本节将通过两个操作练习使读者进一步掌握本章知识要点。

（1）给如图 6-24 所示的地形图标高。

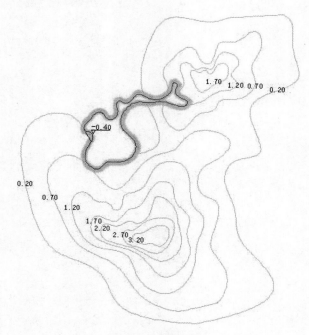

图 6-24　地形图

（2）绘制如图 6-25 所示的道路平面图。

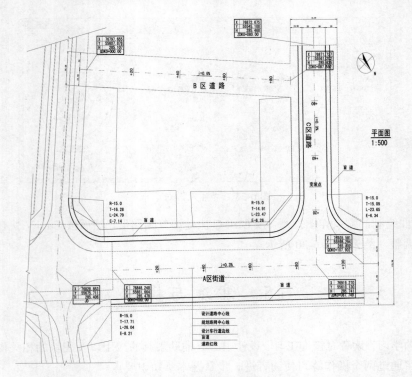

图 6-25　道路平面图

第 2 篇

园林单元设计篇

    本篇主要讲解园林单元设计的设计方法，包括园林建筑、园林小品、园林水景和植物等。

    本篇内容通过实例加深读者对 AutoCAD 2018 功能的理解和掌握，并学会各种园林单元设计的绘制方法。

第 7 章

园林建筑

建筑是园林的五大要素之一，且形式多样，既有使用价值，又能与环境组成景致，供人们游览和休憩。本章首先对各种类型的建筑做简单的介绍，然后结合实例进行讲解。

- ☑ 园林建筑基本特点
- ☑ 绘制亭、榭、廊
- ☑ 绘制花架、仿木桥
- ☑ 绘制大门、文化墙

任务驱动&项目案例

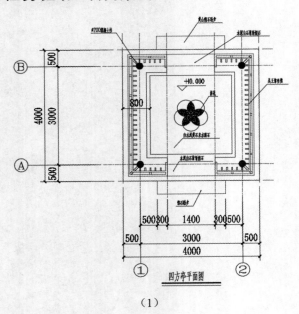

（1）

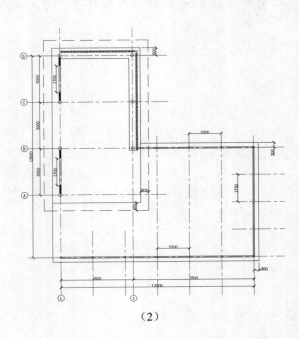

（2）

Note

7.1 概　　述

　　园林建筑是指在园林中与园林造景有直接关系的建筑，它既有使用价值，又能与环境组成景致，供人们游览和休憩。因此，园林建筑的设计构造等一定要照顾两个方面的因素，使之达到可居、可游、可观。其设计方法概括起来主要有 6 个方面，即立意、选址、布局、借景、尺度与比例、色彩与质感。另外，根据园林设计的立意、功能要求、造景等需要，必须考虑适当的建筑和建筑组合；还要考虑建筑的体量、造型、色彩以及与其配合的假山艺术、雕塑艺术、园林植物、水景等诸要素的安排，并要求精心构思，使园林中的建筑起到画龙点睛的作用。

　　园林建筑常见的有亭、榭、廊、花架、大门、园墙、桥等，下面分别加以说明。

7.1.1　园林建筑的基本特点

　　园林建筑作为造园五大要素之一，是一种独具特色的建筑，既要满足建筑的使用功能要求，又要满足园林景观的造景要求，并与园林环境密切结合，与自然融为一体的建筑类型。

1. 功能

（1）满足功能要求

　　园林是改善、美化人们生活环境的设施，也是供人们休息、游览、文化娱乐的场所，随着园林活动的日益增多，园林建筑类型也日益丰富起来，主要有茶室、餐厅、展览馆和体育场所等，以满足人们的需要。

（2）满足园林景观要求

☑　点景。点景要与自然风景融会结合，园林建筑常成为园林景观的构图中心主体，或易于近观的局部小景或成为主景，控制全园布局，园林建筑在园林景观构图中常有画龙点睛的作用。

☑　赏景。赏景作为观赏园内外景物的场所，一栋建筑常成为画面的管点，而一组建筑物与游廊相连成为纵观全景的观赏线。因此，建筑朝向、门窗位置大小要考虑赏景的要求。

☑　引导游览路线。园林建筑常常具有起承转合的作用，当人们的视线触及某处优美的园林建筑时，游览路线就会自然而然地延伸，建筑常成为视线引导的主要目标。人们常说的步移景异就是这个意思。

☑　组织园林空间。园林设计空间组合和布局是重要内容，园林常以一系列空间的变化巧妙安排给人以艺术享受，以建筑构成的各种形式的庭院及游廊、花墙、圆洞门等恰是组织空间、划分空间的最好手段。

2. 特点

（1）布局

　　园林建筑布局要因地制宜，巧于因借，建筑规划选址除考虑功能要求外，要善于利用地形，结合自然环境，与自然融为一体。

（2）情景交融

　　园林建筑应结合情景，抒发情趣，尤其在古典园林建筑中，常与诗画结合，加强感染力，达到情景交融的境界。

（3）空间处理

在园林建筑的空间处理上，尽量避免轴线对称、整形布局，力求曲折变化、参差错落、空间布置要灵活通过空间划分，形成大小空间的对比，增加层次感，扩大空间感。

（4）造型

园林建筑在造型上更重视美观的要求，建筑体型、轮廓要有表现力，增加园林画面美，建筑体量、体态都应与园林景观协调统一，造型要表现园林特色、环境特色、地方特色。一般而言，在造型上，体量宜轻盈，形式宜活泼，力求简洁明快，通透有度，达到功能与景观的有机统一。

（5）装修

在细节装饰上，应有精巧的装饰，增加本身的美观，又能够组织空间画面。如常用的挂落、栏杆、漏窗和花格等。

3．园林建筑的分类

按使用功能划分为以下几类。

- ☑ 游憩性建筑：有休息、游赏使用功能，具有优美造型，如亭、廊、花架、榭、舫和园桥等。
- ☑ 园林建筑小品：以装饰园林环境为主，注重外观形象的艺术效果，兼有一定使用功能，如园灯、园椅、展览牌、景墙和栏杆等。
- ☑ 服务性建筑：为游人在旅途中提供生活上服务的设施，如小卖部、茶室、小吃部、餐厅、小型旅馆和卫生间等。
- ☑ 文化娱乐设施开展活动用的设施：如游船码头、游艺室、俱乐部、演出厅、露天剧场和展览厅等。
- ☑ 办公管理用设施：主要有公园大门、办公室、实验室、栽培温室，动物园还应有动物兽室。

7.1.2 园林建筑图绘制

园林建筑的设计程序一般分为初步设计和施工图设计两个阶段，较复杂的工程项目还要进行技术设计。

初步设计主要是提出方案，说明建筑的平面布置、立面造型、结构选型等内容，绘制出建筑初步设计图，送有关部门审批。

技术设计主要是确定建筑的各项具体尺寸和构造做法；进行结构计算，确定承重构件的截面尺寸和配筋情况。

施工图设计主要是根据已批准的初步设计图，绘制出符合施工要求的图纸。园林建筑景观施工图一般包括平面图、施工图、剖面图以及建筑详图等内容。与建筑施工图的绘制基本类似。

1．初步设计图的绘制

（1）初步设计图的内容

包括基本图样、总平面图、建筑平立剖面图、有关技术和构造说明、主要技术经济指标等。通常要作一幅透视图，表示园林建筑竣工后的外貌。

（2）初步设计图的表达方法

初步设计图尽量画在同一张图纸上，图面布置可以灵活些，表达方法可以多样，例如可以画上阴影和配景，或用色彩渲染，以加强图面效果。

（3）初步设计图的尺寸

初步设计图上要画出比例尺并标注主要设计尺寸，如总体尺寸、主要建筑的外形尺寸、轴线定位尺寸和功能尺寸等。

2. 施工图的绘制

设计图审批后，再按施工要求绘制出完整的建施、结施图样及有关技术资料。绘图步骤如下：

（1）确定绘制图样的数量。根据建筑的外形、平面布置、构造和结构的复杂程度决定绘制哪种图样。在保证能顺利完成施工的前提下，图样的数量应尽量少。

（2）在保证图样能清晰地表达其内容的情况下，根据各类图样的不同要求，选用合适的比例，平、立、剖面图尽量采用同一比例。

（3）进行合理的图面布置。尽量保持各图样的投影关系，或将同类型的、内容关系密切的图样集中绘制。

（4）通常先画建筑施工图，一般按总平面→平面图→立面图→剖面图→建筑详图的顺序进行绘制。再画结构施工图，一般先画基础图、结构平面图，然后分别画出各构件的结构详图。

☑　视图包括平、立、剖面图，表达座椅的外形和各部分的装配关系。

☑　尺寸在标有建施的图样中，主要标注与装配有关的尺寸、功能尺寸、总体尺寸。

☑　透视图园林建筑施工图常附一个单体建筑物的透视图，特别是没有设计图的情况下更是如此。透视图应按比例用绘图工具画。

☑　编写施工总说明。施工总说明包括的内容有放样和设计标高、基础防潮层、楼面、楼地面、屋面、楼梯和墙身的材料和做法，室内外粉刷、装修的要求、材料和做法等。

7.2　亭

亭子在我国园林中是运用最多的一种建筑形式，《园冶》中说"亭者，停也。所以停憩游行也"。亭的形式很多，从平面上可以分为三角亭、四角亭、六角亭、八角亭、圆形亭和扇形亭等。从屋顶形式上可分为单檐、重檐、三重檐、攒尖顶、平顶、悬山顶、硬山顶、歇山顶、单坡顶、卷棚顶和褶板顶等。从材质上可分为木亭、石亭、钢筋混凝土亭和金属亭等。从风格上可以分为中式、日式、欧式等。它们或屹立于山冈之上，或依附在建筑之旁，或漂浮在水池之畔。作为园中"点睛"之物，多设在视线交接处，亭子位置的选择，一方面是为了观景，即供游人驻足休息，眺望景色；另一方面是为了点景，即点缀风景。山上建亭可以丰富山形轮廓，临水建亭可以通过动静对比增加园林景物的层次和变幻效果，平地建亭可以休息、纳凉。总之，亭子的造型千姿百态，亭子的基址类型丰富，两者的搭配要协调，可以造就出丰富多彩的园林景观。

7.2.1　亭的基本特点

亭在我国园林中是运用最多的一种建筑形式。无论是在传统的古典园林中，或是在新中国成立后新建的公园及风景游览区，都可以看到各种各样的亭子屹立于山冈之上；或依附在建筑之旁；或漂浮在水池之畔。以玲珑美丽、丰富多样的形象与园林中的其他建筑、山水、绿化等相结合，构成一幅幅生动的画图。在造型上要结合具体地形、自然景观和传统设计，以其特有的娇美轻巧、玲珑剔透形象与周围的建筑、绿化、水景等结合而构成园林一景。

亭的构造大致可分为亭顶、亭身和亭基 3 部分。体量宁小勿大，形制也较细巧，以竹、木、石、砖瓦等地方性传统材料均可修建。现在更多的是用钢筋混凝土或兼以轻钢、铝合金、玻璃钢、镜面玻璃、充气塑料等材料组建而成。

亭四面多开放，空间流动，内外交融，榭廊亦如此。解析了亭也就能举一反三于其他楼阁殿堂。

亭榭等体量不大，但在园林造景中作用不小，是室内的室外；而在庭院中则是室外的室内。选择要有分寸，大小要得体，即要有恰到好处的比例与尺度，只顾重某一方面都是不允许的。任何作品只有在一定的环境下，它才是艺术、科学。生搬硬套学流行，会失去神韵和灵性，就谈不上艺术性与科学性。

园亭，是指园林绿地中精致细巧的小型建筑物。可分为两类：一是供人休憩观赏的亭；二是具有实用功能的票亭、售货亭等。

1. 园亭的位置选择

建亭地位，要从两方面考虑：一是由内向外好看；二是由外向内也好看。园亭要建在风景好的地方，使入内歇足休息的人有景可赏留得住人，同时更要考虑建亭后成为一处园林美景，园亭在这里往往可以起到画龙点睛的作用。

2. 园亭的设计构思

园亭虽小巧却必须深思才能出类拔萃。具体要求如下。

（1）选择所设计的园亭，是传统或是现代？是中式或是西洋？是自然野趣或是奢华富贵？这些款式的不同是不难理解的。

（2）同种款式中，平面、立面、装修的大小、形样、繁简也有很大的不同，须要斟酌。例如，同样是植物园内的中国古典园亭，牡丹园和槭树园不同。牡丹亭必须是重檐起翘，大红柱子；槭树亭白墙灰瓦足矣，这是因它们所在的环境气质不同而异。同样是欧式古典圆顶亭，高尔夫球场和私宅庭园的大小有很大不同，这是因它们所在环境的开阔郁闭不同而异。同是自然野趣，水际竹筏嬉鱼和树上权窝观鸟不同，这是因环境的功能要求不同而异。

（3）所有的形式、功能、建材是在演变进步之中的，常常是相互交叉的，必须着重于创造。例如，在中国古典园亭的梁架上，以卡普隆阳光板作顶代替传统的瓦，古中有今，洋为我用，可以取得很好的效果。以四片实墙，边框采用中国古典园亭的外轮廓，组成虚拟的亭，也是一种创造。用悬索、布幕、玻璃、阳光板等，层出不穷。

只有深入考虑这些细节，才能标新立异，不落俗套。

3. 园亭的平立面

园亭体量小，平面严谨。自点状伞亭起，三角形、正方形、长方形、六角形、八角形以至圆形、海棠形、扇形，由简单而复杂，基本上都是规则几何形体，或再加以组合变形。根据这个道理，可构思其他形状，也可以和其他园林建筑如花架、长廊、水榭组合成一组建筑。

园亭的平面组成比较单纯，除柱子、坐凳（椅）、栏杆，有时也有一段墙体、桌、碑、井、镜、匾等。

园亭的平面布置，一种是一个出入口，终点式的；还有一种是两个出入口，穿过式的。视亭大小而采用。

4. 园亭的立面

因款式的不同有很大的差异。但有一点是共同的，就是内外空间相互渗透，立面显得开畅通透。园亭的立面，可以分成几种类型，这是决定园亭风格款式的主要因素，如中国古典、西洋古典传统式样。这种类型都有程式可依，困难的是施工十分繁复。中国传统园亭柱子有木和石两种，用真材或砼仿制；但屋盖变化多，如以砼代木，则所费工、料均不合算，效果也不甚理想。西洋传统形式，现在市面有各种规格的玻璃钢、GRC 柱式、檐口，可在结构外套用。

平顶、斜坡、曲线各种新式样。要注意园亭平面和组成均甚简洁，观赏功能又强，因此屋面变化不妨要多一些。如做成折板、弧形、波浪形，或者用新型建材、瓦、板材；或者强调某一部分构件和装修，来丰富园亭外立面。

仿自然、野趣的式样。目前用得多的是竹、松木、棕榈等植物外形或木结构，真实石材或仿石结构，用茅草作顶也特别有表现力。

5. 设计要点

有关亭的设计归纳起来应掌握下面几个要点。

（1）必须选择好位置，按照总的规划意图选点。

（2）亭的体量与造型的选择，主要应看它所处的周围环境的大小、性质等，因地制宜而定。

（3）亭子的材料及色彩，应力求就地选用地方材料，不仅加工便利，而且易于配合自然。

绘制亭平面图的流程图如图 7-1 所示。

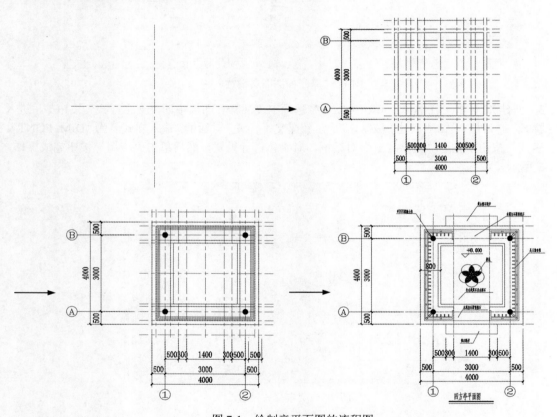

图 7-1　绘制亭平面图的流程图

操作步骤：

7.2.2　亭平面图绘制

使用"直线"命令绘制平面定位轴线；使用"直线""矩形""圆""图案填充"等命令绘制平面轮廓线；使用"多行文字"命令标注文字，完成并保存亭平面图，如图 7-1 所示。

1. 绘图前准备以及设置

（1）建立新文件。打开 AutoCAD 2018 应用程序，以"无样板打开-公制"建立一个新文件，将

扫码看视频

7.2.2　亭平面图
绘制

新文件命名为"亭平面图.dwg"并保存。

（2）设置图层。根据需要设置 8 个图层，即"标注尺寸""文字""其他线""台阶""中心线""坐凳""轴线文字""柱"，把"中心线"图层设置为当前图层。设置好的各图层的属性如图 7-2 所示。

图 7-2　亭平面图图层设置

（3）新建 DIM_FONT 样式。单击"默认"选项卡"注释"面板中的"文字样式"按钮，进入"文字样式"对话框，单击"新建"按钮，进入"新建文字样式"对话框，输入样式名为"DIM_FONT"，单击"确定"按钮，重返"文字样式"对话框，对字体进行设置，然后单击"应用"按钮完成操作，如图 7-3 所示。

图 7-3　文字样式设置

（4）新建标注样式。单击"默认"选项卡"注释"面板中的"标注样式"按钮，进入"标注样式管理器"对话框，单击"新建"按钮，进入"创建新标注样式"对话框，输入新建样式名，然后单击"继续"按钮，进行标注样式的设置。

设置新标注样式时，根据绘图比例，对"线""符号和箭头""文字""调整""主单位"选项卡进行设置，具体如下。

☑　线：超出尺寸线为 250，起点偏移量为 300。

☑　符号和箭头：第一个为用户箭头，选择建筑标记，箭头大小为 100。

☑　文字：文字高度为 200，文字位置为垂直上，从尺寸线偏移为 50，文字对齐为 ISO 标准。

☑　调整：文字始终保持在尺寸界限之间，文字位置为尺寸线上方不带引线，标注特征比例为使用全局比例。

☑ 主单位：精度为 0，比例因子为 1。

2. 绘制平面定位轴线

（1）在状态栏中单击"正交模式"按钮┗，打开正交模式；单击"对象捕捉"按钮┏，打开对象捕捉模式；单击"对象捕捉追踪"按钮✎，打开对象捕捉追踪模式。

（2）单击"默认"选项卡"绘图"面板中的"直线"按钮╱，绘制一条长为 5000 的水平直线。重复"直线"命令，取水平直线中点绘制一条长为 5000 的垂直直线，选中两条直线右击，在打开的快捷菜单中选择"特性"命令，打开"特性"对话框，设置线型比例为 15，结果如图 7-4 所示。

（3）单击"默认"选项卡"修改"面板中的"复制"按钮╲，复制刚刚绘制好的水平直线，向上复制的位移分别为 1200、1300、1500、1850、2000 和 2400，向下复制的位移分别为 1200、1300、1500、1850、2000 和 2400。

（4）单击"默认"选项卡"修改"面板中的"复制"按钮╲，复制刚刚绘制好的垂直直线，向右复制的位移分别为 700、1000、1300、1500、1850 和 2000，向左复制的位移分别为 700、1000、1300、1500、1850 和 2000。

（5）把"标注尺寸"图层设置为当前图层，单击"默认"选项卡"注释"面板中的"线性"按钮┠和"连续"按钮┼┼┼，标注尺寸，如图 7-5 所示。

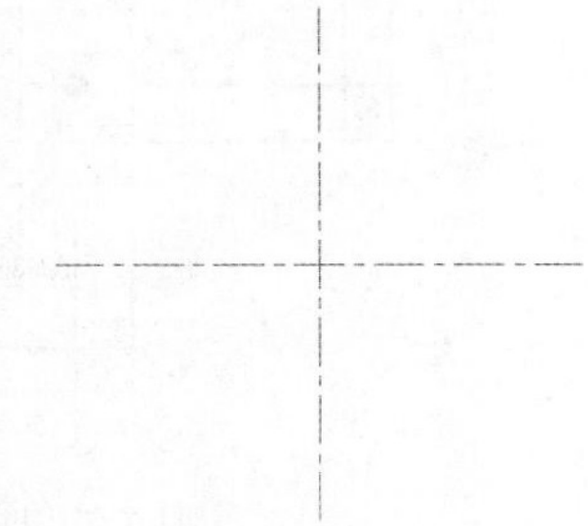

图 7-4 四角亭平面定位轴线

（6）把"其他线"图层设置为当前图层，单击"默认"选项卡"绘图"面板中的"直线"按钮╱和"圆"按钮⊙，在尺寸线上绘制长为 950 的直线，然后在绘制的直线端点处绘制半径为 200 的圆。

（7）把"轴线文字"图层设置为当前图层，单击"默认"选项卡"注释"面板中的"多行文字"按钮**A**，输入定位轴线的编号，完成的图形如图 7-6 所示。

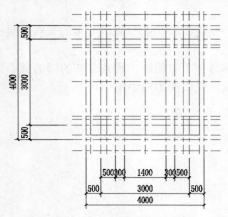

图 7-5 四角亭平面定位轴复制

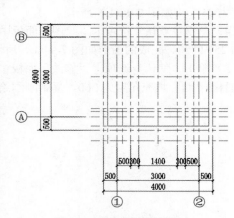

图 7-6 四角亭轴线标注

3. 柱和矩形的绘制

（1）把"柱"图层设置为当前图层，单击"默认"选项卡"绘图"面板中的"圆"按钮⊙，绘制直径为 200 的圆柱。

（2）单击"默认"选项卡"绘图"面板中的"图案填充"按钮▨，选择 SOLID 图例进行填充，填充圆柱。完成的图形如图 7-7 所示。

（3）把"其他线"图层设置为当前图层，单击"默认"选项卡"绘图"面板中的"矩形"按钮□，

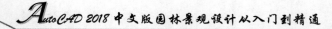

分别绘制 4000×4000、3700×3700 和 2600×2600 的矩形。

（4）单击"默认"选项卡"修改"面板中的"偏移"按钮 ，把 2600×2600 的矩形向内偏移 100，把 3700×3700 的矩形向内分别偏移 50、100 和 150。完成的图形如图 7-8 所示。

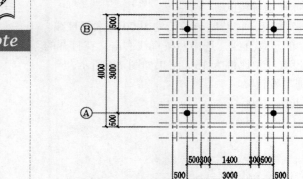

图 7-7 柱绘制

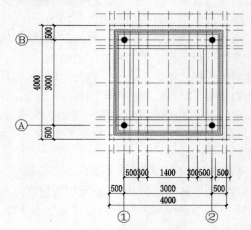

图 7-8 矩形绘制

4．绘制拼花

（1）将"中心线"图层设置为当前图层，单击"默认"选项卡"绘图"面板中的"直线"按钮 ，绘制一条长为 3000 的水平直线。重复"直线"命令，取水平直线中点绘制一条长为 2500 的垂直直线。

（2）把"其他线"图层设置为当前图层，单击"默认"选项卡"绘图"面板中的"圆"按钮 ，绘制一个半径为 250 的圆，如图 7-9（a）所示。

（3）单击"默认"选项卡"修改"面板中的"旋转"按钮 ，把水平线以圆心作为基点，旋转的角度为 45°，如图 7-9（b）所示。

（4）单击"默认"选项卡"绘图"面板中的"圆"按钮 ，以 45°直线与圆的交点为圆心绘制半径为 250 的圆。完成的图形如图 7-9（c）所示。

（5）单击"默认"选项卡"修改"面板中的"环形阵列"按钮 ，设置最初的圆的圆心为中心点，项目数为 4，填充角度为 360，复制刚刚绘制好的圆，完成的图形如图 7-10 所示。

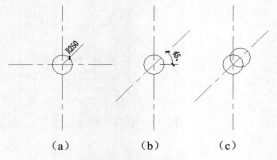

图 7-9 拼花绘制流程

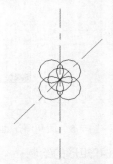

图 7-10 拼花阵列图

（6）单击"默认"选项卡"修改"面板中的"删除"按钮 ，删除多余的圆和轴线。

（7）单击"默认"选项卡"绘图"面板中的"图案填充"按钮 ，选择"石料-12"图例进行填充。填充的比例设置如图 7-11 所示，填充交集部分，完成的图形如图 7-12 所示。

图 7-11　"图案填充创建"选项卡

Note

5. 绘制踏步和坐凳

（1）单击"默认"选项卡"绘图"面板中的"直线"按钮 ，绘制长为 2000、宽为 400 的踏步。单击"默认"选项卡"绘图"面板中的"矩形"按钮 ，绘制 100×30 的凳面，同理，再次绘制一个较大的矩形，如图 7-13 所示。

（2）单击"默认"选项卡"修改"面板中的"复制"按钮 ，复制水平方向直线的距离分别为 150、300 和 450。

（3）单击"默认"选项卡"修改"面板中的"矩形阵列"按钮 ，阵列垂直方向的凳面，设置行数为 21，列数为 1，行偏移为 150，完成的图形如图 7-14 所示。

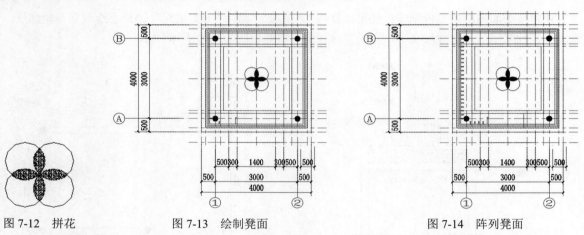

图 7-12　拼花　　　　　图 7-13　绘制凳面　　　　　　　　图 7-14　阵列凳面

（4）单击"默认"选项卡"修改"面板中的"镜像"按钮 ，以水平方向为对称轴进行复制。重复"镜像"命令，以垂直方向为对称轴进行复制。完成的图形如图 7-15 所示。

（5）单击"默认"选项卡"修改"面板中的"修剪"按钮 ，剪切多余的实体，完成的图形如图 7-16 所示。

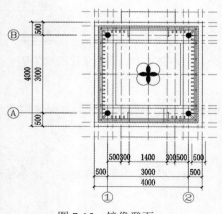
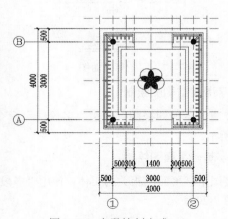

图 7-15　镜像凳面　　　　　　　　　　图 7-16　坐凳绘制完成

6. 标注文字

（1）将"文字"图层设置为当前图层，在命令行中输入"QLEADER"命令，标注文字。

（2）单击"默认"选项卡"绘图"面板中的"直线"按钮、"多段线"按钮和"注释"面板中的"多行文字"按钮A，标注图名。

（3）单击"默认"选项卡"修改"面板中的"删除"按钮，删除多余的对称轴线，如图 7-1 所示。

7.2.3 亭其他视图绘制

1. 亭立面图绘制

使用"直线"命令绘制立面定位轴线；使用"直线""矩形""圆""图案填充"等命令绘制立面轮廓线；使用"多行文字"命令标注文字，完成并保存亭立面图，如图 7-17 所示。

2. 亭屋顶仰视图绘制

调用亭平面图中的定位轴线；使用"直线""矩形""圆""图案填充"等命令绘制立面轮廓线；使用"多行文字"命令标注文字，完成并保存亭屋顶仰视图，如图 7-18 所示。

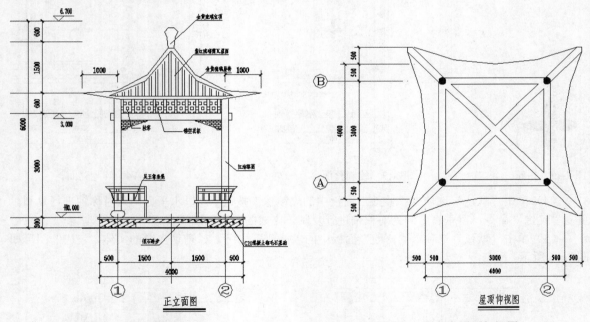

图 7-17　四角亭立面图　　　　图 7-18　四角亭屋顶仰视图

3. 亭屋面结构图绘制

直接调用屋顶仰视图；使用"多段线"命令绘制钢筋以及"多行文字"命令标注钢筋型号，如图 7-19 所示。

4. 亭基础平面图绘制

直接调用亭平面图相关的实体；使用"多段线"命令绘制钢筋以及"多行文字"命令标注钢筋型号，如图 7-20 所示。

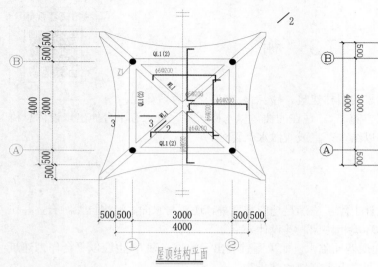

图 7-19　屋面结构图

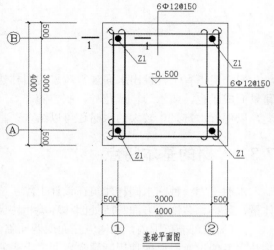

图 7-20　基础平面图

5. 亭详图绘制

　　剖面图的绘制方法，结合了二维图形的绘制和编辑命令，首先利用"多段线"命令绘制钢筋，然后利用"标注"命令标注图形尺寸，最后利用"多行文字"命令为图形标注文字说明。在绘制 1-1 剖面图时，运用了"图案填充"命令，形象地完成了图形的绘制，如图 7-21 所示。

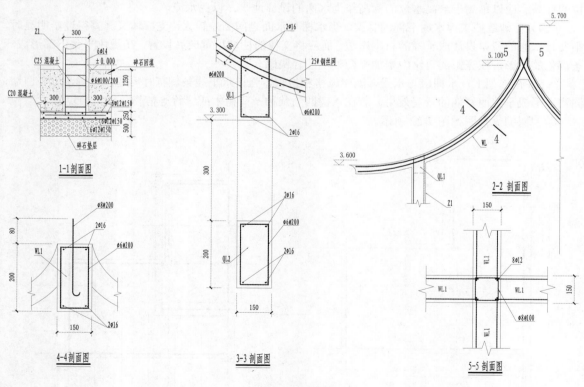

图 7-21　亭详图

Note

7.3　榭

榭一般指有平台挑出水面观赏风景的园林建筑。《园冶》中说"榭者，藉也。藉景而成景也。或水边，或花畔，制亦随态"。现在的榭，以水榭居多，近水有平台伸出，设休息椅凳，以便近水赏景。较大的水榭还可以结合茶室或兼做水上舞台。

7.3.1　榭的基本特点

水榭作为一种临水园林建筑在设计上除了应满足功能需要外，还要与水面、池岸自然融合，并在体量、风格、装饰等方面与所处园林环境相协调。其设计要点如下。

（1）在可能范围内，水榭应三面或四面临水。如果不宜突出于池岸（湖），也应以平台作为建筑物与水面的过渡，以便使用者置身水面之上更好地欣赏景物。

（2）水榭应尽可能贴近水面。当池岸地平距离水面较远时，水榭地平应根据实际情况降低高度。此外，不能将水榭地平与池岸地平取齐，这样会将支撑水榭下部的混凝土骨架暴露出来，影响整体景观效果。

（3）全面考虑水榭与水面的高差关系。水榭与水面的高差关系，在水位无显著变化的情况下容易掌握；如果水位涨落变化较大，设计师应在设计前详细了解水位涨落的原因与规律，特别是最高水位的标高。应以稍高于最高水位的标高作为水榭的设计地平，以免水淹。

（4）巧妙遮挡支撑水榭下部的骨架。当水榭与水面之间高差较大，支撑体又暴露得过于明显时，不要将水榭的驳岸设计成整齐的石砌岸边，而应将支撑的柱墩尽量向后设置，在浅色平台下部形成一条深色的阴影，在光影的对比中增加平台外挑的轻快感。

（5）在造型上，水榭应与水景、池岸风格相协调，强调水平线条。有时可通过设置水廊、白墙、漏窗，形成平缓而舒朗的景观效果。若在水榭四周栽种一些树木或翠竹等植物，效果会更好。

绘制榭的流程图如图 7-22 所示。

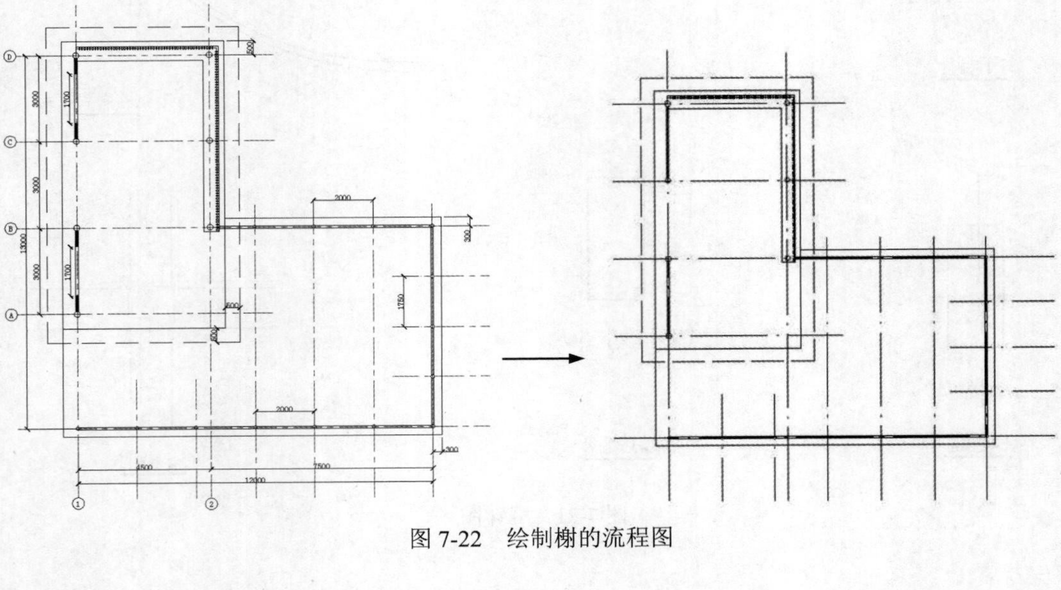

图 7-22　绘制榭的流程图

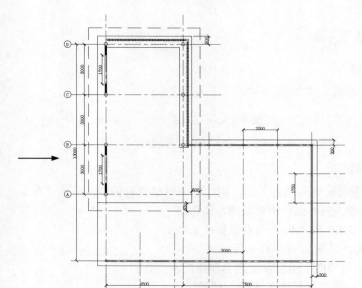

图 7-22　绘制榭的流程图（续）

操作步骤：

7.3.2　轴线绘制

1. 建立"轴线"图层

建立"轴线"图层，参数如图 7-23 和图 7-24 所示。

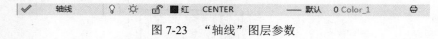

图 7-23　"轴线"图层参数

2. 轴线绘制

单击"正交"按钮 ，单击"默认"选项卡"绘图"面板中的"直线"按钮 ，绘制如图 7-25 所示的轴线。

图 7-24　线型显示比例设置

图 7-25　轴线绘制

· 185 ·

Note

7.3.3 榭的绘制

1. 建立"榭"图层

建立"榭"图层，参数如图 7-26 所示。

图 7-26 "榭"图层参数

2. 榭平面图的绘制

（1）将"轴线"图层设置为当前图层，将绘制的轴线进行偏移，单击"默认"选项卡"修改"面板中的"偏移"按钮，向下偏移横向轴线，偏移距离分别为 3000、3000、3000 和 4000，向右偏移两条竖向轴线，偏移量为 4500，结果如图 7-27 所示。

（2）榭柱的绘制。将"榭"图层设置为当前图层，单击"默认"选项卡"绘图"面板中的"圆"按钮，以 100 为半径绘制榭的柱子，结果如图 7-28 所示。

（3）护栏柱子轴线的绘制。单击"默认"选项卡"修改"面板中的"偏移"按钮，将最左边轴线依次向右进行偏移，偏移 6 次，偏移量均为 2000，然后将最下边的轴线依次向上进行偏移，偏移 3 次，偏移量均为 1750，最后调整轴线长度，结果如图 7-29 所示。

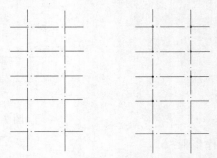

图 7-27 轴线绘制　　图 7-28 榭柱的绘制

（4）基础轮廓线的绘制。根据如图 7-30 所示的设计尺寸，绘出榭的基础轮廓线。

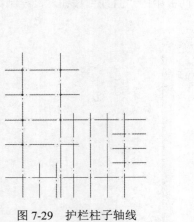

图 7-29 护栏柱子轴线

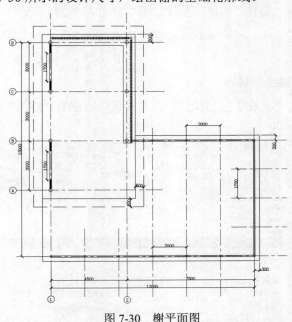

图 7-30 榭平面图

单击"默认"选项卡"修改"面板中的"偏移"按钮，以边轴线为基准线，按设计尺寸向外偏移，偏移后将轮廓线置于"榭"图层中，将其线型改为 Continuous，如图 7-31 所示实线即为偏移后的轮廓线，单击"默认"选项卡"修改"面板中的"修剪"按钮┼┉，修剪后结果如图 7-32 所示。

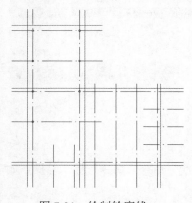

图 7-31 绘制轮廓线

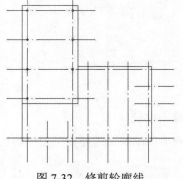

图 7-32 修剪轮廓线

（5）窗栏的绘制。根据设计尺寸，以柱心为起点和终点，选择菜单栏中的"绘图"→"多线"命令，命令行提示与操作如下：

```
命令：_mline↙
当前设置：对正=无，比例=100.00，样式=STANDARD
指定起点或 [对正(J)/比例(S)/样式(ST)]：j↙
输入对正类型 [上(T)/无(Z)/下(B)] <无>：z↙
当前设置：对正=无，比例=100.00，样式=STANDARD
指定起点或 [对正(J)/比例(S)/样式(ST)]：s↙
输入多线比例 <100.00>：100↙
当前设置：对正=无，比例=100.00，样式=STANDARD
指定起点或 [对正(J)/比例(S)/样式(ST)]：
指定下一点：
指定下一点或 [放弃(U)]：
```

结果如图 7-33 和图 7-34 所示。

（6）单击"默认"选项卡"绘图"面板中的"直线"按钮╱，以柱心为起点，沿轴线向下绘制长度为 650 的直线，为窗栏的位置重复"直线"命令，将窗栏位置示出，整理后如图 7-35 所示。

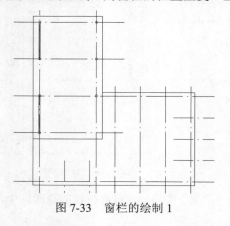

图 7-33 窗栏的绘制 1

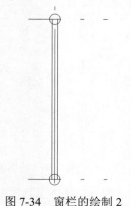

图 7-34 窗栏的绘制 2

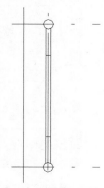

图 7-35 窗栏的绘制 3

（7）新建"填充"图层，并将其设置为当前图层，单击"默认"选项卡"绘图"面板中的"图案填充"按钮 ，选中需填充的区域进行填充，填充参数如图 7-36 所示，填充后结果如图 7-37 所示。

图 7-36　填充设置

3. 座椅的绘制

（1）椅面的绘制。选择菜单栏中的"绘图"→"多线"命令，命令行提示与操作如下：

```
命令：_mline↙
当前设置：对正=上，比例=20.00，样式=STANDARD
指定起点或 [对正(J)/比例(S)/样式(ST)]：j↙
输入对正类型 [上(T)/无(Z)/下(B)] <上>：z↙
当前设置：对正=无，比例=20.00，样式=STANDARD
指定起点或 [对正(J)/比例(S)/样式(ST)]：s↙
输入多线比例 <20.00>：400↙
当前设置：对正=无，比例=400.00，样式=STANDARD
指定起点或 [对正(J)/比例(S)/样式(ST)]：（用鼠标拾取柱心）
指定下一点：（用鼠标拾取柱心）
```

说明：靠背的画法也可以通过"多段线"命令，将椅面的外侧轮廓线再画一遍，然后再向外侧分别偏移 50、100。由于是多段线，偏移后就不用修剪和延伸了，一次成型。

结果如图 7-38 所示。

（2）靠背的绘制。

❶ 单击"默认"选项卡"修改"面板中的"分解"按钮 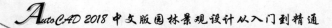，将步骤（1）绘制的多线进行分解；单击"默认"选项卡"修改"面板中的"偏移"按钮 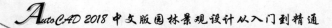，以外侧直线为基准线，进行两次偏移，偏移距离分别为 50、100，结果如图 7-39 所示。

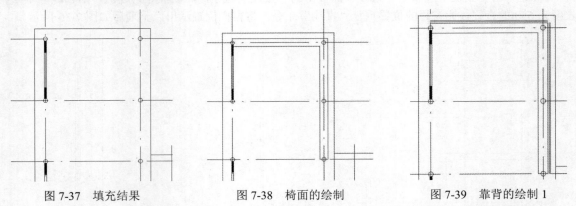

图 7-37　填充结果　　　　　图 7-38　椅面的绘制　　　　　图 7-39　靠背的绘制 1

❷ 将横向直线拉伸，具体方法为单击状态工具栏中的"正交"按钮 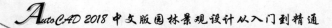，将要拉伸的直线选中，如图 7-40 所示，单击直线的端点并向右拉伸。

❸ 单击"默认"选项卡"修改"面板中的"延伸"按钮 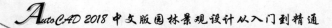，对竖向直线进行延伸，命令行提示

与操作如下：

```
命令：_extend↙
当前设置：投影=UCS，边=无
选择边界的边...
选择对象或 <全部选择>：(选择横向拉伸后的直线)
选择对象：↙
选择要延伸的对象，或按住 Shift 键选择要修剪的对象，或 [栏选(F)/窗交(C)/投影(P)/边(E)/
```
放弃(U)]：(选择要延伸的竖向直线)

结果如图 7-41 所示。

单击"默认"选项卡"修改"面板中的"修剪"按钮╱，修剪图形，结果如图 7-42 所示。

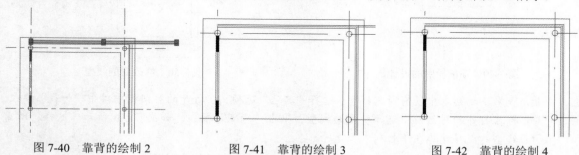

图 7-40　靠背的绘制 2　　　　图 7-41　靠背的绘制 3　　　　图 7-42　靠背的绘制 4

（3）靠背栅格的绘制。

❶ 根据设计尺寸，绘制出第一个栅格，如图 7-43 所示。删除其他辅助线后如图 7-44 所示；单击"默认"选项卡"修改"面板中的"矩形阵列"按钮▦，设置行数为 1、列数为 51、列偏移为 90，选择图 7-45 所示框选区域为阵列对象，阵列后的结果如图 7-46 所示。

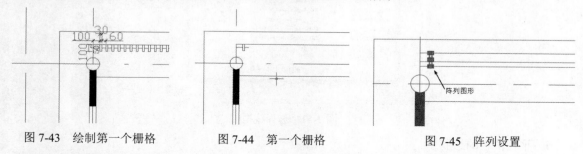

图 7-43　绘制第一个栅格　　　图 7-44　第一个栅格　　　　图 7-45　阵列设置

❷ 同理，按照图 7-47 所示尺寸，先绘制出第一个栅格，单击"默认"选项卡"修改"面板中的"矩形阵列"按钮▦，设置行数为 70、列数为 1、行偏移为-90，阵列并修剪后效果如图 7-48 所示。

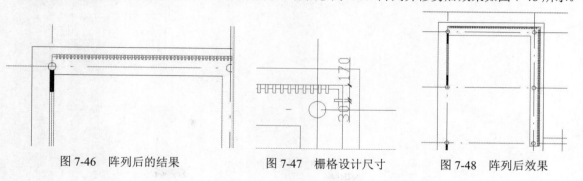

图 7-46　阵列后的结果　　　　图 7-47　栅格设计尺寸　　　　图 7-48　阵列后效果

4. 顶部轮廓的绘制

根据图 7-49 所示的设计尺寸，绘制顶部轮廓。单击"默认"选项卡"修改"面板中的"偏移"按钮，偏移建筑基座的轮廓线，偏移距离为 500，偏移后对顶部轮廓线型进行修改，选择 DASHED 线型，修改后的线型如图 7-50 所示。

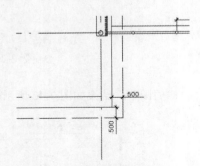

图 7-49 顶部轮廓的设计尺寸

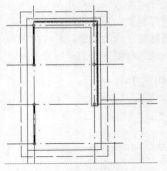

图 7-50 修改后的线型

> **说明：** 如果下拉列表中没有所需线型，选择"其他"选项，在打开的对话框中单击"加载"按钮，再在打开的对话框中选择所需的线型，单击"确定"按钮，如图 7-51 所示。这样，所需线型的式样就能在下拉列表中显示。

图 7-51 选择线型

5. 平台护栏的绘制

（1）柱子的绘制。在柱子轴线的交汇点处绘制，如图 7-52 所示。

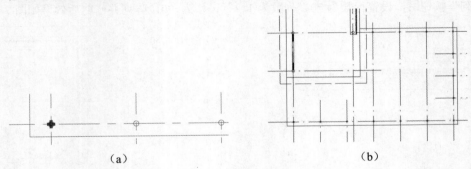

（a）   （b）

图 7-52 柱子的绘制

（2）护栏的绘制。在命令行中输入"MLINE"命令，命令行提示与操作如下：

```
命令: _mline↙
当前设置: 对正=无，比例=400.00，样式=STANDARD
指定起点或 [对正(J)/比例(S)/样式(ST)]: j↙
输入对正类型 [上(T)/无(Z)/下(B)] <无>: z↙
当前设置: 对正=无，比例=400.00，样式=STANDARD
指定起点或 [对正(J)/比例(S)/样式(ST)]: s↙
输入多线比例 <400.00>: 80↙
当前设置: 对正=无，比例=80.00，样式=STANDARD
指定起点或 [对正(J)/比例(S)/样式(ST)]: (选择柱心)
指定下一点: (选择柱心)
```

绘制后结果如图 7-53 所示。进行修剪操作后的最终结果如图 7-54 所示。

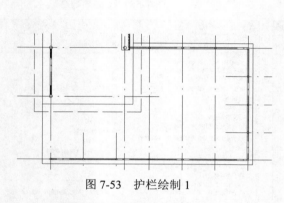

图 7-53　护栏绘制 1

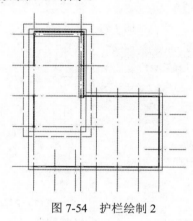

图 7-54　护栏绘制 2

7.3.4　尺寸标注及轴号标注

1. 建立"尺寸"图层

建立"尺寸"图层，参数如图 7-55 所示，并将其设置为当前图层。

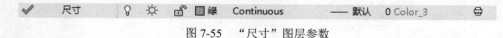

图 7-55　"尺寸"图层参数

2. 标注样式设置

标注样式的设置应该和绘图比例相匹配。

（1）单击"默认"选项卡"注释"面板中的"标注样式"按钮，打开"标注样式管理器"对话框，新建一个标注样式，并将其命名为"建筑"，单击"继续"按钮，如图 7-56 所示。

（2）将"建筑"样式中的参数按如图 7-57～图 7-61 所示逐项进行设置。单击"确定"按钮后回到"标注样式管理器"对话框，将"建筑"样式设置为当前，如图 7-62 所示。

图 7-56　新建标注样式

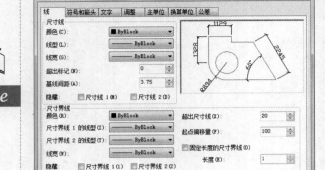

图 7-57　设置参数 1

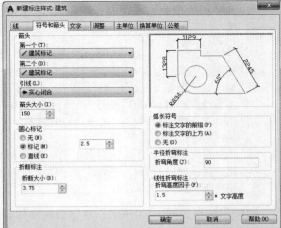

图 7-58　设置参数 2

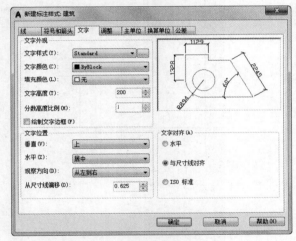

图 7-59　设置参数 3

图 7-60　设置参数 4

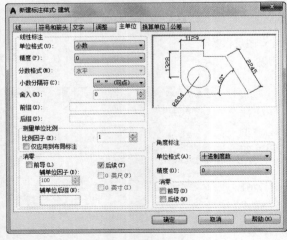

图 7-61　设置参数 5

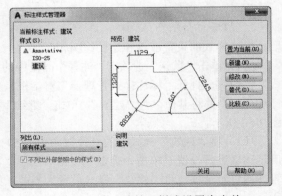

图 7-62　将"建筑"样式设置为当前

3. 尺寸标注

尺寸分为 3 道，第一道为局部尺寸的标注，第二道为主要轴线的尺寸，第三道为总尺寸。

（1）第一道尺寸线绘制。单击"默认"选项卡"注释"面板中的"线性"按钮，命令行提示与操作如下：

```
命令：_dimlinear↙
指定第一个尺寸界线原点或 <选择对象>：（利用"对象捕捉"拾取图 7-63 中框选的中心点）
指定第二条尺寸界线原点：（捕捉第二点（水平方向））
指定尺寸线位置或 [多行文字(M)/文字(T)/角度(A)/水平(H)/垂直(V)/旋转(R)]：
```

结果如图 7-63 所示。

重复"线性"标注命令，命令行提示与操作如下：

```
命令：_dimlinear↙
指定第一个尺寸界线原点或 <选择对象>：（利用"对象捕捉"拾取图 7-64 中的第一点）
指定第二条尺寸界线原点：（捕捉第二点（右侧））
指定尺寸线位置或 [多行文字(M)/文字(T)/角度(A)/水平(H)/垂直(V)/旋转(R)]：
```

结果如图 7-64 所示。

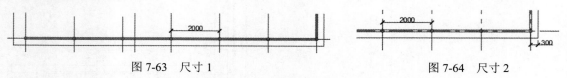

图 7-63　尺寸 1　　　　　图 7-64　尺寸 2

采用同样的方法依次绘出第一道其他尺寸，结果如图 7-65 所示。

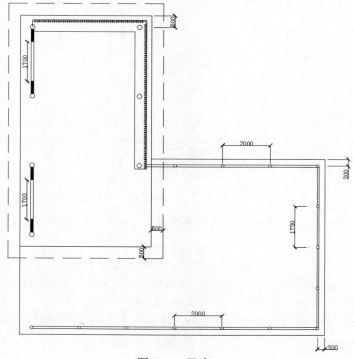

图 7-65　尺寸 3

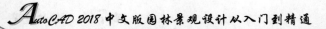

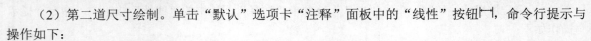
📖 说明：对于尺寸字样出现重叠的情况，应将它移开。单击尺寸数字，再选中中间的蓝色方块标记，
将字样移至外侧适当位置后单击"确定"按钮。

（2）第二道尺寸绘制。单击"默认"选项卡"注释"面板中的"线性"按钮┠┨，命令行提示与
操作如下：

命令：_dimlinear↙
指定第一个尺寸界线原点或 <选择对象>：（捕捉图7-66中框选的中心点（上））
指定第二条尺寸界线原点：（捕捉第二个框选中心点（下））
指定尺寸线位置或 [多行文字(M)/文字(T)/角度(A)/水平(H)/垂直(V)/旋转(R)]：↙

采用同样的方法依次绘出第二道其他尺寸，结果如图7-67所示。

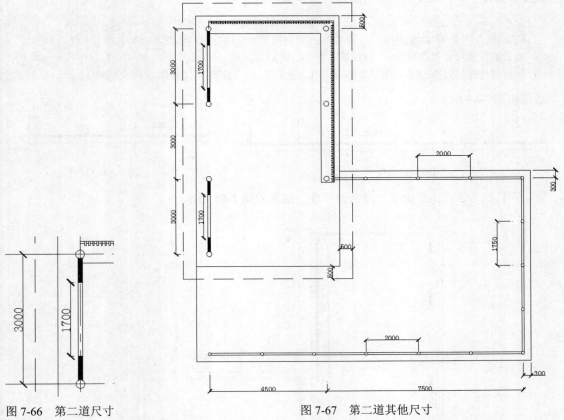

图7-66　第二道尺寸　　　　　　　　　　　　　　　图7-67　第二道其他尺寸

（3）第三道尺寸线的绘制。单击"默认"选项卡"注释"面板中的"线性"按钮┠┨，命令行提
示与操作如下：

命令：_dimlinear↙
指定第一个尺寸界线原点或 <选择对象>：（捕捉图7-68中框选的点（左））
指定第二条尺寸界线原点：（捕捉第二个框选点（右））
指定尺寸线位置或 [多行文字(M)/文字(T)/角度(A)/水平(H)/垂直(V)/旋转(R)]：↙

采用同样的方法依次绘出第三道其他尺寸，结果如图7-69所示。

Note

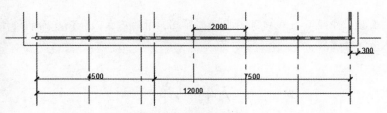

图 7-68 标注第三道尺寸

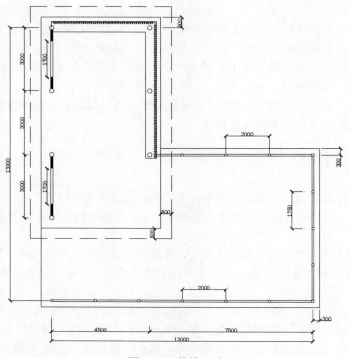

图 7-69 其他尺寸

4. 轴号标注

根据规范要求，横向轴号一般用阿拉伯数字 1、2、3……标注，纵向轴号用字母 A、B、C……标注。

在轴线端绘制一个直径为 400 的圆，在中央标注一个数字"1"，字高为 200，如图 7-70 所示。将该轴号图例复制到其他轴线端头，并修改圈内的数字，如图 7-71 所示。

双击数字，打开"文字编辑器"选项卡，输入修改的数字后，按 Enter 键完成设置。

轴号标注结束后如图 7-72 所示。

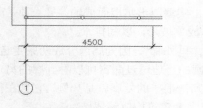

图 7-70 轴号 1

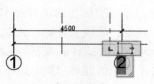

图 7-71 编辑文字

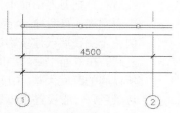

图 7-72 横向轴号标注结果

采用上述轴号标注方法，将其他方向的轴号标注完成。

📖 **说明：** 园林平面设计中主要表现建筑的平面，因此，榭的正立面和侧立面的绘法不再详述，细部详见本书配套资源。

扫码看视频

7.4 廊

7.4 廊

《园冶》中说"廊者，庑出一步也，宜曲宜长，则胜"。廊可以为导游参观和组织空间作隔景、透景、框景等，使空间发生变化，另外可以遮阳挡雨供作休憩。依结构可以分为单面柱廊、两面柱廊、半廊和复廊等；依平面可以分为直廊、曲廊和回廊等；依空间可分为沿墙走廊、爬山廊和水廊等。廊的布局可参照《园冶》所述"今予所构曲廊，之字曲者，随形而弯，依势而曲。或蟠山腰，或穷水际，通花渡壑，蜿蜒无尽……"。

廊作为园林中的"线"，把分散的"点"——亭、榭、轩、馆联系成有机的整体。廊往往被用来作为划分空间或景区的手段，有其特殊的作用。

7.4.1 廊的基本特点

廊本来是作为建筑物之间的联系而出现的，中国建筑物属木构架体系，一般建筑的平面形状都比较简单，经常通过廊、墙等把一幢幢的单体建筑组织起来，形成空间层次丰富多变的中国传统建筑的特色之一。

廊通常不止在两个建筑物或两个观赏点之间，成为空间联系和空间分化的一种重要手段。它不仅具有遮风避雨、交通联系的实际功能，而且对园林中风景的展开和观赏程序的层次起着重要的组织作用。

廊还有一个特点，就是它一般是一种"虚"的建筑元素，两排细细的列柱顶着一个不太厚实的廊顶。在廊子的一边可透过柱子之间的空间观赏廊子另一边的景色，像一层"帘子"一样，似隔非隔、若隐若现，把廊子两边的空间有分有合地联系起来，起到一般建筑元素达不到的效果。

中国园林中廊的结构常用的有木结构、砖石结构、钢及混凝土结构、竹结构等。廊顶有坡顶、平顶和拱顶等。中国园林中廊的形式和设计手法丰富多样。其基本类型按结构形式可分为双面空廊、单面空廊、复廊、双层廊和单支柱廊（此柱廊不是主要的，在这里不做详细介绍）5种。按廊的总体造型及其与地形、环境的关系可分为直廊、曲廊、回廊、抄手廊、爬山廊、叠落廊、水廊和桥廊等。

- ☑ 双面空廊。两侧均为列柱，没有实墙，在廊中可以观赏两面景色。双面空廊不论直廊、曲廊、回廊、抄手廊等都可采用，不论在风景层次深远的大空间中，或在曲折灵巧的小空间中都可运用。北京颐和园内的长廊，就是双面空廊，全长728米，北依万寿山，南临昆明湖，穿花透树，把万寿山前十几组建筑群联系起来，对丰富园林景色起着突出的作用。

- ☑ 单面空廊。有两种：一种是在双面空廊的一侧列柱间砌上实墙或半实墙而成的；另一种是一侧完全贴在墙或建筑物边沿上。单面空廊的廊顶有时作成单坡形，以利排水。

- ☑ 复廊。在双面空廊的中间夹一道墙，就成了复廊，又称"里外廊"。因为廊内分成两条走道，所以廊的跨度大些。中间墙上开有各种式样的漏窗，从廊的一边透过漏窗可以看到廊的另一边景色，一般设置两边景物各不相同的园林空间。如苏州沧浪亭的复廊就是一例，它妙在借景，把园内的山和园外的水通过复廊互相引借，使山、水、建筑构成整体。

- ☑ 双层廊。上下两层的廊，又称"楼廊"。它为游人提供了在上下两层不同高程的廊中观赏景色的条件，也便于联系不同标高的建筑物或风景点以组织人流，可以丰富园林建筑的空间构图。

廊平面图的绘制流程图如图 7-73 所示。

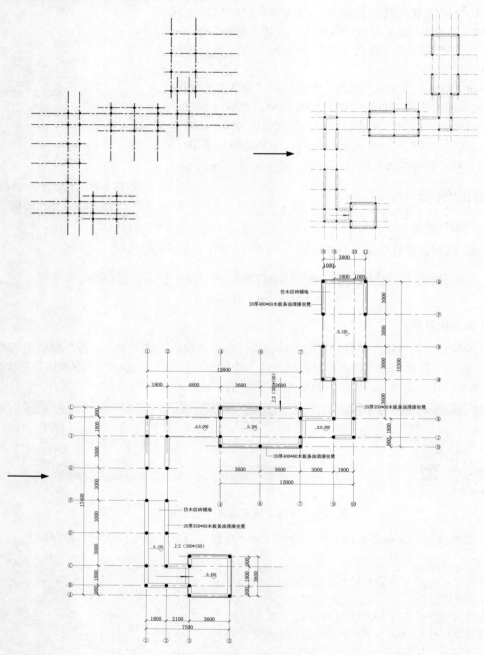

图 7-73　廊平面图的绘制流程图

操作步骤：

7.4.2　轴线绘制

（1）建立"轴线"图层，进行相应设置，然后开始绘制轴线。

（2）根据如图 7-73 所示的设计尺寸，单击"默认"选项卡"绘图"面板中的"直线"按钮，在绘图区适当位置选取直线的初始点，输入第二点的相对坐标（@0,12000），按 Enter 键后绘出竖向轴线。重复"直线"命令，在绘图区适当位置选取直线的初始点，输入第二点的相对坐标（@20000,0）。

（3）单击"默认"选项卡"修改"面板中的"偏移"按钮，将竖直轴线向右依次偏移 1800、2100、2700、900、2700、3600、2000、1000、1800 和 1000，水平轴线向上依次偏移 900、1800、900、2100、3000、3000、2100、900、1800、900、2700、3000、3000 和 3000，最后对轴线的长度进行调整，结果如图 7-74 所示。

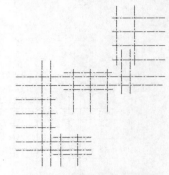

图 7-74　主要建筑轴线的绘制和通道轴线的绘制

7.4.3　廊的绘制

1. 建立"廊"图层

建立"廊"图层，参数如图 7-75 所示。

图 7-75　"廊"图层参数

2. 廊平面图的绘制

（1）柱的绘制。将"廊"图层设置为当前图层，单击"默认"选项卡"绘图"面板中的"圆"按钮，以 150 为半径绘出廊的柱子；单击"默认"选项卡"绘图"面板中的"图案填充"按钮，打开"图案填充创建"选项卡，设置参数如图 7-76 所示。结果如图 7-77 所示。

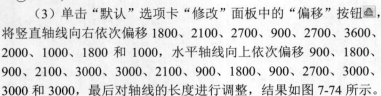

图 7-76　"图案填充创建"选项卡

（2）坐凳的绘制。选择菜单栏中的"绘图"→"多线"命令，命令行提示与操作如下：

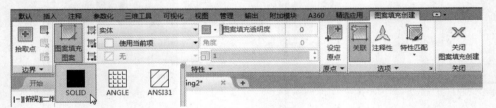
```
命令：_mline↙
当前设置：对正=上，比例=20.00，样式=STANDARD
指定起点或 [对正(J)/比例(S)/样式(ST)]：j↙
输入对正类型 [上(T)/无(Z)/下(B)] <上>：z↙
当前设置：对正=无，比例=20.00，样式=STANDARD
指定起点或 [对正(J)/比例(S)/样式(ST)]：s↙
输入多线比例 <20.00>：360↙
当前设置：对正=无，比例=360.00，样式=STANDARD
指定起点或 [对正(J)/比例(S)/样式(ST)]：（选择柱心）
指定下一点：（选择柱心）
```

结果如图 7-78 所示。

Note

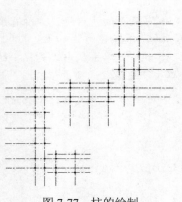

图 7-77　柱的绘制

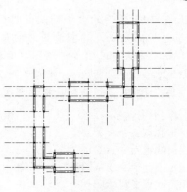

图 7-78　坐凳的绘制

（3）主要建筑靠背的绘制。单击"默认"选项卡"修改"面板中的"分解"按钮，将步骤（2）绘制的多线进行分解；然后单击"默认"选项卡"修改"面板中的"偏移"按钮，以外侧直线为基准线，进行两次偏移，偏移距离分别为 30 和 90，结果如图 7-79 和图 7-80 所示。

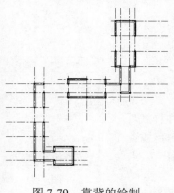

图 7-79　靠背的绘制

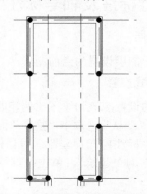

图 7-80　靠背绘制的局部放大

说明：靠背的画法也可以通过"多段线"命令，将椅面的外侧轮廓线再画一遍，然后再向外侧分别偏移 30 和 90。由于是多段线，偏移后就不用修剪和延伸了，一次成型。

（4）基础轮廓线及台阶的绘制。根据设计尺寸，绘出廊的基础轮廓线和台阶，结果如图 7-81～图 7-83 所示。

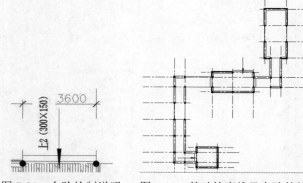

图 7-81　台阶绘制说明

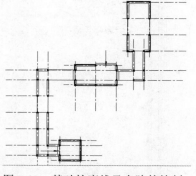

图 7-82　基础轮廓线及台阶的绘制

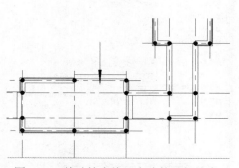

图 7-83　基础轮廓线及台阶的局部放大

Note

📖 **说明：** 如图 7-81 所示的台阶绘制说明，"上 2（300×150）"表示两步台阶，台阶宽度为 300mm，
高度为 150mm，其中箭头的方向表示上台阶的方向。其绘制方法如下：

单击"默认"选项卡"绘图"面板中的"直线"按钮，单击状态工具栏中的"正交"按
钮，向下绘制直线，输入长度为 2000。然后单击"默认"选项卡"绘图"面板中的"多
段线"按钮，命令行提示与操作如下：

```
命令：_pline✓
指定起点：
当前线宽为 0.0000
指定下一个点或 [圆弧(A)/半宽(H)/长度(L)/放弃(U)/宽度(W)]：h✓
指定起点半宽 <0.0000>：100✓
指定端点半宽 <100.0000>：0✓
指定下一个点或 [圆弧(A)/半宽(H)/长度(L)/放弃(U)/宽度(W)]：1000✓ （向下输入长度1000）
指定下一点或 [圆弧(A)/闭合(C)/半宽(H)/长度(L)/放弃(U)/宽度(W)]：✓
```

7.4.4 尺寸标注及轴号标注

1. 设置图层

将"尺寸"图层设置为当前图层。

2. 标注样式设置

标注样式的设置应该和绘图比例相匹配。

（1）单击"默认"选项卡"注释"面板中的"标注样式"
按钮，打开"标注样式管理器"对话框，新建一个标注样
式，并将其命名为"建筑"，单击"继续"按钮，如图 7-84
所示。

图 7-84 新建标注样式

（2）将"建筑"样式中的参数按如图 7-85～图 7-89 所
示逐项进行设置。单击"确定"按钮后回到"标注样式管理器"对话框，将"建筑"样式设置为当前，
如图 7-90 所示。

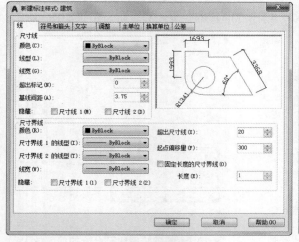

图 7-85 设置参数 1

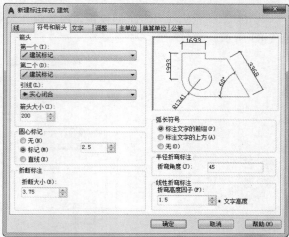

图 7-86 设置参数 2

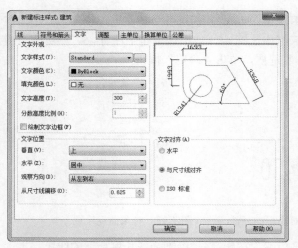

图 7-87 设置参数 3

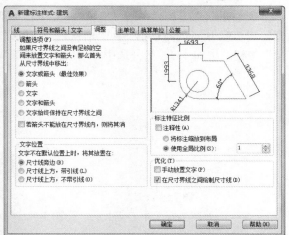

图 7-88 设置参数 4

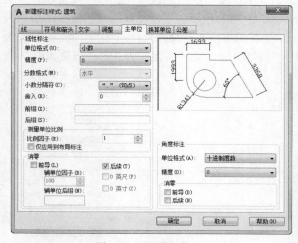

图 7-89 设置参数 5

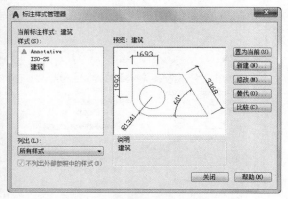

图 7-90 将"建筑"样式设置为当前

3. 尺寸标注

尺寸分为两道，第一道为主要轴线的尺寸，第二道为总尺寸。

（1）第一道尺寸线绘制。单击"默认"选项卡"注释"面板中的"线性"按钮┡━┥，如图 7-91 所示，命令行提示与操作如下：

```
命令：_dimlinear✓
指定第一个尺寸界线原点或 <选择对象>：（利用"对象捕捉"拾取柱心）
指定第二条尺寸界线原点：（捕捉相邻的第二个柱心）
指定尺寸线位置或 [多行文字(M)/文字(T)/角度(A)/水平(H)/垂直(V)/旋转(R)]：✓
```

（2）第二道尺寸线的绘制。方法同第一道尺寸线的绘制，标注总尺寸时，选择相隔较远的柱心。

（3）补充尺寸的说明。如台阶的尺寸，由于建筑面积较大，因此其细微结构尺寸的标注在图面上不好显示，可用文字性的说明来表示。

（4）相对高程的标注。如图 7-92 所示，相对高程是相对于一基准面的高程±0.00 来定义的，表示此地与基准面的高差，正数代表比基准面高，负数代表比基准面低。

❶ 右击状态工具栏中的"极轴"按钮 ⟨, 如图 7-93 所示, 然后选择"正在追踪设置"命令, 打开如图 7-94 所示的对话框, 在"增量角"下拉列表框中选择 45 (如果增量角中没有 45, 则单击"新建"按钮, 增加 45), 另外选中"启用极轴追踪"复选框, 单击"确定"按钮。

图 7-91　补充尺寸　　　　图 7-92　相对高程的标注　　　　图 7-93　对象捕捉设置

❷ 单击"默认"选项卡"绘图"面板中的"多段线"按钮 ⟶, 绘制一条长度合适的线段, 本例中线段长度为 2000, 然后在其右端点处向左下方绘制一条线段, 根据"极轴追踪"可以发现有一条左下方 45° 追踪的虚线, 根据其方向输入长度 400, 如图 7-95 所示; 以步骤❶绘制的线段的端点为起点, 绘制一条向左上方 45° 的线段, 同样出现一条追踪的虚线, 在交点处单击即可, 如图 7-96 所示。绘制后结果如图 7-97 所示, 然后在其上方写上文字 0.450, 文字高度设为 350, 结果如图 7-98 所示。

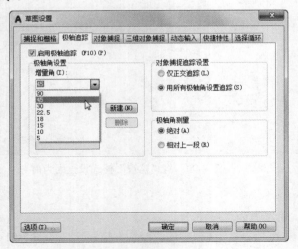

图 7-94　"草图设置"对话框

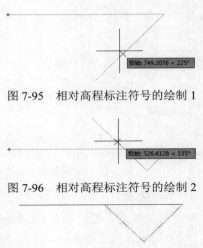

图 7-95　相对高程标注符号的绘制 1

图 7-96　相对高程标注符号的绘制 2

图 7-97　相对高程标注符号的绘制 3

尺寸标注结果如图 7-99 所示。

4．轴号标注

（1）关闭"尺寸"图层, 新建"轴号"图层, 将其设置为当前图层, 如图 7-100 所示。根据规范要求, 横向轴号一般用阿拉伯数字 1、2、3……标注, 纵向轴号用字母 A、B、C……标注。

（2）在竖向轴线端绘制一个直径为 450 的圆, 在中央标注一个数字 1, 字高 300; 在横向轴线端同样绘制一个直径为 450 的圆, 在中央标注一个字母 A, 如图 7-101 所示。

（3）将该轴号图例复制到其他轴线端头, 并修改圈内的数字, 如图 7-102 所示。

（4）采用上述轴号标注方法, 将其他方向的轴号标注完成。

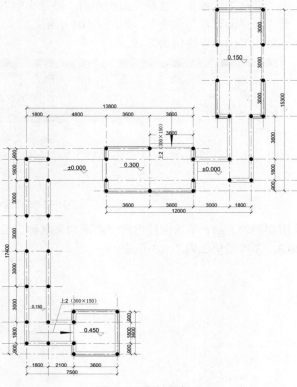

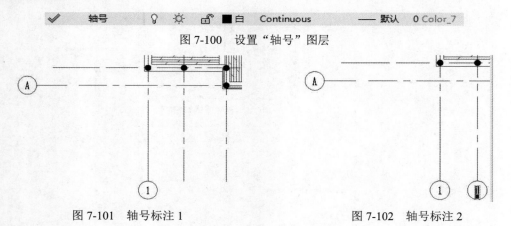

图 7-98 相对高程标注符号的绘制 4

图 7-99 尺寸的标注

图 7-100 设置"轴号"图层

图 7-101 轴号标注 1

图 7-102 轴号标注 2

7.4.5 文字标注

1. 建立"文字"图层

建立"文字"图层,参数如图 7-103 所示,将其设置为当前图层。

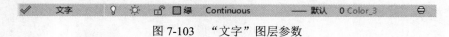

图 7-103 "文字"图层参数

2. 标注文字

单击"默认"选项卡"注释"面板中的"多行文字"按钮**A**，在待注文字的区域拉出一个矩形，即可打开"文字编辑器"选项卡，如图7-104所示。首先设置字体及字高，其次在文本区输入要标注的文字，单击"确定"按钮后完成。

图7-104 标注文字

采用相同的方法，依次标注出廊平面图构件名称。至此，廊的平面表示方法就完成了，打开"尺寸"图层，最终结果如图7-105所示。

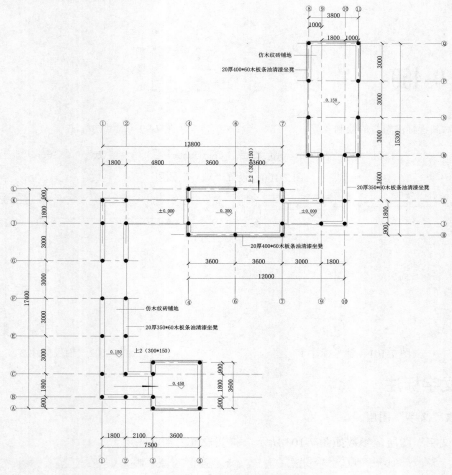

图7-105 廊的平面图

7.5 花　架

花架是指用刚性材料构成一定形状的格架供攀缘植物攀附的园林设施，又称棚架、绿廊。花架可作遮荫休息之用，并可点缀园景。花架可应用于各种类型的园林绿地中，常设置在风景优美的地方供休息和观景；也可以和亭、廊、水榭等结合，组成外形美观的园林建筑群。如北海公园五龙亭北部的植物园内就有这样一组花架建筑群；在居住区绿地、儿童游戏场中花架可供休息、遮阴；园林中的茶室、冷饮部、餐厅等地也可以用花架作凉棚，设置客座；另外，园林的大门也可以做成花架形式。

7.5.1　花架的基本特点

花架是攀缘植物的棚架，又是人们消夏避暑之所。花架在造园设计中往往具有亭、廊的作用，做长线布置时，就像游廊一样能发挥建筑空间的脉络作用，形成导游路线；也可以用来划分空间增加风景的深度。做点状布置时，就像亭子一般，形成观赏点，并可以在此组织环境景色的观赏。花架又不同于亭、廊空间更为通透，特别由于绿色植物及花果自由地攀绕和悬挂，更添一番生气。花架在现代园林中除了供植物攀缘外，有时也取其形式轻盈以点缀园林建筑的某些墙段或檐头，使之更加活泼和具有园林的性格。

花架造型比较灵活和富于变化，最常见的形式是梁架式，另一种形式是半边列柱半边墙垣，上边叠架小坊，它在划分封闭或开敞的空间上更为自如。造园趣味类似半边廊，在墙上亦可以开设景窗使意境更为含蓄。此外，新的形式还有单排柱花架或单柱式花架。

花架的设计往往同其他小品相结合，形成一组内容丰富的小品建筑，如布置坐凳供人小憩，墙面开设景窗、漏花窗、柱间或嵌以花墙，周围点缀叠石、小池，以形式吸引游人的景点。

花架在庭院中的布局可以采取附件式，也可以采取独立式。附件式属于建筑的一部分，是建筑空间的延续，如在墙垣的上部、垂直墙面的上部、垂直墙面的水平搁置横墙向两侧挑出。它应保持建筑自身的统一比例与尺度，在功能上除了供植物攀缘或设桌凳供游人休憩外，也可以只起装饰作用。独立式的布局应在庭院总体设计中加以确定，它可以在花丛中，也可以在草坪边，使庭院空间有起有伏，增加平坦空间的层次，有时亦可傍山临池随势弯曲。花架如同廊道也可以起到组织游览路线和组织观赏点的作用，布置花架时一方面要格调清新，另一方面要与周围建筑和绿化栽培在风格上统一。在我国传统园林中较少采用花架，因其与山水园林格调不尽相同。但在现代园林中融合了传统园林和西洋园林的诸多技法，因此花架这一小品形式在造园艺术中日益为造园设计者所用。

1. 花架设计要点

（1）花架在绿荫掩映下要好看、好用，在落叶之后也要好看、好用。因此要把花架作为一件艺术品，而不单作为构筑物来设计，应注意比例尺寸、选材和必要的装修。

（2）花架体型不宜太大。太大了不易做得轻巧，太高了不易隐蔽而显空旷，应尽量接近自然。

（3）花架的四周，一般都较为通透开畅，除了做支承的墙、柱，没有围墙门窗。花架的上下（铺地和檐口）两个平面，也并不一定要对称和相似，可以自由伸缩交叉，相互引申，使花架置身于园林之内，融会于自然之中，不受阻隔。

（4）花架高度应控制在2.5～2.8m，适宜尺度给人以易于亲近、近距离观赏藤蔓植物的机会。花架开间一般控制在3～4m，太大了构件显得笨拙臃肿。进深跨度则常用2700mm、3000mm和3300mm。

（5）要根据攀缘植物的特点、环境来构思花架的形体；根据攀缘植物的生物学特性，来设计花架的构造、材料等。

一般情况下，一个花架配置一种攀缘植物，配置 2～3 种相互补充的也可以见到。各种攀缘植物的观赏价值和生长要求不尽相同，设计花架前要有所了解。例如，紫藤花架，紫藤枝粗叶茂，老态龙钟，尤宜观赏。设计紫藤花架，要采用能负荷、永久性材料，显示出古朴、简练的造型。葡萄架，葡萄浆果有许多耐人深思的寓言、童话，可作为构思参考。种植葡萄，要求有充分的通风、光照条件，还要翻藤修剪，因此要考虑合理的种植间距。猕猴桃属有 30 余种，为野生藤本果树，广泛生长于长江流域以南林中、灌丛、路边，枝叶左旋攀缘而上。设计此棚架的花架板，最好是双向的，或者在单向花架板上再放临时"石竹"，以适应猕猴桃只旋而无吸盘的特点。整体造型相比较而言，纤细现代不如粗犷乡土。对于茎干草质的攀缘植物，如葫芦、茑萝和牵牛等，往往要借助于牵绳而上，因此，种植池要近；在花架柱之间也要有支撑、固定的梁板，方可爬满全棚。

2．花架结构类型

（1）双柱花架：好似以攀缘植物作顶的休憩廊。值得注意的是，供植物攀缘的花架板，其平面排列可等距（一般每 50cm 左右），也可不等距，板间嵌入花架砖，取得光影和虚实变化；其立面也不一定是直线的，可曲线、折线，甚至由顶面延伸至两侧地面，如"滚地龙"一般。

（2）单柱花架：当花架宽度缩小，两柱接近成一柱时，花架板变成中部支撑两端外悬。为了整体的稳定和美观，单柱花架在平面上宜做成曲线、折线型。

（3）各种供攀缘用的花墙、花瓶、花钵和花柱。

3．花架建筑类型

（1）廊式花架：最常见的形式，片板支撑于左右梁柱上，同侧梁柱之间架有凳子，游人可入内休息，植物配置在梁柱外侧。

（2）片式花架：将片板嵌固于单排梁柱上，两面或一面悬挑，形体轻盈活泼。

（3）独立式花架：以各种材料作空格，构成伞亭、墙垣、花瓶等形状，用藤本植物缠绕成型，供观赏用。

以上 3 种形式可以组合使用。

4．花架常用的建材

（1）混凝土材料，是最常见的材料。基础、柱、梁皆可按设计要求，唯花架板数量多、距离近，且受木构断面影响，宜用光模、高标号混凝土一次捣制成型，以求轻巧挺薄。

（2）金属材料，常用于独立的花柱、花瓶等。造型活泼、通透、多变、现代、美观，唯需经常养护油漆，且阳光直晒下温度较高。

（3）竹木材：朴实、自然、价廉、易于加工，但耐久性差。竹材限于强度及断面尺寸，梁柱间距不宜过大。

（4）石材：厚实耐用，但运输不便，常用块料作花架柱。

（5）玻璃钢、CRC 等，常用于花钵、花盆。

要根据花架的材料、高度及当地的气候条件配置合适美观的植物，如金属材料或比较低矮的花架可以攀缘藤本月季，竹木材料、钢筋混凝土以及比较高的花架可以攀缘紫藤、芸实和三叶木通等。

7.5.2　花架的绘制

绘制如图 7-106 所示的弧形花架，可参考 12.3.6 节中花架的绘制，在这里不再赘述。

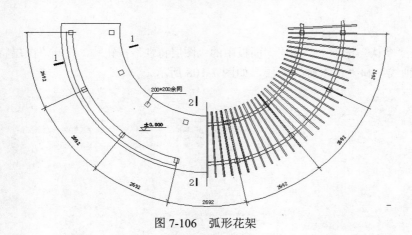

图 7-106 弧形花架

7.6 仿 木 桥

仿木桥以钢筋混凝土为主要原料添加其他轻骨材料凝合而成，具有色泽、纹理逼真，坚固耐用，免维护，防偷盗等优点，与自然生态环境搭配非常和谐。仿木景观产品既能满足园林绿化设施或户外休闲用品的实用功能，又美化了环境，深得用户喜爱。

园林中的桥既起到交通连接的功能，又兼备赏景、造景的作用，如拙政园的折桥和"小飞虹"、颐和园中的"十七孔桥"和园内西堤上的六座形式各异的桥、网师园的小石桥等。在全园规划时，应将园桥所处的环境和所起的作用作为确定园桥的设计依据。一般在园林中架桥，多选择两岸较狭窄处，或湖岸与湖岛之间，或两岛之间。桥的形式多种多样，如拱桥、折桥、亭桥、廊桥、假山桥、索桥、独木桥和吊桥等，前几类多以造景为主，联系交通时以平桥居多。就材质而言，有木桥、石桥和混凝土桥等。在设计时应根据具体情况选择适宜的形式和材料。

7.6.1 绘制仿木桥平面

绘制仿木桥平面图的流程图如图 7-107 所示。

扫码看视频

7.6.1 绘制仿木桥平面

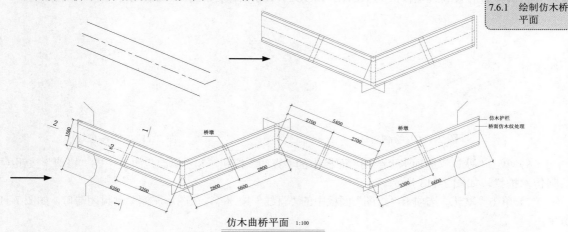

图 7-107 绘制仿木桥平面图的流程图

操作步骤：

（1）单击"默认"选项卡"图层"面板中的"图层特性"按钮，打开"图层特性管理器"对话框，新建"轴线"和"仿木桥"图层，如图 7-108 所示。

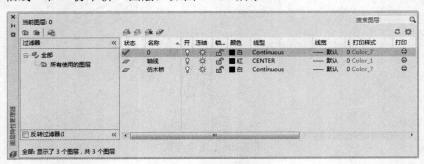

图 7-108　新建图层

（2）将"轴线"图层设置为当前图层，单击"默认"选项卡"绘图"面板中的"直线"按钮和"修改"面板中的"旋转"按钮，绘制与水平地面夹角为 23°的轴线，如图 7-109 所示。

（3）将"仿木桥"图层设置为当前图层，单击"默认"选项卡"修改"面板中的"偏移"按钮，将最左侧轴线分别向两侧偏移 7500，并将偏移后的直线替换到"仿木桥"图层中，如图 7-110 所示。

图 7-109　绘制轴线　　　　　　　　　　　　　　　　图 7-110　偏移轴线

（4）单击"默认"选项卡"绘图"面板中的"直线"按钮，在左侧轴线右端点处绘制一条竖直直线，如图 7-111 所示。

（5）单击"默认"选项卡"修改"面板中的"偏移"按钮，将步骤（4）绘制的直线向两侧偏移，并将偏移后的直线线型修改为 ACAD_ISOO2W100，结果如图 7-112 所示。

图 7-111　绘制直线　　　　　　　　　　　　　　　　图 7-112　偏移直线

（6）单击"默认"选项卡"绘图"面板中的"直线"按钮和"修改"面板中的"修剪"按钮，绘制仿木护栏，如图 7-113 所示。

（7）单击"默认"选项卡"绘图"面板中的"直线"按钮，在图形左侧绘制封闭端口，如图 7-114 所示。

（8）单击"默认"选项卡"绘图"面板中的"直线"按钮，绘制桥墩，如图 7-115 所示。

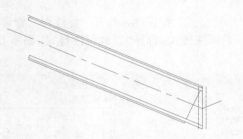

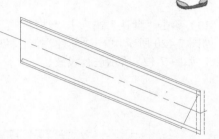

图 7-113　绘制仿木护栏　　　　　　　　　　　　图 7-114　封闭端口

（9）同理，单击"默认"选项卡"绘图"面板中的"直线"按钮／和"修改"面板中的"修剪"按钮／，在第二段轴线处继续绘制仿木桥，并删除掉多余的直线，如图 7-116 所示。

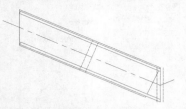

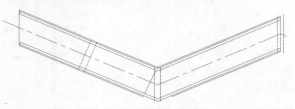

图 7-115　绘制桥墩　　　　　　　　　　　　图 7-116　绘制仿木桥

（10）单击"默认"选项卡"绘图"面板中的"直线"按钮／和"修改"面板中的"修剪"按钮／，在两段仿木桥的相交处细化图形，如图 7-117 所示。

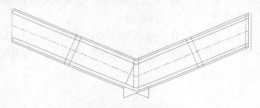

图 7-117　细化图形

（11）同理，绘制第三、四段轴线处的仿木桥，结果如图 7-118 所示。

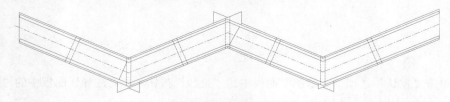

图 7-118　绘制仿木桥

（12）单击"默认"选项卡"绘图"面板中的"直线"按钮／，绘制剩余图形，如图 7-119 所示。

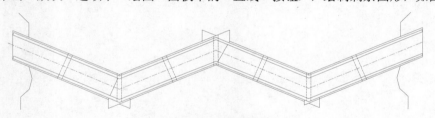

图 7-119　绘制剩余图形

（13）单击"默认"选项卡"注释"面板中的"标注样式"按钮，打开"标注样式管理器"对话框，如图7-120所示，单击"新建"按钮，创建一个新的标注样式，打开"新建标注样式：副本ISO-25"对话框，如图7-121所示进行设置。

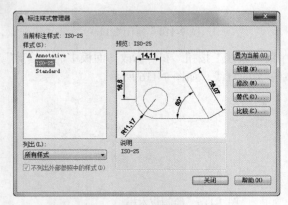

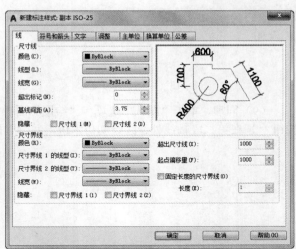

图7-120　"标注样式管理器"对话框　　　　　　图7-121　新建标注样式

- ☑ "线"选项卡：超出尺寸线设置为1000，起点偏移量为1000。
- ☑ "符号和箭头"选项卡：箭头设置为建筑标记，箭头大小为1000。
- ☑ "文字"选项卡：文字高度设置为2000。
- ☑ "主单位"选项卡：精度设置为0，舍入为100，比例因子为0.1。

（14）单击"默认"选项卡"注释"面板中的"对齐"按钮，为图形标注尺寸，如图7-122所示。

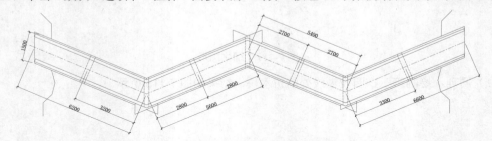

图7-122　标注尺寸

（15）单击"默认"选项卡"绘图"面板中的"直线"按钮和"注释"面板中的"多行文字"按钮**A**，标注文字，如图7-123所示。

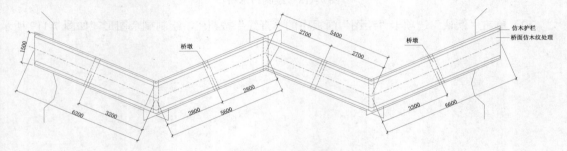

图7-123　标注文字

（16）单击"默认"选项卡"绘图"面板中的"直线"按钮／和"注释"面板中的"多行文字"按钮A，绘制剖切符号，如图 7-124 所示。

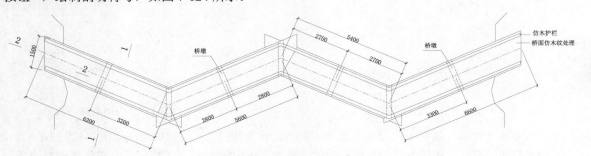

图 7-124　绘制剖切符号

（17）同理，标注图名，如图 7-107 所示。

扫码看视频

7.6.2　仿木桥基础及配筋图

7.6.2　绘制仿木桥基础及配筋图

绘制仿木桥基础及配筋图的流程图如图 7-125 所示。

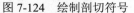

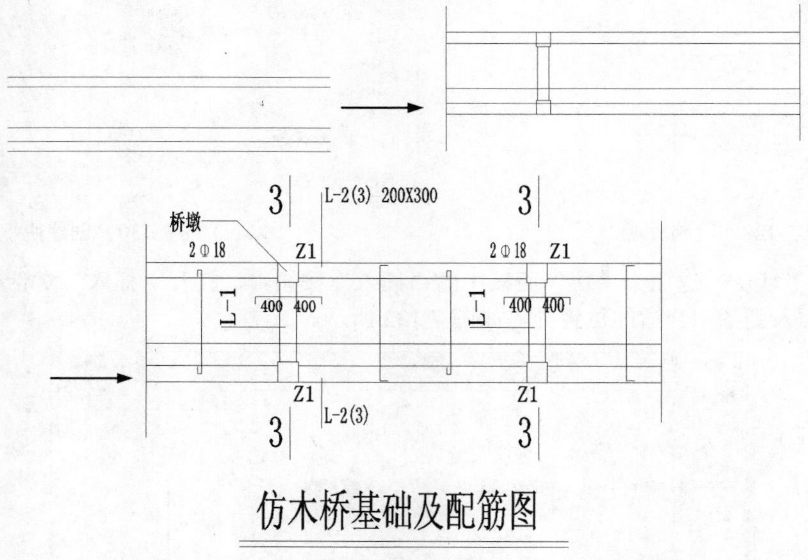

图 7-125　绘制仿木桥基础及配筋图的流程图

操作步骤：

（1）单击"默认"选项卡"绘图"面板中的"直线"按钮／，绘制一条水平直线，如图 7-126 所示。

图 7-126　绘制直线

（2）单击"默认"选项卡"修改"面板中的"复制"按钮，将水平直线依次向下复制，如图 7-127 所示。

（3）单击"默认"选项卡"绘图"面板中的"直线"按钮／，在两端绘制竖直直线，如图 7-128

所示。

图 7-127　复制直线

图 7-128　绘制竖直直线

（4）单击"默认"选项卡"绘图"面板中的"直线"按钮／，绘制桥墩，如图 7-129 所示。

（5）单击"默认"选项卡"块"面板中的"创建"按钮，打开"块定义"对话框，将桥墩创建为块，如图 7-130 所示。

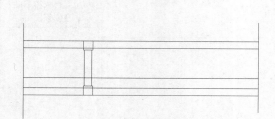

图 7-129　绘制桥墩

图 7-130　创建块

（6）单击"默认"选项卡"块"面板中的"插入"按钮，打开"插入"对话框，如图 7-131 所示，将桥墩插入到图中合适的位置处，如图 7-132 所示。

图 7-131　"插入"对话框

（7）单击"默认"选项卡"修改"面板中的"修剪"按钮，修剪掉多余的直线，如图 7-133 所示。

（8）单击"默认"选项卡"绘图"面板中的"直线"按钮／，绘制钢筋，如图 7-134 所示。

（9）单击"默认"选项卡"绘图"面板中的"直线"按钮／，在图中引出直线，如图 7-135 所示。

（10）单击"默认"选项卡"注释"面板中的"多行文字"按钮A，在直线左侧输入文字，如图 7-136 所示。

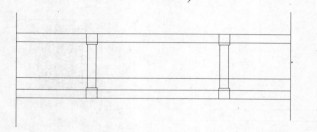

图 7-132 插入桥墩图块

图 7-133 修剪掉多余的直线

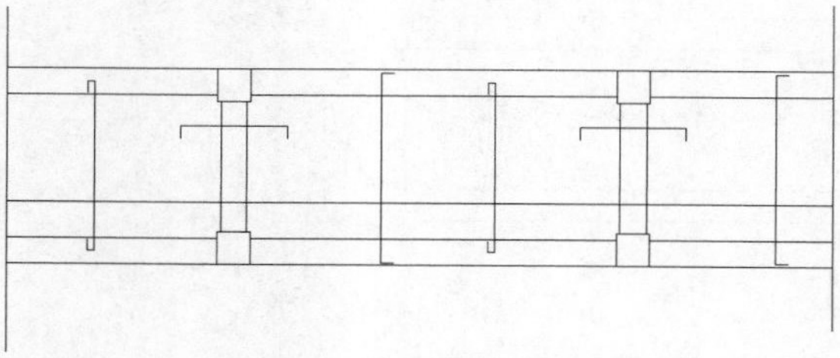

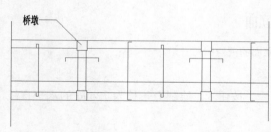

图 7-134 绘制钢筋

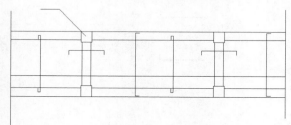

图 7-135 引出直线

（11）单击"默认"选项卡"修改"面板中的"复制"按钮，将文字复制到图中其他位置处，双击文字，修改文字内容，以便文字格式的统一，最终完成文字的标注，如图 7-137 所示。

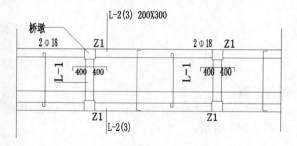

图 7-136 输入文字

图 7-137 标注文字

（12）单击"默认"选项卡"绘图"面板中的"直线"按钮和"注释"面板中的"多行文字"按钮A，绘制剖切符号，如图 7-138 所示。

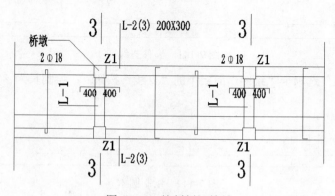

图 7-138 绘制剖切符号

（13）同理，单击"默认"选项卡"绘图"面板中的"直线"按钮和"注释"面板中的"多行文字"按钮**A**，标注图名，如图 7-125 所示。

7.6.3 绘制护栏立面

绘制护栏立面的流程图如图 7-139 所示。

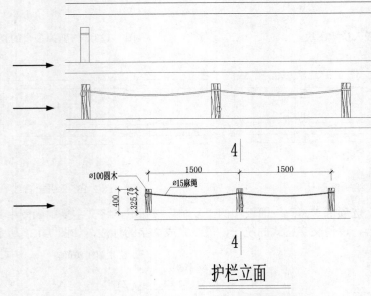

图 7-139　绘制护栏立面的流程图

操作步骤：

（1）单击"默认"选项卡"绘图"面板中的"直线"按钮，绘制一条长为 72496 的水平直线，如图 7-140 所示。

图 7-140　绘制直线

（2）单击"默认"选项卡"修改"面板中的"偏移"按钮，将直线向上偏移 2410，如图 7-141 所示。

图 7-141　偏移直线

（3）单击"默认"选项卡"绘图"面板中的"直线"按钮，绘制长为 8000、宽为 2000 的圆木，如图 7-142 所示。

图 7-142　绘制圆木

（4）单击"默认"选项卡"绘图"面板中的"直线"按钮，在圆木上绘制两条水平直线，如图 7-143 所示。

图 7-143　绘制直线

（5）单击"默认"选项卡"绘图"面板中的"圆弧"按钮，在步骤（4）绘制的水平直线两端绘制圆弧，如图 7-144 所示。

（6）单击"默认"选项卡"绘图"面板中的"圆"按钮，在图中合适的位置处绘制半径为 632 的圆，如图 7-145 所示。

（7）单击"默认"选项卡"修改"面板中的"修剪"按钮，修剪掉多余的直线，如图 7-146 所示。

（8）单击"默认"选项卡"绘图"面板中的"圆弧"按钮、"样条曲线拟合"按钮和"修改面板中的"修剪"按钮，细化圆木，如图 7-147 所示。

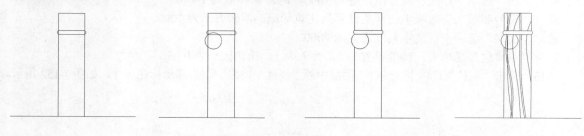

图 7-144　绘制圆弧　　图 7-145　绘制圆　　图 7-146　修剪掉多余的直线　　图 7-147　细化圆木

（9）单击"默认"选项卡"修改"面板中的"复制"按钮，将圆木依次向右复制，并整理图形，如图 7-148 所示。

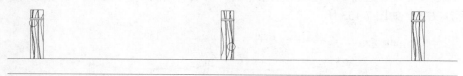

图 7-148　复制圆木

（10）单击"默认"选项卡"绘图"面板中的"圆弧"按钮，绘制麻绳，如图 7-149 所示。

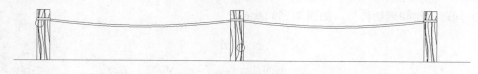

图 7-149　绘制麻绳

（11）单击"默认"选项卡"绘图"面板中的"图案填充"按钮，打开"图案填充创建"选项卡，选择 ANSI31 图案，设置填充图案比例为 30，如图 7-150 所示，然后填充麻绳，结果如图 7-151 所示。

（12）单击"默认"选项卡"注释"面板中的"标注样式"按钮，打开"标注样式管理器"对话框，设置如下标注样式。

Note

图 7-150　"图案填充创建"选项卡

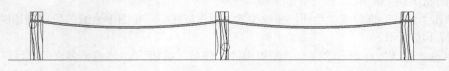

图 7-151　填充麻绳

☑　"线"选项卡：超出尺寸线设置为1000，起点偏移量为1000。

☑　"符号和箭头"选项卡：箭头设置为建筑标记，箭头大小为1000。

☑　"文字"选项卡：文字高度设置为2000。

☑　"主单位"选项卡：精度设置为0，舍入为1，比例因子为0.05。

（13）单击"默认"选项卡"注释"面板中的"线性"按钮，为图形标注尺寸，如图 7-152 所示。

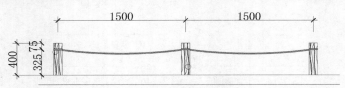

图 7-152　标注尺寸

（14）单击"默认"选项卡"绘图"面板中的"直线"按钮／和"注释"面板中的"多行文字"按钮**A**，标注文字，如图 7-153 所示。

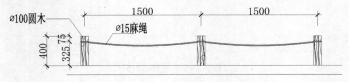

图 7-153　标注文字

（15）同理，绘制剖切符号，如图 7-154 所示。

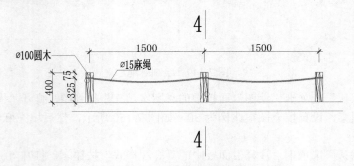

图 7-154　绘制剖切符号

（16）单击"默认"选项卡"绘图"面板中的"直线"按钮╱和"注释"面板中的"多行文字"按钮**A**，标注图名，结果如图 7-139 所示。

7.6.4　绘制仿木桥 1-1 剖面图

7.6.4　仿木桥 1-1
剖面图

绘制仿木桥 1-1 剖面图的流程图如图 7-155 所示。

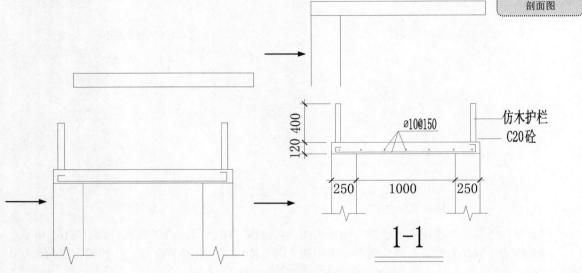

图 7-155　绘制仿木桥 1-1 剖面图的流程图

操作步骤：

（1）单击"默认"选项卡"绘图"面板中的"矩形"按钮▭，绘制一个长为 30000、宽为 2400 的矩形，如图 7-156 所示。

（2）单击"默认"选项卡"绘图"面板中的"直线"按钮╱，在矩形下侧绘制两条竖直直线，如图 7-157 所示。

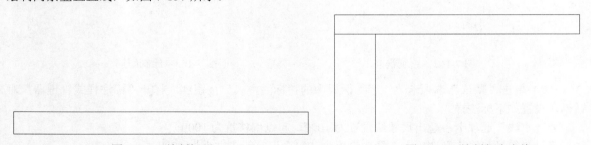

图 7-156　绘制矩形　　　　　　　　　图 7-157　绘制竖直直线

（3）单击"默认"选项卡"绘图"面板中的"直线"按钮╱，在步骤（2）绘制的竖直直线下侧绘制折断线，如图 7-158 所示。

（4）单击"默认"选项卡"修改"面板中的"复制"按钮❀，复制图形，如图 7-159 所示。

（5）单击"默认"选项卡"绘图"面板中的"矩形"按钮▭，绘制长为 1085、宽为 8010 的矩形，作为护栏，如图 7-160 所示。

（6）单击"默认"选项卡"修改"面板中的"复制"按钮❀，复制护栏，如图 7-161 所示。

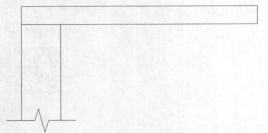

图 7-158　绘制折断线

图 7-159　复制图形

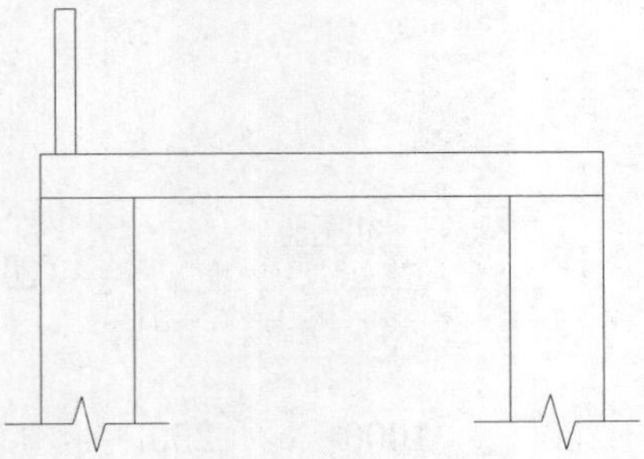

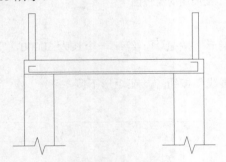

图 7-160　绘制护栏

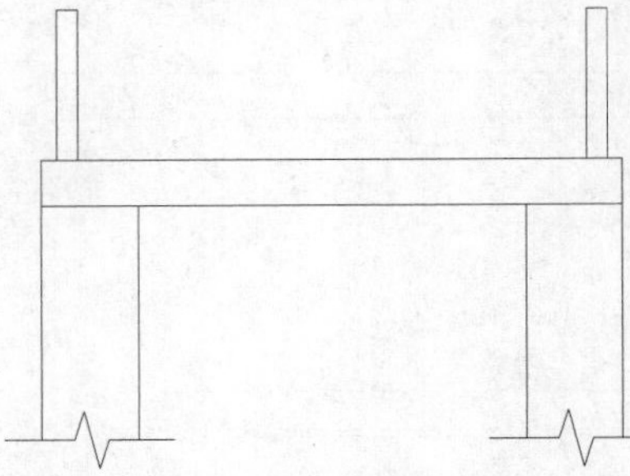

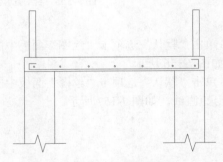

图 7-161　复制护栏

（7）单击"默认"选项卡"绘图"面板中的"多段线"按钮，绘制钢筋，如图 7-162 所示。

（8）单击"默认"选项卡"绘图"面板中的"圆"按钮，绘制半径为 130 的圆，作为配筋，如图 7-163 所示。

图 7-162　绘制钢筋

图 7-163　绘制配筋

（9）单击"默认"选项卡"注释"面板中的"标注样式"按钮，打开"标注样式管理器"对话框，设置如下标注样式。

☑　"线"选项卡：超出尺寸线设置为 1000，起点偏移量为 1000。

☑　"符号和箭头"选项卡：箭头设置为建筑标记，箭头大小为 1000。

☑　"文字"选项卡：文字高度设置为 2000。

☑　"主单位"选项卡：精度设置为 0，舍入为 10，比例因子为 0.05。

（10）单击"默认"选项卡"注释"面板中的"线性"按钮和"连续"按钮，为图形标注尺寸，如图 7-164 所示。

（11）单击"默认"选项卡"绘图"面板中的"直线"按钮，在图中引出直线，如图 7-165 所示。

（12）单击"默认"选项卡"注释"面板中的"多行文字"按钮A，在直线右侧输入文字，如图 7-166 所示。

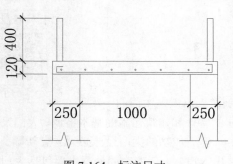

图 7-164　标注尺寸

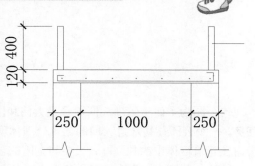

图 7-165　引出直线

（13）同理，单击"默认"选项卡"绘图"面板中的"直线"按钮∕和"注释"面板中的"多行文字"按钮A，为图形其他位置处标注文字说明，也可以利用"复制"命令，将文字复制，然后双击文字，修改文字内容，以便文字格式的统一，结果如图 7-167 所示。

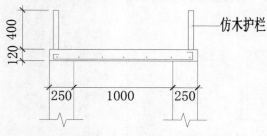

图 7-166　输入文字

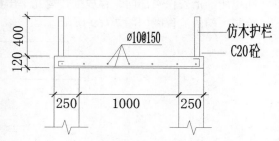

图 7-167　标注文字

（14）单击"默认"选项卡"绘图"面板中的"直线"按钮∕和"注释"面板中的"多行文字"按钮A，标注图名，结果如图 7-155 所示。

（15）其他剖面图的绘制方法与 1-1 剖面图的类似，这里不再重述，结果如图 7-168 所示。

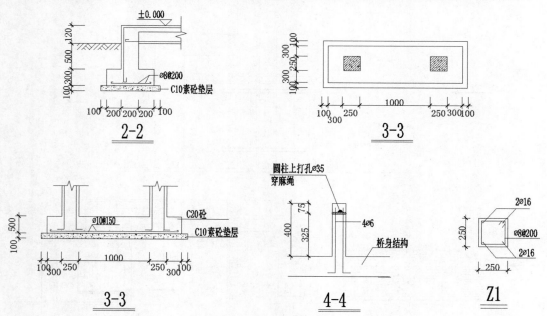

图 7-168　绘制剖面图

扫码看视频

7.7 大门

7.7 大　门

现代公园为了便于管理，四周多设大门和围墙。控制游人出入是大门的一项重要任务，一个公园往往通过大门的艺术处理体现整个公园的特性和建筑艺术的基本格调。大门设计既要考虑在建筑群体中的独立性，又要与全园的艺术风格相一致，成功的大门设计必须立意新颖、巧于布局。另外，大门的位置选择要方便游人，必要时设次要出入口。大门的空间处理主要包括大门的广场空间和大门内的序幕空间两大部分。

设计内容：绿地内外集散广场，园门，还有停车场、存车处、售票处、围墙等。在内、外广场有时也设置一些纯装饰性的水池、喷泉、雕塑、广告牌、导游图等。有的大型公园绿地入口旁设有小卖部、邮电所、治安保卫部门、存放处、婴儿车出租处、残疾人游园车出租处等。

绘制大门的流程图如图 7-169 所示。

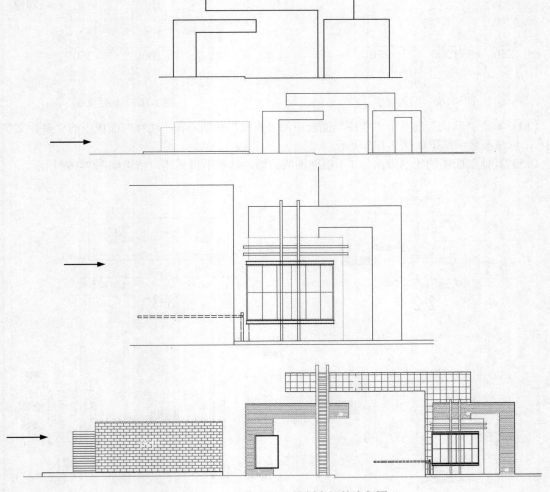

图 7-169　绘制大门的流程图

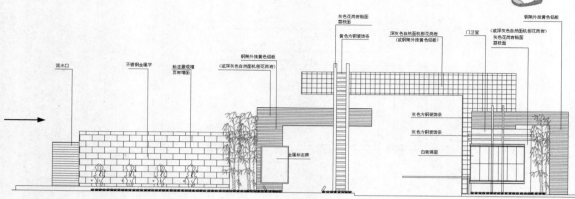

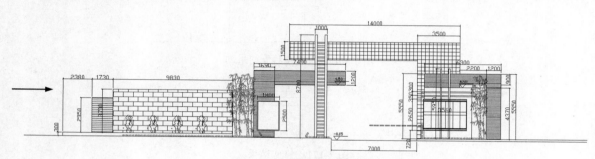

图 7-169 绘制大门的流程图（续）

操作步骤：

7.7.1 大门轮廓的绘制

1. 地基线的绘制

建立"地基线"图层，绘制地基线，单击"默认"选项卡"绘图"面板中的"多段线"按钮，以图中任意一点为起点沿水平方向绘制一条长为 30000 的直线，然后方向转为垂直向下绘制长为 150 的直线作为台阶，接着方向转为水平方向绘制一条长为 20000 的直线。地基绘制完成。

2. 大门框架的绘制

建立"大门框架"图层，单击"默认"选项卡"绘图"面板中的"多段线"按钮，以步骤 1 绘制的台阶的上顶点为第一角点水平向左绘制大门左边轮廓，在命令行中输入直线长度 4700，然后方向转为竖直向上，绘制长度为 4500 的直线段，接着方向转为水平向右，绘制一条长度为 5800 的直线段，然后方向转为竖直向上绘制长度为 1200 的直线，接着方向转为水平向左，绘制长度为 7490 的直线，然后竖直向下绘制与地基线相交。用同样的方法绘制出右侧大门的轮廓。结果如图 7-170 所示，具体尺寸参照设计图。

3. 管理室的绘制

（1）单击"默认"选项卡"绘图"面板中的"直线"按钮，以大门右侧的左下角点为第一角点，水平向右绘制一条长度为 600 的直线，作为管理室的左下角点。单击"默认"选项卡"绘图"面板中的"矩形"按钮，以刚刚绘制的直线段的末端点为第一角点绘制矩形，另一角点坐标为（@6300,5700），然后对多余的线条进行修剪，结果如图 7-171 所示。

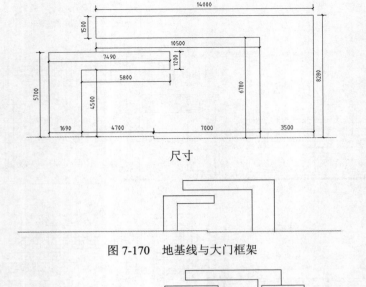

尺寸

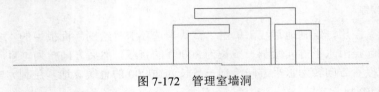

图 7-170 地基线与大门框架

图 7-171 修剪结果

（2）管理室墙洞的设计。单击"默认"选项卡"绘图"面板中的"直线"按钮，以步骤（1）绘制的矩形管理室的左下角点为第一角点，水平向右绘制一条长度为 2900 的直线。单击"默认"选项卡"绘图"面板中的"矩形"按钮，以刚刚绘制的直线段的末端点为第一角点绘制矩形，另一角点坐标为（@2200,4800），结果如图 7-172 所示。

图 7-172 管理室墙洞

这样大门和管理室的外轮廓就绘制完成了。

4. 大门左侧景墙的绘制

单击"默认"选项卡"绘图"面板中的"直线"按钮，以大门左侧的不规则矩形的左下角点为第一角点，水平向左绘制一条长度为 1750 的直线（景墙与大门之间的距离）。单击"默认"选项卡"绘图"面板中的"矩形"按钮，以刚刚绘制的直线段的末端点为第一角点，另一角点坐标为（@-9830,4000），按 Enter 键确定；然后重复"矩形"命令，以刚刚绘制的矩形的左下角点为第一角点，另一角点坐标为（@-1730,3250），结果如图 7-173 所示。

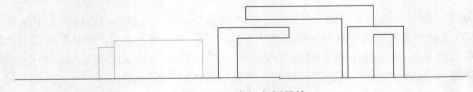

图 7-173 大门左侧景墙

5. 花池的绘制

（1）景墙下面花池的绘制。单击"默认"选项卡"绘图"面板中的"矩形"按钮▢，以较高的景墙的右下角点为第一角点，另一角点坐标为（@-13940,300）；单击"默认"选项卡"修改"面板中的"修剪"按钮⊹，将多余的线条剪掉，结果如图 7-174 所示。

图 7-174　花池

（2）管理室下花池的绘制。单击"默认"选项卡"绘图"面板中的"直线"按钮✐，以大门右侧不规则矩形的左下角点为第一角点，竖直向上绘制长度为 150 的直线，然后沿水平方向绘制一条长度为 14000 的直线作为花池的上缘，结果如图 7-174 所示。

6. 左侧大门标志牌的绘制

单击"默认"选项卡"绘图"面板中的"多段线"按钮⟳，以左侧大门不规则矩形的右下角点为第一角点竖直向上绘制一条长度为 600 的直线段，然后水平向右绘制一条长度为 400 的直线段；单击"默认"选项卡"绘图"面板中的"矩形"按钮▢，以刚刚绘制的直线段的末端点为第一角点，另一角点坐标为（@-1800,2500），然后单击"默认"选项卡"修改"面板中的"偏移"按钮⟳，将绘制的矩形向内侧进行偏移，偏移距离为 50，作为标志牌的外框，结果如图 7-175 所示。

7. 中间柱的绘制

中间设一个立柱，一方面作为大门两侧的连接，另一方面作为人车分行的一个分隔物。

（1）单击"默认"选项卡"绘图"面板中的"直线"按钮✐，以地基线台阶的上顶点为第一角点，水平向左绘制一条长度为 400（柱与台阶的距离）的直线，用以确定柱的位置，然后将方向转为竖直向上绘制一条长度为 8700 的直线，作为柱的高度。单击"默认"选项卡"修改"面板中的"偏移"按钮⟳，将刚刚绘制的直线向左侧进行偏移，偏移距离为 200，然后以偏移后的直线为要偏移的对象，水平向左偏移 600，再以偏移后的直线为要偏移的对象，水平向左偏移 200，最后单击"默认"选项卡"绘图"面板中的"直线"按钮✐，将偏移后的两侧直线连接起来，如图 7-176 所示。

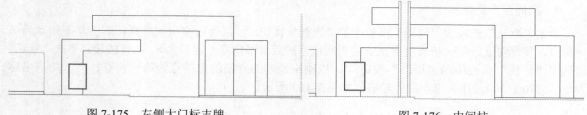

图 7-175　左侧大门标志牌　　　　　　　　图 7-176　中间柱

（2）在绘制的柱内侧绘制横向分隔线，单击"默认"选项卡"绘图"面板中的"直线"按钮✐，将柱的内侧底线用直线连接起来，如图 7-177 所示。

（3）单击"默认"选项卡"修改"面板中的"偏移"按钮⟳，将绘制好的直线段向上进行偏移，偏移距离为 200，然后以偏移后的直线为要偏移的对象，竖直向上进行偏移，偏移距离为 100，依次重复步骤（1）和步骤（2），偏移后的结果如图 7-178 所示。

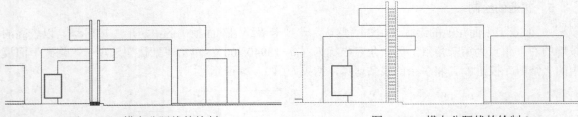

图 7-177　横向分隔线的绘制 1　　　　　　　　图 7-178　横向分隔线的绘制 2

7.7.2　管理室详细设计

1．管理室房间的绘制

单击"默认"选项卡"绘图"面板中的"矩形"按钮▭，以前面绘制的管理室外轮廓与花池相交处的左下角点为第一角点，另一角点坐标为（@3900,4370），作为管理室房间的外框。

2．房间装饰框体的绘制

绘制竖向的直线，单击"默认"选项卡"绘图"面板中的"直线"按钮╱，以管理室的左下角点为第一角点，水平向右绘制一条长为 1300 的直线；单击"默认"选项卡"绘图"面板中的"矩形"按钮▭，以刚刚绘制的直线的末端点为第一角点，另一角点坐标为（@100,5950），作为左侧竖向的装饰框。单击"默认"选项卡"绘图"面板中的"直线"按钮╱，以刚刚绘制的装饰框的左下角点为第一角点，水平向右绘制长度为 700 的直线；单击"默认"选项卡"绘图"面板中的"矩形"按钮▭，以该直线的末端点为第一角点，另一角点坐标为（@100, 5950），作为右侧竖向的装饰框。

3．横向装饰框的绘制

单击"默认"选项卡"绘图"面板中的"直线"按钮╱，以管理室外轮廓与花池相交处的左上角点为第一角点，竖直向下绘制长度为 350 的直线段，然后水平向左绘制一条长为 200 的直线段；单击"默认"选项卡"绘图"面板中的"矩形"按钮▭，以刚刚绘制的直线的末端点为第一角点，另一角点坐标为（@4300,-100），作为上侧横向的装饰框。单击"默认"选项卡"绘图"面板中的"直线"按钮╱，以刚刚绘制的装饰框的左下角点为第一角点，竖直向下绘制长度为 200 的直线；单击"默认"选项卡"绘图"面板中的"矩形"按钮▭，以该直线的末端点为第一角点，另一角点坐标为（@4300,-100），作为下侧横向的装饰框，结果如图 7-179 所示。

4．房间窗户的绘制

单击"默认"选项卡"绘图"面板中的"直线"按钮╱，以管理室房间外框轮廓的左下角点为第一角点，竖直向上绘制一条长度为 720 的直线段，然后水平向左绘制长为 82 的直线段；单击"默认"选项卡"绘图"面板中的"矩形"按钮▭，以刚刚绘制的直线的末端点为第一角点，另一角点坐标为（@3570,2650），作为窗户的外轮廓，如图 7-180 所示。

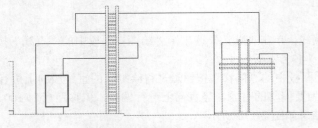
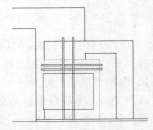

图 7-179　横向装饰框的绘制　　　　　　　图 7-180　房间窗户的绘制

5. 窗框和窗台的绘制

（1）单击"默认"选项卡"修改"面板中的"分解"按钮 ，将步骤4绘制的矩形窗户的外轮廓分解；单击"默认"选项卡"修改"面板中的"偏移"按钮 ，将矩形窗户外轮廓的下边向上进行偏移，偏移距离分别为 20、110 和 20，每次偏移均以偏移后的直线作为要偏移的对象，作为下部窗台的横边，如图 7-181 所示。

（2）继续向上偏移，偏移距离分别为 40、1135、1135 和 40，作为竖向窗格。然后继续向上偏移，偏移距离分别为 20、110，作为上部窗台的横边。然后单击"默认"选项卡"修改"面板中的"偏移"按钮 ，将矩形窗户的左边向右侧偏移，偏移距离依次为 40、600、600、600、600、600 和 490，作为横向的窗格。然后将分解后矩形最右侧的竖向直线向右侧偏移 30，作为窗台向外侧突出的右边界，重复"偏移"命令，将矩形窗户外轮廓的左边向左侧偏移 30，作为窗台向外侧突出的左边界，结果如图 7-182 所示。

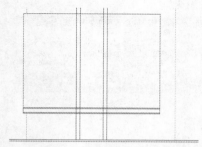

图 7-181　窗框和窗台的绘制 1

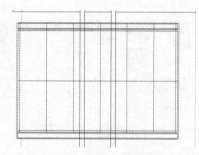

图 7-182　窗框和窗台的绘制 2

（3）单击"默认"选项卡"修改"面板中的"修剪"按钮 ，将以上绘制的多余的线条进行修剪；单击"默认"选项卡"修改"面板中的"延伸"按钮 ，将上下窗台的横边向左右进行延伸，结果如图 7-183 所示。

6. 拦车阀的绘制

（1）单击"默认"选项卡"绘图"面板中的"直线"按钮 ，以右侧花池的左下角点为第一角点，水平向右绘制一条长为 380 的直线，作为拦车阀与花池边缘的距离，然后单击"默认"选项卡"绘图"面板中的"矩形"按钮 ，以刚刚绘制的直线的末端点为第一角点，另一角点坐标为（@84,1190）。然后在距地面高 1230 的位置绘制一个 70×4250 的矩形作为拦车的杆，并将其线型改为 DASHED。

（2）选择"其他"选项，在打开的对话框中设置全局比例因子为 30，移动到合适的位置，如图 7-184 所示。

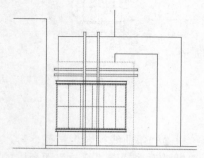

图 7-183　窗框和窗台的绘制 3

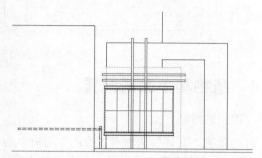

图 7-184　将拦车阀移动到合适的位置

Note

7.7.3 图案填充

单击"默认"选项卡"绘图"面板中的"图案填充"按钮，对大门和景墙进行填充，在打开的"图案填充创建"选项卡中选择合适的填充图案，如图 7-185～图 7-187 所示。结果如图 7-188 所示。

图 7-185 景墙的图案填充

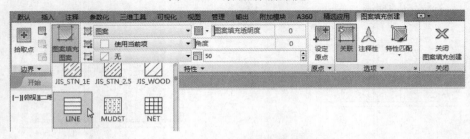

图 7-186 大门 1 的图案填充

图 7-187 大门 2 的图案填充

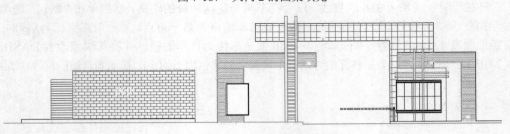

图 7-188 大门立面主体绘制完毕

7.7.4 植物和小品的配置

1. 喷泉的绘制

（1）单击"默认"选项卡"绘图"面板中的"圆"按钮和"样条曲线拟合"按钮等，绘制如图 7-189 所示的喷泉，绘制好一个后，将其全部选中，单击"默认"选项卡"修改"面板中的"矩形阵列"按钮，设置行数为 1、列数为 4、列偏移为 2000。

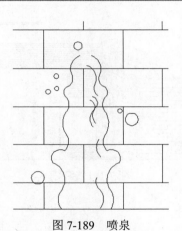

图 7-189 喷泉

（2）将所有喷泉移到大门的相应位置。

2. 植物的配置

打开本书配套资源中附带的植物图库，将植物图例选中，右击并在打开的快捷菜单中选择"复制"命令或按 Ctrl+C 快捷键复制图例，然后转到绘图窗口，右击并在打开的快捷菜单中选择"粘贴"命令或按 Ctrl+V 快捷键粘贴图例，或者单击"默认"选项卡"块"面板中的"插入"按钮，将植物插入到图中，结果如图 7-190 所示。

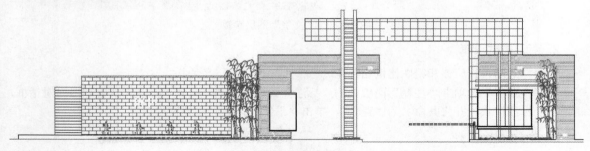

图 7-190 配置植物

7.7.5 射灯的设计

单击"默认"选项卡"绘图"面板中的"矩形"按钮，绘制 100×350 的矩形，然后单击"默认"选项卡"修改"面板中的"旋转"按钮，旋转矩形，命令行提示与操作如下：

```
命令：_rotate↙
UCS 当前的正角方向：ANGDIR=逆时针  ANGBASE=0.00
选择对象：（选择矩形）
选择对象：↙
指定基点：（用鼠标拾取矩形的一角点）
指定旋转角度或 [复制(C)/参照(R)] <0.00>：（按如图 7-191 所示指定一定角度）
```

在矩形底部绘制两条直线，作为灯的支撑物，将其全部选中执行"复制""镜像""移动"命令，达到如图 7-191 所示的效果。

图 7-191　射灯

7.7.6　文字、尺寸的标注

1. 建立"尺寸"和"文字"图层

建立"尺寸"和"文字"图层，参数如图 7-192 和图 7-193 所示，标注尺寸时将"尺寸"图层设置为当前图层，标注文字时将"文字"图层设置为当前图层。

图 7-192　"尺寸"图层参数

图 7-193　"文字"图层参数

2. 标注样式设置

标注样式的设置应该和绘图比例相匹配。

单击"默认"选项卡"注释"面板中的"标注样式"按钮 ，打开"标注样式管理器"对话框，新建一个标注样式，并将其命名为"建筑"，单击"继续"按钮，逐步进行设置。

3. 尺寸标注

该部分尺寸分为两道，第一道为局部尺寸的标注，第二道为总尺寸。在此不再做详细介绍，结果如图 7-194 所示。

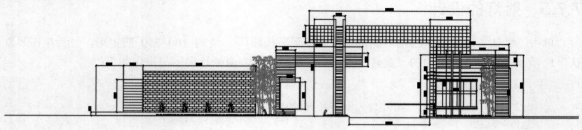

图 7-194　尺寸标注

4. 文字标注

单击"默认"选项卡"绘图"面板中的"多段线"按钮 ，在柱的位置引出一条多段线，作为文字标注的指示位置。单击"默认"选项卡"注释"面板中的"多行文字"按钮 A，在待标注文字的区域拉出一个矩形，打开"文字编辑器"选项卡。首先设置字体及字高，其次在文本区输入要标注的文字，结果如图 7-195 所示，最终结果如图 7-169 所示。

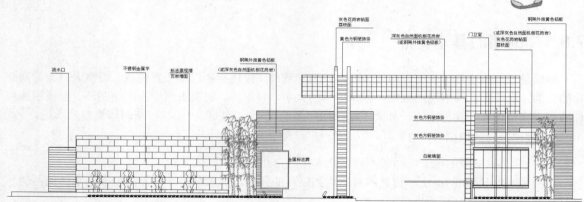

图 7-195　文字标注

按照同样的方法绘制大门平面图，如图 7-196 所示。

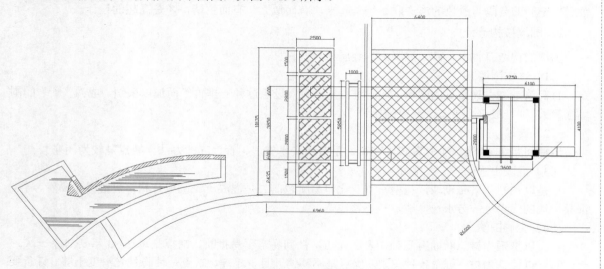

图 7-196　大门平面图

7.8　文 化 墙

　　本节绘制的文化墙属于围墙的一种。围墙在园林中起划分内外范围、分隔组织内部空间和遮挡劣景的作用，也有围合、标识、衬景的功能。建造精巧的园墙可以起到装饰、美化环境，制造气氛等多功能作用。围墙高度一般控制在 2m 以下。

　　园林中的墙，根据其材料和剖面的不同有土、砖、瓦、轻钢等。从外观又有高矮、曲直、虚实、光洁与粗糙、有檐与无檐之分。围墙区分的重要标准就是压顶。

　　围墙的设置多与地形结合，平坦的地形多建成平墙，坡地或山地则就势建成阶梯形，为了避免单调，有的建成波浪形的云墙。划分内外范围的围墙内侧常用土山、花台、山石、树丛、游廊等把墙隐蔽起来，使有限空间产生无限景观的效果。而专供观赏的景墙则设置在比较重要和突出的位置，供人们细细品味和观赏。

7.8.1　围墙的基本特点

围墙是长型构造物。长度方向要按要求设置伸缩缝，按转折和门位布置柱位，调整因地面标高变化的立面；横向则涉及围墙的强度，影响用料的大小。利用砖、混凝土围墙的平面凹凸、金属围墙构件的前后交错位置，实际上等于加大围墙横向断面的尺寸，可以免去墙柱，使围墙更自然通透。

1．围墙设计的原则

（1）能不设围墙的地方，尽量不设，让人接近自然，爱护绿化。

（2）能利用空间的办法，自然的材料达到隔离的目的，尽量利用。高差的地面、水体的两侧、绿篱树丛，都可以达到隔而不分的目的。

（3）要设置围墙的地方，能低尽量低，能透尽量透，只有少量须掩饰隐私处，才用封闭的围墙。

（4）使用围墙处于绿地之中，成为园景的一部分，减少与人的接触机会，由围墙向景墙转化。善于把空间的分隔与景色的渗透联系一起来，有而似无，有而生情，才是高超的设计。

2．围墙按构造分类

围墙的构造有竹木、砖、混凝土、金属材料几种。

（1）竹木围墙

竹篱笆是过去最常见的围墙，现已难得用。有人设想过种一排竹子而加以编织，成为"活"的围墙（篱），则是最符合生态学要求的墙垣了。

（2）砖墙

墙柱间距3～4米，中开各式漏花窗，是节约又易施工、管、养的办法。缺点是较为闭塞。

（3）混凝土围墙

一是以预制花格砖砌墙，花型富有变化但易爬越；二是混凝土预制成片状，可透绿也易管、养。混凝土墙的优点是一劳永逸，缺点是不够通透。

（4）金属围墙

☑ 以型钢为材，断面有几种，表面光洁，性韧易弯不易折断，缺点是每2～3年要油漆一次。

☑ 以铸铁为材，可做各种花型，优点是不易锈蚀且价不高，缺点是性脆且光滑度不够。订货要注意所含成分不同。

☑ 锻铁、铸铝材料。质优而价高，局部花饰中或室内使用。

☑ 各种金属网材，如镀锌、镀塑铅丝网、铝板网、不锈钢网等。

现在往往把几种材料结合起来，取其长而补其短。混凝土往往用作墙柱、勒脚墙；取型钢为透空部分框架，用铸铁为花饰构件；局部、细微处用锻铁、铸铝。

7.8.2　绘制文化墙平面图

绘制文化墙平面图的流程图如图7-197所示。

图7-197　绘制文化墙平面图的流程图

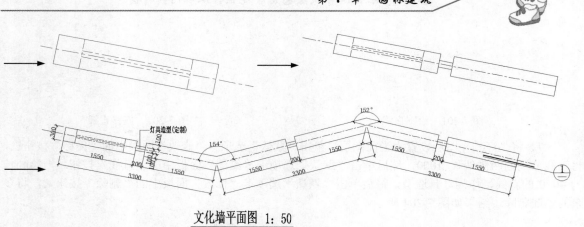

文化墙平面图 1：50

图 7-197 绘制文化墙平面图的流程图（续）

操作步骤：

（1）单击"默认"选项卡"图层"面板中的"图层特性"按钮，打开"图层特性管理器"对话框，新建几个图层，如图 7-198 所示。

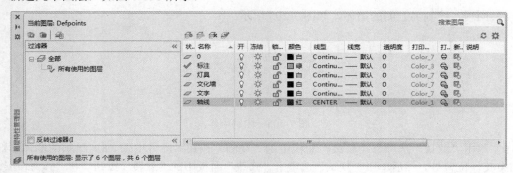

图 7-198 新建图层

（2）将"轴线"图层设置为当前图层，单击"默认"选项卡"绘图"面板中的"直线"按钮，绘制一条长为 75715 的轴线，并设置与水平方向的夹角为 11°，线型比例为 100，如图 7-199 所示。

（3）单击"默认"选项卡"修改"面板中的"偏移"按钮，将轴线向两侧偏移，偏移距离分别为 600 和 2400，并将偏移后的最外侧直线替换到"文化墙"图层中，如图 7-200 所示。

图 7-199 绘制轴线   图 7-200 偏移直线

（4）将"文化墙"图层设置为当前图层，单击"默认"选项卡"绘图"面板中的"直线"按钮，绘制直线，如图 7-201 所示。

（5）单击"默认"选项卡"修改"面板中的"偏移"按钮，将步骤（4）绘制的直线依次向右偏移，偏移距离分别为 5000、21000 和 5000，并修改部分线型为 CENTER，如图 7-202 所示。

（6）单击"默认"选项卡"修改"面板中的"修剪"按钮，修剪掉多余的直线，完成墙体的绘制，如图 7-203 所示。

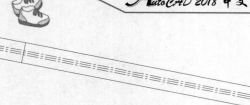

图 7-201　绘制直线　　　　　　　　　图 7-202　偏移直线

（7）将"灯具"图层设置为当前图层，单击"默认"选项卡"修改"面板中的"偏移"按钮，将轴线分别向两侧偏移 1000，然后单击"默认"选项卡"绘图"面板中的"直线"按钮，绘制长为 4000 的斜线，作为灯具造型，最后单击"默认"选项卡"修改"面板中的"删除"按钮，将多余的轴线删除，结果如图 7-204 所示。

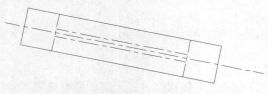

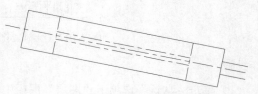

图 7-203　修剪掉多余的直线　　　　　　图 7-204　绘制灯具造型

（8）同理，绘制另一侧的墙体，如图 7-205 所示。

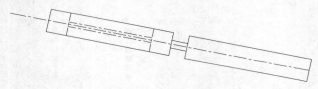

图 7-205　绘制墙体

（9）单击"默认"选项卡"修改"面板中的"复制"按钮，将步骤（8）绘制的墙体和灯具复制到图中其他位置处，然后单击"默认"选项卡"修改"面板中的"旋转"按钮和"修剪"按钮，将复制的图形旋转到合适的角度并修剪掉多余的直线，结果如图 7-206 所示。

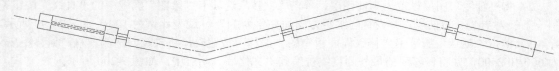

图 7-206　复制图形

（10）单击"默认"选项卡"注释"面板中的"标注样式"按钮，打开"标注样式管理器"对话框，然后新建一个新的标注样式，分别对各个选项卡进行设置。

- ☑　线：超出尺寸线为 1000，起点偏移量为 1000。
- ☑　符号和箭头：第一个为用户箭头，选择建筑标记，箭头大小为 1000。
- ☑　文字：文字高度为 2000，文字位置为垂直上，文字对齐为 ISO 标准。
- ☑　主单位：精度为 0，舍入为 10，比例因子为 0.05。

（11）将"标注"图层设置为当前图层，单击"默认"选项卡"注释"面板中的"对齐"按钮和"连续"按钮，标注第一道尺寸，如图 7-207 所示。

（12）单击"默认"选项卡"注释"面板中的"对齐"按钮，为图形标注总尺寸，如图 7-208 所示。

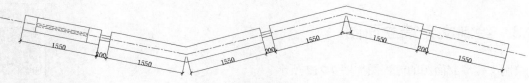

图 7-207 标注第一道尺寸

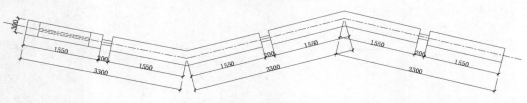

图 7-208 标注总尺寸

（13）单击"默认"选项卡"注释"面板中的"对齐"按钮和"角度"按钮，标注细节尺寸，如图 7-209 所示。

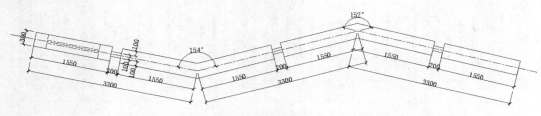

图 7-209 标注细节尺寸

（14）单击"默认"选项卡"绘图"面板中的"多段线"按钮，设置线宽为 200，绘制剖切符号，如图 7-210 所示。

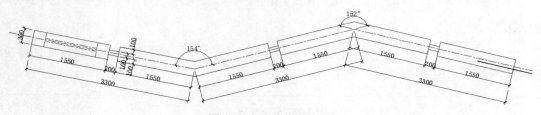

图 7-210 绘制剖切符号

（15）单击"默认"选项卡"绘图"面板中的"直线"按钮、"圆"按钮和"注释"面板中的"多行文字"按钮A，标注文字说明，如图 7-211 所示。

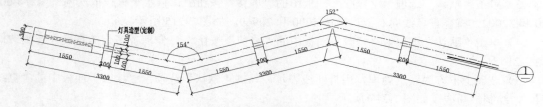

图 7-211 标注文字说明

（16）单击"默认"选项卡"绘图"面板中的"直线"按钮、"多段线"按钮和"注释"面板中的"多行文字"按钮A，标注图名，如图 7-197 所示。

扫码看视频

7.8.3 绘制文化墙
立面图

7.8.3 绘制文化墙立面图

绘制文化墙立面图的流程图如图 7-212 所示。

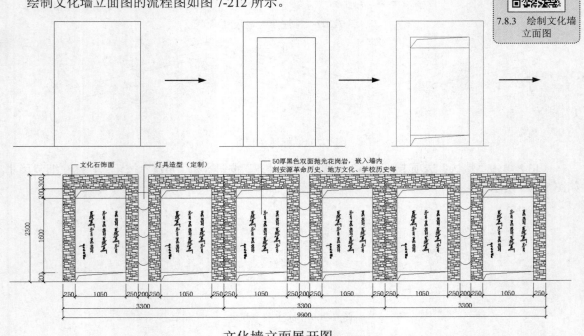

文化墙立面展开图 1:50

图 7-212 绘制文化墙立面图的流程图

操作步骤：

（1）单击"默认"选项卡"绘图"面板中的"直线"按钮，绘制一条长为 251892 的地基线，如图 7-213 所示。

图 7-213 绘制地基线

（2）单击"默认"选项卡"绘图"面板中的"直线"按钮，绘制连续线段，设置竖直方向长为 46000，水平方向长为 31000，如图 7-214 所示。

（3）单击"默认"选项卡"修改"面板中的"偏移"按钮，将水平直线依次向下偏移 6000、4000 和 32002，将竖直直线向右依次偏移 5000 和 20969，如图 7-215 所示。

（4）单击"默认"选项卡"修改"面板中的"修剪"按钮，修剪掉多余的直线（绘制玻璃），如图 7-216 所示。

（5）玻璃上下方为镂空处理，用折断线表示，单击"默认"选项卡"绘图"面板中的"直线"按钮，绘制折断线，如图 7-217 所示。

（6）单击"默认"选项卡"绘图"面板中的"图案填充"按钮，打开"图案填充创建"选项卡，填充图案为 CUTSTONE 图案，填充图案比例为 8000，如图 7-218 所示，然后选择填充区域，填充图形，结果如图 7-219 所示。

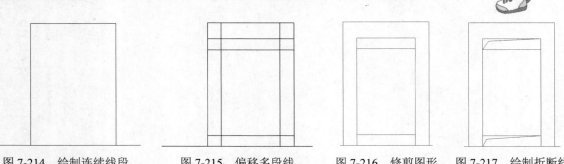

图 7-214　绘制连续线段　　　图 7-215　偏移多段线　　　图 7-216　修剪图形　　图 7-217　绘制折断线

图 7-218　"图案填充创建"选项卡

（7）单击"默认"选项卡"块"面板中的"插入"按钮，打开"插入"对话框，如图 7-220 所示，将文字装饰图块插入到图中，结果如图 7-221 所示。

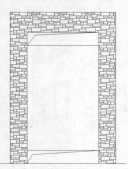

图 7-219　填充图形　　　　　　　　图 7-220　"插入"对话框

（8）单击"默认"选项卡"绘图"面板中的"矩形"按钮，在屏幕中的适当位置绘制一个长为 3954、宽为 38376 的矩形，如图 7-222 所示。

（9）单击"默认"选项卡"绘图"面板中的"圆弧"按钮，绘制灯柱上的装饰纹理，如图 7-223 所示。

（10）单击"默认"选项卡"修改"面板中的"移动"按钮，将灯柱移动到图中合适的位置处，如图 7-224 所示。

（11）单击"默认"选项卡"修改"面板中的"复制"按钮，将文化墙和灯具依次向右复制，如图 7-225 所示。

（12）单击"默认"选项卡"注释"面板中的"标注样式"按钮，打开"标注样式管理器"对话框，设置如下标注样式。

- ☑　"线"选项卡：超出尺寸线设置为 1000，起点偏移量为 1000。
- ☑　"符号和箭头"选项卡：箭头设置为建筑标记，箭头大小为 1000。
- ☑　"文字"选项卡：文字高度设置为 2000。

图 7-221　插入文字装饰　图 7-222　绘制矩形　图 7-223　绘制装饰纹理　图 7-224　移动灯柱

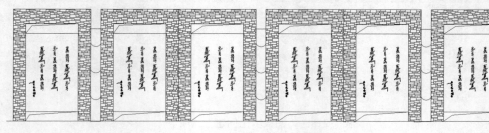

图 7-225　复制文化墙和灯具

☑　"主单位"选项卡：精度设置为 0，舍入为 10，比例因子为 0.05。

（13）单击"默认"选项卡"注释"面板中的"线性"按钮┡┤和"连续"按钮┠┨┨，为图形标注第一道尺寸，如图 7-226 所示。

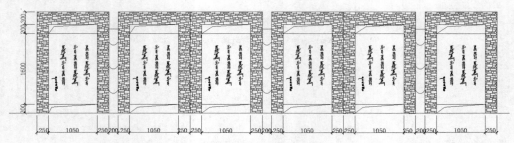

图 7-226　标注第一道尺寸

（14）同理，标注第二道尺寸，如图 7-227 所示。

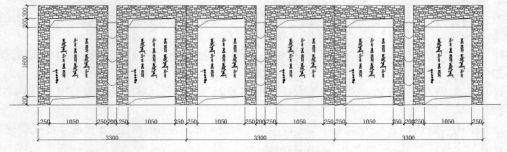

图 7-227　标注第二道尺寸

（15）单击"默认"选项卡"注释"面板中的"线性"按钮┡┤，为图形标注总尺寸，如图 7-228 所示。

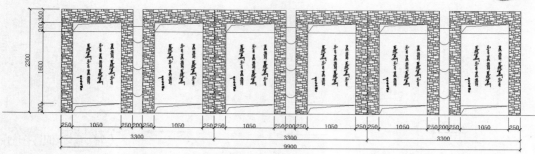

图 7-228 标注总尺寸

（16）单击"默认"选项卡"绘图"面板中的"直线"按钮 ╱，在图中引出直线，如图 7-229 所示。

（17）单击"默认"选项卡"注释"面板中的"多行文字"按钮 A，在直线右侧输入文字，如图 7-230 所示。

图 7-229 引出直线

图 7-230 输入文字

（18）单击"默认"选项卡"修改"面板中的"复制"按钮 ╲，将直线和文字复制到图中其他位置处，然后双击文字，修改文字内容，以便文字格式的统一，最终完成其他位置处文字的标注，如图 7-231 所示。

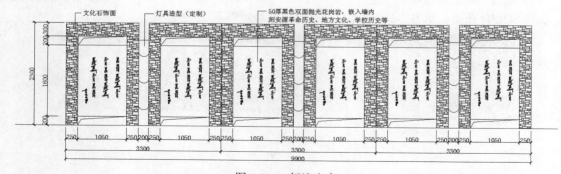

图 7-231 标注文字

（19）单击"默认"选项卡"绘图"面板中的"直线"按钮 ╱、"多段线"按钮 ╭┘ 和"注释"面板中的"多行文字"按钮 A，标注图名，如图 7-212 所示。

7.8.4 绘制文化墙基础详图

绘制文化墙基础详图的流程图如图 7-232 所示。

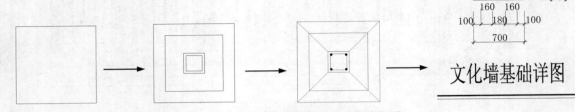

图 7-232　绘制文化墙基础详图的流程图

操作步骤：

（1）单击"默认"选项卡"绘图"面板中的"矩形"按钮▢，绘制长、宽分别为 14000 的矩形，如图 7-233 所示。

（2）单击"默认"选项卡"修改"面板中的"偏移"按钮▣，将矩形向内偏移分别为 2000、3200 和 400，如图 7-234 所示。

（3）单击"默认"选项卡"绘图"面板中的"直线"按钮／，绘制对角线，如图 7-235 所示。

（4）单击"默认"选项卡"绘图"面板中的"圆"按钮◯，绘制半径为 211 的圆，如图 7-236 所示。

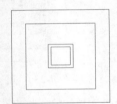
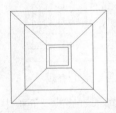
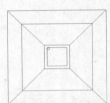

图 7-233　绘制矩形　　　　图 7-234　偏移矩形　　　　图 7-235　绘制直线　　　　图 7-236　绘制圆

（5）单击"默认"选项卡"绘图"面板中的"图案填充"按钮▨，打开"图案填充创建"选项卡，选择 SOLID 图案，如图 7-237 所示；填充圆，结果如图 7-238 所示。

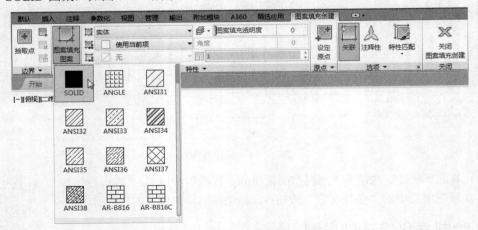

图 7-237　"图案填充创建"选项卡

（6）单击"默认"选项卡"修改"面板中的"复制"按钮❀，将填充圆复制到图中其他位置处，完成配筋的绘制，如图 7-239 所示。

（7）单击"默认"选项卡"注释"面板中的"标注样式"按钮，打开"标注样式管理器"对话框，设置如下标注样式。

☑ "线"选项卡：超出尺寸线设置为 1000，起点偏移量为 1000。

☑ "符号和箭头"选项卡：箭头设置为建筑标记，箭头大小为 1000。

☑ "文字"选项卡：文字高度设置为 1500。

☑ "主单位"选项卡：精度设置为 0，舍入为 10，比例因子为 0.05。

（8）单击"默认"选项卡"注释"面板中的"线性"按钮，为图形标注尺寸，如图 7-240 所示。

（9）单击"默认"选项卡"绘图"面板中的"直线"按钮，在图中引出直线，如图 7-241 所示。

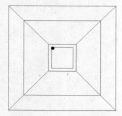

图 7-238　填充圆

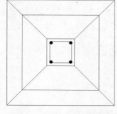

图 7-239　绘制配筋

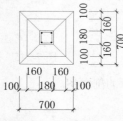

图 7-240　标注尺寸

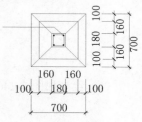

图 7-241　引出直线

（10）单击"默认"选项卡"注释"面板中的"多行文字"按钮 A，在直线左侧输入文字，如图 7-242 所示。

（11）单击"默认"选项卡"修改"面板中的"复制"按钮，将直线和文字复制到下侧，完成其他位置处文字的标注，如图 7-243 所示。

（12）单击"默认"选项卡"绘图"面板中的"直线"按钮、"多段线"按钮和"注释"面板中的"多行文字"按钮 A，标注图名，结果如图 7-232 所示。

（13）文化墙剖面图的绘制与其他图形的绘制方法类似，这里不再重述，结果如图 7-244 所示。

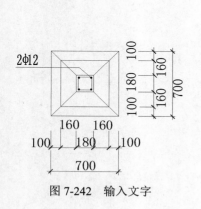

图 7-242　输入文字

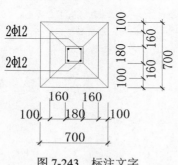

图 7-243　标注文字

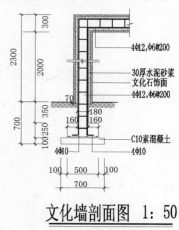

文化墙剖面图　1：50

图 7-244　文化墙剖面图

7.9　实践与操作

通过本章的学习，读者对园林建筑中亭、榭、廊的特点及绘制过程有了一定的了解，并对花架、不同桥及大门的绘制初步掌握。本节将通过 3 个操作练习使读者进一步掌握本章知识要点。

（1）绘制如图 7-245 所示的桥平面图。

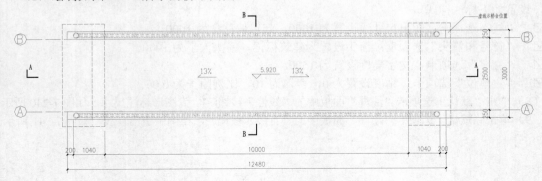

图 7-245　桥平面图

（2）绘制如图 7-246 所示的剖面图。

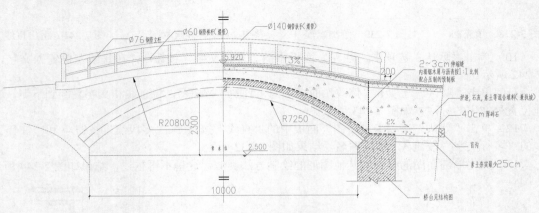

图 7-246　A-A 剖面图

（3）绘制如图 7-247 所示的栏杆立面详图。

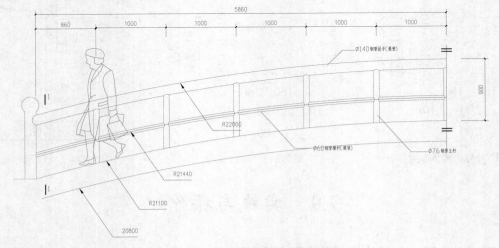

图 7-247　栏杆立面详图

第8章

园林小品

　　园林中供休息、装饰、照明、展示和为园林管理及方便游人之用的小型建筑设施称为园林建筑小品。一般没有内部空间，体量小巧，造型别致，富有特色，并讲究适得其所。这种建筑小品设置在城市街头、广场、绿地等室外环境中，因此称为城市建筑小品。园林建筑小品在园林中既能美化环境、丰富园趣、为游人提供文化休息和公共活动的方便，又能使游人从中获得美的感受和良好的教益。

- ☑ 园林小品基本特点与设计原则
- ☑ 花池
- ☑ 宣传栏
- ☑ 坐凳
- ☑ 垃圾箱
- ☑ 铺装大样绘制

任务驱动&项目案例

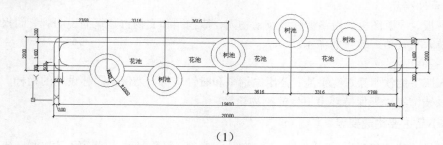

（1）

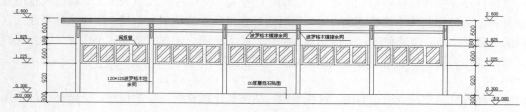

（2）

8.1 概　　述

园林小品是园林环境中不可缺少的因素之一，它虽不像园林建筑那样处于举足轻重的地位，但却像园林中的奇葩，闪烁着异样的光彩。它体量小巧，造型新颖，既有简单的使用功能，又有装饰品的造型艺术特点。因此它既有园林建筑技术的要求，又含有造型艺术和空间组合上的美感要求。常见的园林小品有花池、园桌、园凳、宣传栏、栏杆、花格、果皮箱等。小品的设计首先要巧于立意、要表达出一定的意境和乐趣才能成为耐人寻味的作品；其次要独具特色，切忌生搬硬套，另外要追求自然，使得"虽有人作、宛如天开"。小品作为园林的陪衬，体量要合宜，不可喧宾夺主。最后，由于园林小品绝大多数均有实用意义，因此除了造型上的美观外，还要符合实用功能及技术上的要求。本章主要介绍花池、园桌、园凳、宣传栏的绘制方法。

8.1.1　园林小品的基本特点

1. 园林小品的分类

园林建筑小品按其功能分为 5 类。

（1）供休息的小品

包括各种造型的靠背园椅、园凳、园桌和遮阳伞、遮阳罩等。常结合环境，用自然块石或用混凝土制作成仿石、仿树墩的凳、桌；或利用花坛、花台边缘的矮墙和地下通气孔道来制作椅、凳等；围绕大树基部设椅凳，既可休息又能纳荫。

（2）装饰性小品

各种固定的和可移动的花钵、饰瓶，可以经常更换花卉。装饰性的日晷、香炉、水缸，各种景墙（如九龙壁）、景窗等，在园林中起点缀作用。

（3）照明的小品

园灯的基座、灯柱、灯头、灯具都有很强的装饰作用。

（4）展示性小品

各种布告板、导游图板、指路标牌以及动物园、植物园和文物古建筑的说明牌、阅报栏、图片画廊等，都对游人有宣传、教育的作用。

（5）服务性小品

如为游人服务的饮水泉、洗手池、公用电话亭和时钟塔等，为保护园林设施的栏杆、格子垣和花坛绿地的边缘装饰等，为保持环境卫生的废物箱等。

2. 园林小品主要构成要素

园景规划设计应该包括园墙、门洞（又称墙洞）、空窗（又称月洞）、漏窗（又称漏墙或花墙窗洞）、室外家具和出入口标志等小品设施的设计。同时园林意境的空间构思与创造，往往又具有通过它们作为空间的分隔、穿插、渗透和陪衬来增加景深变化，扩大空间，使方寸之地能小中见大，并在园林艺术上又巧妙地作为取景的画框，随步移景，遮移视线又成为情趣横溢的造园障景。

（1）墙

园林景墙有分隔空间、组织导游、衬托景物、装饰美化或遮蔽视线的作用，是园林空间构图的一个重要因素。

（2）装饰隔断

其作用在于加强建筑线条、质地、阴阳、繁简及色彩上的对比。其式样可分为博古式、栅栏式、组合式和主题式等几类。

（3）门窗洞口

门洞的形式基本分为曲线型、直线型和混合型 3 种，现代园林建筑中还出现了一些新的不对称的门洞式样，可以称之为自由型。门洞和门框是游人进出繁忙的地方，容易受到各种碰撞、挤压和磨损，因而需要配置坚硬耐磨的材料，特别是位于门碱楗部位的材料更应如此；若有车辆出入，其宽度应该符合车辆的净空要求。

（4）园凳和园椅

园凳和园椅的首要功能是供游人就座休息，同时又可欣赏周围景物。园桌和园椅还有另一个重要的功能是作为园林的装饰小品，以其优美精巧的造型点缀园林环境，成为园林景色之一。

（5）引水台、烧烤场及路标等

为了满足游人日常之需和野营等特殊需要，在风景区应该设置引水台和烧烤场，以及野餐桌、路标、厕所、废物箱、垃圾箱等。

（6）铺地

园中铺地其实是一种地面装饰。铺地形式多样，有乱石铺地、冰裂纹，以及各式各样的砖花地等。砖花地形式多样，若做得巧妙，则价廉形美。

也有的铺地是用砖、瓦等与卵石混用拼出美丽的图案，这种形式是用立砖为界，中间填卵石；也有的用瓦片，以瓦的曲线做出"双钱"及其他带有曲线的图形。这种地面是园林中的庭院常用的铺地形式。另外，还有利用卵石的不同大小或色泽，拼搭出各种图案。例如，以深色（或较大的）卵石为界线，以浅色（或较小的）卵石填入其间，拼填出鹿、鹤、麒麟等图案，或拼填出"平升三级"等吉祥如意的图形，当然还有"暗八仙"或其他形象。总之，可以用这种材料铺成各种形象的地面。

用碎的大小不等的青板石，还可以铺出冰裂纹地面。冰裂纹图案除了形式美之外，还有文化上的内涵。文人们喜欢这种形式，它具有"寒窗苦读"或"玉洁冰清"之意，隐喻出坚毅、高尚和纯朴之意。

（7）花色景梯

园林规划中结合造景和功能之需，采用不同一般花色景梯小品，有的依楼倚山，有的凌空展翅，或悬挑睡眠等造型，既满足交通功能之需，又以本身姿丽，丰富建筑空间的艺术景观效果。花色楼梯造型新颖多姿，与宾馆庭院环境相融相宜。

（8）栏杆边饰等装饰细部

园林中的栏杆除起防护作用外，还可用于分隔不同活动内容的空间、划分活动范围以及组织人流，用栏杆点缀装饰园林环境。

（9）园灯

常见的园灯包括汞灯、金属卤化物灯、高压钠灯、荧光灯、白炽灯、水下照明彩灯等。园林中使用的照明器样式包括投光器、杆头式照明器、低照明器等。

树木照明可用自下而上照射的方法，以消除叶里的黑暗阴影。尤当其具有的照度为周围倍数时，被照射的树木就可以得到购景中心感。在一般的绿化环境中，需要的照度为 $50\sim100lx$。对于低矮植物多半使用仅产生向下配光的照明器。

（10）雕塑小品

园林建筑的雕塑小品主要是指带观赏性的小品雕塑，园林雕塑的取材应与园林建筑环境相协调，要有统一的构思。园林雕塑小品的题材确定后，在建筑环境中应如何配置是一个值得探讨的问题。

（11）游戏设施

游戏设施较为多见的有秋千、滑梯、沙场、爬杆、爬梯、绳具和转盘等。

8.1.2 园林小品的设计原则

园林装饰小品在园林中不仅是实用设施，且可作为点缀风景的景观小品。因此它既有园林建筑技术的要求，又有造型艺术和空间组合上的美感要求。一般在设计和应用时应遵循以下原则。

1. 巧于立意

园林建筑装饰小品作为园林中局部主体景物，具有相对独立的意境，应具有一定的思想内涵，才能产生感染力。如我国园林中常在庭院的白粉墙前置玲珑山石、几竿修竹，粉墙花影恰似一幅花鸟国画，很有感染力。

2. 突出特色

园林建筑装饰小品应突出地方特色、园林特色及单体的工艺特色，使其具有独特的格调，切忌生搬硬套，产生雷同。如广州某园草地一侧，花竹之畔，设一水罐形灯具，造型简洁，色彩鲜明，灯具紧靠地面与花卉绿草融为一体，独具环境特色。

3. 融于自然

园林建筑小品要将人工与自然浑成一体，追求自然又精于人工。"虽由人作，宛如天开"则是设计者们的匠心之处。如在老榕树下塑以树根造型的园凳，似在一片林木中自然形成的断根树桩，可达到以假乱真的程度。

4. 注重体量

园林装饰小品作为园林景观的陪衬，一般在体量上力求与环境相适宜。如在大广场中，设巨型灯具，有明灯高照的效果；而在小林荫曲径旁，只宜设小型园灯，不但体量小，造型更应精致；又如喷泉、花池的体量等，都应根据所处的空间大小确定其相应的体量。

5. 因需设计

园林装饰小品，绝大多数有实用意义，因此除满足美观效果外，还应符合实用功能及技术上的要求。如园林栏杆具有各种使用目的，对于各种园林栏杆的高度也就有不同的要求。

6. 功能技术要相符

园林小品绝大多数具有实用功能，因此除满足艺术造型美观的要求外，还应符合实用功能及技术的要求。例如园林栏杆的高度，应根据使用目的不同有所变化；又如园林坐凳，应符合游人休息的尺度要求；再如园墙，应从围护要求来确定其高度及其他技术要求。

7. 地域民族风格浓郁

园林小品应充分考虑地域特征和社会文化特征。园林小品的形式，应与当地自然景观和人文景观相协调，尤其在旅游城市，建设新的园林景观时，更应充分注意到这一点。

园林小品设计须考虑的问题是多方面的，不能局限于几条原则，应学会举一反三、融会贯通。园林小品作为园林的点缀，一般在体量上力求精巧，不可喧宾夺主，失去分寸。如园林灯具，在大型集散广场中，可设置巨型灯具，以起到明灯高照的效果；而在小庭院、林荫曲径旁边，则只适合放置小型园灯，不但体量要小，而且造型要更加精致。其他如喷泉、花台的大小，均应根据其所处的空间大小确定其体量。

8.2 花　　池

花池是公园里最灵动的地方，最吸引人的地方，因为最美丽鲜艳的植物就种植在这里。因此花池的设计一定要新颖、别致、美观。本节以最普通的花池为例说明其绘制方法。绘制花池的流程图如图 8-1 所示。

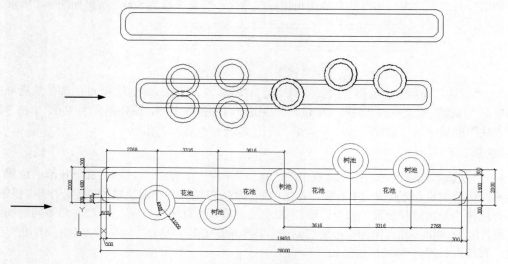

图 8-1　绘制花池的流程图

操作步骤：

1. 建立"花池"图层

单击"默认"选项卡"图层"面板中的"图层特性"按钮，打开"图层特性管理器"对话框，建立一个新图层，并将其命名为"花池"，颜色为洋红，线型为 Continuous，线宽为 0.70，并将其设置为当前图层，如图 8-2 所示。确定后回到绘图状态。

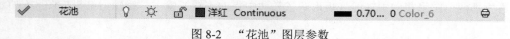

图 8-2　"花池"图层参数

2. 花池外轮廓的绘制

（1）单击"默认"选项卡"绘图"面板中的"矩形"按钮，在绘图区取适当一点为矩形的第一角点，另一角点坐标为（@20000,2000）。然后单击"默认"选项卡"修改"面板中的"偏移"按钮，将矩形向内侧进行偏移，偏移距离为 300，结果如图 8-3 所示。

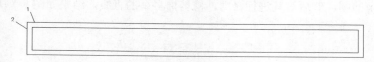

图 8-3　花池外轮廓

（2）单击"默认"选项卡"修改"面板中的"分解"按钮，将绘制好的矩形分解。然后单击

"默认"选项卡"修改"面板中的"圆角"按钮▢，对矩形进行倒圆角，命令行提示与操作如下：

```
命令：_fillet↙
当前设置：模式=修剪，半径=0.0000
选择第一个对象或 [放弃(U)/多段线(P)/半径(R)/修剪(T)/多个(M)]：r↙
指定圆角半径 <0.0000>：500↙
选择第一个对象或 [放弃(U)/多段线(P)/半径(R)/修剪(T)/多个(M)]：（选择直线1）
选择第二个对象，或按住 Shift 键选择要应用角点的对象：（选择直线2）
```

重复"圆角"命令，对内外矩形的其他边角进行圆角化，圆角半径为500，结果如图8-4所示。

图8-4　圆角后效果

（3）单击"默认"选项卡"绘图"面板中的"圆"按钮⊙，绘制一半径为1000的圆，然后单击"默认"选项卡"修改"面板中的"偏移"按钮⊜，将圆向内侧进行偏移，偏移距离为300。单击"默认"选项卡"块"面板中的"创建"按钮▣，将其创建成块，命名为"花池"。

3．添加圆形花池

（1）单击"默认"选项卡"绘图"面板中的"直线"按钮╱，绘制直线确定圆形花池的位置，分别连接矩形四边的中点，交点即为中心圆形花池的插入点。左边圆形花池位置的确定：打开"极轴"命令，右击并选择"正在追踪设置"命令，附加22°角，重复"直线"命令，沿22°角方向绘制直线段，直线段长度为3900，此点作为中心圆右侧圆形花池的圆心插入点；用同样的方法沿8°角方向绘制直线段，直线段长度为7000，结果如图8-5所示。

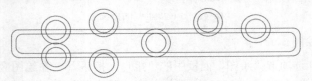

图8-5　添加圆形花池

（2）删除多余的辅助线，并对多余的线条进行修剪。然后单击"默认"选项卡"修改"面板中的"镜像"按钮⚁，将步骤（1）绘制好的圆形花池沿横向中轴线（矩形两条短边中点的连线）镜像，镜像后再将那两个圆沿竖向中轴线（矩形两条长边中点的连线）镜像，镜像后结果如图8-6所示。

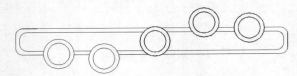

图8-6　镜像

（3）删除多余的圆，然后对其进行修剪，修剪掉多余的直线，结果如图8-7所示。

图8-7　删除多余圆及直线

4．文字、尺寸的标注

（1）建立"尺寸"图层，参数如图 8-8 所示，并将其设置为当前图层。

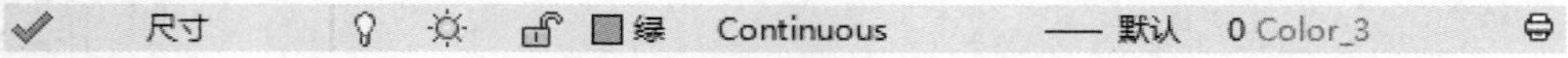

✔ 尺寸 🔆 ☀ 🔓 ■绿 Continuous —— 默认 0 Color_3 🖨

图 8-8 "尺寸"图层参数

（2）单击"默认"选项卡"注释"面板中的"标注样式"
按钮，打开"标注样式管理器"对话框，新建一个标注样式，
并将其命名为"建筑"，单击"继续"按钮，如图 8-9 所示。
其他设置按照第 7 章的设置方法设置，这里不再详述。

（3）第一道尺寸线绘制。单击"默认"选项卡"注释"
面板中的"线性"按钮，按命令行提示进行操作。

单击"默认"选项卡"注释"面板中的"半径"按钮，
命令行提示与操作如下：

图 8-9 新建标注样式

```
命令：_dimradius↙
选择圆弧或圆：（选择半径为1120的圆）
标注文字=1120.00
指定尺寸线位置或 [多行文字(M)/文字(T)/角度(A)]：
```

重复"半径"标注命令，标注其他半径尺寸。

（4）第二道尺寸线绘制。单击"默认"选项卡"注释"面板中的"线性"按钮，按命令行提
示进行操作，结果如图 8-10 所示。

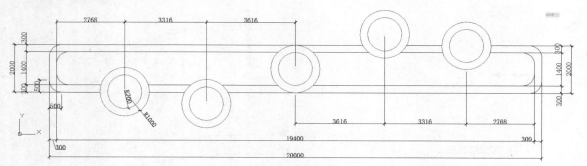

图 8-10 尺寸线标注

5．文字的标注

（1）建立"文字"图层，参数如图 8-11 所示，将其设置为当前图层。

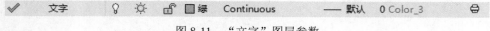

✔ 文字 🔆 ☀ 🔓 ■绿 Continuous —— 默认 0 Color_3 🖨

图 8-11 "文字"图层参数

（2）单击"默认"选项卡"注释"面板中的"多行文字"按钮，在标注文字的区域拉出一个
矩形，打开"文字编辑器"选项卡，首先设置字体及字高，其次在文本区输入要标注的文字，进行文
字的标注。

（3）采用相同的方法，依次标注出花池其他部位名称。至此，花池的表示方法就完成了，如图 8-1
所示。

8.3 宣 传 栏

园林是游人休息娱乐的场所，也是进行文化宣传、开展科普教育的阵地。在各种公园、风景游览胜地设置展览馆、陈列室、纪念馆以及各种类型的宣传廊、画廊，开展多种形式的宣传教育活动，可以收到良好的效果。宣传廊、宣传牌以及各种标志牌有接近群众、利用率高、占地少、变化多、造价低等特点，以其优美的造型、灵活的布局装点美化园林环境。宣传廊、宣传牌以及各种标志造型要新颖活泼、简洁大方，色彩要明朗醒目，并应适当配置植物遮阳，其风格要与周围环境协调统一。宣传廊、宣传牌的位置宜选在人流量大的地段以及游人聚集、停留、休息的处所。如园林绿地及各种小广场的周边、道路的两侧及对景处等地。宣传廊、宣传牌亦可结合建筑、游廊园墙等设置，若在人流量大的地段设置，其位置应尽可能避开人流路线，以免互相干扰。绘制流程图如图 8-12 所示。

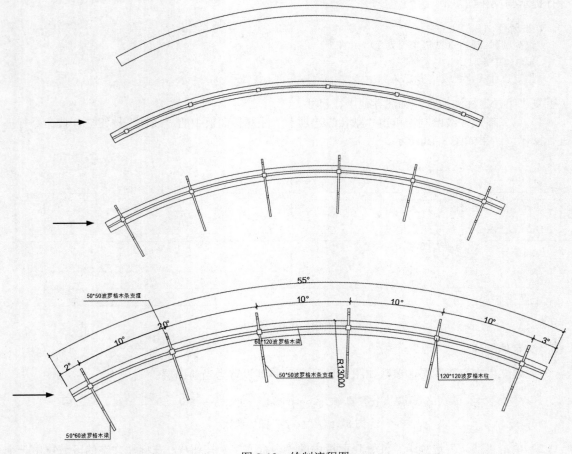

图 8-12　绘制流程图

操作步骤：

1. 建立"标志牌"图层

建立一个新图层，命名为"标志牌"，颜色为洋红，线型为 Continuous，线宽为 0.70，并将其设置为当前图层，如图 8-13 所示。确定后回到绘图状态。

| ✓ | 标志牌 | ♀ | ☼ | 🔓 | ■ 洋红 | Continuous | — 0.70... | 0 Color_6 | 🖨 |

图 8-13 "标志牌"图层参数

2. 标志牌平面图的绘制

（1）牌面的绘制。

❶ 利用鼠标右键单击"极轴"按钮 ⊙，在打开的快捷菜单中选择"正在追踪设置"命令，设置附加角度为 120°。单击"默认"选项卡"绘图"面板中的"直线"按钮 ╱，以图面中任意一点为第一角点，沿 120°方向绘制直线，直线长度为 13000，以此为绘制圆弧的基准线。

❷ 单击"默认"选项卡"绘图"面板中的"圆弧"按钮 ╱，以步骤❶绘制直线的第一角点为圆心，沿 120°方向输入直线的端点为圆弧起点，角度为-55°。

❸ 单击"默认"选项卡"修改"面板中的"偏移"按钮 ▤，将其向内侧偏移，偏移距离为 350。单击"默认"选项卡"绘图"面板中的"直线"按钮 ╱，将两条圆弧的端点用直线连接起来，结果如图 8-14 所示。

（2）木梁及木柱的绘制。

❶ 木梁的绘制。单击"默认"选项卡"修改"面板中的"偏移"按钮 ▤，将步骤（1）绘制的圆弧向内侧偏移，偏移距离为 145，然后以偏移后的对象作为要偏移的对象，将其向下侧进行偏移，偏移距离为 60。

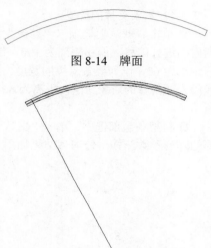

图 8-14 牌面

❷ 木柱的绘制。利用鼠标右键单击"极轴"按钮 ⊙，在打开的快捷菜单中选择"正在追踪设置"命令，设置附加角度为 118°。然后单击"默认"选项卡"绘图"面板中的"直线"按钮 ╱，以圆弧的圆心为起点，沿 118°方向绘制直线，与标志牌的外侧弧线相交，结果如图 8-15 所示。

❸ 重复"直线"命令，以步骤❷绘制的 118°直线与外侧圆弧的交点为起点，沿步骤❷绘制的 118°（指向圆心）直线方向绘制长度为 115 的直线。单击"默认"选项卡"绘图"面板中的"矩形"按钮 ▭，以步骤❷绘制的直线的末端点为第一角点，绘制 120×120 的矩形，然后单击"默认"选项卡"修改"面板中的"旋转"按钮 ⟳，以矩形的左上角点为基点，旋转 28°。绘制结果如图 8-16 所示。

图 8-15 木梁及木柱的绘制 1

❹ 单击"默认"选项卡"修改"面板中的"环形阵列"按钮 ⬡，将矩形进行阵列，以圆弧的圆心为阵列中心，填充角度为-55°，项目间的角度为 10°。然后对多余的线条进行修剪，结果如图 8-17 所示。

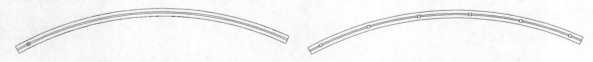

图 8-16 木梁及木柱的绘制 2　　　　　　　　图 8-17 木梁及木柱的绘制 3

（3）木条的绘制。

❶ 单击"默认"选项卡"绘图"面板中的"直线"按钮 ╱，以圆弧的圆心为起点，终点为矩形木柱一边的中点，结果如图 8-18 所示。

❷ 木条两端边缘的确定。打开"极轴"命令，重复"直线"命令，以步骤❶矩形木柱的外侧边中点为起点，沿步骤❶绘制的直线方向向外侧继续绘制直线，长度为440，然后以直线段的末端点为起点，沿圆心方向绘制一条长度为1800的直线，此为木条的长度，保留此条直线，其他辅助直线删除，结果如图8-19所示。

❸ 单击"默认"选项卡"修改"面板中的"偏移"按钮 ，将其分别向两侧进行偏移，偏移距离为25，然后将其两端口用直线段封闭，修剪掉多余的直线段，结果如图8-20所示。

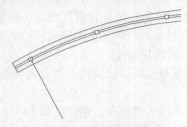

图8-18 木条的绘制1

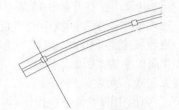

图8-19 木条的绘制2

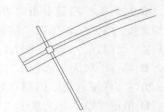

图8-20 木条的绘制3

（4）木条支撑的绘制。

❶ 单击"默认"选项卡"修改"面板中的"偏移"按钮 ，将步骤（3）绘制的端口封闭直线段向内侧进行偏移，偏移距离为100，作为架条支撑的外缘线，然后将偏移后的直线段向内侧偏移，偏移距离为60，作为架条支撑的宽度。然后再将其向内侧偏移，偏移距离为980，然后再以偏移后的直线段为要偏移的对象，偏移距离为60，作为下侧架条的支撑。删除、修剪多余的线条，结果如图8-21所示。

❷ 将架条全部选中，单击"默认"选项卡"修改"面板中的"环形阵列"按钮 ，阵列参数和矩形的阵列参数一样。修剪后结果如图8-22所示。

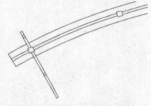

图8-21 木条支撑的绘制1

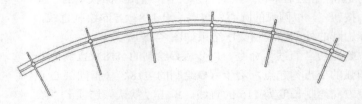

图8-22 木条支撑的绘制2

3．尺寸标注

（1）建立"尺寸"图层。该部分尺寸分为两道，第一道为局部尺寸的标注，第二道为总尺寸。

（2）第一道尺寸线绘制。单击"默认"选项卡"注释"面板中的"角度"按钮 ，按命令行提示进行操作。

（3）第二道尺寸线绘制。单击"默认"选项卡"注释"面板中的"半径"按钮 ，按命令行提示进行操作。

结果如图8-23所示。

4．标注文字

建立"文字"图层，参数如图8-24所示，并将其设置为当前图层。

（1）单击"默认"选项卡"注释"面板中的"多行文字"按钮A，在标注文字的区域拉出一个矩形，打开"文字编辑器"选项卡，首先设置字体及字高，其次在文本区输入要标注的文字，进行文字标注。

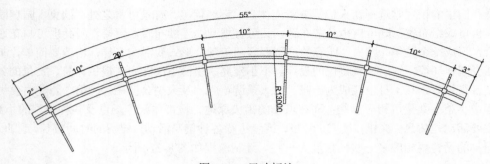

图 8-23 尺寸标注

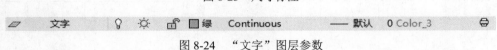

图 8-24 "文字"图层参数

（2）采用相同的方法，依次标注出标志牌其他部位名称。至此，标志牌的表示方法就完成了，如图 8-25 所示。

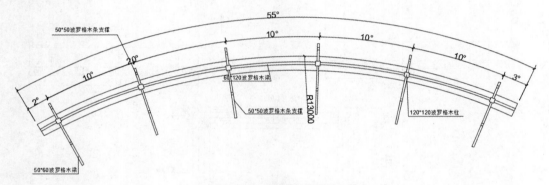

图 8-25 标志牌平面图

采用相同的方法，绘制标志牌立面图，如图 8-26 所示。

图 8-26 标志牌立面图

8.4 坐 凳 绘 制

扫码看视频

8.4 坐凳

园椅、园凳和园桌是各种园林绿地及城市广场中必备的设施。湖边池畔、花间林下、广场周边、园路两侧和山腰台地处均可设置，供游人就座休息、促膝长谈和观赏风景。如果在一片天然的树林中设置一组蘑菇形的休息园凳，宛如林间树下长出的蘑菇，可把树林环境衬托得野趣盎然，而在草坪边、园路旁、竹丛下适当地布置园椅，也会给人以亲切感，并使大自然富有生机。园椅、园凳和园桌的设置常选择在人们需要就座休息、环境优美、有景可赏之处。园桌、园凳既可以单独设置，也可成组布置；既可自由分散布置，又可有规则地连续布置。园椅、园凳也可与花坛等其他小品组合，形成一个整体。园椅、园凳的造型要轻巧美观，形式要活泼多样，构造要简单，制作要方便，要结合园林环境，做出具有特色的设计。小小坐凳、座椅不仅能为人提供休息、赏景的处所，若与环境结合得很好，其本身也能成为一景。在风景游览胜地及大型公园中，园椅、园凳主要供人们在游览路程中小憩，数量可相应少些；而在城镇的街头绿地、城市休闲广场以及各种类型的小游园内，游人的主要活动是休息、弈棋、读书、看报，或者进行各种健身活动，停留的时间较长，因此，园椅、园凳、园桌的设置要相应多一些，密度大一些。绘制流程如图 8-27 所示。

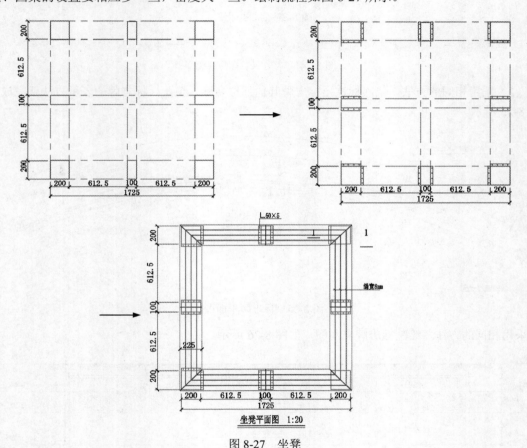

图 8-27　坐凳

操作步骤：

8.4.1　绘图前准备以及绘图设置

1. 建立新文件

打开 AutoCAD 2018 应用程序，建立新文件，将新文件命名为"坐凳.dwg"并保存。

2. 设置图层

设置 4 个图层，即"标注尺寸""中心线""轮廓线""文字"，把这些图层设置成不同的颜色，使图纸上表示更加清晰，将"中心线"图层设置为当前图层，设置好的图层如图 8-28 所示。

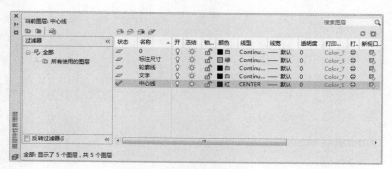

图 8-28 坐凳图层设置

3. 标注样式的设置

根据绘图比例设置标注样式，单击"默认"选项卡"注释"面板中的"标注样式"按钮，对标注样式线、符号和箭头、文字、主单位进行设置，具体如下。

☑ 线：超出尺寸线为 25，起点偏移量为 30。

☑ 符号和箭头：第一个为建筑标记，箭头大小为 30，圆心标注为 15。

☑ 文字：文字高度为 30，文字位置为垂直上，从尺寸线偏移为 15，文字对齐为 ISO 标准。

☑ 主单位：精度为 0.0，比例因子为 1。

4. 文字样式的设置

单击"默认"选项卡"注释"面板中的"文字样式"按钮，打开"文字编辑器"选项卡，选择"仿宋"字体，"宽度因子"设置为 0.8。

8.4.2 绘制坐凳平面图

1. 绘制坐凳平面图定位线

（1）在状态栏中单击"正交"按钮，打开正交模式；单击"对象捕捉"按钮，打开对象捕捉模式；单击"对象捕捉追踪"按钮，打开对象捕捉追踪模式。

（2）单击"默认"选项卡"绘图"面板中的"直线"按钮，绘制一条长为 1725 的水平直线。重复"直线"命令，取其端点绘制一条长为 1725 的垂直直线。

（3）将"标注尺寸"图层设置为当前图层，单击"默认"选项卡"注释"面板中的"线性"按钮，标注外形尺寸。完成的图形和尺寸如图 8-29（a）所示。

（4）单击"默认"选项卡"修改"面板中的"删除"按钮，删除标注尺寸线。

（5）单击"默认"选项卡"修改"面板中的"偏移"按钮，偏移刚刚绘制好的水平直线，向上偏移的距离分别为 200、812.5、912.5、1525 和 1725。

（6）单击"默认"选项卡"修改"面板中的"偏移"按钮，偏移刚刚绘制好的垂直直线，向右偏移的距离分别为 200、812.5、912.5、1525 和 1725。

（7）单击"默认"选项卡"注释"面板中的"线性"按钮，标注线性尺寸，然后继续单击"连续"按钮，进行连续标注，命令行提示与操作如下：

```
命令：_dimcontinue
指定第二个尺寸界线原点或 [放弃(U)/选择(S)] <选择>：(选择轴线的端点)
标注文字=200
指定第二个尺寸界线原点或 [放弃(U)/选择(S)] <选择>：
```

完成的图形和尺寸如图 8-29（b）所示。

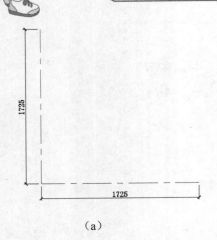

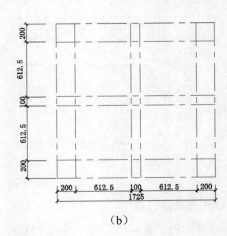

（a）　　　　　　　　　　　　　　　　　　（b）

图 8-29　坐凳平面图定位轴线

2．绘制坐凳平面图轮廓

（1）将"轮廓线"图层设置为当前图层，单击"默认"选项卡"绘图"面板中的"矩形"按钮▢，绘制 200×200、200×100 和 100×200 的矩形，作为坐凳基础支撑。完成的图形如图 8-30（a）所示。

（2）单击"默认"选项卡"绘图"面板中的"矩形"按钮▢，绘制角钢固定连接。

（3）单击"默认"选项卡"绘图"面板中的"圆"按钮⊙，绘制直径为 5 的圆，作为连接螺栓。

（4）单击"默认"选项卡"修改"面板中的"复制"按钮％，复制刚刚绘制好的图形到指定位置。完成的图形如图 8-30（b）所示。

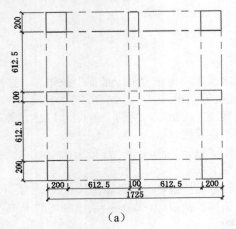

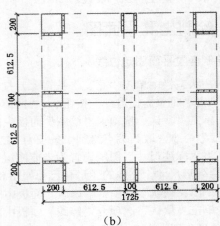

（a）　　　　　　　　　　　　　　　　　　（b）

图 8-30　坐凳平面图绘制 1

（5）单击"默认"选项卡"修改"面板中的"复制"按钮％，把外围定位轴线向外平行复制，距离为 12.5。

（6）单击"默认"选项卡"绘图"面板中的"矩形"按钮▢，绘制 1750×1750 的矩形 1。

（7）单击"默认"选项卡"修改"面板中的"偏移"按钮⟰，向矩形内偏移 50，得到矩形 2。然后选择刚刚偏移后的矩形，向矩形内偏移 50，得到矩形 3。然后选择刚刚偏移后的矩形，向矩形内偏移 50，得到矩形 4。

（8）单击"默认"选项卡"修改"面板中的"偏移"按钮⟰，选择刚刚偏移后的矩形 4，向矩形内偏移 75。

• 254 •

（9）单击"默认"选项卡"修改"面板中的"偏移"按钮⬕，选择偏移后的矩形 2，向矩形内偏移 8。然后选择偏移后的矩形 3，向矩形内偏移 8。选择偏移后的矩形 4，向矩形内偏移 8。

（10）单击"默认"选项卡"绘图"面板中的"直线"按钮／，连接最外面和里面的对角线。

（11）单击"默认"选项卡"修改"面板中的"偏移"按钮⬕，偏移对角线。向对角线左侧偏移 4，向对角线右侧偏移 4。

（12）将"标注尺寸"图层设置为当前图层，单击"默认"选项卡"注释"面板中的"线性"按钮卜，标注线性尺寸。

（13）单击"注释"选项卡"标注"面板中的"连续"按钮卄，进行连续标注。

（14）单击"默认"选项卡"注释"面板中的"对齐"按钮丶，进行斜线标注。

（15）单击"默认"选项卡"注释"面板中的"多行文字"按钮A，标注文字。完成的图形如图 8-31 所示。

（16）单击"默认"选项卡"修改"面板中的"删除"按钮✎，删除定位轴线、多余的文字和标注尺寸。

（17）利用上述方法完成剩余边线的绘制，单击"默认"选项卡"修改"面板中的"修剪"按钮＋，删除多余的实体。完成的图形如图 8-32（a）所示。

（18）单击"默认"选项卡"注释"面板中的"多行文字"按钮A，标注文字和图名。完成的图形如图 8-32（b）所示。

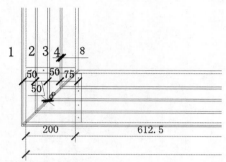

图 8-31　坐凳平面图绘制 2

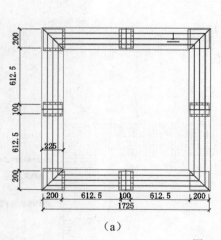

（a）

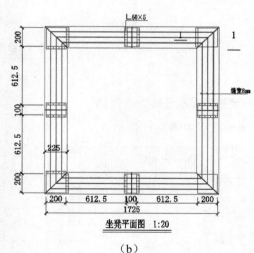

（b）

图 8-32　坐凳平面图绘制 3

8.4.3　绘制坐凳其他视图

1. 绘制坐凳立面图

完成的立面图如图 8-33 所示。

2. 绘制坐凳剖面图

完成的剖面图如图 8-34 所示。

Note

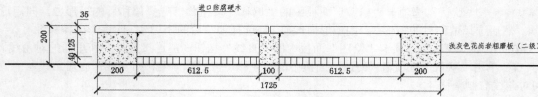

坐凳立面图 1:20

图 8-33　坐凳立面图

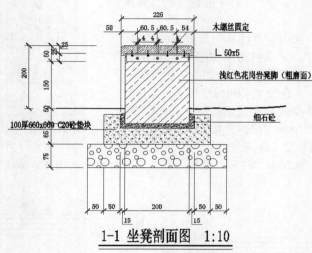

1-1 坐凳剖面图 1:10

图 8-34　坐凳剖面图

3. 绘制凳脚及红砖镶边大样

完成的图形如图 8-35 所示。

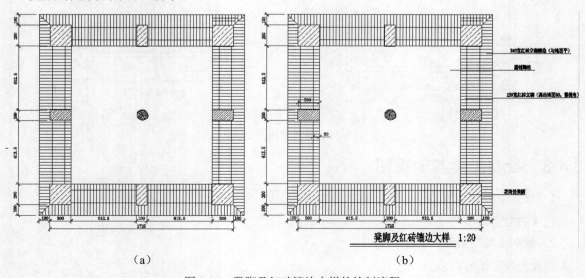

（a）　　　　　　　　　　　　（b）

图 8-35　凳脚及红砖镶边大样的绘制流程

8.5　垃圾箱绘制

下面以垃圾箱为例讲解服务性小品的绘制方法。绘制垃圾箱的流程图如图 8-36 所示。

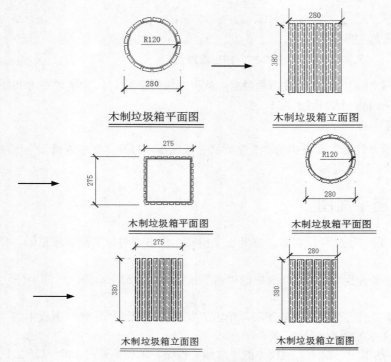

图 8-36　绘制垃圾箱的流程图

操作步骤：

8.5.1　绘图前准备以及绘图设置

1. 建立新文件

打开 AutoCAD 2018 应用程序，建立新文件，将新文件命名为"垃圾箱.dwg"并保存。

2. 设置图层

设置 4 个图层，即"标注尺寸""中心线""轮廓线""文字"，把这些图层设置成不同的颜色，使图纸上表示更加清晰，将"轮廓线"图层设置为当前图层。设置好的图层如图 8-37 所示。

3. 标注样式的设置

根据绘图比例设置标注样式，单击"默认"选项卡"注释"面板中的"标注样式"按钮，对标注样式线、符号和箭头、文字和主单位进行设置，具体如下。

☑　线：超出尺寸线为 25，起点偏移量为 30。

☑　符号和箭头：第一个为建筑标记，箭头大小为 30，圆心标注为 15。

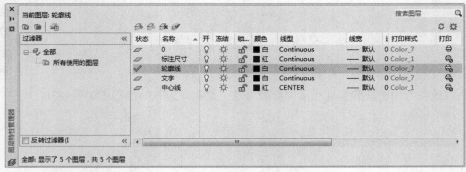

图 8-37　图层设置

☑　文字：文字高度为 30，文字位置为垂直上，从尺寸线偏移为 15，文字对齐为 ISO 标准。

☑　主单位：精度为 0.0，比例因子为 1。

4．文字样式的设置

单击"默认"选项卡"注释"面板中的"文字样式"按钮 A，打开"文字编辑器"选项卡，选择"仿宋"字体，"宽度因子"设置为 0.8。

8.5.2　绘制垃圾箱平面图

（1）在状态栏中单击"正交"按钮，打开正交模式；单击"对象捕捉"按钮，打开对象捕捉模式。

（2）单击"默认"选项卡"绘图"面板中的"圆"按钮，绘制同心圆，圆的半径分别为 140、125 和 120。

（3）将"标注尺寸"图层设置为当前图层，单击"默认"选项卡"注释"面板中的"半径"按钮，标注外形尺寸。完成的图形如图 8-38（a）所示。

（4）单击"默认"选项卡"绘图"面板中的"直线"按钮，在半径为 140～125 之间使用直线绘制两条直线。完成的图形如图 8-38（b）所示。

（5）单击"默认"选项卡"修改"面板中的"修剪"按钮，删除最外部圆的多余部分，完成的图形如图 8-38（c）所示。

（6）单击"默认"选项卡"修改"面板中的"环形阵列"按钮，设置中心点为同心圆的圆心，项目总数为 16，填充角度为 360°，选择外围装饰部分为阵列对象。完成的图形如图 8-38（d）所示。

（7）将"文字"图层设置为当前图层，单击"默认"选项卡"注释"面板中的"多行文字"按钮 A，标注文字，如图 8-38（e）所示。

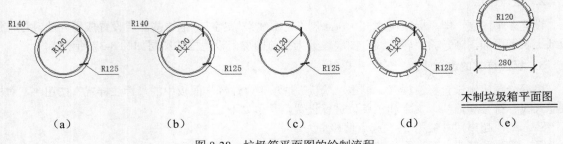

（a）　　　　（b）　　　　（c）　　　　（d）　　　　（e）

图 8-38　垃圾箱平面图的绘制流程

8.5.3 绘制垃圾箱立面图

采用 8.5.2 节的方法,绘制垃圾箱立面图。绘制流程图如图 8-39 所示。

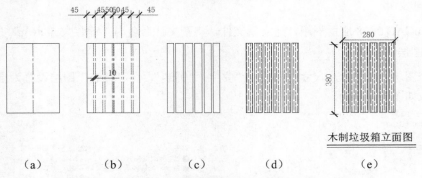

（a）　　　　（b）　　　　（c）　　　　（d）　　　　（e）

图 8-39　垃圾箱立面图的绘制流程图

扫码看视频

8.6　铺装大样

8.6　铺装大样绘制

首先绘制人行道方格网,然后填充材料,再铺装分隔区域。绘制流程图如图 8-40 所示。

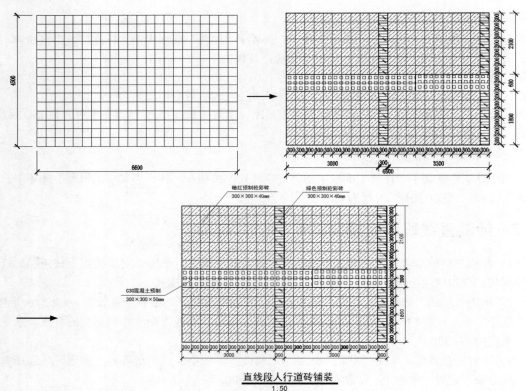

直线段人行道砖铺装
1:50

图 8-40　铺装大样的绘制流程图

操作步骤：

8.6.1　绘图前准备以及绘图设置

1．建立新文件

打开 AutoCAD 2018 应用程序，建立新文件，将新文件命名为"铺装大样.dwg"并保存。

2．设置图层

设置 4 个图层，即"标注尺寸""材料""文字""铺装"，将"铺装"图层设置为当前图层。设置好的图层参数如图 8-41 所示。

图 8-41　铺装大样图层设置

3．标注样式的设置

根据绘图比例设置标注样式，单击"默认"选项卡"注释"面板中的"标注样式"按钮◢，对标注样式线、符号和箭头、文字和主单位进行设置，具体如下。

- ☑　线：超出尺寸线为 125，起点偏移量为 150。
- ☑　符号和箭头：第一个为建筑标记，箭头大小为 150，圆心标注为 75。
- ☑　文字：文字高度为 150，文字位置为垂直上，从尺寸线偏移为 75，文字对齐为 ISO 标准。
- ☑　主单位：精度为 0，比例因子为 1。

4．文字样式的设置

单击"默认"选项卡"注释"面板中的"文字样式"按钮ᴀ，打开"文字编辑器"选项卡，选择"仿宋"字体，"宽度因子"设置为 0.8。

8.6.2　绘制直线段人行道

（1）在状态栏中单击"正交模式"按钮▙，打开正交模式；单击"对象捕捉"按钮▯，打开对象捕捉模式；单击"对象捕捉追踪"按钮◿，打开对象捕捉追踪模式。

（2）单击"默认"选项卡"绘图"面板中的"直线"按钮╱，绘制一条长为 6600 的水平直线。重复"直线"命令，绘制一条长为 4500 的垂直直线。使用"直线"命令绘制正交的直线，水平的为 6600、垂直的为 4500。

（3）阵列垂直直线，单击"默认"选项卡"修改"面板中的"矩形阵列"按钮▦，选择垂直直线为阵列对象，设置行数为 1，列数为 23，列间距为 300。

（4）将"标注尺寸"图层设置为当前图层，单击"默认"选项卡"注释"面板中的"线性"按钮┝┥,标注外形尺寸,完成的图形如图 8-42 所示。

(5)单击"默认"选项卡"修改"面板中的"矩形阵列"按钮▦,阵列垂直直线。设置行数为 16,列数为 1,行偏移为 300,完成的图形如图 8-43 所示。

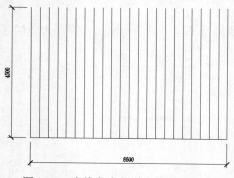

图 8-42　直线段人行道方格网绘制 1

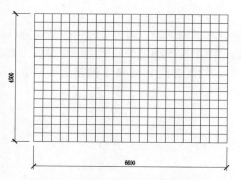

图 8-43　直线段人行道方格网绘制 2

(6)将"材料"图层设置为当前图层,多次单击"默认"选项卡"绘图"面板中的"图案填充"按钮▨,填充铺装。在"图案"下拉列表框中依次更换图案样例,各部分填充图案设置如下。

☑　预定义 ANSI33 图例,填充比例和角度分别为 15 和-45。

☑　预定义 CORK 图例,填充比例和角度分别为 15 和 0。

☑　预定义 SQUARE 图例,填充比例和角度分别为 750 和 0。

填充完的图形如图 8-44(a)所示。

(7)将"铺装"图层设置为当前图层,单击"默认"选项卡"绘图"面板中的"多段线"按钮⌐⁀,设置起始点宽度为 15,端点宽度为 15,加粗铺装分隔区域。

(8)将"标注尺寸"图层设置为当前图层,单击"默认"选项卡"注释"面板中的"线性"按钮┝┥,标注外形尺寸。

(9)单击"注释"选项卡"标注"面板中的"连续"按钮┠┨┨,进行连续标注。然后重复"线性"和"连续"标注命令标注尺寸,完成的图形如图 8-44(b)所示。

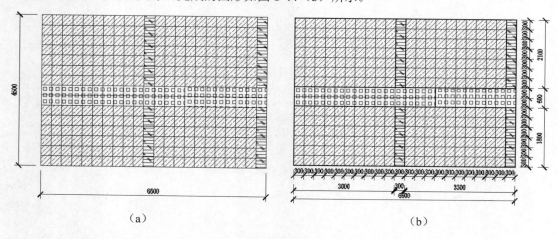

(a)　　　　　　　　　　　　(b)

图 8-44　铺装大样绘制

(10)将"文字"图层设置为当前图层,单击"默认"选项卡"注释"面板中的"多行文字"按钮A,标注文字和图名。完成的图形如图 8-40 所示。

8.7 实践与操作

通过本章的学习，读者对园林小品的特点、设计原则及不同小品的绘制过程有了大体的了解。本节将通过两个操作练习使读者进一步掌握本章知识要点。

（1）绘制如图 8-45 所示的挡土墙方案。

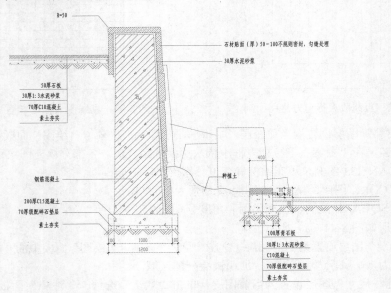

图 8-45 挡土墙方案

（2）绘制如图 8-46 所示的灯柱。

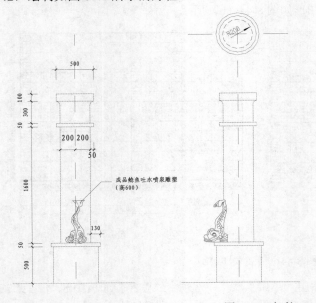
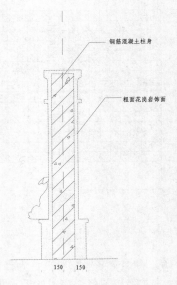

图 8-46 灯柱

第9章

园林水景

本章主要讲述园林水景的概述、园林水景工程图的表达方式、尺寸标注以及内容。以园林水景中常见的喷泉和水池为例介绍园林水景工程图的绘制方法。

☑ 园林水景概述　　　　　　　　　☑ 喷泉的绘制
☑ 园林水景工程图的绘制　　　　　☑ 水池的绘制

任务驱动&项目案例

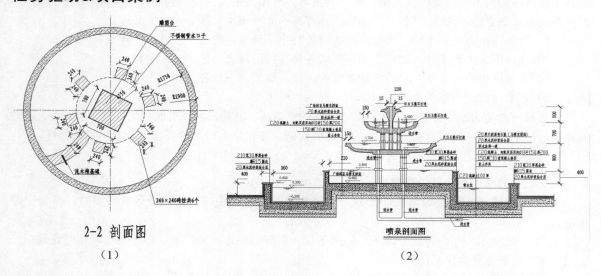

2-2 剖面图

（1）

喷泉剖面图

（2）

9.1   园林水景概述

　　水景，作为园林中一道别样的风景点缀，以它特有的气息与神韵感染着每一个人。它是园林景观和给水排水的有机结合。随着房地产等相关行业的发展，人们对居住环境有了更高的要求。水景逐渐成为居住区环境设计的一大亮点，水景的应用技术也得到了快速发展。

1．园林水景的作用

　　园林水景的用途非常广泛，主要归纳为以下 5 个方面。

　　（1）园林水体景观。如喷泉、瀑布、池塘等都以水体为题材，水成了园林的重要构成要素，也引发了无穷尽的诗情画意。冰灯、冰雕也是水在非常温状况下的一种观赏形式。

　　（2）改善环境，调节气候，控制噪声。矿泉水具有医疗作用，负离子具有清洁作用，都不可忽视。

　　（3）提供体育娱乐活动场所。如游泳、划船、溜冰、船模以及冲浪、漂流、水上乐园等。

　　（4）汇集、排泄天然雨水。此项功能在认真设计的园林中能够节省不少地下管线的投资，为植物生长创造了良好的立地条件；相反，污水倒灌、淹苗又会造成意想不到的损失。

　　（5）防护、隔离、防灾用水。如护城河、隔离河以水面作为空间隔离，是最自然、最节约的办法。引申来说，水面创造了园林迂回曲折的线路，隔岸相视，可望而不可即也。救火、抗旱都离不开水。城市园林水体可作为救火备用水，郊区园林水体、沟渠是抗旱救灾的天然管网。

2．园林景观的分类

　　园林水体的景观形式是丰富多彩的。明袁中郎谓："水突然而趋，忽然而折，天回云昏，顷刻不知其千里，细则为罗谷，旋则为虎眼，注则为天坤，立则为岳玉；矫而为龙，喷而为雾，吸而为风，怒而为霆，疾徐舒蹙，奔跃万状。"下面以水体存在的 4 种形态来划分水体的景观。

　　（1）水体因压力而向上喷，形成各种各样的喷泉、涌泉、喷雾……总称"喷水"。

　　（2）水体因重力而下跌，高程突变，形成各种各样的瀑布、水帘……总称"跌水"。

　　（3）水体因重力而流动，形成各种各样的溪流、漩涡……总称"流水"。

　　（4）水面自然，不受重力及压力影响，称为"池水"。

　　自然界不流动的水体并不是静止的。它因风吹而涟漪、波涛，因降雨而得到补充，因蒸发、渗透而减少、枯干，因各种动植物、微生物的参与而污染、净化，无时无刻不在进行着生态的循环。

3．喷水的类型

　　人工造就的喷水有 7 种景观类型。

　　（1）水池喷水。这是最常见的形式。设计水池，安装喷头、灯光、设备。停喷时，是一个静水池。

　　（2）旱池喷水。喷头等隐于地下，适用于让人参与的地方，如广场、游乐场。停喷时是场中一块微凹地坪，缺点是水质易污染。

　　（3）浅池喷水。喷头于山石、盆栽之间，可以把喷水的全范围做成一个浅水盆，也可以仅在射流落点之处设几个水钵。美国迪士尼乐园有座间歇喷泉，由 A 定时喷一串水珠至 B，再由 B 喷一串水珠至 C，如此不断循环跳跃下去周而复始，何尝不是喷泉的一种形式。

　　（4）舞台喷水。影剧院、跳舞厅、游乐场等场所，有时作为舞台前景、背景，有时作为表演场所和活动内容。这里小型的设施，水池往往是活动的。

（5）盆景喷水。家庭、公共场所的摆设大小不一，往往成套出售。此种以水为主要景观的设施，不限于"喷"的水姿，而易于吸取高科技成果，做出让人意想不到的景观，很有启发意义。

（6）自然喷水。喷头置于自然水体之中。

（7）水幕影像。上海城隍庙的水幕电影，由喷水组成 10 余米宽、20 余米长的扇形水幕，与夜晚天际连成一片，电影放映时，人物驰骋万里，来去无影。

当然，除了这 7 种类型景观，还有不少奇闻趣观。

4. 水景的类型

水景是园林景观构成的重要组成部分，水的形态不同，则构成的景观也不同。水景一般可分为以下几种类型。

（1）水池：园林中常以天然湖泊作水池，尤其在皇家园林中，此水景有一望千顷、海阔天空之气派，构成了大型园林的宏旷水景。而私家园林或小型园林的水池面积较小，其形状可方、可圆、可直、可曲，常以近观为主，不可过分分隔，故给人的感觉是古朴野趣。

（2）瀑布：瀑布在园林中虽用得不多，但它特点鲜明，即充分利用了高差变化，使水产生动态之势。如把石山叠高，下挖成潭，水自高往下倾泻，击石四溅，飞珠若帘，俨如千尺飞流，震撼人心，令人流连忘返。

（3）溪涧：溪涧的特点是水面狭窄而细长，水因势而流，不受拘束。水口的处理应使水声悦耳动听，使人犹如置身于真山真水之间。

（4）泉源：泉源之水通常是溢满的，一直不停地往外流出。古有天泉、地泉、甘泉之分。泉的地势一般比较低下，常结合山石，光线幽暗，别有一番情趣。

（5）濠濮：濠濮是山水相依的一种景象，其水位较低，水面狭长，往往能产生两山夹岸之感。而护坡置石，植物探水，可造成幽深濠涧的气氛。

（6）渊潭：潭景一般与峭壁相连。水面不大，深浅不一。大自然之潭周围峭壁嶙峋，俯瞰气势险峻，犹若万丈深渊。庭园中潭之创作，岸边宜叠石，不宜披土；光线处理宜隐蔽浓郁，不宜阳光灿烂；水位标高宜低下，不宜涨满。水面集中而空间狭隘是渊潭的创作要点。

（7）滩：滩的特点是水浅而与岸高差很小。滩景结合洲、矶、岸等，潇洒自如，极富自然。

（8）水景缸：水景缸是用容器盛水作景。其位置不定，可随意摆放，内可养鱼、种花，以用作庭园点景之用。

除上述类型外，随着现代园林艺术的发展，水景的表现手法越来越多，如喷泉造景、叠水造景等，均活跃了园林空间，丰富了园林内涵，美化了园林的景致。

5. 喷水池的设计原则

（1）要尽量考虑向生态方向发展，如空调冷却水的利用、水帘幕降温、鱼塘增氧、兼作消防水池、喷雾增加空气湿度和负离子，以及作为水系循环水源等。科学研究证明，水滴分裂有带电现象，水滴由加有高压电的喷嘴中以雾状喷出，可吸附微小烟尘乃至有害气体，会大大提高除尘效率。带电水雾硝烟的技术及装置、向雷云喷射高速水流消除雷害的技术正在积极研究中。真是"喷流飞电来，奇观有奇用"。

（2）要与其他景观设施结合。这里有两层意思，一是喷水等水景工程，二是一项综合性工程，要园林、建筑、结构、雕塑、自控、电气、给排水、机械等方面专业参加，才能做到至善至美。

（3）水景是园林绿化景观中的一部分内容，要有雕塑、花坛、亭廊、花架、座椅、地坪铺装、儿童游戏场、露天舞池等内容的参加配合，才能成景，并做到规模不致过大，而效果淋漓尽致，喷射时好看，停止时也好看。

（4）要有新意，不落旧巢。日本的喷水，是由声音、风向、光线来控制开启的，还有座"急流勇进"，一股股激浪冲向艘艘木舟，激起千堆雪。不仔细看，还以为是老渔翁在奋勇前进呢。美国有座喷泉，上喷的水正对着下泻的瀑，水花在空中爆炸，蔚为壮观。

（5）要因地制宜选择合理的喷泉。例如，适于参与、有管理条件的地方采用旱地喷水，而只适于观赏的要采用水池喷泉，园林环境下可考虑采用自然式浅池喷水。

6．各种喷水款式的选择

现在的喷泉设计，多从造型考虑。喜欢哪个样子就选哪种喷头，这种做法是不对的。实际上现有各种喷头的使用条件是有很多不同的。

（1）声音。有的喷头的水噪声很大，如充气喷头；有的是有造型而无声，很安静的，如喇叭喷头。

（2）风力的干扰。有的喷头受外界风力影响很大，如半圆形喷头，此类喷头形成的水膜很薄，强风下几乎不能成型；有的则没什么影响，如树水状喷头。

（3）水质的影响。有的喷头受水质的影响很大，水质不佳，动辄堵塞，如蒲公英喷头，堵塞局部，破坏整体造型；有的影响很小，如涌泉。

（4）高度和压力。各种喷头都有其合理、高效的喷射高度。例如，要喷得高，可用中空喷头，比用直流喷头好，因为环形水流的中部空气稀薄，四周空气裹紧水柱使之不易分散；而儿童游戏场为安全起见，要选用低压喷头。

（5）水姿的动态。多数喷头是安装后或调整后按固定方向喷射的，如直流喷头。还有一些喷头是动态的，如摇摆和旋转喷头，在机械和水力的作用下，喷射时喷头是移动的，且经过特殊设计，有的喷头还按预定的轨迹前进。同一种喷头，由于设计的不同，可喷射出各种高度，此起彼伏。无级变速可使喷射轨迹呈曲线形状，甚至时断时续，射流呈现出点、滴、串的水姿，如间歇喷头。多数喷头是安装在水面之上的，但是鼓泡（泡沫）喷头是安装在水面之下的，因水面的波动，喷射的水姿会呈现起伏动荡的变化。使用此类喷头，还要注意水池会有较大的波浪出现。

（6）射流和水色。多数喷头喷射时水色是透明无色的。鼓泡（泡沫）喷头、充气喷头由于空气和水混合，射流是不透明白色的；而雾状喷头要在阳光照射下才会产生瑰丽的彩虹；水盆景、摆设一类水景往往把水染色，使之在灯光下更显烂漫辉煌。

9.2 园林水景工程图的绘制

山石水体是园林的骨架，表达水景工程构筑物（如驳岸、码头、喷水池等）的图样称为水景工程图。在水景工程图中，除表达工程设施的土建部分外，一般还有机电、管道、水文地质等专业内容。此处主要介绍水景工程图的表达方法、一般分类和喷水池工程图。

1．水景工程图的表达方法

1）视图的配置

水景工程图的基本图样仍然是平面图、立面图和剖面图。水景工程构筑物，如基础、驳岸、水闸、水池等许多部分被土层覆盖，所以剖面图和断面图应用较多。人站在上游（下游），面向建筑物作投射，所得的视图称为上游（下游）立面图，如图9-1所示。

为看图方便，每个视图都应在图形下方标出名称，各视图应尽量按投影关系配置。布置图形时，习惯使水流方向由左向右或自上而下。

2）其他表示方法

（1）局部放大图

物体的局部结构用较大比例画出的图样称为局部放大图或详图。放大的详图必须标注索引标志和详图标志。

（2）展开剖面图

当构筑物的轴线是曲线或折线时，可沿轴线剖开物体并向剖切面投影，然后将所得剖面图展开在一个平面上，这种剖面图称为展开剖面图，在图名后应标注"展开"二字。

（3）分层表示法

当构筑物有几层结构时，在同一视图内可按其结构层次分层绘制。相邻层次用波浪线分界，并用文字在图形下方标注各层名称。

（4）掀土表示法

被土层覆盖的结构，在平面图中不可见。为表示这部分结构，可假想将土层掀开后再画出视图。

（5）规定画法

除可采用规定画法和简化画法外，还有以下规定。

❶ 构筑物中的各种缝线，如沉陷缝、伸缩缝和材料分界线，两边的表面虽然在同一平面内，但画图时一般按轮廓线处理，用一条粗实线表示。

❷ 水景构筑物配筋图的规定画法与园林建筑图相同。如钢筋网片的布置对称可以只画一半，另一半表达构件外形。对于规格、直径、长度和间距相同的钢筋，可用粗实线画出其中一根来表示；同时用一横穿的细实线表示其余的钢筋。

❸ 如图形的比例较小，或者某些设备另有专门的图纸来表达，可以在图中相应的部位用图例来表达工程构筑物的位置。常见图例如图 9-2 所示。

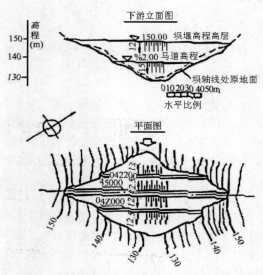

图 9-1 平面图和立面图

序号	名 称		图 例	序号	名 称		图 例
1	水库	大型		10	水位站		
		小型		11	船闸		
2	混凝土坝			12	升船机		
3	土石坝			13	码头	栈桥式	
4	水闸					浮式	
5	水电站	大比例尺		14	筏道		
		小比例尺		15	鱼道		
6	变电站			16	溢洪道		
7	水力加工站水车			17	渡槽		
8	泵站			18	急流槽		
9	水文站			19	隧洞		

图 9-2 常见图例

2. 水景工程图的尺寸注法

投影制图有关尺寸标注的要求，在注写水景工程图的尺寸时也必须遵守。但水景工程图也有它自己的特点，主要有以下几点。

（1）基准点和基准线

要确定水景工程构筑物在地面的位置，必须先定好基准点和基准线在地面的位置，各构筑物的位置均以基准点进行放样定位。基准点的平面位置是根据测量坐标确定的，两个基准点的连线可以定出基准线的平面位置。基准点的位置用交叉十字线表示，引出标注测量坐标。

（2）常水位、最高水位和最低水位

设计和建造驳岸、码头、水池等构筑物时，应根据当地的水情和一年四季的水位变化来确定驳岸和水池的形式和高度。使得常水位时景观最佳，最高水位不至于溢出，最低水位时岸壁的景观也可入画。因此在水景工程图上，应标注常水位、最高水位和最低水位的标高，并将常水位作为相对标高的零点，如图 9-3 所示。为便于施工测量，图中除注写各部分的高度尺寸外，尚需注出必要的高程。

（3）里程桩

对于堤坝、渠道、驳岸、隧洞等较长的水景工程构筑物，沿轴线的长度尺寸通常采用里程桩的标注方法。标注形式为 k+m，k 为公里数，m 为米数。如起点桩号标注成 0+000，起点桩号之后，k、m 为正值；起点桩号之前，k、m 为负值。桩号数字一般沿垂直于轴线的方向注写，且标注在同一侧，如图 9-4 所示。当同一图中几种建筑物均采用"桩号"标注时，可在桩号数字之前加注文字以示区别，如坝 0+021.00、洞 0+018.30 等。

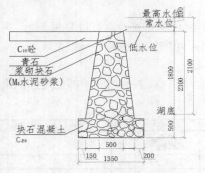

图 9-3　驳岸剖面图尺寸标注

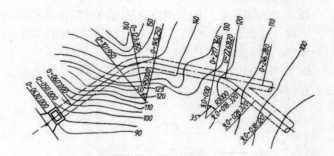

图 9-4　里程桩尺寸标注

3．水景工程图的内容

开池理水是园林设计的重要内容。园林中的水景工程，一类是利用天然水源（河流、湖泊）和现状地形修建的较大型水面工程，如驳岸、码头、桥梁、引水渠道和水闸等；更多的是在街头、游园内修建的小型水面工程，如喷水池、种植池、盆景池和观鱼池等人工水池。水景工程设计一般也要经过规划、初步设计、技术设计和施工设计几个阶段，每个阶段都要绘制相应的图样。水景工程图主要有总体布置图和构筑物结构图。

（1）总体布置图

总体布置图主要表示整个水景工程各构筑物在平面和立面的布置情况，以平面布置图为主，必要时配置立面图。平面布置图一般画在地形图上，为了使图形主次分明，构筑物的次要轮廓线和细部构造均省略不画，或用图例或示意图标示这些构造的位置和作用。图中一般只注写构筑物的外形轮廓尺寸和主要定位尺寸，主要部位的高程和填挖方坡度。总体布置图的绘图比例一般为 1:200～1:500。总体布置图的内容如下。

☑　工程设施所在地区的地形现状、河流及流向、水面和地理方位（指北针）等。

☑　各工程构筑物的相互位置、主要外形尺寸和主要高程。

☑　工程构筑物与地面交线、填挖方的边坡线。

（2）构筑物结构图

构筑物结构图是以水景工程中某一构筑物为对象的工程图，包括结构布置图、分部和细部构造图以及钢筋混凝土结构图。构筑物结构图必须把构筑物的结构形状、尺寸大小、材料、内部配筋及相邻结构的连接方式等都表达清楚。构筑物结构图包括平、立、剖面图及详图和配筋图，绘图比例一般为1:5～1:100。构筑物结构图的内容如下。

- ☑　表明工程构筑物的结构布置、形状、尺寸和材料。
- ☑　表明构筑物各分部和细部构造、尺寸和材料。
- ☑　表明钢筋混凝土结构的配筋情况。
- ☑　工程地质情况及构筑物与地基的连接方式。
- ☑　相邻构筑物之间的连接方式。
- ☑　附属设备的安装位置。
- ☑　构筑物的工作条件，如常水位和最高水位等。

4. 喷水池工程图

喷水池的面积和深度较小，一般仅几十厘米至一米左右，可根据需要建成地面上或地面下或者半地上半地下的形式。人工水池与天然湖池的区别：一是采用各种材料修建池壁和池底，并有较高的防水要求；二是采用管道给排水，要修建闸门井、检查井、排放口和地下泵站等附属设备。

常见的喷水池结构有两种：一类是砖、石池壁水池，池壁用砖墙砌筑，池底采用素混凝土或钢筋混凝土；另一类是钢筋混凝土水池，池底和池壁都采用钢筋混凝土结构。喷水池的防水做法多是在池底上表面和池壁内外墙面抹 20mm 厚防水沙浆。北方水池还有防冻要求，可以在池壁外侧回填时采用排水性能较好的轻骨料，如矿渣、焦渣或级配砂石等。喷水池土建部分用喷水池结构图来表达，下面主要说明喷水池管道的画法。

喷水的基本形式有直射形、集射形、放射形、散剔形和混合形等。喷水又可与山石、雕塑、灯光等相互依赖，共同组合形成景观。不同的喷水外形主要取决于喷头的形式，可根据不同的喷水造型设计喷头。

1）管道的连接方法

喷水池采用管道给排水，管道在工业产品中有一定的规格和尺寸。在安装时加以连接组成管路，其连接方式将因管道的材料和系统而不同。常用的管道连接方式有 4 种。

（1）法兰接

在管道两端各焊一个圆形的先到趾在法兰盘中间垫以橡皮，四周钻有成组的小圆孔，在圆孔中用螺栓连接。

（2）承插接

管道的一端做成钟形承口，另一端是直管，直管插入承口内，在空隙处填以石棉水泥。

（3）螺纹接

管端加工处有螺纹，用有内螺纹的套管将两根管道连接起来。

（4）焊接

将两管道对接焊成整体，在园林给排水管路中应用不多。

喷水池给排水管路中，给水管一般采用螺纹接，排水管大多采用承插接。

2）管道平面图

管道平面图主要是用以显示区域内管道的布置。一般游园的管道综合平面图常用比例为 1:200～

1:2000。喷水池管道平面图主要能显示清楚该小区范围内的管道即可,通常选用 1:50～1:300 的比例。管道均用单线绘制,称为单线管道图。用不同的宽度和不同的线型加以区别。新建的各种给排水管用粗线,原有的给排水管用中粗线;给水管用实线,排水管用虚线等。

管道平面图中的房屋、道路、广场、围墙、草地花坛等原有建筑和构筑物按建筑总平面图的图例用细实线绘制,水池等新建建筑物和构筑物用中粗线绘制。

铸铁管以公称直径"DN"表示,公称直径指管道内径,通常以英寸为单位(1″=29.4mm),也可标注毫米,如 DN50。混凝土管以内径"d"表示,如 d150。管道应标注起讫点、转角点、连接点、变坡点的标高。给水管宜注管中心线标高,排水管宜注管内底标高。一般标注绝对标高,如无绝对标高资料,也可注相对标高。给水管是压力管,通常水平敷设,可在说明中注明中心线标高。排水管为简便起见,可在检查井处引出标注,水平线上面注写管道种类及编号,如 W-5,水平线下面注写井底标高。也可在说明中注写管口内底标高和坡度。管道平面图中还应标注闸门井的外形尺寸和定位尺寸,指北针或风向玫瑰图。为便于对照阅读,应附足给水排水专业图例和施工说明。施工说明一般包括设计标高、管径及标高、管道材料和连接方式、检查井和闸门井尺寸、质量要求和验收标准等。

3)安装详图

安装详图主要用以表达管道及附属设备安装情况的图样,或称工艺图。安装详图以平面图作为基本视图,然后根据管道布置情况选择合适的剖面图,剖切位置通过管道中心,但管道按不剖绘制。局部构造,如闸门井、泄水口、喷泉等用管道节点图来表达。在一般情况下管道安装详图与水池结构图应分别绘制。

一般安装详图的比例都比较大,各种管道的位置、直径、长度及连接情况必须表达清楚。在安装详图中,管径大小按比例用双粗实线绘制,称为双线管道图。

为便于阅读和施工备料,应在每个管件旁边以指引线引出 6mm 小圆圈并加以编号,相同的管配件可编同一号码。在每种管道旁边注明其名称,并画箭头以示其流向。

池体等土建部分另有构筑物结构图详细表达其构造、厚度、钢筋配置等内容。在管道安装工艺图中,一般只画水池的主要轮廓,细部结构可省略不画。池体等土建构筑物的外形轮廓线(非剖切)用细实线绘制,闸门井、池壁等剖面轮廓线用中粗线绘制,并画出材料图例。管道安装详图的尺寸包括构筑尺寸、管径及定位尺寸、主要部位标高。构筑尺寸指水池、闸门井、地下泵站等内部长、宽和深度尺寸,沉淀池、泄水口、出水槽的尺寸等。在每段管道旁边注写管径和代号"DN"等,管道通常以池壁或池角定位。构筑物的主要部位(池顶、池底、泄水口等)及水面、管道中心、地坪应标注标高。

喷头是经机械加工的零部件,在与管道连接时,采用螺纹连接或法兰连接。自行设计的喷头应按机械制图标准画出部件装配图和零件图。

为便于施工备料、预算,应将各种主要设备和管配件汇总列出到材料表中。表列内容有件号、名称、规格、材料和数量等。

4)喷水池结构图

喷水池池体等土建构筑物的布置、结构、形状大小和细部构造用喷水池结构图来表示。喷水池结构图通常包括表达喷水池各组成部分的位置、形状和周围环境的平面布置图,表达喷泉造型的外观立面图,表达结构布置的剖面图和池壁、池底结构详图或配筋图。如图 9-5 所示为某公园喷泉结构图。是钢筋混凝土水池的池壁和池底详图,其钢筋混凝土结构的表达方法应符合建筑结构制图标准的规定。

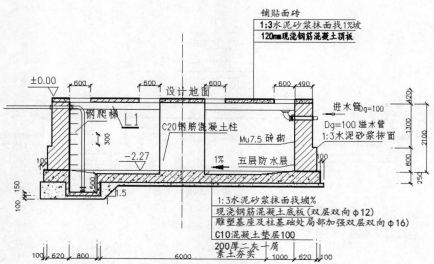

图 9-5 某公园喷泉结构图

9.3 喷泉的绘制

使用"多段线""矩形""复制"等命令绘制基础；使用"直线"和"圆弧"等命令绘制喷泉剖面轮廓；使用"直线"和"矩形"等命令绘制管道；填充基础和喷池；标注标高、使用"多行文字"命令标注文字，完成喷泉剖面图。绘制流程图如图 9-6 所示。

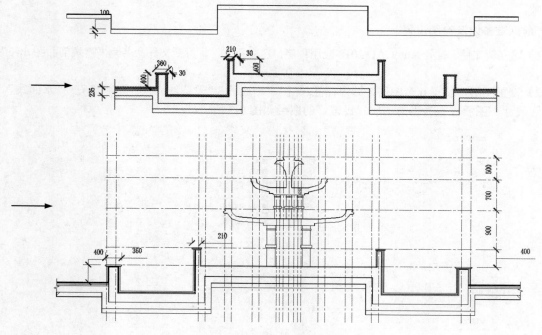

图 9-6 绘制流程图

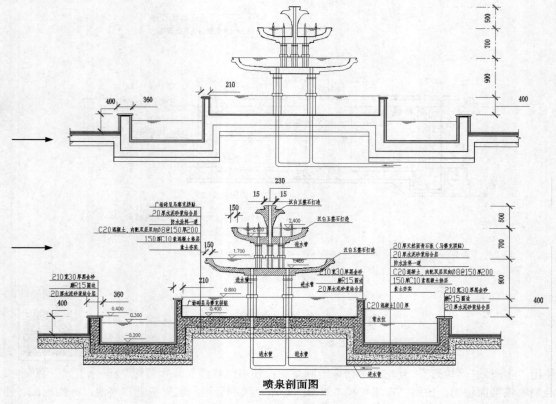

喷泉剖面图

图 9-6 绘制流程图（续）

操作步骤：

1. 前期准备以及绘图设置

（1）建立新文件。打开 AutoCAD 2018 应用程序，建立新文件，将新文件命名为"喷泉剖面图.dwg"并保存。

（2）设置图层。设置 6 个图层，即"标注尺寸""中心线""轮廓线""文字""填充""水面线"，将"标注尺寸"图层设置为当前图层。设置好的图层如图 9-7 所示。

图 9-7 喷泉剖面图图层设置

（3）标注样式设置。根据绘图比例设置标注样式，单击“默认”选项卡“注释”面板中的“标注样式”按钮，对标注样式线、符号和箭头、文字和主单位进行设置，具体如下。

☑ 线：超出尺寸线为120，起点偏移量为150。

☑ 符号和箭头：第一个为建筑标记，箭头大小为150，圆心标注为75。

☑ 文字：文字高度为150，文字位置为垂直上，从尺寸线偏移10，文字对齐为ISO标准。

☑ 主单位：精度为0，比例因子为1。

（4）文字样式的设置。单击“默认”选项卡“注释”面板中的“文字样式”按钮，选择“仿宋”字体，“宽度因子”设置为0.8。

2. 绘制基础

（1）在状态栏中单击“正交模式”按钮，打开正交模式；单击“对象捕捉”按钮，打开对象捕捉模式。

（2）单击“默认”选项卡“绘图”面板中的“多段线”按钮，设置起点宽度为5，端点宽度为5，绘制基础底部线。

（3）将“标注尺寸”图层设置为当前图层，单击“默认”选项卡“注释”面板中的“线性”按钮，标注外形尺寸。

（4）单击“注释”选项卡“标注”面板中的“连续”按钮，进行连续标注。完成的图形和尺寸标注如图9-8所示。

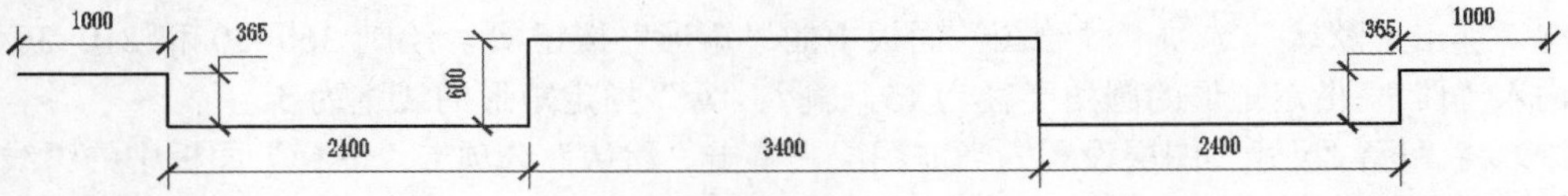

图9-8 喷泉剖面图基础底部线

（5）单击“默认”选项卡“修改”面板中的“删除”按钮，删除多余的标注尺寸。

（6）将“轮廓线”图层设置为当前图层，单击“默认”选项卡“绘图”面板中的“矩形”按钮，绘制5个尺寸分别为1000×100、2400×100、3400×100、2400×100和1000×100的矩形。

（7）将“标注尺寸”图层设置为当前图层，单击“默认”选项卡“注释”面板中的“线性”按钮，完成的图形和尺寸的标注如图9-9所示。

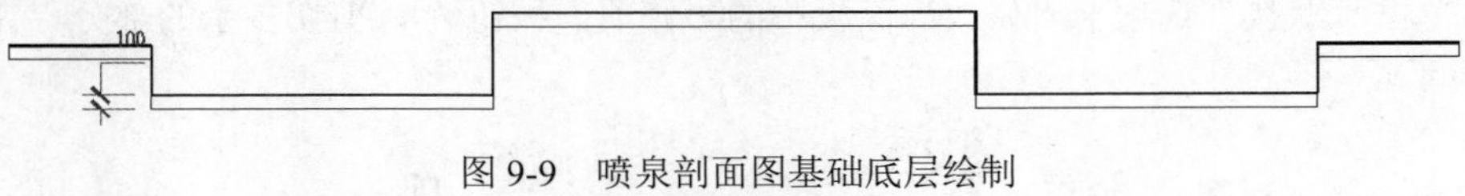

图9-9 喷泉剖面图基础底层绘制

（8）将“轮廓线”图层设置为当前图层，单击“默认”选项卡“修改”面板中的“偏移”按钮，把绘制好的多段线向上偏移150。

（9）单击“默认”选项卡“修改”面板中的“复制”按钮，复制直线。

（10）将“标注尺寸”图层设置为当前图层，单击“默认”选项卡“注释”面板中的“线性”按钮，标注外形尺寸。

（11）单击“注释”选项卡“标注”面板中的“连续”按钮，进行连续标注。复制的尺寸和完成的图形如图9-10所示。

（12）将“轮廓线”图层设置为当前图层，多次单击“默认”选项卡“绘图”面板中的“多段线”按钮，绘制长度分别为1100、370、300、570、1605、970和150的直线。

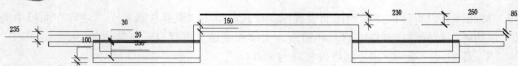

图 9-10   喷泉剖面图基础定位线复制

（13）单击"默认"选项卡"绘图"面板中的"直线"按钮✐，绘制长为 370 的垂直直线和长为 2000 的水平直线。

（14）单击"默认"选项卡"修改"面板中的"镜像"按钮⚊，复制刚刚绘制好的直线。

（15）单击"默认"选项卡"注释"面板中的"线性"按钮⊢，标注外形尺寸。完成的图形如图 9-11 所示。

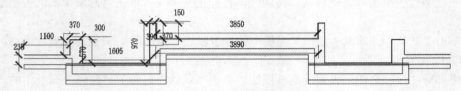

图 9-11   喷泉剖面图基础轮廓绘制 1

（16）单击"默认"选项卡"修改"面板中的"删除"按钮✐，删除多余的标注尺寸。

（17）单击"默认"选项卡"修改"面板中的"复制"按钮✇，复制刚刚绘制的竖向线和水平线。

（18）单击"默认"选项卡"绘图"面板中的"矩形"按钮▱，绘制 360×30 和 210×30 的立面水台。输入"f"来指定矩形的圆角半径为 15，输入"w"指定矩形的线宽为 5。

（19）将"标注尺寸"图层设置为当前图层，单击"默认"选项卡"注释"面板中的"线性"按钮⊢，标注外形尺寸。复制的距离和尺寸如图 9-12 所示。

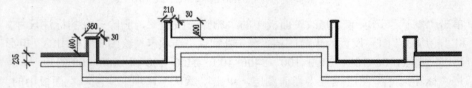

图 9-12   喷泉剖面图基础轮廓绘制 2

（20）单击"默认"选项卡"修改"面板中的"修剪"按钮✂，剪切多余的部分。完成的图形如图 9-13 所示。

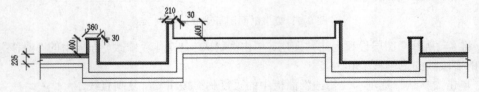

图 9-13   喷泉剖面图基础轮廓绘制 3

3. 绘制喷泉剖面图轮廓

（1）将"中心线"图层设置为当前图层，单击"绘图"工具栏中的"直线"按钮✐，绘制长为 8050 的水平直线和长为 4448 的竖直相交的定位轴线。

（2）单击"修改"工具栏中的"复制"按钮✇，复制刚刚绘制好的水平直线，向下复制的位移分别为 900、1300 和 1700，向上复制 700、1200。

（3）单击"修改"工具栏中的"复制"按钮，复制刚刚绘制好的垂直直线，向右复制的位移分别为 120、200、273、650、800、1250、1400、1832、1982、3800 和 4000。重复"复制"命令，复制刚刚绘制好的垂直直线，向左复制的位移分别为 120、200、273、650、800、1250、1400、1832、1982、3800 和 4000。

❶ 单击"默认"选项卡"修改"面板中的"移动"按钮，把绘制好的基础轮廓线移动到定位线上，完成的图形如图 9-14 所示。

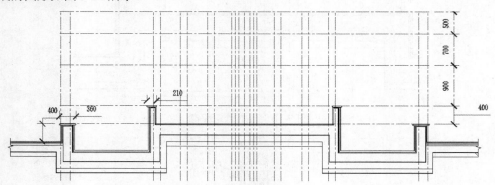

图 9-14　喷泉剖面图基础复制到定位线

❷ 根据立面图的尺寸，使用"直线"和"圆弧"等命令绘制喷泉剖面图轮廓，具体的绘制流程和方法与立面图轮廓线的绘制类似。完成的图形如图 9-15 所示。

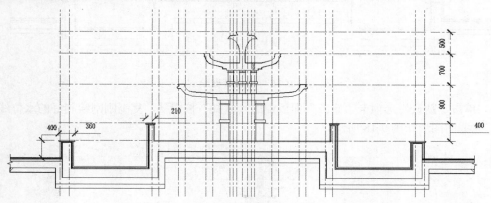

图 9-15　喷泉剖面图轮廓线绘制

4. 绘制管道

（1）将"轮廓线"图层设置为当前图层，单击"默认"选项卡"绘图"面板中的"直线"按钮，绘制进水管道。

（2）单击"默认"选项卡"修改"面板中的"圆角"按钮，在进水管道转角处进行圆角，指定圆角半径为 50。完成的图形如图 9-16 所示。

（3）单击"默认"选项卡"绘图"面板中的"直线"按钮，绘制喷嘴管道。

（4）单击"默认"选项卡"绘图"面板中的"圆弧"按钮，绘制喷嘴。完成的图形如图 9-17所示。

（5）单击"默认"选项卡"绘图"面板中的"直线"按钮，绘制水位线。

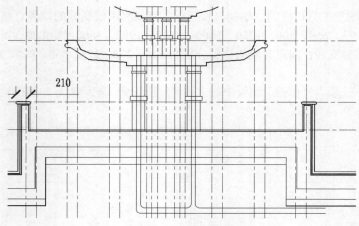

图 9-16　进水管道绘制

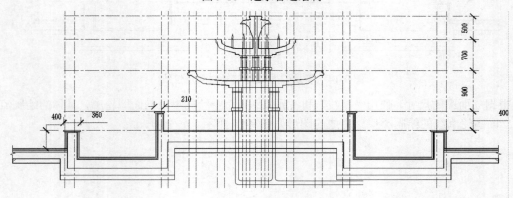

图 9-17　喷泉喷嘴绘制

（6）单击"默认"选项卡"修改"面板中的"复制"按钮，复制刚刚绘制好的水位线到相应的位置。完成的图形如图 9-18 所示。

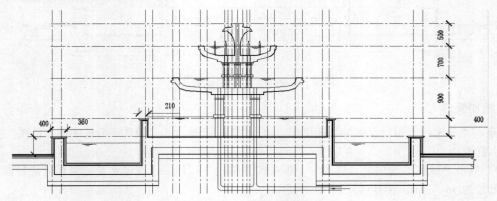

图 9-18　喷泉剖面图水位线绘制

（7）单击"默认"选项卡"修改"面板中的"删除"按钮，删除多余的定位轴线。完成的图形如图 9-19 所示。

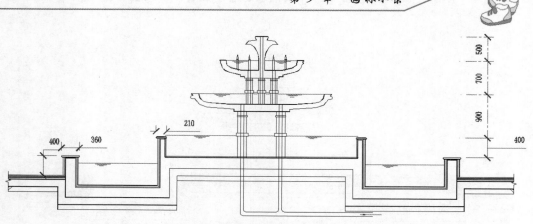

图 9-19 喷泉剖面图轮廓线绘制

5. 填充基础和喷池

将"填充"图层设置为当前图层,单击"默认"选项卡"绘图"面板中的"图案填充"按钮,打开"图案填充创建"选项卡,在"图案"下拉列表框中更换图案样例,填充基础和喷池。各次选择如下。

- ☑ 自定义"回填土"图例,填充比例和角度分别为 400 和 0。
- ☑ 自定义"混凝土"图例,填充比例和角度分别为 0.5 和 0。
- ☑ 自定义"钢筋混凝土"图例,填充比例和角度分别为 10 和 0。
- ☑ "汉白玉整石"填充采用 ANSI33 图例,填充比例和角度分别为 10 和 0。

完成的图形如图 9-20 所示。

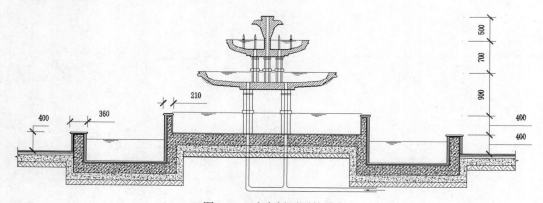

图 9-20 喷泉剖面图的填充

6. 标注文字

(1)按 Ctrl+C 快捷键复制喷泉立面图中绘制好的标高,然后按 Ctrl+V 快捷键粘贴到喷泉剖面图中。

(2)单击"默认"选项卡"修改"面板中的"复制"按钮,把标高和文字复制到相应的位置。

(3)将"标注尺寸"图层设置为当前图层,单击"默认"选项卡"注释"面板中的"线性"按钮,标注其他直线尺寸。完成的图形如图 9-21 所示。

(4)将"文字"图层设置为当前图层,多次单击"默认"选项卡"注释"面板中的"多行文字"按钮A,标注坐标文字。完成的图形如图 9-6 所示。

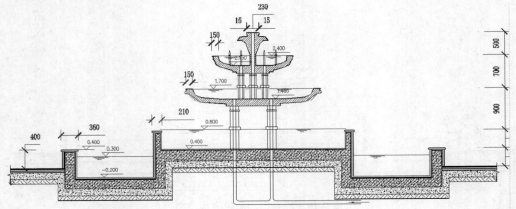

图 9-21   喷泉剖面图标高标注

9.4   水池的绘制

使用"直线"命令绘制定位轴线；使用"圆""多边形""延伸"命令绘制水池
剖面图；用"半径"和"对齐"命令标注尺寸；用"多行文字"命令标注文字，完成
并保存水池剖面图。绘制流程图如图 9-22 所示。

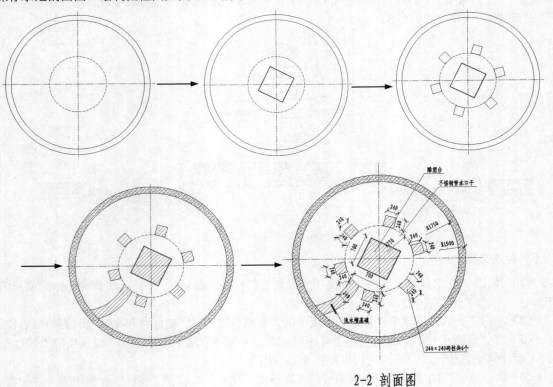

2-2 剖面图

图 9-22   水池的绘制流程图

操作步骤：

1. 前期准备以及绘图设置

（1）建立新文件。打开 AutoCAD 2018 应用程序，建立新文件，将新文件命名为"2-2 剖面图.dwg"并保存。

（2）设置图层。设置 6 个图层，即"标注尺寸""中心线""轮廓线""溪水""填充""文字"，将"轮廓线"图层设置为当前图层。设置好的图层如图 9-23 所示。

（3）标注样式设置。

☑ 线：超出尺寸线为 50，起点偏移量为 120。

☑ 符号和箭头：第一个为建筑标记，箭头大小为 20，圆心标注为 60。

☑ 文字：文字高度为 100，文字位置为垂直上，从尺寸线偏移 2，文字对齐为与尺寸线对齐。

☑ 主单位：精度为 0，比例因子为 1。

（4）文字样式的设置。单击"默认"选项卡"注释"面板中的"文字样式"按钮 $\mathcal{A}$，打开"文字编辑器"选项卡，选择"仿宋"字体，"宽度因子"设置为 0.8。

2. 绘制剖面图

（1）在状态栏中单击"正交模式"按钮 ，打开正交模式；单击"对象捕捉"按钮 ，打开对象捕捉模式。

（2）将"中心线"图层设置为当前图层。单击"默认"选项卡"绘图"面板中的"直线"按钮 ，绘制一条竖直中心线和水平中心线，并设置线型比例为 10，如图 9-24 所示。

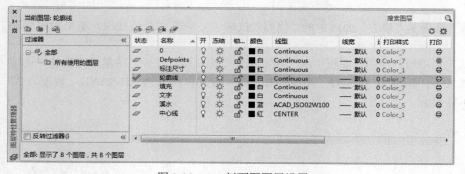

图 9-23　2-2 剖面图图层设置　　　　　　　　　　图 9-24　绘制定位线

（3）将"轮廓线"图层设置为当前图层。单击"默认"选项卡"绘图"面板中的"圆"按钮 ，分别绘制半径为 1900 和 1750 的同心圆。将"溪水"图层设置为当前图层。重复"圆"命令，绘制半径为 750 的同心圆，如图 9-25 所示。

（4）单击"默认"选项卡"绘图"面板中的"多边形"按钮 ，以中心线的交点为正多边形的中点，绘制外切圆半径为 350 的四边形。

（5）单击"默认"选项卡"修改"面板中的"旋转"按钮 ，将步骤（4）绘制的四边形绕中心线角度旋转，旋转角度为-30°，结果如图 9-26 所示。

（6）单击"默认"选项卡"修改"面板中的"偏移"按钮 ，将正四边形向外偏移，偏移距离为 10，结果如图 9-27 所示。

（7）单击"默认"选项卡"绘图"面板中的"多边形"按钮 ，绘制边长为 240 的正方形。

（8）单击"默认"选项卡"修改"面板中的"旋转"按钮 ，将步骤（7）绘制的四边形绕中心线角度旋转，旋转角度为 14°。

（9）单击"默认"选项卡"绘图"面板中的"直线"按钮，以圆心为起点绘制一条与 X 轴成 15°角的直线。

（10）单击"默认"选项卡"修改"面板中的"移动"按钮，将旋转后的正方形移动到斜直线与小圆的交点，结果如图 9-28 所示。

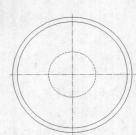
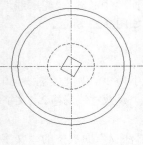
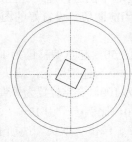
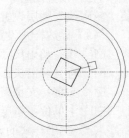

| 图 9-25 绘制圆 | 图 9-26 绘制正方形 | 图 9-27 偏移正方形 | 图 9-28 绘制砖柱 |

（11）单击"默认"选项卡"修改"面板中的"环形阵列"按钮，将旋转后的正方形沿圆心进行阵列，阵列个数为 6。

（12）单击"默认"选项卡"修改"面板中的"删除"按钮，删除斜线，结果如图 9-29 所示。

（13）单击"默认"选项卡"绘图"面板中的"圆弧"按钮，在适当的位置绘制圆弧。

（14）单击"默认"选项卡"修改"面板中的"偏移"按钮，将步骤（13）绘制的圆弧向下偏移，偏移距离为 240。

（15）单击"默认"选项卡"修改"面板中的"修剪"按钮，修剪多余的线段，结果如图 9-30 所示。

（16）单击"默认"选项卡"绘图"面板中的"图案填充"按钮，打开"图案填充创建"选项卡，分别设置填充参数如下：图案为 ANSI31，角度为 0，比例为 20；图案为 AR-SAND，角度为 0，比例为 1，结果如图 9-31 所示。

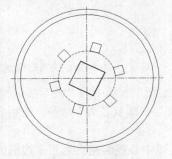

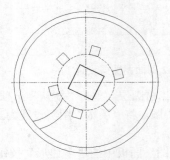
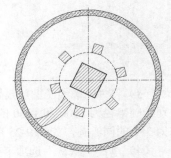

| 图 9-29 布置砖柱 | 图 9-30 绘制流水槽 | 图 9-31 填充图案 |

3. 标注尺寸和文字

（1）单击"默认"选项卡"注释"面板中的"半径"按钮，标注半径尺寸，如图 9-32 所示。

（2）单击"默认"选项卡"注释"面板中的"对齐"按钮，标注线性尺寸，如图 9-33 所示。

（3）单击"默认"选项卡"绘图"面板中的"直线"按钮，绘制剖切线符号，并修改线宽为 0.4，如图 9-34 所示。

（4）将"文字"图层设置为当前图层，单击"默认"选项卡"绘图"面板中的"直线"按钮和

"注释"面板中的"多行文字"按钮**A**，标注文字，结果如图 9-22 所示。

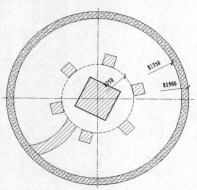

图 9-32　半径标注

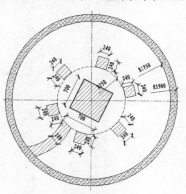

图 9-33　对齐标注

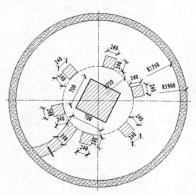

图 9-34　绘制剖切符号

9.5　实践与操作

通过本章的学习，读者对园林水景的作用、分类及设计原则等知识有了一定的了解，并对园林水景工程图的绘制方法及绘制过程进行了系统学习。本节将通过 3 个操作练习使读者进一步掌握本章的知识要点。

（1）绘制如图 9-35 所示的跌水墙平面图。

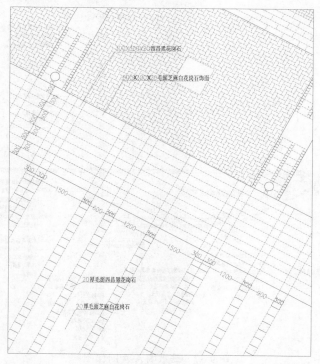

图 9-35　跌水墙平面图

（2）绘制如图 9-36 所示的跌水墙平面详图。

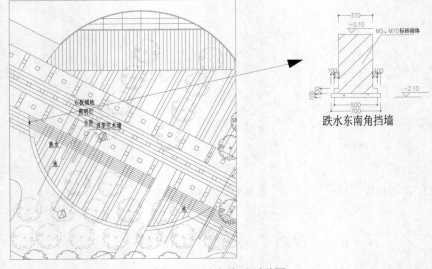

图 9-36　跌水墙平面详图

（3）绘制如图 9-37 所示的跌水墙 A-A 断面图。

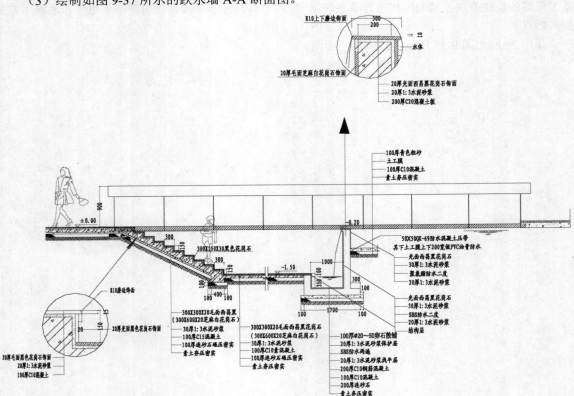

图 9-37　跌水墙 A-A 断面图

第10章

植物

植物是园林设计中有生命的题材，在园林中占有十分重要的地位，其多变的形体和丰富的季相变化使园林风貌丰富多彩。植物景观配置成功与否，将直接影响环境景观的质量及艺术水平。本章首先对植物种植设计进行简单的介绍，然后讲解应用 AutoCAD 2018 绘制园林植物图例和进行植物配置的方法。

☑ 植物种植设计

☑ 屋顶花园绘制

任务驱动&项目案例

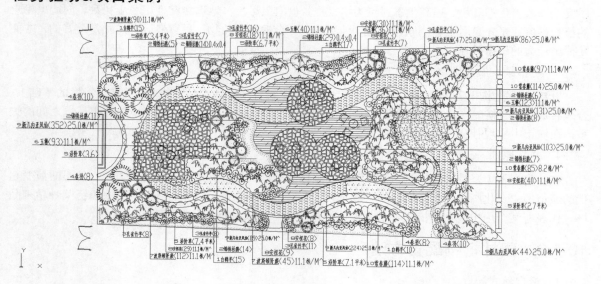

10.1 概　　述

植物是园林设计中有生命的题材。园林植物作为园林空间构成的要素之一，其重要性和不可替代性在现代园林中正在日益明显地表现出来。园林生态效益的体现主要依靠以植物群落景观为主体的自然生态系统和人工植物群落；园林植物有着多变的形体和丰富的季相变化，其他的构景要素无不需要借助园林植物来丰富和完善，园林植物与地形、水体、建筑、山石、雕塑等有机配置，将形成优美、雅静的环境和艺术效果。

植物要素包括乔木、灌木、攀缘植物、花卉、草坪地被和水生植物等。各种植物在各自适宜的位置上发挥着共同的效益和功能。植物的四季景观，本身的形态、色彩、芳香和习性等都是园林造景的题材。植物景观配置成功与否，将直接影响环境景观的质量及艺术水平。

10.1.1 园林植物配置原则

1. 整体优先原则

城市园林植物配置要遵循自然规律，利用城市所处的环境、地形地貌特征、自然景观、城市性质等进行科学建设或改建。要高度重视保护自然景观、历史文化景观，以及物种的多样性，把握好它们与城市园林的关系，使城市建设与自然和谐，在城市建设中可以回味历史，保障历史文脉的延续。充分研究和借鉴城市所处地带的自然植被类型、景观格局和特征特色，在科学合理的基础上，适当增加植物配置的艺术性、趣味性，使之具有人性化和亲近感。

2. 生态优先的原则

在植物材料的选择、树种的搭配、草本花卉的点缀、草坪的衬托以及新平装的选择上等必须最大限度地以改善生态环境、提高生态质量为出发点，也应该尽量多地选择和使用乡土树种，创造出稳定的植物群落；充分应用生态位原理和植物他感作用，合理配置植物，只有最适合的才是最好的，才能发挥出最大的生态效益。

3. 可持续发展原则

以自然环境为出发点，按照生态学原理，在充分了解各植物种类的生物学、生态学特性的基础上，合理布局、科学搭配，使各种植物和谐共存，群落稳定发展，达到调节自然环境与城市环境之间的关系，在城市中实现社会、经济和环境效益的协调发展。

4. 文化原则

在植物配置中坚持文化原则，可以使城市园林向充满人文内涵的高品位方向发展，使不断演变起伏的城市历史文化脉络在城市园林中得到体现。在城市园林中把反映某种人文内涵、象征某种精神品格、代表着某个历史时期的植物科学合理地进行配置，形成具有特色的城市园林景观。

10.1.2 园林植物配置方法

1. 近自然式配置

所谓近自然式配置，一方面是指植物材料本身为近自然状态，尽量避免人工重度修剪和造型，另一方面是指在配置中要避免植物种类的单一、株行距的整齐划一以及苗木规格的一致。在配置中，尽可能地自然,通过不同物种、密度、不同规格的适应、竞争实现群落的共生与稳定。目前,城市森林在我国还处于起步阶段,森林绿地的近自然配置应该大力提倡。首先要以地带性植被为样板进行模拟,选择合适的建群种;同时要减少对树木个体、群落的过度人工干扰。上海在城市森林建设改造中采用宫协造林法来模拟地带性森林植被,也是一种有益的尝试。

2. 融合传统园林中植物配置方法

充分吸收传统园林植物配置中模拟自然的方法,师法自然,经过艺术加工来提升植物景观的观赏价值,在充分发挥群落生态功能的同时尽可能创造社会效益。

10.1.3　树种选择配置

树木是构成森林最基本的组成要素,科学地选择城市森林树种是保证城市森林发挥多种功能的基础,也直接影响城市森林的经营和管理成本。

1. 发展各种高大的乔木树种

在我国城市绿化用地十分有限的情况下,要达到以较少的城市绿化建设用地获得较高生态效益的目的,必须发挥乔木树种占有空间大、寿命长、生态效益高的优势。例如,德国城市森林树木侧枝达到 12 就修剪到 6 以下,林冠下种植栎类、山毛榉等阔叶树种。我国的高大树木物种资源丰富,30～40m 的高大乔木树种很多,应该广泛加以利用。在高大乔木树种选择的过程中除了重视一些长寿命的基调树种以外,还要重视一些速生树种的使用,特别是在我国城市森林还比较落后的现实情况下,通过发展速生树种可以尽快形成森林环境。

2. 按照我国城市的气候特点和具体城市绿地的环境选择常绿与阔叶树种

乔木树种的主要作用之一是为城市居民提供遮阴环境。在我国,大部分地区都有酷热漫长的夏季,冬季虽然比较冷,但阳光比较充足。因此,我国的城市森林建设在夏季能够遮阴降温,在冬季要透光增温。而现在许多城市的城市森林建设并没有这种考虑,偏爱使用常绿树种。有些常绿树种引种进来后,许多都处在濒死的边缘,几乎没有生态效益。具有鲜明地方特色的落叶阔叶树种,不仅能够在夏季旺盛生长而发挥降温增湿、净化空气等生态效益,而且在冬季落叶增加光照,起到增温作用。因此,要根据城市所处地区的气候特点和具体城市绿地的环境需求选择常绿与落叶树种。

3. 选择本地野生或栽培的建群种

追求城市绿化的个性与特色是城市园林建设的重要目标。地区之间因气候条件、土壤条件的差异造成植物种类上的不同,乡土树种是表现城市园林特色的主要载体之一。使用乡土树种更为可靠、廉价、安全,它能够适应本地区的自然环境条件,抵抗病虫害、环境污染等干扰的能力强,尽快形成相对稳定的森林结构和发挥多种生态功能,有利于减少养护成本。因此,乡土树种和地带性植被应该成为城市园林的主体。建群种是森林植物群落中在群落外貌、土地利用、空间占用、数量等方面占主导地位的树木种类。建群种可以是乡土树种,也可以是在引入地经过长期栽培,已适应引入地自然条件的外来物种。建群种无论是在对当地气候条件的适应性、增建群落的稳定性,还是展现当地森林植物群落外貌特征等方面都有不可替代的作用。

10.2　植物种植设计

园林植物种植设计是园林规划设计的一项重要内容。

扫码看视频
10.2 植物种植设计

在植物种类的选择上，要因地制宜地选择适合当地环境的种类，以乡土植物为主，因为乡土植物经过自然界的选择，是最适合当地立地条件的种类；植物的种类要多样，空间层次要丰富，四季景观要多样，有季相变化；园林植物应当有较高的观赏性，同时为了管理方便，各种抗性要强；针对不同的种植条件和种植形式，对植物的要求略有不同。

植物的种植设计形式多样，有规则式、自然式和混合式 3 种基本形式；种植设计类型丰富，如孤植、对植、树丛、疏林草地、树列、树阵、花坛、花境和花带等。在规则的道路、广场等地一般用树列、树阵的形式，节日时用各种花坛来装饰；在大门入口处等地多用对植的形式；在自然式设计的地方多采用自然式种植，如树丛、疏林草地、花境和花带等；在一些重点地方，可以画龙点睛地用一些比较名贵、观赏价值较高的花木和大树孤植。在植物的组合上注意乔灌草的搭配，进行复层种植，注意将"相生"的植物搭配在一起，将"相克"的植物远离，提高植物组合的稳定性，减少后期管理的强度。

操作步骤：

10.2.1 绘制乔木图例

1. 建立"乔木"图层

单击"默认"选项卡"图层"面板中的"图层特性"按钮，打开"图层特性管理器"对话框，建立一个新图层，命名为"乔木"，颜色选取绿色，线型为 Continuous，线宽为 0.20，并将其设置为当前图层，如图 10-1 所示。确定后回到绘图状态。

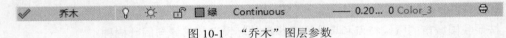

图 10-1 "乔木"图层参数

2. 图例绘制

1）落叶乔木图例

（1）单击"默认"选项卡"绘图"面板中的"圆"按钮，在命令行中输入"2500"（树种不同，输入的树冠半径也不同），命令行提示与操作如下：

```
命令: _circle↙
指定圆的圆心或 [三点(3P)/两点(2P)/相切、相切、半径(T)]:
指定圆的半径或 [直径(D)] <4.1463>: 2500↙
```

绘制一半径为 2500 的圆，圆直径代表乔木树冠冠幅。

（2）单击"默认"选项卡"绘图"面板中的"直线"按钮，在圆内绘制直线，直线代表树木的枝条，如图 10-2 所示。

（3）按照上述步骤继续在圆内绘制直线，结果如图 10-3 所示。

（4）单击"默认"选项卡"修改"面板中的"删除"按钮，删除外轮廓线圈，如图 10-4 所示。

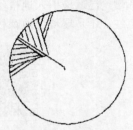

图 10-2 绘制树木枝条

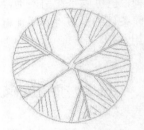

图 10-3 绘制其他树木枝条

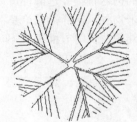

图 10-4 图例绘制完毕

说明：在完成第一步后也可将绘制的这几条直线全选，然后进行圆形阵列，但是绘制出来的图例不够自然，不能够准确代表自然界植物的生长状态，因为自然界树木的枝条总是形态各异的。

2）常绿针叶乔木图例

（1）单击"默认"选项卡"绘图"面板中的"圆"按钮，在命令行中输入"1500"，命令行提示与操作如下：

```
命令: _circle✓
指定圆的圆心或 [三点(3P)/两点(2P)/相切、相切、半径(T)]:
指定圆的半径或 [直径(D)] <4.1463>: 1500✓
```

绘制一半径为 1500 的圆，圆代表乔木树冠平面的轮廓。

（2）单击"默认"选项卡"绘图"面板中的"圆"按钮，绘制一半径为 150 的小圆，代表乔木的树干。

（3）单击"默认"选项卡"绘图"面板中的"直线"按钮，在圆上绘制直线，直线代表枝条，如图 10-5 所示。

（4）单击"默认"选项卡"修改"面板中的"环形阵列"按钮，选择步骤（3）绘制的直线，选择圆的圆心为中心点，项目数为 10，填充角度为 360°，结果如图 10-6 所示。

（5）单击"默认"选项卡"绘图"面板中的"直线"按钮，在圆内画一条 30° 斜线（打开极轴，右击设置极轴角度为 30°）。

（6）单击"默认"选项卡"修改"面板中的"偏移"按钮，偏移距离为 150，命令行提示与操作如下：

```
命令: OFFSET✓
当前设置: 删除源=否 图层=源 OFFSETGAPTYPE=0
指定偏移距离或 [通过(T)/删除(E)/图层(L)] <通过>: 150✓
选择要偏移的对象或 [退出(E)/放弃(U)] <退出>:
指定要偏移的那一侧上的点或 [退出(E)/多个(M)/放弃(U)] <退出>:
```

结果如图 10-7 所示。

（7）单击"默认"选项卡"修改"面板中的"修剪"按钮，选择对象为圆轮廓线，按 Enter 键或空格键确定，对圆外的斜线进行单击修剪，结果如图 10-8 所示。

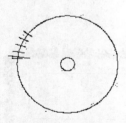
图 10-5 图例绘制 1

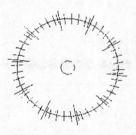
图 10-6 图例绘制 2

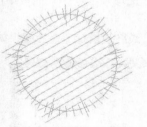
图 10-7 图例绘制 3

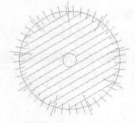
图 10-8 图例绘制完成

说明：在图例的绘制中，可用斜线来区别落叶植物和常绿植物。

（8）单击"默认"选项卡"块"面板中的"创建"按钮，打开"块定义"对话框（如图 10-9 所示），在"名称"下拉列表框中输入植物名称，然后单击"选择对象"按钮，选择要创建的植物图例，按 Enter 键或空格键确定；接着单击"拾取点"按钮，选择图例的中心点，按 Enter 键或空格键确定，结果如图 10-10 所示；单击"确定"按钮，植物的块创建完毕。

图 10-9 "块定义"对话框   图 10-10 拾取点

将图例创建为"块"，在以后的设计中就可以直接插入使用了。

📖 说明：灌木图例的画法和乔木的画法大体一致，区别只在于每种植物的平面形态的变化；但注意灌木图层要单独建立一个层。

10.2.2 植物图例的栽植方法

1. 沿规则直线的等距离栽植

（1）绘制如图 10-11 所示的一园林道路，在其外侧 1.5m 处栽植国槐，间距为 5m。

（2）单击"默认"选项卡"修改"面板中的"偏移"按钮 ⟲，将道路向外侧偏移 1500，绘制辅助线。在辅助线的一侧插入块"国槐"，结果如图 10-12 所示。

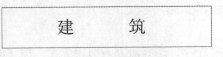

图 10-11 道路

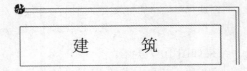

图 10-12 绘制辅助线并插入块 1

（3）单击"默认"选项卡"绘图"面板中的"定距等分"按钮 ⟋，等分距离为 5000，结果如图 10-13 所示。

（4）删除辅助线，最终栽植行道树后效果如图 10-14 所示。

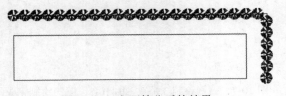

图 10-13 定距等分后的效果

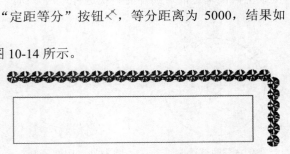

图 10-14 删除辅助线 1

2. 沿规则广场的等距离栽植

（1）绘制如图 10-15 所示的一弧形广场，在其内侧 1.5m 处栽植国槐，数量为 15。

（2）单击"默认"选项卡"修改"面板中的"偏移"按钮 ⟲，将广场边缘向内侧偏移 1500，绘制辅助线。在辅助线的一侧插入块"国槐"，结果如图 10-16 所示。

（3）单击"默认"选项卡"绘图"面板中的"定数等分"按钮 ，插入"国槐"图块，线段数目为 15，结果如图 10-17 所示。

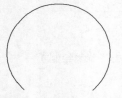

图 10-15　弧形广场轮廓

图 10-16　绘制辅助线并插入块 2

图 10-17　定数等分后的效果

（4）删除辅助线，最终栽植广场树后效果如图 10-18 所示。

3．沿自然式道路的等距离栽植方法

（1）绘制如图 10-19 所示的一自然式道路，在其外侧 1.5m 处栽植国槐，间距为 5m。

（2）单击"默认"选项卡"修改"面板中的"偏移"按钮 ，将道路向外侧偏移 1500，绘制辅助线。在辅助线的一侧插入块"国槐"，结果如图 10-20 所示。

图 10-18　删除辅助线 2

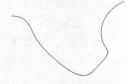

图 10-19　自然式道路轮廓

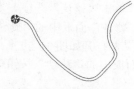

图 10-20　绘制辅助线并插入块 3

（3）单击"默认"选项卡"绘图"面板中的"定距等分"按钮 ，插入"国槐"图块，等分距离为 5000，结果如图 10-21 所示。

（4）删除辅助线，最终栽植行道树后效果如图 10-22 所示。

图 10-21　定距等分

图 10-22　删除辅助线 3

10.2.3　一些特殊植物图例的画法

1．绿篱

（1）绿篱比较规整，单击"默认"选项卡"绘图"面板中的"多段线"按钮 ，先画出上部图形，如图 10-23 所示。

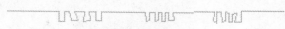

图 10-23　绿篱绘制 1

（2）单击"默认"选项卡"修改"面板中的"镜像"按钮 ，将步骤（1）绘制的绿篱上部图形

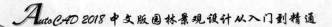

Note

进行镜像操作，结果如图 10-24 所示。

（3）将镜像的多线段向右移动一段距离，在其左边延长一段多段线，如图 10-25 所示。

图 10-24　绿篱绘制 2　　　　　　　　　　　　　　图 10-25　绿篱绘制 3

2．树丛

树丛的图例如图 10-26 所示。

第 1 种和第 3 种图例均可采用"修订云线"命令，画出之后进行点的调整，使整个图形看起来美观。第 1 种多用来表现针叶类树丛景观，第 3 种多用来表示阔叶类树丛景观。

第 2 种图例采用"多段线"命令，画出不规则的两圈，多用来表示小型灌木丛。

3．竹类

单击"默认"选项卡"绘图"面板中的"徒手画修订云线"按钮，绘出外轮廓线，如图 10-27 所示；然后单击"默认"选项卡"绘图"面板中的"多段线"按钮，绘出单个竹叶的形状，如图 10-28 所示；单击"默认"选项卡"修改"面板中的"复制"按钮，对其进行复制，然后单击"默认"选项卡"修改"面板中的"旋转"按钮，旋转合适角度；单击"默认"选项卡"块"面板中的"创建"按钮，打开如图 10-29 所示的"块定义"对话框，命名为"竹叶"；之后单击"默认"选项卡"修改"面板中的"移动"按钮，移动到合适位置，如图 10-30 所示；重复以上步骤，结果如图 10-31 所示。

图 10-26　树丛的绘制

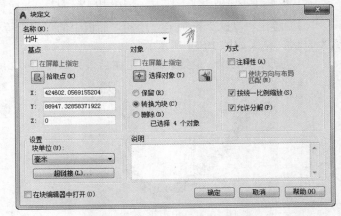

图 10-27　外轮廓线　　图 10-28　单个竹叶　　　　　　图 10-29　"块定义"对话框

4．图案式植物的画法

图案式植物主要靠填充来表示其植物种类，其主要表现的是整个图案的样式。首先画出设计图案的轮廓，如图 10-32 所示。

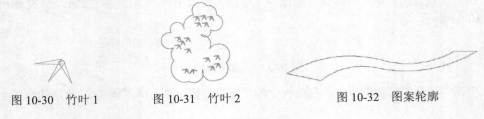

图 10-30　竹叶 1　　　　图 10-31　竹叶 2　　　　　　图 10-32　图案轮廓

然后单击"默认"选项卡"绘图"面板中的"图案填充"按钮，打开如图 10-33 所示的"图案填充创建"选项卡。单击"拾取点"按钮，拾取点选取图案内部，要注意所画图案轮廓线一定要闭合；在样例中选择图案的种类，选择 CROSS 样例，填充图案比例为 1000，填充结果如图 10-34 所示。

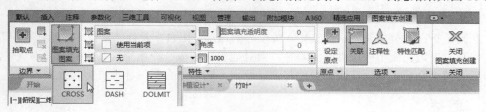

图 10-33　"图案填充创建"选项卡

图 10-34　填充效果

　　说明： 植物图例种类多样，以上示例仅介绍一些图例的基本画法。

10.2.4　苗木表的制作

　　在园林设计中植物配置完成之后，要进行苗木表（植物配置表）的制作，苗木表用来统计整个园林规划设计中植物的基本情况，主要包括编号、图例、植物名称、学名、胸径、冠幅、高度、数量和单位等项。

　　常绿植物一般用高度和冠幅来表示，如雪松和大叶黄杨等；落叶乔木一般用胸径和冠幅来表示，如垂柳和栾树等；落叶灌木一般用冠幅和高度来表示，如金银木和连翘等。某小型游园的植物配置表如图 10-35 所示。更多的植物图例详见附带资源。

植物配置表

编号	图例	植物名称	学　名	胸径(mm)	冠幅(mm)	高度(mm)	数量	单位
1		黄檀树	Ficus Lacor	250~500	4000~5000	5000~6000	1	株
2		香樟	Cinnamomum camphora	100~120	3000~3500	5000~6000	8	株
3		垂柳	Salix babylonica	120~150	3000~3500	3500~4000	4	株
4		水杉	Metasequoia	120~150	2000~5000	7000~8000	7	株
5		栾树	Koelreuteria	120~150	3000~4000	4000~8000	25	株
6		棕榈	Trachycarpus	120~150	3000~3600	5000~6000	14	株
7		马蹄莲	Zantedeschia		400~500	500~600	26	丛
8		玉簪	Hosta plantaginea		300~500	200~500	30	丛
9		迎春	Jasminum nudiflorum		1000~1500	500~800	18	丛
10		杜鹃	Rhododendron simsii		300~500	300~600	7	m²
11		红叶小檗	Berberis thunbergii		350~400	400~600	14	m²
12		四季秋海棠	Begonia semperflorens-hybr		350~400	300~500	18	m²
13		平户杜鹃	Rhododendron mucronatum		500~800	900~1000	23	m²
14		黄金柏	Cupressus Macrocarpa		300~500	300~500	10	m²
15		鸢尾	Iris tectorum		300~500	300~500	5	m²
16		时令花卉			300~500	200~600	3	m²
17		草坪					100	m²

图 10-35　某小型游园的植物配置表

10.3 屋顶花园绘制

屋顶花园是指在各类建筑物、构筑物、桥梁等的顶部、阳台、天台、露台上进行园林绿化、美化所形成的景观。屋顶花园不但可以降温隔热，而且能美化环境、净化空气、改善局部小气候。

本节首先简单介绍了屋顶花园的功能与设计要点，然后结合实例详细讲解其绘制方法。

10.3.1 概述

屋顶花园并不是现代建筑发展的产物，著名的巴比伦空中花园，就是一座精美绝伦的屋顶花园。它之所以被列为"古代世界七大奇迹"之一，其意义绝非仅在于造园艺术上的成就，还是古代文明的佳作。

近代，国外相继建造各类规模的屋顶花园和屋顶绿化工程，如美国华盛顿水门饭店屋顶花园、美国标准石油公司屋顶花园、英国爱尔兰人寿中心屋顶花园、加拿大温哥华凯泽资源大楼屋顶花园、日本同志社女子大学图书馆屋顶花园等。这些屋顶花园多数建在大型公共建筑和居住建筑的屋顶或天台，向天空展开。

国内也相继对屋顶进行开发，如香港太古城天台花园、广州东方宾馆屋顶花园、广州白天鹅宾馆的室内屋顶花园、北京长城饭店室外屋顶花园、重庆泉外楼等，有的城市已把城市楼群的屋顶作为新的绿源。屋顶绿化可以增加城市绿地面积，改善日趋恶化的生存环境空间，改善城市热岛效应，减少沙尘暴等对人类的危害，开拓绿化空间，建造田园城市，改善人民的居住条件，提高生活质量，以及美化城市环境，改善生态效应。

10.3.2 屋顶花园的设计

不同于一般的花园，屋顶花园主要是由其所在的位置和环境所决定的。因此在满足其使用功能、绿化效益、园林美化的前提下，必须注意其安全和经济方面的要求。

1. 屋顶花园的选址

同其他园林一样，屋顶花园需要精心选址，理想的花园位置应当既能吸引人们前往，又能为植物提供良好的生长环境。但是对于植物来说，屋顶花园本身不是适合植物生长的环境。而且从事屋顶花园设计的设计师在选址方面并没有发言权，大楼的主人和建筑师在征求设计师的意见之前就已经决定了它的位置。最好的情况就是建筑师在设计时就将花园作为建筑物的一个局部来设计。但遗憾的是，花园只能在已有的大楼上改造翻新，因此荷载、规模、面积、视野、气候、出入口及其他要素都对设计师产生了限制。

幸运的是，选址只是决定屋顶花园质量高低的要素之一，通过娴熟高超的设计，我们可以扬长避短，尽量减少选址中不尽如人意的因素的限制。因此作为设计师，首先要了解场地的现状。

（1）气候

首先要考虑屋顶花园所在地区的气候，另外屋顶花园的气候相对来说与地上花园气候有些不同。

阳光是植物生长的必需条件之一。对于大多数植物来说，都需要充足的阳光，因此应尽量选择阳光充足的建筑物的南面建造屋顶花园。除非在南方地区，由于天气炎热，人们在很长的一段时间内趋向于避暑，而且南方的植物相对种类多，耐荫的也多，这时可以选择建筑物背面的位置。若是在大楼高层内部建造屋顶花园，则需要进行人工补光。对于大部分阳光充足的屋顶花园来说，设计师需要考虑遮阴和防眩光的问题。休息设施尽量安排在阴影下，为了防眩光，可以多种植草坪、地被植物和灌木丛；而铺砖部分，可以选择暗色吸光的建筑材料。

通常情况下低处的风力较小，随着高度上升，高楼大厦的顶部风力比较强，有时由于建筑物的作用微风会变成大风。这对植物造成的不利影响是，蒸腾量加大，机械损伤。因此，要选择那些抗风植物、植物体重量轻的植物、抗逆性强的植物。而花园内的其他设施如桌椅、遮阳伞、雨篷等也要选择轻质坚固的。除此之外，可以使用挡风板和防风墙来阻挡大风或迫使其转向。挡风板还可以是防止儿童翻越普通高度的栏杆，甚至可以防止自杀等。

在温带大部分地区，冬季寒冷夏季酷热，而屋顶花园所处的位置往往加剧了这种不利因素。为了减少低温对屋顶花园的不良影响，首先在建造屋顶和种植土壤时，应尽量模拟自然条件；第二是选择当地乡土植物，因为这些植物适应当地的环境，抗高温、低温和抗逆的能力普遍比较强；第三是在冬季可以覆盖木屑、秸秆等防寒物，或者为植物搭建防寒障；第四是可以在花园的土壤中，铺设供暖设备，但要注意供暖不能过高，防止植物误以为春天的到来而萌芽，导致新芽在严寒中冻死。对于地下停车场，屋顶上通常不会铺设绝缘材料，因此在种植层和下方的停车场之间铺上一层绝缘物质可以防止植物受到下方严寒的侵袭。另外冬季还要注意除雪，防止对屋顶结构造成破坏。

（2）出入口

进出花园的出入口要方便，所以要考虑建筑的电梯位置、大厅或餐厅的出入口位置甚至是安全出口位置。这样才能使花园充分发挥其作用，从而提高它的价值。

（3）安全

首先是楼板的荷载，若建筑尚在设计阶段，应让建筑师将屋顶花园的重量算进去，这样可以减小后期的成本。若是在已有的建筑上建造屋顶花园，那么，一定要注意在规定的重量范围内。有时，屋顶的荷载并不是均匀的，如下方建筑的支柱上荷载比较大，因此可将重的植物种植在支柱之上。楼板的防水也很重要，防水层一旦破坏，后期的维修是极为费时费力的。

其次是要符合当地的建筑规范，如花园是否算作建筑的高度。建造花园后，建筑物是否超标。

2. 屋顶花园的构造

与地上的花园相比，屋顶花园需要考虑更多的基层要素，这有些类似于屋顶结构。任何一个屋顶花园都至少包括 4 个基本层——排水系统、滤布或垫层、种植层以及最上面的护根物。

（1）排水系统、滤布或垫层

好的排水是屋顶花园设计最重要的要求。排水管道一旦堵塞，将会导致植物死亡，屋顶荷载增加，并导致积水渗透到附近的建筑物，最终导致昂贵的维修和清理费用。流畅的排水系统会提供干净而可靠的屋顶表面，维护花园的美观。排水系统由两个紧密相连的部分组成。第一部分是位于屋顶混凝土防护板上方的排水材料，第二部分是由排水沟和排水管共同组成的排水系统，它将水引入屋顶的落水管。排水材料由抗腐蚀的材料组成，水透过这一层可以流向大楼屋顶的排水管道。排水层可以使用的材料范围较广，卵石、碎石、渣块以及近年来新出现的一些材料如塞尔草、恩卡、吉欧特克，许多塑料制品都可以用作排水材料。排水管一般由塑料或金属制成。有圆形排水管，拱形排水管，平顶排水沟，侧向、条形或槽形的排水沟，不管选择哪种类型的排水管，只要条件许可，所有的排水管都必须配备有污物收集槽，以防止管道系统被堵塞。排水时，多余的水分从种植层流入排水管道时可能会将土壤、护根物、植物残体一并冲入管道，从而造成排水管的阻塞和土壤的流失。滤布可以有效解决这一问题。滤布材料由聚丙酯纤维制成，看起来与毛毡相似，有着不同的厚度以满足不同的需要。同时，滤布要能够防止根茎的穿透。

（2）种植层及最上面的护根物

土壤的质量对植物的生长有着非常大的影响，由于屋顶花园所处的特殊位置，它需要的土壤应当肥沃、轻质、排水良好、湿润、耐久、稳固、廉价。市场上的种植土种类多样，为我们提供了很大的选择余地，如可以用 45%分级挑选过的不含任何细砂的沙子；45%多孔页岩，10%腐殖质。国外还有泰克若佛勒系统、古罗登种植层等。种植层的上方应铺设顶肥或护根物，它可以起到绝缘的作用，可以减少土壤对热量的吸收，寒冬可以防冻，抑制杂草生长，减缓土壤水分的蒸发，它自身的腐烂可以逐渐补充有机物。护根物可以用松树皮、直径为 1cm 左右的木屑等。一般不使用沙砾、卵石等无机物，因为它们不能补充土壤中流失的有机物质。另外，由于屋顶花园种植层薄、排水快、储水性差，因此必须安装灌溉系统。目前多用滴灌、喷灌或两者混合的系统。

3. 屋顶花园的设计原则

在解决了屋顶花园的技术问题后，就可以考虑花园的艺术效果了。屋顶花园中可以使用的设计要素的种类是没有限制的，只要能想到的，都可以实现。地面花园可以使用的一切要素几乎都可用于屋顶花园。

（1）经济、实用性原则

由于屋顶花园的特殊性，建造屋顶花园一定要做好预算，必须结合实际情况，做出全面考虑，最大限度地为业主省钱，同时屋顶花园的后期养护也要做到养护管理方便，并且节约施工与养护管理的人力、物力。

业主营造屋顶花园的目的就是要在有限的空间内进行绿化、造景，为自己创造一个环境优美的生活空间，提高生活质量、文化品位，因此该设计方案将运用因地制宜、以人为本的设计理念，并结合周围环境、时代特色，考虑业主的个人想法和要求，为其营造出一个个性鲜明的私密空间，同时把绿化放在首位，坚持以绿为主，绿化率将达到 50%以上。

（2）安全、持续性原则

在地面建花园基本上可以不考虑其重量问题，但是在屋顶、地下商场顶部、地下车库顶部建花园就必须注意建筑顶部的安全指标，一是建筑顶部自身的承重问题，二是施工完成后各种新建园林小品的均布荷载和各种活荷载对建筑承重造成的安全问题，三是防水处理的成败直接影响屋顶花园的使用效果和建筑物的安全。

首先楼板的承载能力是建造屋顶花园的前提条件（国标规定：设计荷载在 $200kg/m^2$ 以下的屋顶不宜进行屋顶绿化，设计荷载大于 $350kg/m^2$ 的屋顶，根据荷载大小，除种植地被、花灌木外，可以适当选择种植小乔木），如果屋顶花园的附加重量超过楼顶本身的荷载，就会影响整个楼体的安全，因此在设计前必须对建筑本身的一些相关指标和技术资料做全面而细致的调查，认真核算。

其次要做好防水，第一不要破坏原防水层，第二要做好花园的防水层。以此来增强原屋顶和建成后屋顶花园防水层的防水能力和使用寿命。

（3）美观、环保性原则

屋顶花园的主要功能就是为业主提供一个环境优美的休息娱乐场所，由于在屋顶建花园存在种种问题（如承重、面积大小、远离地面和植物生存条件苛刻等），这就要求屋顶花园在形式上应该小而精，力求精美，给人以轻松、愉悦的感受，屋顶花园的景物配置、植物选配均应是当地的精品，并精心设计植物造景的特色。由于场地窄小，道路迂回，屋顶上的游人路线、建筑小品的位置和尺度，更应仔细推敲，既要与主体建筑物及周围大环境保持协调一致，又要有独特的园林风格。

4. 屋顶花园的设计方法

（1）植物及其栽培

首先，作为花园，要有足够数量的植物。集中绿化的花园应该能够满足各种各样植物的生长需求，包括草坪、地被植物、多年生植物、一年生植物，以及灌木和足够高大的乔木，这需要考虑以下因素：重量、土壤深度、排水、土壤稳定性、植物成熟后的高度、根茎和树冠的范围、根茎的类型和延展长度、植物的抗旱抗寒耐涝能力、植物的寿命、植物种类的搭配、更换植物的难易程度等。

在屋顶花园中，对地被植物、草坪等根系浅的植物可以按照与地面花园基本相同的标准来选择。但高大的木本植物则需要更慎重地考虑，因为它们存活时间长、重量大、栽种费用高，视觉冲击力也最强。在选择这些植物时需要考虑其根部的扩张能力，落叶落果，自播能力，萌蘖性，根部在干燥和冰冻条件下的生存能力。对于风力大的地区，要考虑植物根部的支撑能力，因为屋顶花园的土壤比较薄，会导致植物根系伸展不充分。

（2）土壤深度

屋顶花园的土壤深度是有限的，但是在结构比较坚固的位置，例如在圆柱之上，可以把土壤堆得更高一些。也可以通过使用底部低于屋顶表面的方式抬高树池，这种方式必须将屋顶花园作为建筑的一部分来规划和设计。

（3）种植容器

除了固定的种植池外，屋顶花园还可以应用各种种植容器，这些容器种类多样，其本身就有很好的观赏价值，大型容器可以种植小乔木、灌木，小型容器可以做组合盆栽、微型花坛，这可以为节假日增彩。容器应当使用重量轻、坚固、耐风吹日晒的材料。

（4）屋顶图案和铺装

屋顶图案往往可以被临近高楼中高层中的人们所看到，所以，它的图案和铺装十分重要。一般来讲，图案要和周围环境协调，符合花园的性质，同时，为了考虑承重，应使图案中高大的植物正好坐落在建筑物的支柱上。铺装材料要选择防眩光的，如深色混凝土、火烧面的天然石材等，同时质量应比较轻。还要考虑的是施工时的运输问题。

（5）园林小品

在所有的花园中，园林小品都是一个很重要的因素。雕塑、桌椅、亭廊、花架等，它们的设计布局和地面花园差别不大，只是要考虑小品的重量和安放的位置。

（6）水体

人的天性是亲水的，在承重允许的情况下，我们可以布置各种水体，如戏水池、喷泉、瀑布等。有时即使是十几厘米深的水体，也可以安装小的喷头，将静态的水变成动态的水，创造出活泼的涟漪、潺潺的水声。

（7）照明

加了照明的花园，对于人们有了更多的吸引力。首先，花园的使用时间被大大延长了，尤其在晚上，酒店的客人或者居住区的人们可以在此纳凉，欣赏周围的景观；其次，对于附近高楼的人们来讲，又多了一个美丽的俯视的景观。此外，除了照明的作用，灯具本身就具有很好的装饰效果，灯光也可以提高花园的安全性和观赏性。

（8）市政设施

屋顶花园和地上花园一样，也需要市政设施，如饮水处、电源和电话等。

10.3.3　实例分析

本实例为北京一高层建筑八层中庭绿地设计，长25～28m，宽12～14m，面积为337m²。规划区四周为高档会议室、宾馆，绿地为住行于此处的客人服务。场地位于 8 层中庭，设计中需要考虑以下几点：楼板的承重与防水；环境光源为人工光源；中庭设有空调，为室内环境。如图 10-36 所示为规划园区的现状图，如图 10-37所示为设计平面图。

图 10-36　现状图

Note

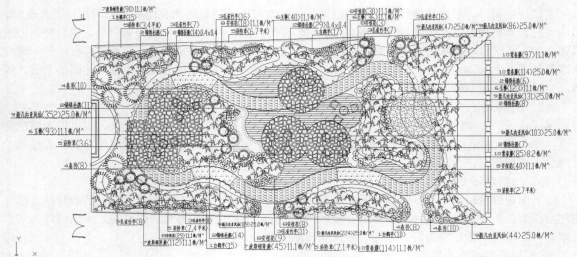

图 10-37　设计平面图

（1）设计理念。考虑建筑风格属于中国古典传统式，因此设计主题须与建筑风格协调一致。考虑中国古典传统文化，绿地设计理念定为"竹风荷影"。"竹风"采用金镶玉竹、棕竹、黄河竹、佛肚竹等竹类植物体现；"荷影"采用荷花、睡莲等水生植物体现。

（2）空间划分。由于场地面积较小，同时考虑周边宾馆客人的不同需求，因此对场地设计进行空间划分。场地中心部分包括瀑布水池景点及 3 个休息平台，采用地形进行空间分隔，创造大小不同的休憩空间，增加场地的深度。中心场地面积最大，设计 3 个圆形平台；靠近水池一侧为两个方形平台；最东侧为一圆形平台，面积较小。

（3）出入口。出入口设计考虑周围会议室、客人房间的出入口，设计 4 个出入口。

（4）地形。地形设计是构成园林的骨架，掌握地形设计是进行园林设计的一个必备环节，它涉及园林空间的围合，竖向设计的丰富性。本实例中为保证休憩环境的静谧性，采用地形要素对场地进行三面围合，考虑到承重问题，地形最高处不超过 0.24m。

（5）水池。考虑承重允许的情况下，设置一水池、瀑布，供观赏。

（6）植物。该屋顶花园位于 8 层中庭，环境为室内环境，因此气候与室外园林有一定的差异。植物种类选择北方温室植物。对于大多数植物来说，都需要充足的阳光。本实例中光照为人工光源，植物的生长过程需要一定的补光处理。

（7）建筑小品。桌椅、花架的放置考虑小品的重量和安放的位置，材料选择轻质材料。

（8）荷载。楼板上材料（包括植物、土壤（湿土）、建筑小品等）在规定的建筑承重范围内，屋顶的荷载并不是均匀的，下方建筑的支柱上荷载比较大，因此将质量大的竹类植物种植在支柱之上。

（9）防水。楼板的防水非常重要，该设计从结构板向上 3 层分别为细沙找平层、防水膜、素土夯实。另外，还要考虑根部穿透力比较强的竹类植物，将其置于种植箱体内，内部需设置护根物。

（10）种植层。种植层选择肥沃、轻质、排水良好、湿润、耐久、稳固的土壤。该花园内土壤选择为 45% 分级挑选过的不含任何细砂的沙子，45% 多孔页岩，10% 腐殖质。土壤深度是有限的，在结构比较坚固的位置，如在柱上，放置各种种植容器。大型种植容器种植竹类、小乔木、灌木；小型容器做组合盆栽，容器使用重量轻、坚固的材料。另外，考虑屋顶花园种植层薄、排水快、储水性差，因此该花园中安装滴灌系统。

屋顶花园的绘制流程图如图 10-38 所示。

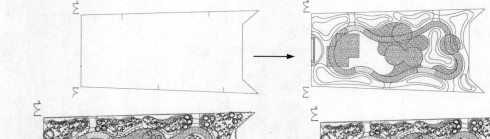

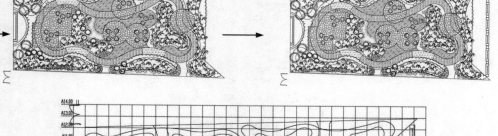

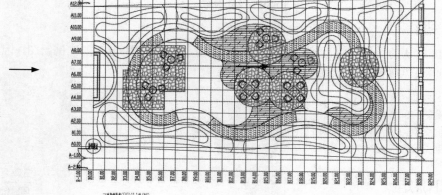

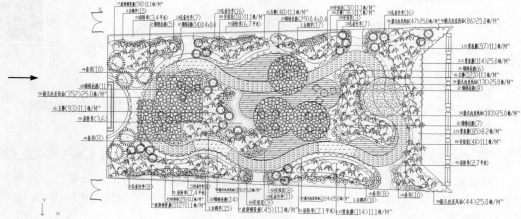

图 10-38　屋顶花园的绘制流程图

操作步骤：

10.3.4　必要的设置

　　首先新建图形，然后进行必要的设置。

1．单位设置

对图形单位进行设置，结果如图 10-39 所示。

图 10-39　设置参数

2．图形界限设置

AutoCAD 2018 默认的图形界限为 420×297，是 A3 图幅，但是我们以 1∶1 的比例绘图，因此将图形界限设为 420000×297000。命令行提示与操作如下：

```
命令：LIMITS↙
重新设置模型空间界限：
指定左下角点或 [开(ON)/关(OFF)] <0,0>：↙
指定右上角点 <420,297>：420000,297000↙
```

10.3.5　入口确定

扫码看视频

10.3.5　入口确定

1．确定"出入口"的位置

（1）单击"默认"选项卡"图层"面板中的"图层特性"按钮，打开"图层特性管理器"对话框，建立"道路"图层，颜色选取黄色，线型为 Continuous，线宽为默认，并将其设置为当前图层，如图 10-40 所示。

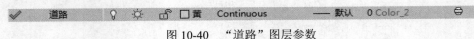

图 10-40　"道路"图层参数

说明：建立图层时，"线宽"均设置为"默认"状态，最终图纸打印时根据线条颜色统一设置线宽。

（2）将鼠标移到状态栏"对象捕捉"按钮，单击鼠标右键，在打开的快捷菜单中选择"对象捕捉设置"命令，打开"草图设置"对话框的"对象捕捉"选项卡，将捕捉模式按如图 10-41 所示进行设置，然后单击"确定"按钮。

（3）单击"默认"选项卡"绘图"面板中的"直线"按钮，根据周围房间出入口的位置确定入口的位置，如图 10-42 所示。

2．确定主景"水池"的位置

（1）建立一个新图层，命名为"水池"，颜色选取 6 号洋红，线型为 Continuous，线宽为默认，并将其设置为当前图层。

（2）单击"默认"选项卡"绘图"面板中的"圆弧"按钮 ，以场地西侧边线的中点为圆心进行绘制，命令行提示与操作如下：

```
命令：_arc↙
指定圆弧的起点或 [圆心(C)]: c↙
指定圆弧的圆心：（圆心取西侧边线的中点）
指定圆弧的起点：2700↙（打开对象捕捉，方向沿西侧边线竖直向下，输入"2700"）
指定圆弧的端点(按住 Ctrl 键以切换方向)或 [角度(A)/弦长(L)]: a↙
指定夹角：180↙
```

单击圆弧，此时圆弧处于选中状态，对其顶点（夹点）进行调整至合适弧度。

（3）单击"默认"选项卡"修改"面板中的"偏移"按钮 ，向内偏移 250，作为水池的池岸宽度，结果如图 10-43 所示，命令行提示与操作如下：

```
命令：_offset↙
当前设置：删除源=否　图层=源　OFFSETGAPTYPE=0
指定偏移距离或 [通过(T)/删除(E)/图层(L)] <通过>: 250↙
选择要偏移的对象或 [退出(E)/放弃(U)] <退出>:（选择步骤（2）绘制的圆弧，向内侧进行偏移）
指定要偏移的那一侧上的点或 [退出(E)/多个(M)/放弃(U)] <退出>: ↙
```

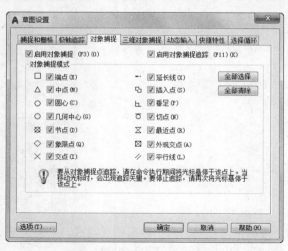

图 10-41　"对象捕捉"选项卡

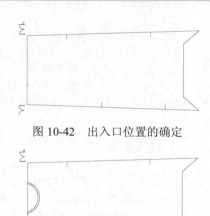

图 10-42　出入口位置的确定

图 10-43　水池的绘制

10.3.6　地形的设计

地形设计是构成园林的骨架，是园林设计平面图绘制中最基本的一步。掌握地形设计是进行园林设计的一个必备环节，它涉及园林空间的围合和竖向设计的丰富性。

在制图中要将其单独作为一个图层，便于修改、管理，统一设置图线的颜色、线型、线宽等参数，使得图纸规范、统一、美观。

（1）地形四面围合，增强场所的静谧性。建立"地形"图层，颜色选取 9 号灰，线型为 Continuous，线宽为默认，并使该图层处于当前状态。

（2）单击"默认"选项卡"绘图"面板中的"样条曲线拟合"按钮 ，在绘图区适当位置选取样条曲线的起点，然后指向需要的第二点，依次画出第三点、第四点……直至曲线闭合，或按字母 C

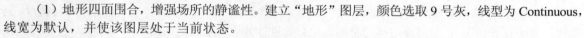

扫码看视频

10.3.6　地形的设计

键闭合，这样就绘制出地形的坡脚线，如图 10-44 所示。

（3）地形内部等高线的绘制。重复"样条曲线拟合"命令，沿地形坡脚线方向绘制地形内部的等高线，如图 10-45 所示。

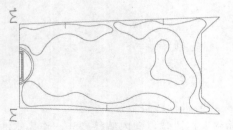   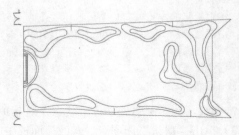

图 10-44　地形设计 1　　　　　　　　　　图 10-45　地形设计 2

> 说明：绘制等高线时也可用 pl 线型，这种线型画出的曲线有一定的弧度，图面表现比较美观；具体操作为，在命令行中输入"pl"，确定后输入"a"（代表圆弧），然后按命令提示依次指向下一点，就会出现：
>
> 命令：PL↙
> 指定起点：
> 当前线宽为 0.0000
> 指定下一个点或 [圆弧(A)/半宽(H)/长度(L)/放弃(U)/宽度(W)]：a↙
> 指定圆弧的端点(按住 Ctrl 键以切换方向)或 [角度(A)/圆心(CE)/方向(D)/半宽(H)/直线(L)/半径(R)/第二个点(S)/放弃(U)/宽度(W)]：
> 　　指定圆弧的端点(按住 Ctrl 键以切换方向)或 [角度(A)/圆心(CE)/闭合(CL)/方向(D)/半宽(H)/直线(L)/半径(R)/第二点(S)/放弃(U)/宽度(W)]：↙

10.3.7　道路系统

扫码看视频

10.3.7　道路系统

结合前面绘制的入口位置绘制道路系统。

（1）将"道路"图层设置为当前图层。

（2）中心广场的确定。

❶ 设计中包含矩形休憩空间和圆形休憩空间，方形休憩空间由两个矩形相交组成，单击"默认"选项卡"绘图"面板中的"矩形"按钮▢，尺寸分别为 3300×3500 和 3700×3900。

❷ 单击"默认"选项卡"修改"面板中的"修剪"按钮⊁，修剪掉矩形相交的部分。

❸ 单击"默认"选项卡"绘图"面板中的"圆"按钮◑，圆形广场的尺度半径为 1600。绘制后如图 10-46 所示。

（3）道路。

❶ 单击"默认"选项卡"绘图"面板中的"样条曲线拟合"按钮∿，绘制中心环路，道路宽度为 900。

❷ 单击"默认"选项卡"修改"面板中的"偏移"按钮⊜，对步骤❶绘制的中心环路进行偏移得到另一条。绘制好入口后，如图 10-47 所示。

（4）道路与休憩空间的结合。单击"默认"选项卡"绘图"面板中的"样条曲线拟合"按钮∿（对象捕捉处于打开状态），对道路与休憩空间的结合处进行处理，处理后如图 10-48 所示。

（5）道路的细部设计。由于园区面积较小，道路系统设计多种材质以求得变化。单击"默认"选项卡"绘图"面板中的"直线"按钮╱，根据设计要求按图 10-49 所示对道路空间进行分割。

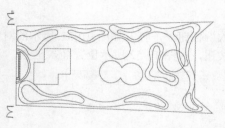

图 10-46 中心广场的确定

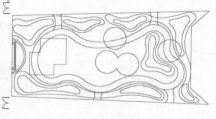

图 10-47 道路的绘制 1

图 10-48 道路的绘制 2

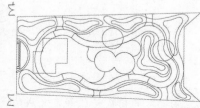

图 10-49 道路的绘制 3

（6）材质的填充。

❶ 建立"填充"图层，颜色选取 9 号灰，线型为 Continuous，线宽为默认，并使该图层处于当前状态。

❷ 对硬质铺装区域进行材质填充，单击"默认"选项卡"绘图"面板中的"图案填充"按钮，打开"图案填充创建"选项卡，按如图 10-50（a）所示进行设置，对木质铺装处进行填充。其他材质填充方法同上，填充完成后效果如图 10-50（b）所示。

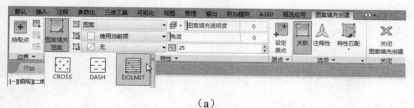

（a）

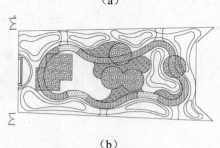

（b）

图 10-50 道路材质的填充

10.3.8 建筑小品的绘制

建筑小品的绘制包括座椅的插入以及种植池的绘制。

1. 座椅的插入

（1）建立"建筑"图层，颜色选取 6 号洋红，线型为 Continuous，线宽为默认，并使该图层处

扫码看视频

10.3.8 建筑小品
的绘制

于当前状态。

（2）单击"默认"选项卡"块"面板中的"插入"按钮，打开如图 10-51 所示的对话框，在"名称"下拉列表框中输入"坐凳"，单击"确定"按钮，按图 10-52 所示位置插入坐凳。

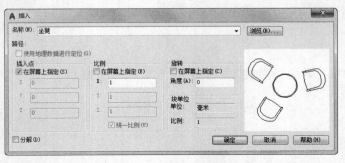

图 10-51　"插入"对话框

> 说明：坐凳插入的前提是已经定义成块，如果未定义成块，则不能插入。也可以采用另一种办法，将自己收集的素材库（包含坐凳）打开，将其复制到平面图中，然后选择"缩放"命令调节合适的比例，移至合适的位置。

2．种植池的绘制

由于场地位于建筑 8 层中庭，因此需要考虑楼板的承重，根据承重梁和承重柱的位置，摆放种植池。

（1）建立"种植池"图层，并使该图层置为当前状态。

（2）单击"默认"选项卡"绘图"面板中的"矩形"按钮，绘制种植池的平面，根据植物的种类设计种植池的大小，如图 10-53 所示。

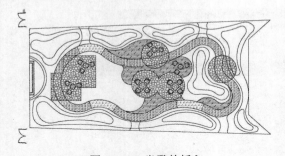

图 10-52　坐凳的插入

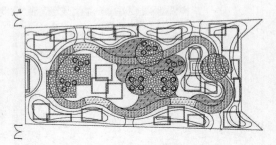

图 10-53　种植池的绘制

（3）单击"默认"选项卡"修改"面板中的"偏移"按钮，偏移出种植池的宽度。

10.3.9　植物的绘制

绘制的植物有两类，包括乔木层和灌木层的绘制。

1．乔木层的绘制

（1）参照 10.2.3 节绘制竹类图例的方法绘制如图 10-54 所示的竹叶，并创建为图块。

> 说明：不同植物种类图例的画法大体一致，区别只在于每种植物的平面形态的变化。

（2）单击"默认"选项卡"块"面板中的"插入"按钮，打开如图 10-55 所示的"插入"对话框，插入以前定义过的植物块，绘制好后效果如图 10-56 所示。

扫码看视频

10.3.9　植物的绘制

图 10-54　一组竹叶　　　　　　　　图 10-55　"插入"对话框

📖 说明：如果绘制乔木层种植图前未创建过相应的块，一种方法是可以打开收藏的植物图例，然后复制到该种植平面图中；第二种方法是可以利用"绘图"工具栏在此处直接绘制，然后创建成块后直接使用。

2. 灌木层的绘制

（1）建立"灌木"图层，颜色选取 3 号绿色，线型为 Continuous，线宽为默认，并将其设置为当前图层。灌木图例的绘制方法同乔木图例的绘制方法，区别只在于每种植物的平面形态的变化。

（2）单击"默认"选项卡"块"面板中的"插入"按钮，插入定义过的灌木植物块，绘制好后效果如图 10-57 所示。

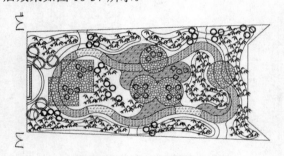

图 10-56　乔木层的绘制

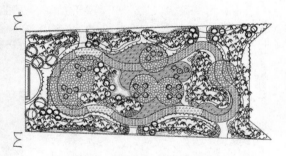

图 10-57　灌木层的绘制

10.3.10　景墙平面图的绘制

扫码看视频

10.3.10　景墙平面图的绘制

在场地东侧设置一景墙，供观赏。

1. 建立"轴线"图层

（1）建立"轴线"图层，颜色选取红色，线型为 CENTER，线宽为默认，并将其设置为当前图层，如图 10-58 所示。确定后回到绘图状态。

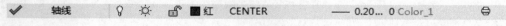

图 10-58　"轴线"图层参数

（2）选择菜单栏中的"格式"→"线型"命令，打开"线型管理器"对话框，单击右上角的"显示细节"按钮，线型管理器下部呈现详细信息，对"全局比例因子"进行调节，如图 10-59 所示。调节"全局比例因子"的值是为了点划线、虚线的式样在屏幕上以适当的比例显示。

2. 轴线绘制

单击"默认"选项卡"绘图"面板中的"直线"按钮（打开"正交"命令），在绘图区适当位置选取直线的初始点，方向为水平向左输入距离 2400，按 Enter 键后绘出横向轴线。

3. 墙体绘制

（1）将"建筑"图层设置为当前图层，在命令行中输入"MLINE"命令，命令行提示与操作如下：

```
命令：_mline↙
当前设置：对正=上，比例=20.00，样式=STANDARD
指定起点或 [对正(J)/比例(S)/样式(ST)]：j↙
输入对正类型 [上(T)/无(Z)/下(B)] <上>：z↙
当前设置：对正=无，比例=20.00，样式=STANDARD
指定起点或 [对正(J)/比例(S)/样式(ST)]：s↙
输入多线比例 <20.00>：400↙
当前设置：对正=无，比例=400.00，样式=STANDARD
指定起点或 [对正(J)/比例(S)/样式(ST)]：
指定下一点：1800↙ （方向为水平向右）
```

结果如图 10-60 所示。

（2）单击"默认"选项卡"绘图"面板中的"直线"按钮✐，将其端口封闭，结果如图 10-61 所示。

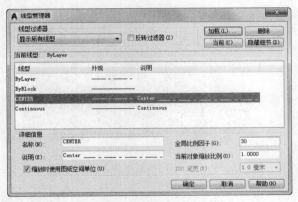

图 10-59　线型显示比例设置

图 10-60　墙体绘制 1

图 10-61　墙体绘制 2

（3）单击"默认"选项卡"修改"面板中的"偏移"按钮✐，对端口封闭直线段向内侧偏移，在命令行中输入偏移距离 300，结果如图 10-62 所示。

（4）选择菜单栏中的"绘图"→"多线"命令，命令行提示与操作如下：

```
命令：_mline↙
当前设置：对正=上，比例=400.00，样式=STANDARD
指定起点或 [对正(J)/比例(S)/样式(ST)]：j↙
输入对正类型 [上(T)/无(Z)/下(B)] <上>：z↙
当前设置：对正=无，比例=400.00，样式=STANDARD
指定起点或 [对正(J)/比例(S)/样式(ST)]：s↙
输入多线比例 <400.00>：16↙
当前设置：对正=无，比例=16.00，样式=STANDARD
指定起点或 [对正(J)/比例(S)/样式(ST)]：（轴线与内侧偏移线的交点）
指定下一点：（方向为水平向右，终点为轴线与内侧偏移线的交点）
```

内置玻璃的平面绘制结果如图 10-63 所示。

图 10-62　墙体绘制 3　　　　　　　　　图 10-63　内置玻璃

（5）单击"默认"选项卡"修改"面板中的"偏移"按钮 ，将左端封闭直线段向左偏移，偏移距离为 200，作为"景墙"中绘制"柱"的辅助线，如图 10-64 所示。然后以偏移后的线与轴线的交点为圆心，绘制半径为 200 的圆，作为灯柱，结果如图 10-65 所示。

图 10-64　灯柱绘制 1　　　　　　　　　图 10-65　灯柱绘制 2

（6）单击"默认"选项卡"修改"面板中的"复制"按钮 ，命令行提示与操作如下：

```
命令：_copy↙
选择对象：（选择图 10-66 中所有对象）
选择对象：↙
当前设置：复制模式=多个
指定基点或 [位移(D)/模式(O)] <位移>：（如图 10-66 所示交点）
指定第二个点或 [阵列(A)] <使用第一个点作为位移>：（如图 10-67 所示交点）
```

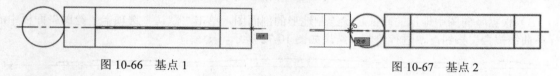

图 10-66　基点 1　　　　　　　　　　图 10-67　基点 2

结果如图 10-68 所示。

图 10-68　墙体绘制完毕

（7）将绘制好的景墙选中，单击"默认"选项卡"修改"面板中的"旋转"按钮 ，设置旋转角度为 90°。

（8）单击"默认"选项卡"修改"面板中的"移动"按钮 ，将其移至如图 10-69 所示的合适位置。

图 10-69　总平面图

10.3.11 剖面图的绘制

下面进行 A-A 剖面图的绘制，剖切视线方向为从东向西。

（1）绘制剖面的基础，图 10-70 中 A-A 位置剖面的长度为 13.373m。

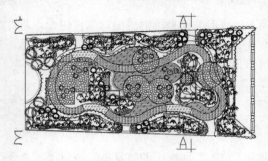

图 10-70 总平面图（A-A）

（2）单击"默认"选项卡"绘图"面板中的"直线"按钮，绘制长度为 13373 的直线段。根据 A-A 剖面位置量取路牙的宽度、入口的长度、钢化玻璃路面的宽度、绿地的宽度等，一一对应到基线上；然后根据路牙的高度（150）、路面的高度（150）、台阶的高度（100）等一一绘制，如图 10-71 所示。

图 10-71 基础剖面图的绘制

（3）根据竖向图中地形的高低起伏绘制地形的剖面图，单击"默认"选项卡"绘图"面板中的"样条曲线拟合"按钮，进行绘制，结果如图 10-72 所示。

图 10-72 地形剖面图的绘制

（4）建立"填充"图层，并将该图层置于当前状态。按图 10-72 所示对地形和玻璃路面下面的水进行材质的填充，结果如图 10-73 所示。

图 10-73 材质的填充

（5）种植箱的绘制。根据图 A-A 位置剖面量取种植箱的位置，高度为 500，绘制后如图 10-74 所示。

图 10-74 种植箱的绘制

（6）植物立面图的绘制。常用的一种方法是从自己的素材库中选取合适的立面图，然后单击"默认"选项卡"修改"面板中的"复制"按钮复制过来；单击"默认"选项卡"块"面板中的"创建"按钮，将其创建成块；然后单击"默认"选项卡"修改"面板中的"缩放"按钮，对植物的大小进行调整，移至图 10-75 所示的合适位置。另一种方法是在本图中利用"绘图"工具栏中相应工具进行绘制，然后创建成块进行使用。

（7）人物立面图的绘制。人物的绘制是为了做比例尺，更便于读图，感受场地的大小。人物的绘制方法同植物的绘制方法，常用的一种方法是从自己的素材库中选取合适的立面图，然后单击"默认"选项卡"修改"面板中的"复制"按钮 🖧 复制过来使用,绘制后如图 10-76 所示。

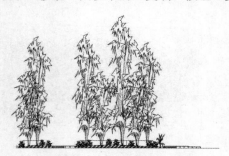

图 10-75　植物立面图的绘制

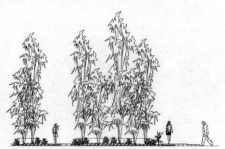

图 10-76　人物立面图的绘制

10.3.12　施工图的绘制

利用前面绘制好的图形绘制索引图。

1. 索引图的绘制

以图 10-77 为底图进行索引图的绘制。

（1）建立"索引"图层,颜色选取白色,线型为 Continuous,线宽为默认,并将其设置为当前图层。

（2）单击"默认"选项卡"绘图"面板中的"直线"按钮 ╱ ,绘制一条直线段。

（3）单击"默认"选项卡"绘图"面板中的"圆"按钮 ⊘ ,绘制半径为 800 的圆。

（4）单击"默认"选项卡"修改"面板中的"移动"按钮 ✥ ,基点指定为圆的右侧切点,将其移至直线段的右端,如图 10-78 所示。

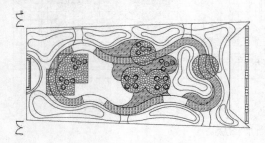

图 10-77　底图

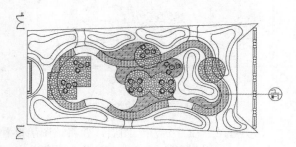

图 10-78　索引图的绘制 1

（5）单击"默认"选项卡"注释"面板中的"多行文字"按钮 **A** ,在圆的上半部分写上"1";重复上述步骤,在圆的下半部分写上"园—1",这样就表示该部分的详细图纸在名称为"园—1"的图纸中可以找到。

（6）重复以上步骤,绘制出其他索引符号,结果如图 10-79 所示。

2. 放线图的绘制

利用前面绘制好的图形绘制放线图。

以图 10-77 为底图进行放线图的绘制。

（1）建立"施工网格"图层,颜色选取 9 号灰,线型为 Continuous,线宽为默认,并将其设置为当前图层。

（2）首先分析施工放线的原点,如图 10-80 所示,本次施工放线原点设置在场地的左下角。单击"默认"选项卡"绘图"面板中的"圆"按钮 ⊘ ,绘制半径为 700 的圆。

（3）单击"默认"选项卡"注释"面板中的"多行文字"按钮 **A** ,输入"放线原点",文字高度

扫码看视频

1. 索引图的绘制

扫码看视频

2. 放线图的绘制

为 500，绘制好后如图 10-80 所示。

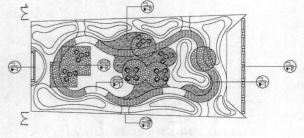

图 10-79　索引图的绘制 2

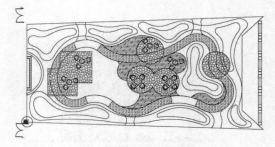

图 10-80　放线图的绘制 1

（4）施工网格的绘制。单击"默认"选项卡"绘图"面板中的"直线"按钮✏️，通过放线原点分别绘制横向和纵向的第一条网格基准线，直线长度覆盖整个场地，结果如图 10-81 所示。

（5）单击"默认"选项卡"修改"面板中的"矩形阵列"按钮▦，绘制其他网格线，选择竖向线条为阵列对象，行数为 1，列数为 30，列间距为 1000。

（6）单击"默认"选项卡"修改"面板中的"矩形阵列"按钮▦，绘制其他网格线，选择横向线条为阵列对象，行数为 15，列数为 1，行间距为 1000。其他个别线条可结合"偏移"命令绘制，最终结果如图 10-82 所示。

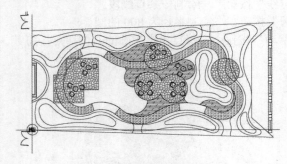

图 10-81　放线图的绘制 2

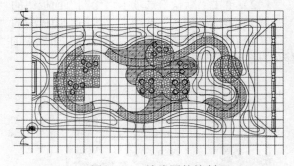

图 10-82　放线图的绘制 3

（7）建立"文字标注"图层，并将该图层设置为当前图层。

（8）单击"默认"选项卡"注释"面板中的"多行文字"按钮 A，在施工网格线上标注尺寸。如图 10-83 所示，首先标注放线原点的相对坐标尺寸，横向输入"A0.00"，纵向输入"B0.00"。将标注好的相对坐标尺寸进行阵列，阵列后双击多行文字修改尺寸，结果如图 10-83 所示。

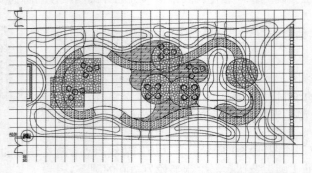
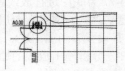

图 10-83　放线图的绘制 4

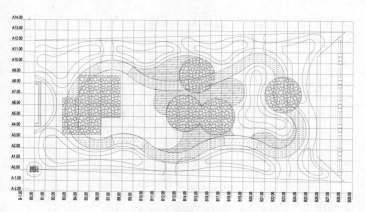

图 10-83　放线图的绘制 4（续）

3. 竖向图的绘制

利用前面绘制好的图形绘制竖向图。

以图 10-77 为底图进行竖向图的绘制。

（1）建立"竖向标注"图层，颜色选取白色，线型为 Continuous，线宽为默认，并将其设置为当前图层。

（2）绘制标注平整场地的高程。首先绘制基准高程 0.00，以图 10-84 中最上面高程点 0.00 为例，单击"默认"选项卡"绘图"面板中的"多边形"按钮⬠，设置边数为 3，绘制倒置三角形，命令行提示与操作如下：

```
命令：_polygon↙
输入侧面数 <4>: 3↙
指定正多边形的中心点或 [边(E)]:
输入选项 [内接于圆(I)/外切于圆(C)] <I>:
指定圆的半径：<正交 开> 250↙
```

（3）单击"默认"选项卡"绘图"面板中的"直线"按钮╱，沿三角形顶边向右延伸 1400。

（4）单击"默认"选项卡"注释"面板中的"多行文字"按钮 A，在直线的正上方输入高程尺寸，如图 10-84 所示。

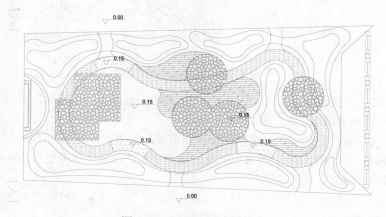

图 10-84　竖向图的绘制 1

（5）地形高程的标注。单击"默认"选项卡"注释"面板中的"多行文字"按钮**A**，对每一块地形进行高程标注，如图10-85所示。

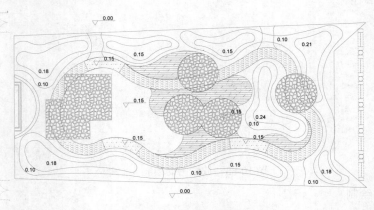

图10-85　竖向图的绘制2

4．灌溉系统的绘制

利用前面绘制好的图形绘制灌溉系统。

以图10-77为底图进行灌溉系统的绘制。

（1）建立"灌溉系统"图层，颜色选取白色，线型为Continuous，线宽为默认，并将其设置为当前图层。

（2）首先确定首部枢纽的位置，该设计将首部枢纽设于场地左上角，具体位置如图10-86所示，用圆表示其位置，单击"默认"选项卡"绘图"面板中的"圆"按钮，绘制半径为250的圆。

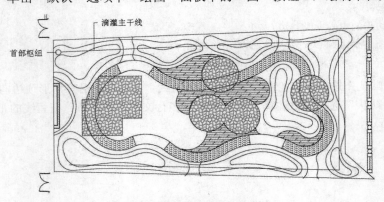

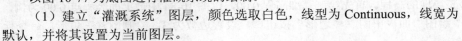

图10-86　灌溉系统的绘制

（3）绘制滴灌主干线。单击"默认"选项卡"绘图"面板中的"多段线"按钮，沿如图10-86所示方向绘制直线段作为滴灌的主干线。

（4）建立"文字标注"图层，并使该图层为当前图层。单击"默认"选项卡"注释"面板中的"多行文字"按钮**A**，对首部枢纽及滴灌主干线进行文字标注，文字高度设为500。

（5）二级管线、三级管线的绘制。

❶ 分别建立"二级管线"和"三级管线"图层，在"二级管线"图层内绘制二级管线，在"三级管线"图层内绘制三级管线。

❷ 二级管线、三级管线间距为1000。单击"默认"选项卡"绘图"面板中的"直线"按钮，

如图 10-87 所示，首先绘制一条合适长度的直线段。

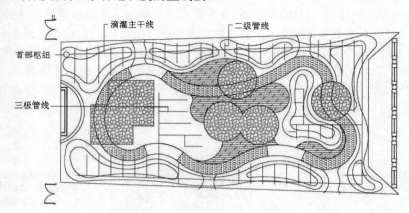

图 10-87　二级管线、三级管线的绘制

❸ 单击"默认"选项卡"修改"面板中的"偏移"按钮 ⬱，设置偏移距离为 1000，然后选中偏移后的直线段，单击直线段的两个端点，调节直线段到合适的长度。重复以上步骤，将二级、三级管线绘制完成。

❹ 将"文字标注"图层设置为当前图层，单击"默认"选项卡"注释"面板中的"多行文字"按钮 **A**，对管线进行命名，输入"二级管线""三级管线"，如图 10-87 所示。

5. 电路系统图的绘制

利用前面绘制好的图形绘制电路系统图。

以图 10-77 为底图进行电路系统图的绘制。

（1）建立"电路系统"图层，颜色选取白色，线型为 Continuous，线宽为默认，并将其设置为当前图层。

扫码看视频

5. 电路系统图的绘制

（2）确定配电箱的位置，如图 10-88 所示在场地的左上角设置配电箱，单击"默认"选项卡"绘图"面板中的"矩形"按钮 ▭，输入"@250,1000"，作为配电箱的位置，然后绘制路面水下照明灯具，单击"默认"选项卡"绘图"面板中的"圆"按钮 ⊘，在如图 10-88 所示的灯具位置绘制半径为 300 的圆。

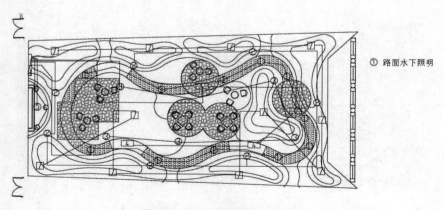

① 路面水下照明

图 10-88　电路系统图的绘制 1

（3）建立"文字标注"图层，并使该图层为当前图层。单击"默认"选项卡"注释"面板中的

"多行文字"按钮**A**，在圆内输入文字 1，表示水下照明灯具的标号。然后单击"默认"选项卡"修改"面板中的"复制"按钮，将圆和内部的文字选中进行复制（带基点复制），复制出其他灯具。

（4）单击"默认"选项卡"绘图"面板中的"多段线"按钮，起始点选择在配电箱位置，按图 10-88 所示的多段线方向将灯具连接起来。最后在平面图的右侧标明：① 路面水下照明。

重复上述步骤，绘制出其他灯具、水泵（第一路草坪照明、第二路草坪照明、沿路潜水泵、水池水泵、水池照明、竹下景观照明、雾化系统）及线路，结果如图 10-89 所示，保存并关闭所绘制的图形。

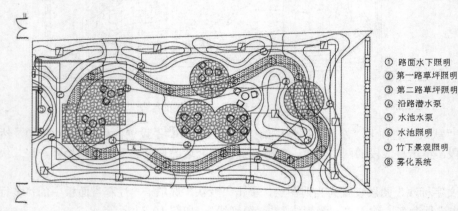

① 路面水下照明
② 第一路草坪照明
③ 第二路草坪照明
④ 沿路潜水泵
⑤ 水池水泵
⑥ 水池照明
⑦ 竹下景观照明
⑧ 雾化系统

图 10-89　电路系统图的绘制 2

6. 乔木种植图的标注

打开之前绘制的"景墙平面图"，并建立"文字标注"图层，颜色选取白色，线型为 Continuous，线宽为默认，并将其设置为当前图层。首先标注乔木层，单击"默认"选项卡"绘图"面板中的"多段线"按钮，将相同名称、规格的植物连接起来并延伸至平面图外；单击"默认"选项卡"注释"面板中的"多行文字"按钮**A**，在延伸出的直线段上方注明植物的名称（数量）规格，结果如图 10-90 所示。

扫码看视频

6. 乔木种植图的标注

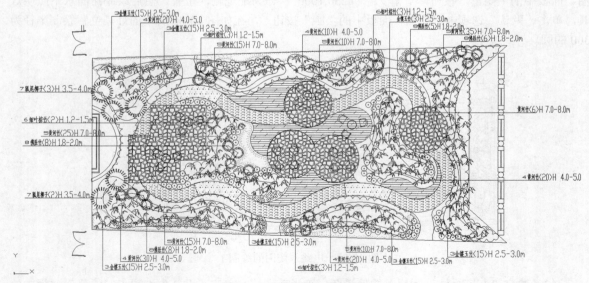

图 10-90　乔木种植图的标注

重复上述步骤，以总平面图为底图，标注灌木层植物的名称、数量、规格等，结果如图 10-91 所示。

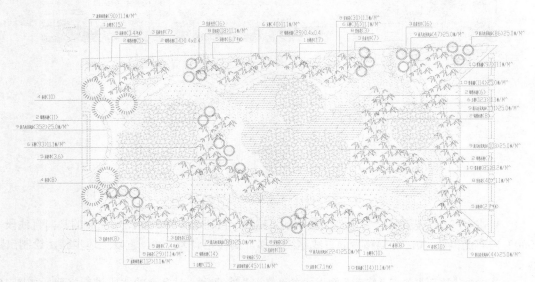

图 10-91 灌木种植图的标注

7．详图的绘制

1）木质铺装的绘制

利用前面所学的知识绘制木质铺装图形。

（1）建立"木质铺装"图层，并使该图层置于当前状态。

（2）单击"默认"选项卡"绘图"面板中的"直线"按钮 ，以绘图区任意一点为起点，分别沿横向和纵向绘制长度为 5000 的直线段。

（3）单击"默认"选项卡"修改"面板中的"偏移"按钮 ，分别将横向直线段向下偏移 3600、竖向直线向右偏移 3200；单击"默认"选项卡"修改"面板中的"修剪"按钮 ，修剪掉多余线段后如图 10-92 所示。

（4）单击"默认"选项卡"绘图"面板中的"样条曲线拟合"按钮 ，按图 10-93 所示方向绘制样条曲线，此曲线用来区分木平台表面与木平台下面龙骨的绘制。

图 10-92 木质铺装的绘制 1   图 10-93 绘制样条曲线

（5）建立"填充"图层，并将该图层设置为当前图层，然后单击"默认"选项卡"绘图"面板中的"图案填充"按钮 ，打开的选项卡设置和填充后效果如图 10-94 所示。

2）龙骨的绘制

龙骨的宽度为 70，龙骨与龙骨间距为 770。

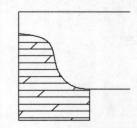

图 10-94　木质铺装的绘制 2

（1）单击"默认"选项卡"修改"面板中的"偏移"按钮⤒，将平面图最左面的竖向直线段（长度 5000）向右侧偏移 70，将偏移后的直线继续偏移，偏移距离为 700，重复上述步骤，绘制出竖向龙骨。

（2）单击"默认"选项卡"修改"面板中的"修剪"按钮✂，对多余的线段进行修剪后如图 10-95所示。

（3）文字及尺寸标注，文字高度设置为 200，如图 10-96 所示。

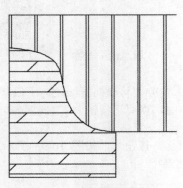

图 10-95　龙骨的绘制 1

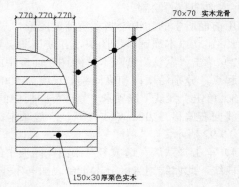

图 10-96　龙骨的绘制 2

3）景墙的绘制

景墙平面图的绘制在前已有所述，此处着重讲解立面图的绘制。

（1）单击"默认"选项卡"绘图"面板中的"多段线"按钮⤴，绘制一条地基线，线条宽度设为 1.0。

（2）绘制景墙外轮廓线。

❶ 打开"正交"命令。重复"多段线"命令，线条宽度设为 0.0，命令行提示与操作如下：

扫码看视频

3）景墙的绘制

```
命令：_pline↙
指定起点：
当前线宽为 0.0000
指定下一个点或 [圆弧(A)/半宽(H)/长度(L)/放弃(U)/宽度(W)]：3000↙（方向垂直向上）
```

指定下一点或 [圆弧(A)/闭合(C)/半宽(H)/长度(L)/放弃(U)/宽度(W)]：1800↙（方向水平向右）
指定下一点或 [圆弧(A)/闭合(C)/半宽(H)/长度(L)/放弃(U)/宽度(W)]：3000↙（方向垂直向下）

❷ 单击"默认"选项卡"修改"面板中的"偏移"按钮▣，向内侧偏移，在命令行中输入偏移距离 300，结果如图 10-97 所示。

（3）内置玻璃的绘制。

❶ 打开"正交"命令，单击"默认"选项卡"绘图"面板中的"直线"按钮╱，以内侧偏移线左上角点为基点，垂直向下绘制长度为 400 的直线段；重复"直线"命令，水平向右绘制一长度为 1200 的直线段。然后单击"默认"选项卡"修改"面板中的"偏移"按钮▣，在命令行中输入偏移距离 1600。

❷ 玻璃上下方为镂空处理，用折断线表示。单击"默认"选项卡"绘图"面板中的"多段线"按钮⤴，按如图 10-98 所示绘制折断线。

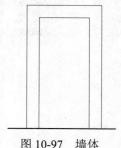

图 10-97　墙体

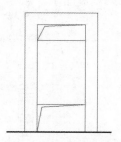

图 10-98　内置玻璃

（4）景墙材质的填充处理。单击"默认"选项卡"绘图"面板中的"图案填充"按钮▧，打开的选项卡设置如图 10-99 所示。其中拾取点选择要填充的区域，其他设置按照选项卡中的设置，结果如图 10-100 所示。

图 10-99　填充设置

（5）灯柱的绘制。

❶ 单击"默认"选项卡"绘图"面板中的"矩形"按钮▭，在屏幕中的适当位置绘制 400×2000 的矩形。

❷ 单击"默认"选项卡"绘图"面板中的"圆弧"按钮╱，按照图 10-101 所示绘制灯柱上的装饰纹理。

❸ 单击"默认"选项卡"绘图"面板中的"直线"按钮╱，在景墙左上角垂直向下绘制长为 500 的直线段，然后水平向左绘制一条直线，作为灯柱的插入位置。然后将图 10-101 所示的"灯柱"全部选中，移至相应位置，结果如图 10-102 所示。

（6）文字的装饰。

❶ 单击"默认"选项卡"注释"面板中的"多行文字"按钮A，输入如图 10-103 所示的文字。

❷ 单击"默认"选项卡"修改"面板中的"复制"按钮❀，将图 10-104 全部选中，带基点进行复制，基点选择如图 10-105 所示。

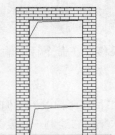

图 10-100　填充后的效果

图 10-101　灯柱

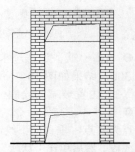

图 10-102　将灯柱移到相应位置

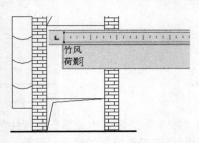

图 10-103　输入文字

图 10-104　文字的装饰

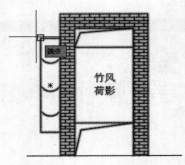

图 10-105　选中进行复制

说明：基点为灯柱水平方向的延长线与景墙外轮廓线的交点，如图 10-106 所示。

图 10-106　复制

结果如图 10-107 所示。双击其他玻璃框中的文字，进行编辑，可改变成不同的诗词及字体。

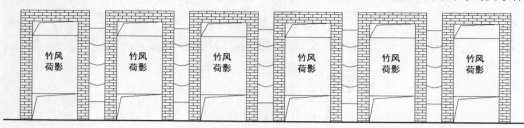

图 10-107 最终效果

（7）尺寸标注及轴号标注。

❶ 建立"尺寸"图层，参数如图 10-108 所示，并将其设置为当前图层。

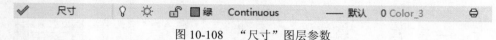

图 10-108 "尺寸"图层参数

❷ 标注样式设置。标注样式的设置应该和绘图比例相匹配。

标注景墙立面图的第一道尺寸，结果如图 10-109 所示。

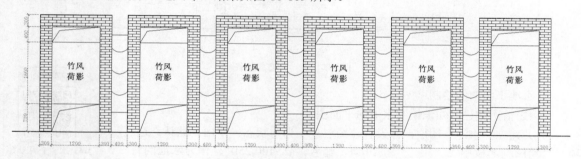

图 10-109 立面图的第一道尺寸

用同样的方法标注第二道尺寸，结果如图 10-110 所示。

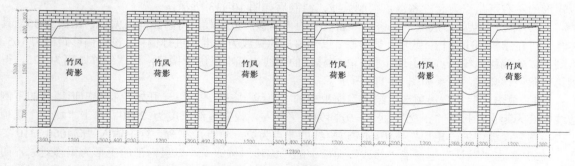

图 10-110 立面图的第二道尺寸

（8）文字标注。

❶ 建立"文字"图层。单击"默认"选项卡"注释"面板中的"多行文字"按钮**A**，在标注文字的区域拉出一个矩形，即可打开"文字编辑器"选项卡。首先设置字体及字高，其次在文本区输入要标注的文字，输入的文字如图 10-111 所示。

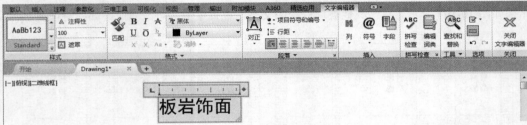

图 10-111　多行文字标注

❷ 采用相同的方法，依次标注出景墙其他部位名称。至此，景墙的表示方法就完成了，如图 10-112 所示。

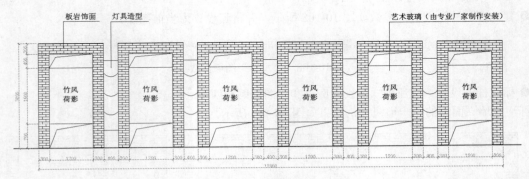

图 10-112　景墙立面图

扫码看视频

4）水池平面图的绘制

4）水池平面图的绘制

利用之前所学过的知识绘制水池的平面图。

（1）建立"水池"图层，并设置该图层处于当前状态。单击"默认"选项卡"绘图"面板中的"矩形"按钮，输入"@5400,250"，作为水池的背景墙体。

（2）单击"默认"选项卡"绘图"面板中的"圆弧"按钮，以矩形的上侧边线中点为圆心，以矩形的左右下角点为起点和端点绘制弧线，绘制后如图 10-113 所示。

（3）单击"默认"选项卡"修改"面板中的"偏移"按钮，将圆弧向内偏移，距离为 35，具体含义可在结构图中分析；重复上述步骤，以偏移后的弧线为基准线进行偏移，设置偏移距离为 165，得到第二条偏移弧线；重复上述步骤，以偏移后的弧线为基准线进行偏移，设置偏移距离为 125，得到第三条偏移弧线，结果如图 10-114 所示。

（4）单击"默认"选项卡"绘图"面板中的"直线"按钮，以一开始绘制的矩形墙体的下侧边线中心为起点，打开"正交"命令，方向为水平向左，设置直线长度为 2030。单击"默认"选项卡"绘图"面板中的"矩形"按钮，以直线的端点为第一角点，在命令行中输入"@4060,-310"。

（5）单击"默认"选项卡"修改"面板中的"偏移"按钮，以最内部的矩形为偏移对象，向外侧偏移 40，作为池壁的厚度；以偏移后的矩形为偏移对象，向外侧偏移 135，再以偏移后的矩形为偏移对象，向外侧偏移 40，作为第二层叠水池的池壁。

（6）单击"默认"选项卡"修改"面板中的"修剪"按钮，以矩形墙的下侧边线为剪切边，对步骤（5）偏移后的矩形进行修剪，修剪后如图 10-115 所示。

（7）水池内照明的绘制。

❶ 建立"照明"图层，并将该图层置于当前状态。单击"默认"选项卡"绘图"面板中的"圆"

按钮 ⊘，绘制半径为 60 的圆。

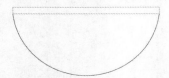
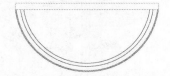
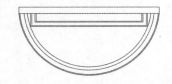

图 10-113 水池平面图的绘制 1   图 10-114 水池平面图的绘制 2   图 10-115 水池平面图的绘制 3

❷ 单击"默认"选项卡"修改"面板中的"偏移"按钮 ⊆，向内侧偏移，偏移距离为 12；单击"默认"选项卡"绘图"面板中的"直线"按钮 ╱，如图 10-116 所示，在圆的四周绘制长度为 36 的直线段，可以先绘制一条直线段。

❸ 单击"默认"选项卡"修改"面板中的"环形阵列"按钮 ✻，选择步骤❷绘制的直线段为阵列对象，选取圆心为阵列中心点，项目数为 4，指定填充角度为 360° 对图形进行圆形阵列。

❹ 单击"默认"选项卡"块"面板中的"创建"按钮 ⊏，将其创建为块，名称可命名为"水池灯"。

❺ 两层叠水池内的灯具间距均为 1200，首先借助直线段作为辅助线，进行定距等分，确定灯具的位置后，插入块即可。

❻ 弧线水池内的灯具的绘制方法同前，绘制后如图 10-117 所示。

（8）建立"填充"图层，并使该图层置于当前状态。单击"默认"选项卡"绘图"面板中的"图案填充"按钮 ▨，对水池的平面进行填充。根据墙体、水、池的基础材料的不同，分别进行填充，填充后如图 10-118 所示。

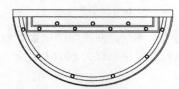
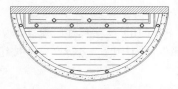

图 10-116 水池内照明灯的绘制 1   图 10-117 水池内照明灯的绘制 2   图 10-118 水池内照明灯的绘制 3

（9）尺寸标注。建立"尺寸标注"图层，并使该图层置于当前状态。单击"默认"选项卡"注释"面板中的"线性"按钮 ⊢⊣，按图 10-119 所示对必要尺寸进行标注，标注后如图 10-120 所示。

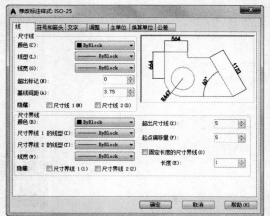
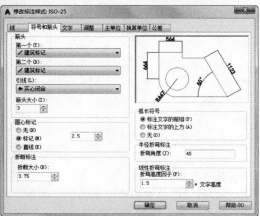

图 10-119 标注样式的设置

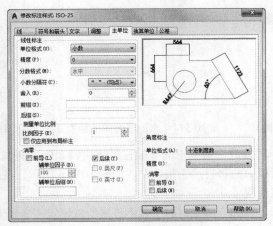

图 10-119　标注样式的设置（续）

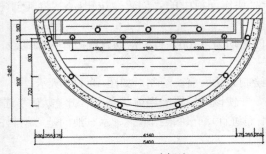

图 10-120　尺寸标注

（10）文字标注。建立"文字标注"图层，并使该图层置于当前图层。单击"默认"选项卡"注释"面板中的"多行文字"按钮**A**，设置文字高度为 60，标注后如图 10-121 所示。

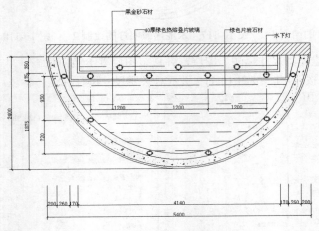

图 10-121　文字标注

5）水池立面图的绘制

利用之前所学过的知识绘制水池的立面图。

（1）将"水池"图层置于当前图层。首先绘制墙体，单击"默认"选项卡"绘图"面板中的"矩形"按钮▢，绘制一长、宽分别为 250、2170 的矩形，在

扫码看视频

5）水池立面图的绘制

· 320 ·

命令行中输入"@250,2170"。

（2）将"填充"图层置于当前状态。单击"默认"选项卡"绘图"面板中的"图案填充"按钮，选择合适的图案和比例，进行填充后如图 10-122 所示。

（3）绘制水池内叠水和水池的骨架。将"水池"图层设置为当前图层，进行绘制，如图 10-123 所示。

（4）绘制外围的轮廓，如图 10-124 和图 10-125 所示。

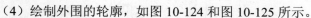

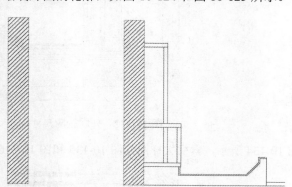
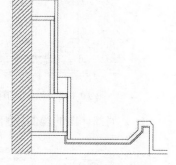

图 10-122　填充图形　　　图 10-123　水池内叠水和水池的骨架　　　图 10-124　绘制外围轮廓 1

（5）对细部进行绘制，如图 10-126～图 10-131 所示。最后进行尺寸和文字的标注，结果如图 10-132 和图 10-133 所示。

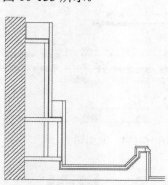
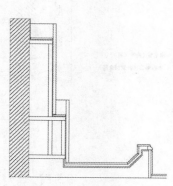
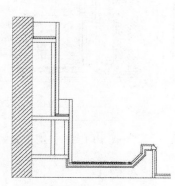

图 10-125　绘制外围轮廓 2　　　图 10-126　绘制外围轮廓 3　　　图 10-127　绘制外围轮廓 4

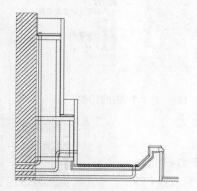
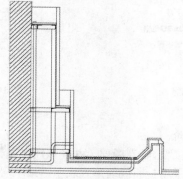
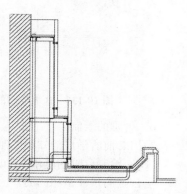

图 10-128　绘制外围轮廓 5　　　图 10-129　绘制外围轮廓 6　　　图 10-130　绘制外围轮廓 7

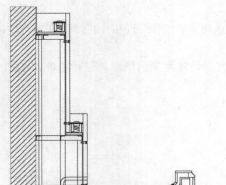

图 10-131　绘制外围轮廓 8

图 10-132　外围轮廓尺寸标注

（6）局部详图的绘制。索引图如图 10-134 所示，索引大样图如图 10-135 和图 10-136 所示。

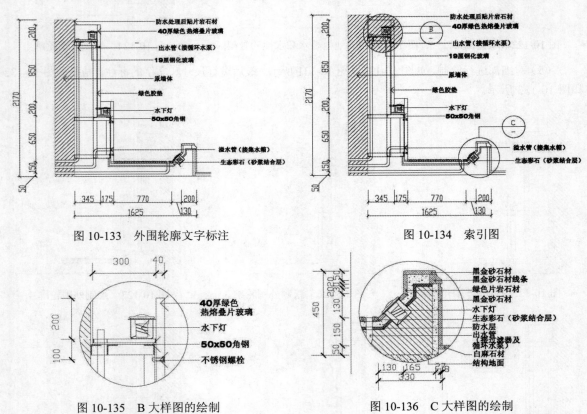

图 10-133　外围轮廓文字标注

图 10-134　索引图

图 10-135　B 大样图的绘制

图 10-136　C 大样图的绘制

6）台阶的绘制

利用之前所学过的知识绘制台阶。

（1）绘制台阶的基础线。建立"台阶"图层，并使该图层置于当前状态。每一层台阶的尺寸是相同的，因此采用折断线的形式表示，最下层的双线代表下层的结构板。

扫码看视频

6）台阶的绘制

（2）绘制台阶的基础轮廓。单击"默认"选项卡"绘图"面板中的"多段线"按钮⤵，起点选在结构板示意的双线上，打开"正交"命令。方向为竖直向上，在命令行中输入尺寸405；方向转为水平向右，在命令行中输入尺寸420；方向转为竖直向下，输入尺寸120；方向再次转为水平向右，输入尺寸500；方向转为竖直向下，输入尺寸120；方向转为水平向右，穿越折断线输入尺寸500；方向转为竖直向下，输入尺寸120；方向转为水平向右，与最右侧折断线相交。单击"默认"选项卡"修改"面板中的"修剪"按钮✂，将折断线中间的线段修剪掉，结果如图10-137所示。

（3）绘制结合层和面层。单击"默认"选项卡"修改"面板中的"偏移"按钮⤵，将步骤（2）绘制的多段线向上偏移，偏移距离为20，作为结合层；由于台阶的面层和竖向面层厚度不同，因此偏移的距离也不相同，单击"默认"选项卡"修改"面板中的"分解"按钮⤵，对象选择为步骤（2）偏移后的多段线，将其分解。然后分别对不同方向的线段进行偏移，面层厚度为30，设置偏移距离为30，竖向面层厚度为20，设置偏移距离为20，偏移好后，单击"默认"选项卡"修改"面板中的"修剪"按钮✂，为多余的线段进行修剪，修剪后如图10-138所示。

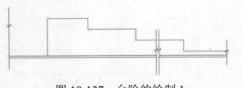

图10-137 台阶的绘制1

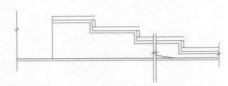

图10-138 台阶的绘制2

（4）将台阶的面层进行细化处理。单击"默认"选项卡"修改"面板中的"圆角"按钮⤵，选择面层的上下两条边进行圆角处理，圆角半径为15，如图10-139所示。

（5）材质填充。建立"填充"图层，并使该图层置于当前状态。单击"默认"选项卡"绘图"面板中的"图案填充"按钮⤵，针对不同结构层填充不同图案的材质，结果如图10-140所示。

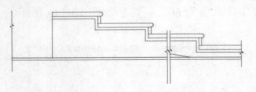

图10-139 台阶的绘制3

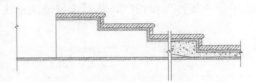

图10-140 台阶的绘制4

（6）尺寸标注。建立"标注"图层，并使该图层置于当前状态。单击"默认"选项卡"注释"面板中的"线性"按钮⤵和"半径"按钮⤵，对必要尺寸进行标注，结果如图10-141所示。

（7）文字标注。对相应的结构层进行文字说明。单击"默认"选项卡"注释"面板中的"多行文字"按钮A，输入文字说明，设置文字高度为60，结果如图10-142所示。

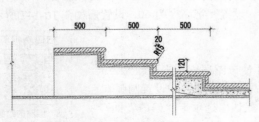

图10-141 台阶的绘制5

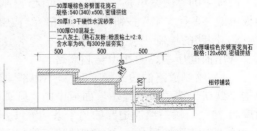

图10-142 台阶的绘制6

7）青石板铺装结构图的绘制

利用之前所学过的知识绘制青石板铺装结构图。

（1）建立"铺装结构"图层，并使该图层置于当前状态。以结构板为基线，逐步向上绘制，单击"默认"选项卡"绘图"面板中的"直线"按钮 ，绘制一条长度为 2400 的直线段，直线段以下作为结构板。单击"默认"选项卡"修改"面板中的"偏移"按钮 ，设置偏移距离为 20，为结构板上层的细沙垫层；以偏移后的直线段为偏移对象，向上偏移 200，作为素土夯实层；继续向上偏移 100，为碎石垫层；重复上述步骤，向上偏移 100，为混凝土层；重复上述步骤，向上偏移 30，为水泥砂浆结合层；继续偏移 50，为面层。

（2）单击"默认"选项卡"绘图"面板中的"多段线"按钮 ，绘制如图 10-143 所示的折断线。

（3）面层青石板的尺寸为 500～800，在结构图中进行表示。单击"默认"选项卡"绘图"面板中的"直线"按钮 ，按如图 10-144 所示进行分割。

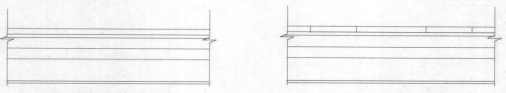

图 10-143　绘制折断线　　　　　　　　　图 10-144　分割图形

（4）建立"填充"图层，并使该图层置于当前状态。对不同材质的区域进行图案填充，单击"默认"选项卡"绘图"面板中的"图案填充"按钮 ，选择纹理并调整合适的比例，填充后如图 10-145 所示。

（5）建立"标注"图层，并使该图层置于当前状态。尺寸的标注，单击"默认"选项卡"注释"面板中的"线性"按钮 ，然后选择连续标注，设置字体高度为 60，标注后如图 10-146 所示。

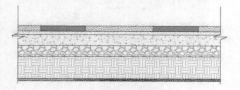

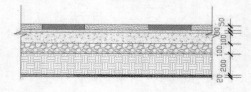

图 10-145　材质的填充　　　　　　　　　图 10-146　尺寸的标注

（6）文字标注。单击"默认"选项卡"绘图"面板中的"直线"按钮 ，从结构板层开始向上绘制引线，横向引线间的宽度为 180；每一结构层采用圆点的图示表示，单击"默认"选项卡"绘图"面板中的"圆"按钮 ，以直线为中心线，在每一结构层绘制半径为 10 的圆；单击"默认"选项卡"绘图"面板中的"图案填充"按钮 ，对圆进行填充，填充材质为 solid；单击"默认"选项卡"注释"面板中的"多行文字"按钮 A，输入相应结构层的文字，设置文字高度为 60，设置后如图 10-147 所示。

8）园路的绘制

利用前面所学过的知识绘制园路。

（1）绘制道路的边缘线。建立"园路"图层，并使该图层置于当前状态。单击"默认"选项卡"绘图"面板中的"圆弧"按钮 ，指定圆心，设置圆弧角度为 75°。然后绘制道路的另一条边缘线，单击"默认"选项卡"修改"面板中的"偏移"按钮 ，向外侧偏移，偏移距离为 900，如图 10-148 所示。

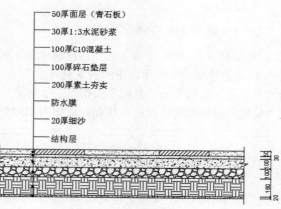

图 10-147 文字的标注

（2）绘制路缘。重复"偏移"命令，偏移对象为步骤（1）绘制的两条道路边缘线，分别向内侧偏移 20，绘制后单击"默认"选项卡"绘图"面板中的"多段线"按钮，绘制两端的折断线，如图 10-149 所示。

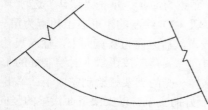

图 10-148 道路的边线

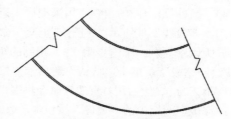

图 10-149 路缘的绘制

（3）建立"填充"图层，并使该图层置于当前状态。单击"默认"选项卡"绘图"面板中的"图案填充"按钮，对区域内进行图案填充，选择图案并填充后如图 10-150 所示。

（4）建立"标注"图层，并使该图层置于当前状态。单击"默认"选项卡"注释"面板中的"对齐"按钮，标注道路的宽度为 900；单击"默认"选项卡"注释"面板中的"多行文字"按钮A，对路面和路缘的材料进行标注，结果如图 10-151 所示。

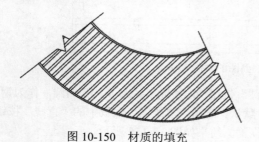

图 10-150 材质的填充

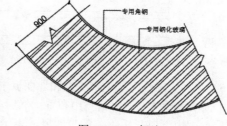

图 10-151 标注

9）园路剖面图的绘制

利用前面所学的知识绘制园路的剖面图。

（1）将"园路"图层设置为当前图层。根据步骤 8）绘制的道路平面图确定道路的宽度为 900，单击"默认"选项卡"绘图"面板中的"直线"按钮，绘制一条长度为 900 的直线段，然后单击"默认"选项卡"修改"面板中的"偏移"按钮，向上偏移 20，此为结构板上层的细沙垫层，下面为结构板，如图 10-152 所示。

扫码看视频

9）园路剖面图的绘制

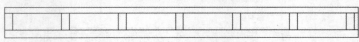

图 10-152　园路剖面图的绘制 1

（2）绘制不锈钢骨架，将步骤（1）中向上偏移的直线段继续向上偏移，偏移距离为 45，为不锈钢骨架的高度，继续偏移 15，为骨架的上层梁。中间的龙骨宽度为 20，间距为 125，具体绘制方法为先单击"默认"选项卡"绘图"面板中的"直线"按钮✏，绘制第一条龙骨，之后单击"默认"选项卡"修改"面板中的"偏移"按钮⬚进行偏移，绘制好后如图 10-153 所示。

图 10-153　园路剖面图的绘制 2

（3）绘制骨架上面的道路面层和两侧的支架。首先绘制支架，单击"默认"选项卡"绘图"面板中的"矩形"按钮▭，以步骤（2）绘制的图形的左上角点为第一角点，在命令行中输入"@30,20"，绘制最下面的矩形支架；然后以绘制好的矩形的左上角点为第一角点，在命令行中输入"@25,35"，作为上一层矩形支架。该支架中间有个圆孔，在断面图中显示为一对平行线，此为水蒸气的散发通道，平行线距矩形的上边距离为 8，平行线的宽度为 9.5。可将矩形分解后进行偏移。

（4）绘制矩形上面的角钢，用来支撑生态彩石面层，角钢为 L 形。单击"默认"选项卡"绘图"面板中的"多段线"按钮⤳，打开"正交"命令，单击步骤（3）绘制的矩形右上角点为第一角点，然后方向为水平向左；单击步骤（3）绘制的矩形左上角点，然后方向为竖直向上，输入尺寸 15，这样 L 就绘制完成了。单击"默认"选项卡"修改"面板中的"偏移"按钮⬚，对绘制好的 L 进行偏移，偏移距离为 5，然后用"直线"命令将端口连接上，这样一侧的支架就绘制完成了。单击"默认"选项卡"修改"面板中的"镜像"按钮⬥，选中前几步绘制好的支架，以支架下面横梁的竖向中心线为轴线进行镜像，这样两侧的支架就绘制好了。单击"默认"选项卡"绘图"面板中的"矩形"按钮▭，绘制面层，以左侧 L 形支架的内角点为第一角点，以右侧 L 形支架的右上角点为第二角点绘制完成。

（5）将"填充"图层设置为当前图层。单击"默认"选项卡"绘图"面板中的"图案填充"按钮▦，对面层进行填充，选择合适的图案，填充后如图 10-154 所示。

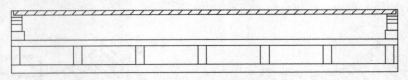

图 10-154　园路剖面图的绘制 3

（6）单击"默认"选项卡"绘图"面板中的"圆"按钮⊙，绘制半径为 8～13 的圆，作为钢化玻璃面层下面的玻璃球，并对其自由布置；然后单击"默认"选项卡"绘图"面板中的"直线"按钮✏，在玻璃球范围内绘制长短不一的直线段，表示水的位置，结果如图 10-155 所示。

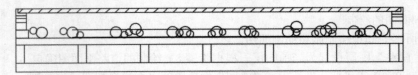

图 10-155　园路剖面图的绘制 4

（7）单击"默认"选项卡"绘图"面板中的"图案填充"按钮▦，对细沙垫层进行材质填充，材质为 AR-SAND，填充后如图 10-156 所示。

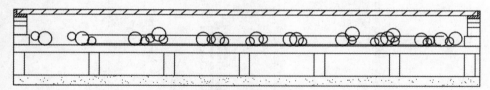

图 10-156　园路剖面图的绘制 5

（8）新建"标注"图层并将其设置为当前图层。尺寸、文字的标注，标注方法前几个例子已经详述过，文字标注首先用"直线"命令引申出结构层的注释位置，然后单击"默认"选项卡"注释"面板中的"多行文字"按钮**A**，标明相应的结构名称，如图 10-157 和图 10-158 所示。

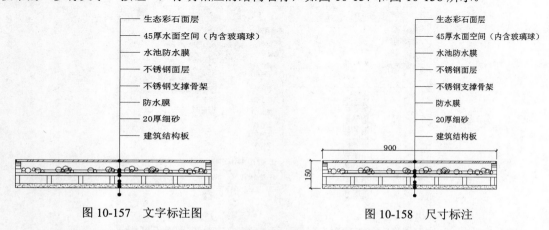

图 10-157　文字标注图　　　　　　　　　　　图 10-158　尺寸标注

（9）钢化玻璃面层的结构绘制同上，在最后文字标注中将"生态彩石面层"改成"钢化玻璃面层"，同时为便于区别，去掉结构图中面层的图案填充，结果如图 10-159 所示。

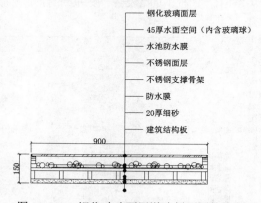

图 10-159　钢化玻璃面层道路剖面图的绘制

10）苗木表的绘制

利用前面所学的知识绘制苗木表。

（1）单击"默认"选项卡"注释"面板中的"表格样式"按钮 ，打开如图 10-160 所示的对话框；单击"修改"按钮，在打开的对话框中根据绘图区尺寸对相应参数进行修改，如图 10-161 所示。

扫码看视频

10）苗木表的绘制

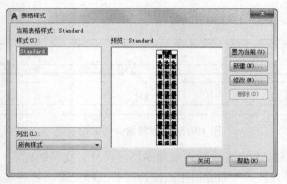

图 10-160 "表格样式"对话框

图 10-161 表格设置

（2）单击"默认"选项卡"注释"面板中的"表格"按钮▦，打开"插入表格"对话框，如图 10-162 所示。

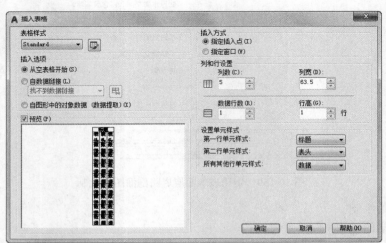

图 10-162 "插入表格"对话框

（3）对右侧列、行进行设置，行、列间距可在单击"确定"按钮后进行调整。插入表格后在表格内填写相应的苗木名称、规格、数量等参数。最终结果如图 10-163 所示。

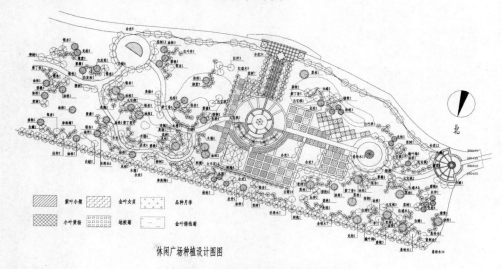

苗 木 表			共1页 第1页
编号	苗木名称	规格	数量	备注

编号	苗木名称		规格	数量	备注
1	金镶玉竹	Phyllostachys aureosulcata f. spectabilis	H2.5~3.0m	93	
2	黄河竹		H4.0~5.0	100	
3	黄河竹		H7.0~8.0m	116	
4	细叶棕竹	zz	H1.2~1.5m	11	
5	孤尾椰子	yz	H3.5~4.0m	5	
6	佛肚竹	fdz	H1.8~2.0m	27	

苗木共 5 种

编号	苗木名称		规格	数量	备注
1	白鹤芋	bhy	二年生	57	
2	锦绣杜鹃	dj	三年生	94	43/6.数/面积 群植
3	孔雀竹芋	zy	二年生	73	
4	春羽	cy	二年生	36	
5	沿阶草	yjc	草接	31	m^
6	玉簪	Hosta plantaginea	2~3苗	292	28m^
7	波斯顿肾蕨	sj	二年生	247	22m^
8	安祖花	azh	一二年生	137	117/8.数/面积 群植
9	新几内亚凤仙	fx	一二年生	1076	39m^
10	常春藤	cct	二年生	410	32m^

苗木共 10 种

图 10-163　苗木表

10.4　实践与操作

通过本章的学习，读者对园林中植物的配置原则、配置方法及植物图例的绘制过程有了一定的了解，并对屋顶花园的设计原则、设计方法和绘制的具体过程进行了系统的学习。本节将通过两个操作练习使读者进一步掌握本章知识要点。

（1）绘制如图 10-164 所示的休闲广场种植设计图。

休闲广场种植设计图图

图 10-164　休闲广场种植设计图

（2）绘制如图 10-165 所示的花园种植设计方案图。

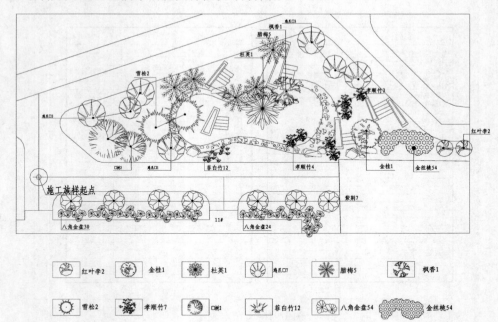

小区花园种植设计总图

注：方格网为1m×1m.

图 10-165　花园种植设计方案图

▶▶ 第 3 篇

综合实例篇

　　本篇主要结合实例讲解利用 AutoCAD 2018 进行不同类型园林设计的操作步骤、方法技巧等，包括附属绿地设计、小游园设计和带状公园设计 3 章。

　　本篇通过实例加深读者对 AutoCAD 2018 功能的理解和掌握，更主要的是向读者传授一种园林设计的系统思想。

第11章

附属绿地设计

附属绿地是指城市建设用地中绿地之外的各类用地。本章首先介绍企业单位附属绿地和公共事业单位附属绿地两类绿地类型的特点和设计概要，然后介绍这两类绿地类型的绘制方法。

- ☑ 公共事业庭园绿地规划设计
- ☑ 公共事业庭园绿地规划设计平面图绘制

任务驱动&项目案例

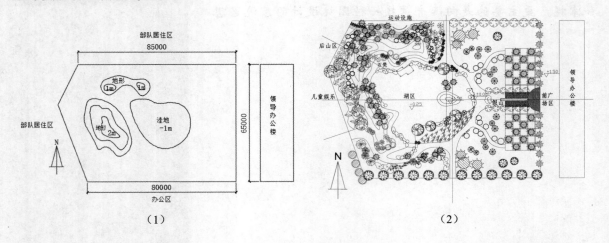

（1）   （2）

11.1 概　　述

本章主要讲述企业单位附属绿地和公共事业单位附属绿地两类绿地类型。

附属绿地是指城市建设用地中绿地之外各类用地，包括居住用地、公共设施用地、工业用地、仓储用地、对外交通用地、道路广场用地、市政设施用地和特殊用地中的绿地。附属绿地属于各单位公共建筑庭园，不对公众开放，这是附属绿地区别于公共绿地的地方。它主要改善和美化公共建筑庭园环境，直接为生产、经营、办公及生活服务，与其他绿地类型相比，具有环境复杂、生境局限和功能多样等特点。下面对两种类型绿地的设计要点分别进行介绍。

11.2 公共事业庭园绿地规划设计

本节主要讲述公共事业庭园绿地规划设计的相关理论基础知识，为后面的具体实例操作进行必要的理论准备。

11.2.1 公共事业附属绿地的特点

公共事业庭园绿地主要为各类场所从事的办公、学习、科学研究、疗养健身、旅游购物和经营服务提供良好的环境。

11.2.2 公共事业附属绿地的规划

公共事业庭园绿地规划应与总体规划同步进行，公共事业单位在编制基本建设总体规划的同时，应考虑庭园环境绿地规划设置，其各项指标要符合国家相关标准，要能够体现时代精神风貌，并具有地方特色。各类公共庭园环境绿地规划应充分考虑庭园所处的自然环境，因地制宜地进行各种绿色空间景观的布局和设计，形成以生态造景为主，满足多功能要求的绿地。最后要注意远近规划相结合，逐步提高绿地的质量。规划布局的形式因地而异，但主要形式还是以规则式、自然式和混合式为主，在实际规划时，要根据具体情况选用适宜的形式。

11.2.3 公共事业附属绿地的设计

在完成了规划后即可进行绿地的设计工作。

1. 大门环境绿地设计

大门绿地景观引人注目，是庭园的窗口，因此应重点规划和建设。其位置多面临主干道或街道，因此环境绿化既要创造本单位庭园绿化的特色，又要与街道景观相协调。大门的外部通常设置花坛、花台，配置花灌木和草本花卉，以观赏植物的色彩美，给人以较强的视觉冲击力；大门内部可与庭园内的主干道相结合，其间可布置花坛、水池、喷泉、雕塑、草坪等，多为规则式的封闭绿地。

2. 行政办公环境绿地设计

行政办公环境绿地的景观十分重要，直接关系到各公共事业单位在社会上的形象。行政办公区的主要建筑一般为行政办公楼或综合楼等，其环境绿地应采用规则对称式布局，创造出整洁、理性的空间环境。植物的种植设计应衬托主体建筑、丰富环境景观、发挥生态功能、突出艺术效果，多设置各种几何花坛、花台、观赏草坪，多植树等。在空间上多采用开朗空间，创造大庭园空间，给人以明朗、舒畅的景观感受。

3．教学环境绿地设计

这类环境要求安静、卫生、优美，同时也要美观，以满足师生课间休息活动的需要。绿地的布局和种植形式应与教学楼等主体建筑相协调，植物景观以观赏树木为主，楼南侧应有高大落叶树木遮阴，北侧可选择耐荫的常绿树木，在空间较大的庭园还可设置开阔的草坪。整个教学区环境以绿色植物造景为主，同时可适量点缀一些香花植物和观花树木或草花。

4．医疗卫生环境绿地设计

这类绿地的规划设计要注重卫生防护隔离、隔噪、滞尘，创造安静优雅、整洁卫生、有益健康的绿色环境。前庭绿化以美化装饰为主，门诊部应设置缓冲绿地空间，住院部和疗养区四周环境要优美。医院各分区之间要有隔离带，对于一些专科医院，其绿地设计应结合医院特点。

5．生活环境绿地设计

生活环境绿地主要为人们居住生活创造一个整洁、卫生、舒适、优美的环境空间。应根据不同性质的生活区类型进行相应的绿化。

下面以北京某部队大院内一附属绿地为例进行介绍。

11.3 公共事业庭园绿地规划设计平面图的绘制

如图 11-1 所示为公共事业庭园的现状图和总平面图，此园位于北京某部队大院内，长 85m、宽 65m，西北和西南方向有一些不规则，基本上成规则矩形，面积将近 5500m²。此园东面为一栋 3 层领导办公楼，现状园中心有一 2000m² 水池。绘制流程图如图 11-2 所示。

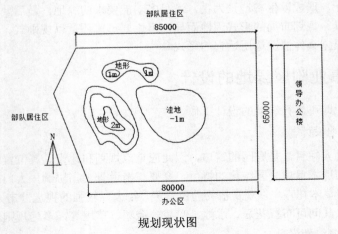

规划现状图

图 11-1　公园现状图和总平面图

Note

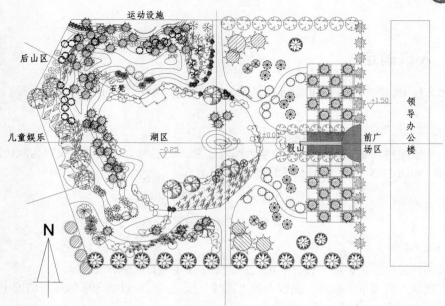

总平面图

图 11-1 公园现状图和总平面图（续）

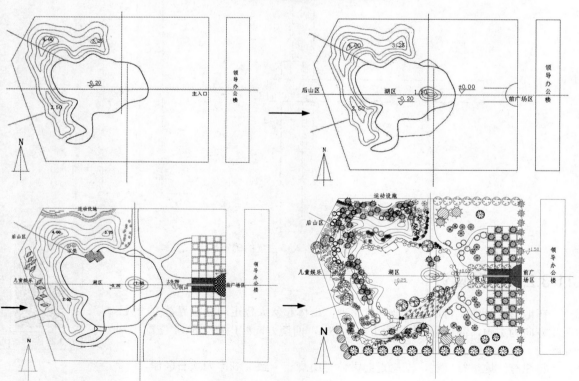

图 11-2 绘制流程图

扫码看视频

11.3.1 入口确定

操作步骤：

11.3.1 入口确定

打开源文件\第 11 章\规划现状图进行整理，然后对单位和图形界限进行逐一设置。

1. 建立"轴线"图层

建立一个新图层，命名为"轴线"，颜色选取红色，线型为 CENTER，线宽为默认，并将其设置为当前图层，如图 11-3 所示。确定后回到绘图状态。

✔ 轴线 🔆 ☀ 🔓 ■红 CENTER —— 默认 0 Color_1 🖶

图 11-3 "轴线"图层参数

2. 入口的确定

考虑周围居民的进出方便，设计 4 个入口，即 1 个主入口，3 个次入口。

单击"默认"选项卡"绘图"面板中的"直线"按钮／，通过规划区域每一边的中点绘制直线，如图 11-4 所示框选线，确定入口的位置。

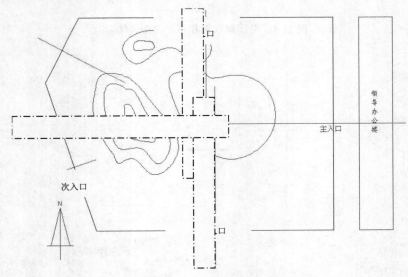

图 11-4 入口位置的确定

11.3.2 竖向设计

扫码看视频

11.3.2 竖向设计

在地形设计中，将原有高地进行整理，山体起伏大致走向和园界基本一致，西北方向为主山，高 4m；北面配山高 3.25m，西南方向配山高 2.5m，主配山相互呼应。

将原有洼地进行修整，湖岸走向大体与山脚相一致，湖岸为坎石驳岸。

1. 建立"地形"图层

将"地形"图层设置为当前图层，单击"默认"选项卡"绘图"面板中的"样条曲线拟合"按钮～，沿园界方向绘制地形的坡脚线，如图 11-5 所示。

Note

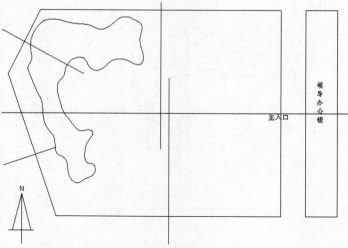

图 11-5　地形坡脚线绘制

2. 建立"水系"图层

将"水系"图层设置为当前图层。单击"默认"选项卡"绘图"面板中的"样条曲线拟合"按钮，沿坡脚线方向在园区的中心位置绘制水系的驳岸线，采用"高程"的标注方法标注"湖底"的高程，如图 11-6 所示。

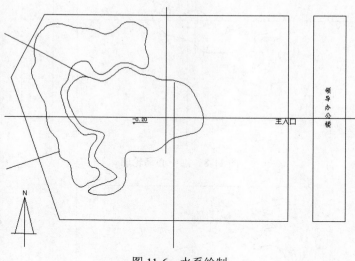

图 11-6　水系绘制

3. 绘制地形内部的等高线

将"地形"图层设置为当前图层，单击"默认"选项卡"绘图"面板中的"样条曲线拟合"按钮，沿地形坡脚线方向绘制地形内部的等高线，西北方向为主山，高 4m；北面配山高 3.25m，西南方向配山高 2.5m，如图 11-7 所示。

4. 湖中心岛的设计

考虑到整个园区构图的均衡，将岛置于出入口的中心线上，结果如图 11-8 所示。

绘制湖中心岛等高线，将其最高点设计成 1.5m，结果如图 11-9 所示。

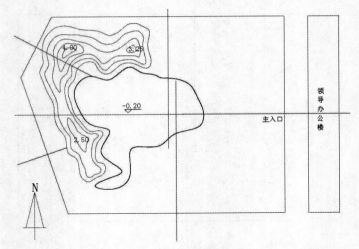

图 11-7　绘制等高线

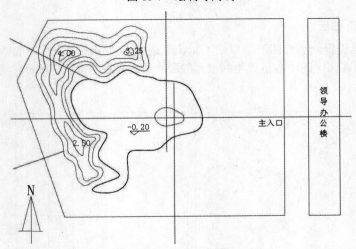

图 11-8　湖中心岛轮廓

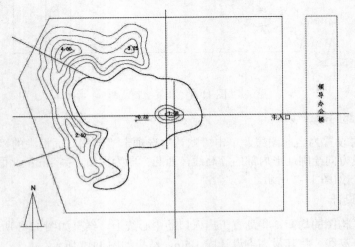

图 11-9　湖中心岛地形

11.3.3 道路系统

道路设计中，分为主次两级道路系统，主路宽 2.5m，贯穿全园；次路宽 1.5m。

1. 水系驳岸绿地的处理

单击"默认"选项卡"绘图"面板中的"样条曲线拟合"按钮，在如图 11-10 所示位置绘制与水系相交的绿地。

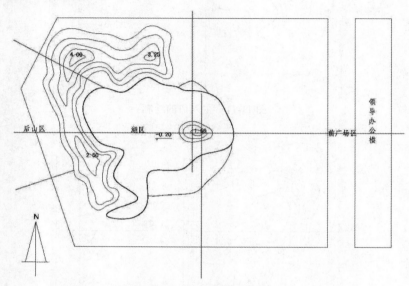

图 11-10 沿水系道路的绘制

2. 入口的绘制

（1）主入口的绘制。

❶ 主入口设计成半径为 5m 的半圆形。单击"默认"选项卡"绘图"面板中的"圆弧"按钮，以主入口轴线与园区边界的交点为圆心，起点沿竖直向上 5000，包含角为 180° 绘制弧线。

❷ 单击"默认"选项卡"绘图"面板中的"直线"按钮，以圆弧顶点为起点，方向沿中轴线水平向左，绘制长度为 12000 的直线；然后单击"默认"选项卡"修改"面板中的"偏移"按钮，将绘制好的线条向竖直方向两侧进行偏移，偏移距离为 3500。

❸ 单击"默认"选项卡"修改"面板中的"延伸"按钮，将偏移后的直线段延伸至弧线，结果如图 11-11 所示。

（2）次入口的绘制。

❶ 单击"默认"选项卡"修改"面板中的"偏移"按钮，将南北方向次入口的中轴线向两侧进行偏移，偏移距离为 1500。单击"默认"选项卡"绘图"面板中的"直线"按钮，以次入口的中轴线与次入口的交点为起点，向园区内侧竖直方向绘制 10m 的直线段，作为入口的开始序列，结果如图 11-12 所示。

❷ 单击"默认"选项卡"绘图"面板中的"样条曲线拟合"按钮，以两个入口的直线段端点为起点绘制道路的边缘线，且边缘线与驳岸的距离为 2500，结果如图 11-13 所示。

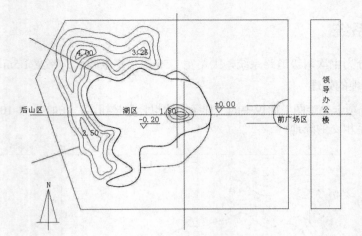

图 11-11　主入口的绘制

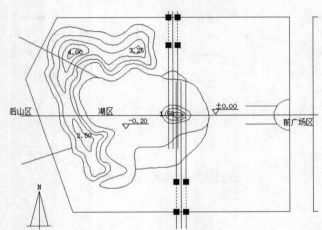

图 11-12　次入口的绘制

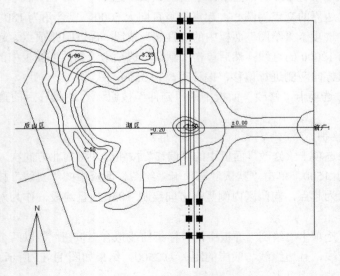

图 11-13　道路边缘线

❸ 绘制出西入口与南入口的道路连接，西入口的道路南侧边缘线与中轴线的距离为 2500。

（3）水系最窄处设置一平桥。单击"默认"选项卡"绘图"面板中的"矩形"按钮 📰，绘制 3000×1500 的矩形；然后单击"默认"选项卡"修改"面板中的"旋转"按钮 ↺，将矩形绕左下角旋转-5°，去掉中轴线的偏移线，结果如图 11-14 所示。

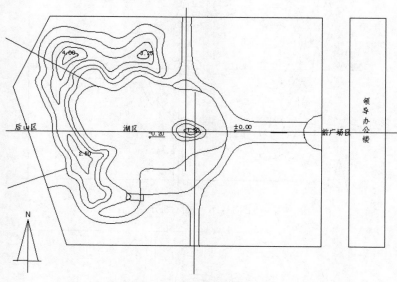

图 11-14　道路系统绘制完毕

11.3.4　景点的分区

扫码看视频

11.3.4　景点的分区

功能分区分为前广场区、湖区欣赏区、后山区、儿童娱乐和运动设施区 4 个功能区。

1. 建立"文字"图层

建立"文字"图层，参数如图 11-15 所示，并将其设置为当前图层。

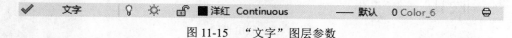

图 11-15　"文字"图层参数

2. 景区划分

单击"默认"选项卡"注释"面板中的"多行文字"按钮 **A**，在如图 11-16 所示的相应位置标出相应的区名。

3. 前广场区景观设计

主入口处设小型广场用以集散人流，往西一段设计小型涌泉，以 5 个小型涌泉代表国旗上的五星，体现军队的职责。位于办公楼前的两侧绿地设计简洁开阔。

（1）假山设计。单击"默认"选项卡"绘图"面板中的"多段线"按钮 ⤵，绘制假山的平面图，将其放置在如图 11-17 所示的位置。

（2）喷泉设计。

❶ 单击"默认"选项卡"修改"面板中的"偏移"按钮 ⏗，将主入口的中轴线分别向两侧进行偏移，偏移距离为 1000；然后单击"默认"选项卡"修改"面板中的"修剪"按钮 ⊬，以圆弧作为修

剪边，对偏移后的直线进行修剪，结果如图 11-18 所示。

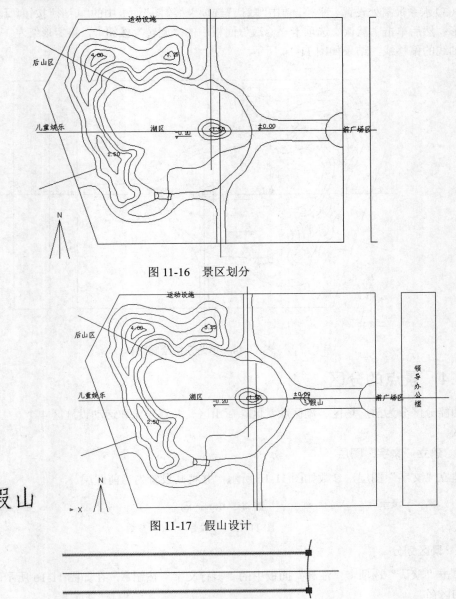

图 11-16　景区划分

图 11-17　假山设计

图 11-18　喷泉绘制 1

❷ 单击"默认"选项卡"绘图"面板中的"直线"按钮✏，将修剪后的直线段右侧的两端点连接起来。

❸ 单击"默认"选项卡"绘图"面板中的"矩形"按钮▱，以向上偏移后的直线段右侧端点为第一角点，在命令行中输入"@-18000,-2000"；然后单击"默认"选项卡"修改"面板中的"偏移"按钮▱，将其向内侧进行偏移，偏移距离为250，结果如图 11-19 所示。

❹ 单击"默认"选项卡"绘图"面板中的"直线"按钮✏，沿中轴线绘制直线段，起点和终点均选择步骤❸偏移后的矩形两侧的中点，结果如图 11-20 所示。

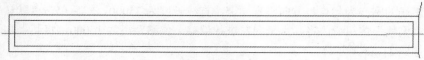

图 11-19　喷泉绘制 2

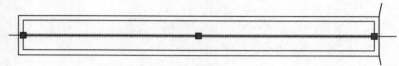

图 11-20　喷泉绘制 3

❺ 单击"默认"选项卡"绘图"面板中的"圆"按钮，绘制一半径为 10 的圆；单击"默认"选项卡"块"面板中的"创建"按钮，将其命名为"喷泉"。然后单击"默认"选项卡"绘图"面板中的"定数等分"按钮，对步骤❹绘制的直线段进行定数等分，命令行提示与操作如下：

```
命令：_divide↙
选择要定数等分的对象：
输入线段数目或 [块(B)]：b↙
输入要插入的块名：喷泉
是否对齐块和对象？[是(Y)/否(N)] <Y>：↙
输入线段数目：6↙
```

结果如图 11-21 和图 11-22 所示。

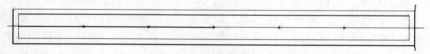

图 11-21　喷泉绘制 4

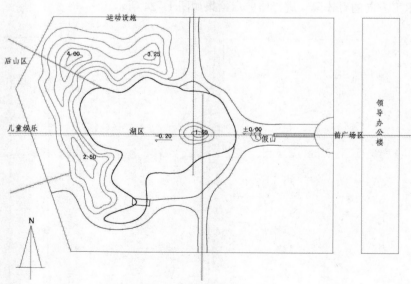

图 11-22　喷泉绘制 5

（3）主入口两侧绿地、广场设计。单击"默认"选项卡"绘图"面板中的"直线"按钮，以主入口处半圆广场的圆心为起点，方向竖直向上，直线长度为25000，然后单击"默认"选项卡"修改"面板中的"偏移"按钮，将其水平向左进行偏移，偏移距离为15000，将其上端端点用直线连接起来，结果如图11-23所示。

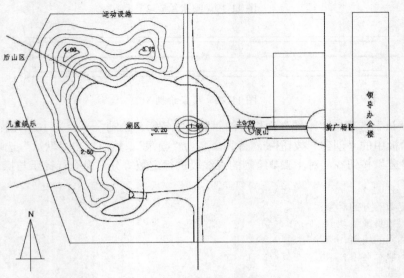

图11-23　主入口两侧绿地

（4）广场网格的绘制。网格内框的大小设计为2900×2900，网格之间的分隔宽度为20。单击"默认"选项卡"修改"面板中的"偏移"按钮，以步骤（3）偏移后的直线段为基准线，向右侧进行偏移，偏移距离为2900；以偏移后的直线段为基准线，水平向右进行偏移，偏移距离为200；以偏移后的直线段为基准线，水平向右进行偏移，偏移距离为2900，用同样的方法偏移其他线段。也用同样的方法偏移水平方向的直线段，进行修剪后结果如图11-24所示。

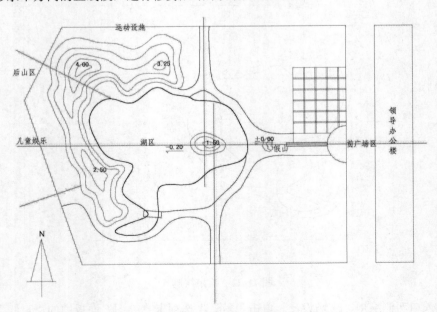

图11-24　主入口两侧广场网格绘制

Note

（5）广场内树池的绘制。选择如图 11-24 所示的几个网格位置绘制座椅，座椅的宽度为 300。单击"默认"选项卡"绘图"面板中的"矩形"按钮 □，以步骤（4）绘制的 2900×2900 的小网格内框的左下角点为第一角点，第二角点选择小网格内框的右上角点（或在命令行中输入"@2900,2900"），作为座椅的外侧轮廓线；单击"默认"选项卡"修改"面板中的"偏移"按钮 ◻，将外侧轮廓线向内侧进行偏移，偏移距离为 300，作为座椅的宽度。单击"默认"选项卡"块"面板中的"创建"按钮 ◻，将其命名为"座椅"。单击"默认"选项卡"修改"面板中的"复制"按钮 ◻，将绘制好的座椅复制到其他座椅的位置，基点选择为座椅的左下角点，复制后结果如图 11-25 所示。

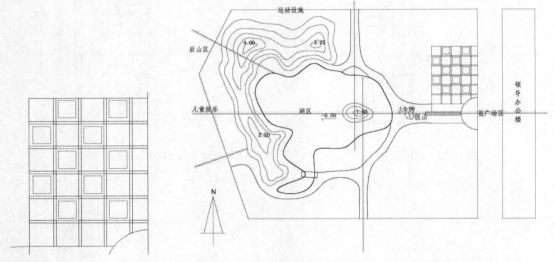

图 11-25 主入口两侧广场树池绘制

单击"默认"选项卡"修改"面板中的"镜像"按钮 ◻，将绘制好的上侧绿地广场进行镜像；然后标注出广场的高程，结果如图 11-26 所示。

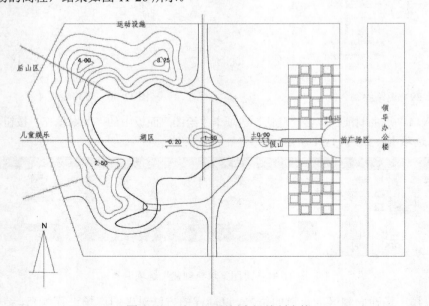

图 11-26 主入口两侧广场绘制完毕

（6）广场与主路之间的道路的绘制。单击"默认"选项卡"绘图"面板中的"样条曲线拟合"按钮，在广场外适当的位置绘制道路，结果如图 11-27 所示。单击"默认"选项卡"修改"面板中的"偏移"按钮，对其进行偏移，偏移距离为 2000，结果如图 11-28 所示。单击"默认"选项卡"修改"面板中的"修剪"按钮，对道路中间的线段进行修剪，结果如图 11-29 所示。单击"默认"选项卡"修改"面板中的"圆角"按钮，将步骤（5）绘制的与广场衔接的道路进行倒圆角，圆角半径为 1。最终结果如图 11-30 所示。

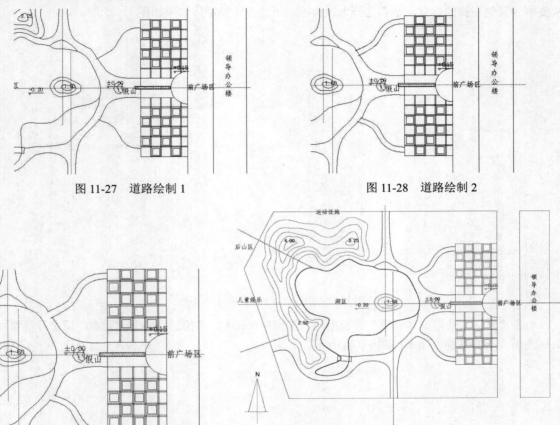

图 11-27　道路绘制 1　　　　　　图 11-28　道路绘制 2

图 11-29　道路绘制 3　　　　　　图 11-30　道路绘制 4

（7）主入口广场的材质。单击"默认"选项卡"绘图"面板中的"图案填充"按钮，打开"图案填充创建"选项卡，如图 11-31 所示。

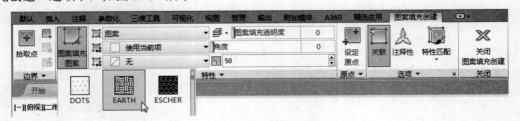

图 11-31　"图案填充创建"选项卡

拾取点选择广场通向湖区的甬道的位置，以同样的方法对半圆广场进行填充，结果如图 11-32

所示。

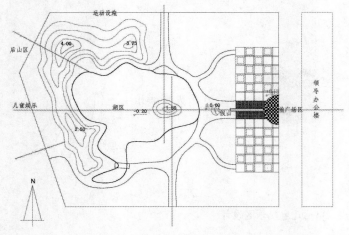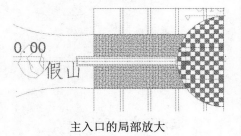

主入口的详细设计　　　　　　　　主入口的局部放大

图 11-32　填充半圆广场

4. 湖区景点设计

在建筑设计中，在主入口轴线两侧分别设有一亭一桥，互相形成对景。另给人们提供一定的休息功能。

单击"默认"选项卡"块"面板中的"插入"按钮，将"亭"图块插入到图中，然后将其复制一个，将两个亭改装成双亭，放置在如图 11-33 所示的位置。

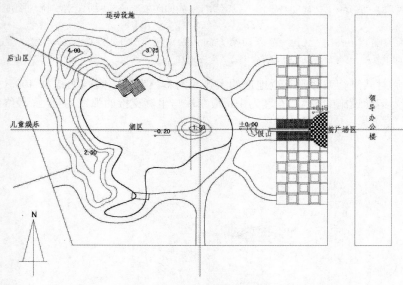

图 11-33　湖区设计

5. 后山儿童娱乐区景点设计

单击"默认"选项卡"绘图"面板中的"多段线"按钮，按如图 11-34 所示绘制儿童娱乐区的外轮廓线，然后重复"多段线"命令，绘制儿童娱乐设施，结果如图 11-34 所示。

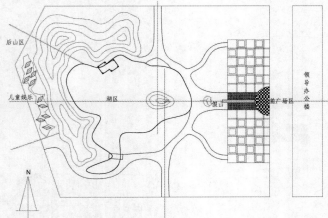

图 11-34　儿童娱乐区设计

6. 运动设施的设计

采用 pline 命令画出的曲线有一定的弧度，图面表现比较美观。具体操作为，在命令提示行中输入"pl"，确定后输入"a"（代表圆弧），命令行提示与操作如下：

```
命令: pl↙
指定起点:
当前线宽为 0.0000
指定下一个点或 [圆弧(A)/半宽(H)/长度(L)/放弃(U)/宽度(W)]: a↙
指定圆弧的端点(按住 Ctrl 键以切换方向)或 [角度(A)/圆心(CE)/方向(D)/半宽(H)/直线(L)/
半径(R)/第二个点(S)/放弃(U)/宽度(W)]: (弧线的趋势如图 11-35 所示，绘制后对绘制的圆弧的顶点进
行调整)
指定圆弧的端点(按住 Ctrl 键以切换方向)或 [角度(A)/圆心(CE)/闭合(CL)/方向(D)/半
宽(H)/直线(L)/半径(R)/第二个点(S)/放弃(U)/宽度(W)]: ↙
```

弧线绘制好后对其进行偏移，靠近地形的大弧线为彩色坐凳，偏移距离为 400（坐凳的宽度）；小弧线和直线段为运动设施的造型，宽度为 10，最左端与坐凳交接的弧线为花池，最终结果如图 11-35所示。

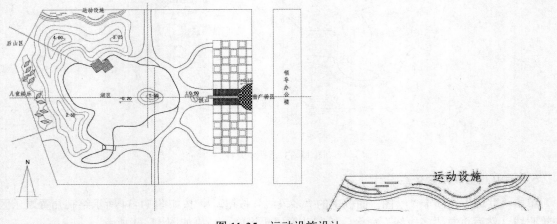

图 11-35　运动设施设计

7.　小品设置

　　将前面绘制的假山复制后缩小，置于如图 11-35 所示的位置；单击"默认"选项卡"绘图"面板中的"矩形"按钮，绘制 1800×40 的矩形，然后对其进行旋转、移动至如图 11-36 所示的合适位置。

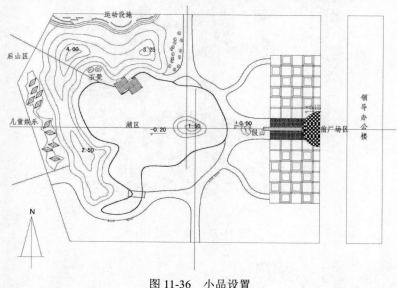

图 11-36　小品设置

11.3.5　植物配置

　　在植物设计中，采用 33 种植物资源，均为常见园林植物种类，能实现三季有花，四季常绿。在配置中，山体北面考虑其阴性环境，选择耐荫性较强的品种，如荚蒾、棣棠等。考虑部队环境，配置中多选择常绿树种。

　　将资源包所附带的植物图例打开，选中合适的图例，在窗口中右击，在打开的快捷菜单中选择"复制"命令，然后将窗口切换至公园设计的窗口，在窗口中右击，在打开的快捷菜单中选择"粘贴"命令，这样植物的图例就复制到公园设计的图中。单击"修改"工具栏中的"缩放"按钮，对图例进行缩放至合适的大小，一般大乔木的冠幅直径为 6000，小规格苗木相应缩小。按照不同植物图例的特点对其进行命名，选择当地常见的植物种类名称，或者单击"绘图"工具栏中的"插入"按钮，将苗木表插入到图中，结果如图 11-37 所示。

图例	名　称	图例	名　称
	雪松		丁香
	圆柏		红枫
	银杏		紫叶李
	鹅掌楸		芍药
	樱花		牡丹
	白玉兰		合欢
	花石榴		碧桃
	白皮松		玉簪
	油松		垂柳
	海棠		榉花
	连翘		沿阶草
	棣棠		月季
	迎春		槐树
	木槿		竹
	栾树		紫薇
	黄刺玫		南天竹
	荚蒾		

图 11-37　苗木表

根据植物的生长特性和艺术手法将植物布置于公园合适的位置，结果如图 11-38 所示。局部植物配置如图 11-39～图 11-42 所示。

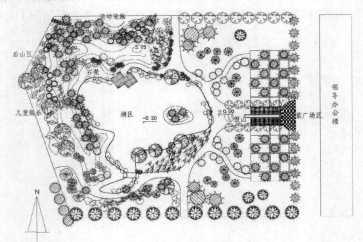

图 11-38　总平面图

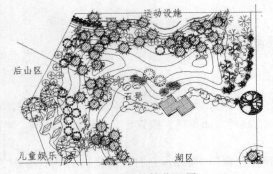

图 11-39　局部植物配置 1

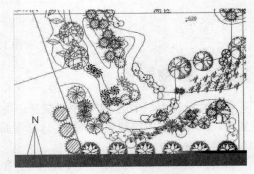

图 11-40　局部植物配置 2

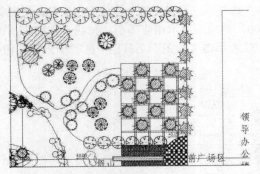

图 11-41　局部植物配置 3

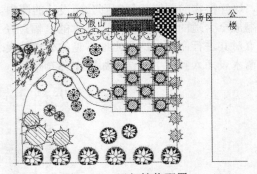

图 11-42　局部植物配置 4

11.4　实践与操作

通过本章的学习，读者对附属绿地设计的相关知识有了大体的了解。本节将通过两个操作练习使读者进一步掌握本章知识要点。

（1）绘制如图 11-43 所示的小区花园种植设计方案图。

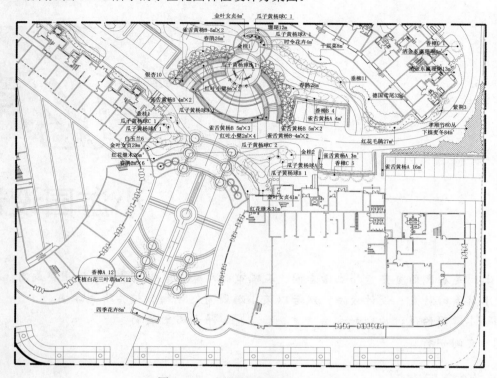

图 11-43　小区花园种植设计方案图

（2）绘制如图 11-44 所示的人行道绿化及亮化布置平面图。

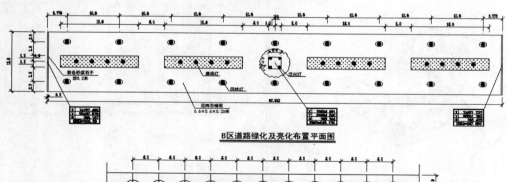

附注：
1. 本图尺寸均以米计。
2. B区道路两侧花池规格15×2.4×0.4米，中间花池规格15×2.4×0.4米。
3. B区道路两侧花池以种植灌木为主，用花卉点缀。每个花池等间距布置四盏埋地灯。
4. B区道路中间花池种植乔木，在花池四个角个布置一盏泛光灯。
5. 园林灯高3.6米，每隔10米在步行街两侧布置。
6. 高杆灯高10米，每隔30米在人行道两侧布置。
7. 人行道每隔5米种植一棵行道树，行道树种植胸径为10~12厘 米的香樟。每棵树下设置一盏埋地灯。

图 11-44　人行道绿化及亮化布置平面图

第 *12* 章

小游园设计

　　小游园是居民的重要室外生活空间，在城市园林绿地中分布最广、使用率最高。本章首先介绍小游园的特点、设计方法，然后以某小游园为例详细介绍其绘制方法。

- ☑ 小游园的设计原则和方法
- ☑ 实例分析
- ☑ 平面图的绘制

任务驱动&项目案例

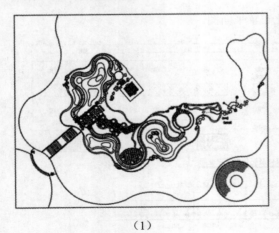

（1）

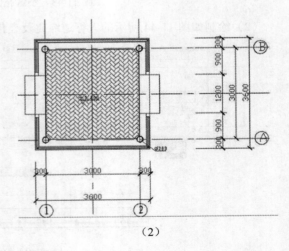

（2）

12.1　小游园的设计

　　小游园具有建设投资少，见效快，接近群众，使用率高，既改善环境，又美化市容等特点。正因为小游园在体现环境效益、社会效益、游憩效益诸方面均有明显的效果，所以备受群众的欢迎。"麻雀虽小，五脏俱全"，游园面积较小，但基本要素和设施全面完善。

　　本着因地制宜、合理布局、方便群众、美化市容的原则，小游园规划应尽量做到平面布局灵活紧凑，空间处理虚实兼备，植物配置四季有景，建筑设施小巧玲珑，使游园的景致富有诗情画意。如何在有限的空间里，为市民营造环境优雅、多姿多彩的娱乐活动场所，要求设计师把握如下几个要点。

12.1.1　小游园的规划

　　小游园平面布局不宜复杂，针对自然式场地可采用曲折流畅道路，配以建筑小品，较易表现我国传统园林艺术，在有限面积中取得理想效果。根据功能不同需求，可采用规则或自然式兼用的形式，布局灵活，表现不同空间艺术效果。城市中的小游园贵在自然，最好能使人从嘈杂的城市环境中脱离出来，同时园景也宜充满生活气息，有利于逗留休息。可发挥艺术手段，将人带入设定的情景中去，做到自然、生活、艺术性相结合。

12.1.2　小游园的设计原则

　　（1）布局要紧凑。尽量提高土地的利用率，设计时，应合理分配园林诸要素（植物、道路、建筑、山石和水体）的比例关系，重点突出植物造景，同时充分运用植物覆盖所有可覆盖的裸地，努力提高单位面积的绿化覆盖率，将园林中的死角转化为活角等。

　　（2）空间层次丰富。利用地形、道路、植物、小品分隔空间，此外也可利用多种形式的隔断花墙构成园中园，如梅江公园就利用福建茶绿篱修剪成为高2m左右的绿墙，成为一道天然屏障，避免给游人造成一览无余的景象。

　　（3）建筑小品以小巧取胜。亭、台、廊、道路、铺地、坐凳、栏杆、花架等的数量能满足游人活动的要求，使游人产生亲切感，同时扩大空间感。小品设施更具有精神上的作用，对控制环境秩序、强化景观形象、增强可识别性都有十分重要的作用。

　　植物配置与环境相结合，体现地方风格。严格选择主调树种，考虑主调树种时，除注意其色彩美和形态美外，还要注意其风韵美，使其姿态与周围的环境气氛相协调。注意时相、季相、景相的统一，在较小的绿地空间取得较大活动面积，而又不减少绿景，植物种植可以以乔木为主，灌木为辅。乔、灌、花卉、地被形成多层次构图：注意群体美，利用植物四季变化，快生、慢生相结合，近期、远期景观综合考虑，常绿、落叶植物相搭配使用，增强设计效果。乔木以点植为主，在树底边缘铺以花坛，在人行道边缘一侧种植一些四季时花，给市民营造一个赏心悦目的景象。

12.1.3　小游园的设计方法

　　园路组织游园观赏的序列和风景的展开，引导游客按照设计者的意图、路线来游赏景物，穿行者从绿地的一侧通过，保证游人活动的完整性。

　　硬质景观与软质景观兼顾，以二者观互补的原则进行处理。如硬质景观包括地面铺装、娱乐设施、休息设施、标识设施、指引设施和建筑小品等。硬质景观突出点题入境，象征与装饰等表意作用。软质景观包含了屋顶、墙面、阳台、娱乐场所、道路等的全面绿化和树种选择与植物配置等。软质景观则突出情趣、和谐、舒畅、自然等作用。在进行小游园景观设计时，硬、软景观要注意美学风格和文化内涵的统一。

为满足不同人群活动的要求，设计小游园时要考虑到动静分区，并要注意活动区的公共性和秘密性。在空间处理上注意动观、静观，群游与独处兼顾，使游人找到自己所需要的空间类型。

根据小游园的不同需求，还可在园区内设置具有本区特色的雕塑小品和小型水景，使园区具有自己的特色。园区中的雕塑小品要注重力度感和动感的创造，选取富有生机、活力和希望的主题形象。雕塑的材料可以是金属、石材、木材等，形式千姿百态，具象和抽象均可，造型宜简洁生动。园区内环境雕塑体量应适中，让人有亲切感。稍大的雕塑应布置在宽阔的空间，让市民有足够的距离欣赏。

12.2　小游园设计实例分析

图 12-1 所示为一湖中岛屿小游园设计，中心岛屿东西长约 60m，南北宽约 40m。场地面积较小，设计中需要考虑以下几点：如何移步换景，增大场地的有效游览面积；考虑对景的设计。如图 12-1 所示为规划园区的现状图。如图 12-2 所示为设计平面图。

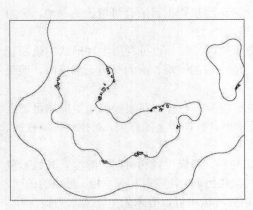

图 12-1　现状图

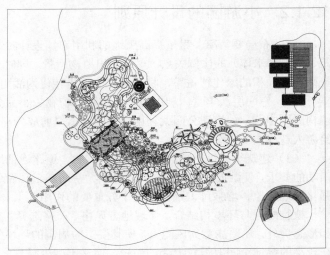

图 12-2　设计平面图

☑　设计理念：考虑岛屿的自然属性，因此整体设计风格为自然式，利用两条轴线控制岛屿景点的秩序。岛屿临水建亭，为游园主体建筑，亭名为"真趣亭"，湖山真意，遂将该岛命名为"陶然岛"。

☑　空间划分：利用地形、道路、植物、建筑分隔空间。岛屿面积较小，通过一景桥连接对岸，西南—东北轴线上设置一矩形广场，增强轴线的秩序；岛屿西侧以亭为主景，东侧以休憩广场、茶室为主景，对岸以花架为对景；岛屿西侧设置一圆形广场，与亭相连，为过渡空间；岛屿东侧设置两个圆形广场，为休憩空间。整个小游园采用地形进行空间分隔，创造大小不同的休憩空间。

- 动静分区：考虑满足不同人群活动的要求，设置动静功能区。岛屿西侧以静赏为主；东侧以动观为主，公共性较强，为游人提供各自所需的空间类型。
- 园路：园路组织游园观赏的序列和风景的展开。为最大限度拓展岛屿的游览空间，园路设计为自然流畅曲线，尽最大可能游及全岛。
- 地形：地形设计作为园林的骨架，本实例中为保证游览空间的多样性，采用地形要素结合园路进行空间围合，创造大小不同的园林空间，形成"山重水复疑无路，柳暗花明又一村"的景象。
- 建筑：园林建筑多沿湖布置，一方面增加岛屿的可观赏性，另一方面也形成景点与景点之间的对景。连接岸边与岛屿的景观桥，名为"玉带桥"，桥拱弧度较大，远处望去就像一条玉带；园中岛屿西侧四角亭，命名为"真趣亭"，构成西南—东北轴线的对景；东侧岸边花架，构成岛屿游览的对景；岛屿东侧小岛上设计一茶室，供游人休憩、喝茶；其他景墙等建筑小品，供游人观赏。
- 植物：岛屿内植物配置与环境相结合，采用自然式植物种植设计。主调树种的选择使其姿态与周围的环境气氛相协调，时相、季相、景相相统一，在较小的绿地空间取得较大的活动空间。植物种植以乔木为主，灌木为辅。植物选择，四季变化，速、慢生树结合，近、远期结合，常绿、落叶结合。

小游园的绘制流程图如图 12-3 所示。

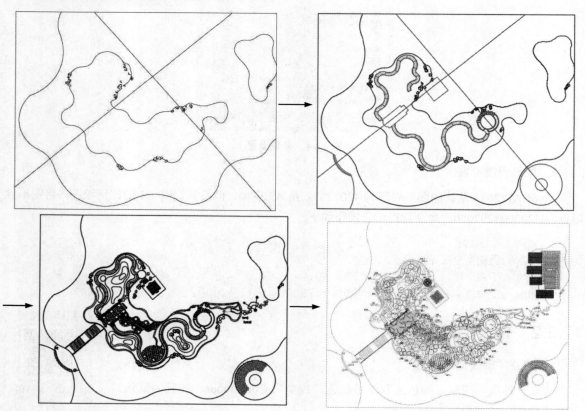

图 12-3　小游园的绘制流程图

12.3　平面图的绘制

首先绘制轴线，然后绘制广场和园路，再绘制建筑小品，最后绘制施工图。

操作步骤：

扫码看视频

12.3.1　必要的设置

12.3.1　必要的设置

1. 单位设置

将系统单位设为毫米（mm），以 1:1 的比例绘制。具体操作是：选择菜单栏中的"格式"→"单位"命令，打开"图形单位"对话框，按如图 12-4 所示进行设置，然后单击"确定"按钮完成。

图 12-4　参数设置

2. 图形界限设置

AutoCAD 2018 默认的图形界限为 420×297，是 A3 图幅，但是我们以 1:1 的比例绘图，将图形界限设为 420000×297000。命令行提示与操作如下：

```
命令：LIMITS✓
重新设置模型空间界限：
指定左下角点或 [开(ON)/关(OFF)] <0,0>：✓
指定右上角点 <420,297>：420000,297000✓
```

12.3.2　轴线的绘制

扫码看视频

12.3.2　轴线的绘制

1. 建立"轴线"图层

建立"轴线"图层，颜色选取 1 号红色，线型为 Continuous，线宽为默认，并将其设置为当前图层。

2. 对象捕捉设置

将鼠标箭头移到状态栏"对象捕捉"按钮 上并右击，在打开的快捷菜单中选择"对象捕捉设置"

命令，打开"草图设置"对话框的"对象捕捉"选项卡，将捕捉模式按如图 12-5 所示进行设置，然后单击"确定"按钮。

　　3．轴线的绘制

　　轴线的设置用来控制全园景观的秩序，为场地基址的特性。单击"默认"选项卡"绘图"面板中的"直线"按钮，绘制如图 12-6 所示的轴线。

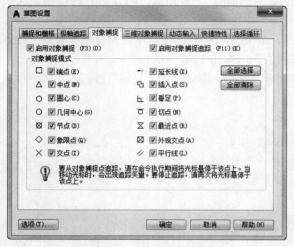
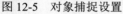

图 12-5　对象捕捉设置

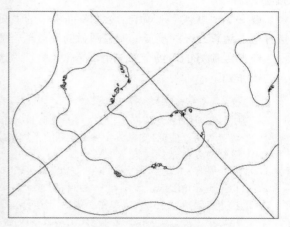

图 12-6　轴线的绘制

12.3.3　广场的绘制

扫码看视频

12.3.3　广场的绘制

　　（1）根据轴线确定主要节点，建立"广场"图层，颜色选取 2 号黄色，线型为 Continuous，线宽为默认，并使该图层处于当前图层。

　　（2）在西南—东北轴线上设置一方形广场，尺寸为 6000×6000，绘制后单击"默认"选项卡"修改"面板中的"旋转"按钮，旋转至轴线方向。

　　（3）在东南—西北轴线方向设置两个圆形广场，岛屿上圆形广场半径为 2500；岸上圆形广场外圆半径为 7000，内圆半径为 2000，按照如图 12-7 所示位置绘制。

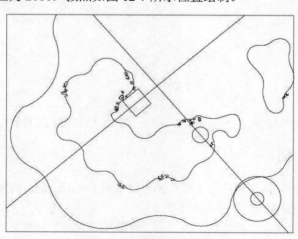

图 12-7　不规则广场的绘制 1

（4）强化西南—东北方向轴线，在岛屿上增加一不规则广场，广场宽度为 6500，可先按正南北方向绘制，然后旋转至轴线方向。

❶ 单击"默认"选项卡"绘图"面板中的"多段线"按钮，打开"正交"命令，单击第一点，方向为水平向左，在命令行中输入距离 2300，方向转为竖直向下，输入距离 1000；方向转为水平向左，输入距离 700，方向转为竖直向下，输入距离 7700；方向转为水平向右，输入距离 500。

❷ 单击"默认"选项卡"修改"面板中的"镜像"按钮，进行镜像，镜像后开始绘制下面的弧线。

❸ 单击"默认"选项卡"绘图"面板中的"圆弧"按钮，起点选择在左边直线段的端点，终点选择在右边直线段的端点，调整圆弧的顶点至合适的位置，如图 12-8 所示。

❹ 将绘制好的广场全部选中，单击"默认"选项卡"修改"面板中的"旋转"按钮，命令行提示与操作如下：

```
命令: _rotate
UCS 当前的正角方向:  ANGDIR=逆时针  ANGBASE=0
选择对象:（选择对象为步骤❸绘制的不规则广场，全部选中）
选择对象: ↙
指定基点:（基点选择在西南—东北的轴线上）
指定旋转角度或 [复制(C)/参照(R)] <51>:
指定参照角 <39>:（单击不规则广场下边弧线的中点）
指定第二点:（单击不规则广场上边直线段的中点）
指定新角度或 [点(P)] <90>:（沿西南—东北方向单击轴线上第二点）
```

❺ 单击"默认"选项卡"修改"面板中的"移动"按钮，将旋转后的不规则矩形移至图 12-9 所示的合适位置。

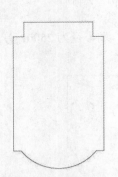

图 12-8　不规则广场的绘制 2

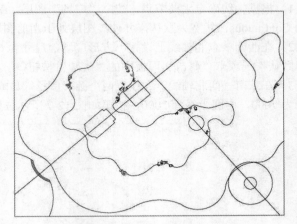

图 12-9　不规则广场的旋转、移动

12.3.4　园路的绘制

（1）建立"道路"图层，颜色选取 2 号黄色，线型为 Continuous，线宽为默认，并使该图层处于当前图层。

（2）单击"默认"选项卡"绘图"面板中的"样条曲线拟合"按钮或者"圆弧"按钮，按照图 12-9 所示道路系统，首先绘制出道路的中心线。

扫码看视频

12.3.4　园路的绘制

（3）单击"默认"选项卡"修改"面板中的"偏移"按钮，分别向两侧进行偏移，偏移距离为 600，作为道路的边线；然后将两条道路边线分别向内侧偏移 100，作为路缘，图中道路内部根据材质不同进行了直线段分割，这里不再详述。

（4）道路系统的最右侧为一圆形广场，外半径为 3600，内半径为 2500。广场上有几组图案的环形阵列，可首先绘制一个单元图案，然后单击"默认"选项卡"修改"面板中的"环形阵列"按钮，选择绘制的单元图案为阵列对象，指定阵列中心点，输入项目数为 30，填充角度为 360°，项目间角度为 12°，旋转后，删除多余的单元图案，结果如图 12-10 所示。

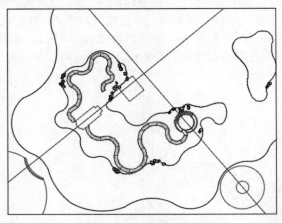

图 12-10　园路的绘制

扫码看视频

12.3.5　地形的绘制

（1）建立"地形"图层，颜色选取 9 号灰，线型为 Continuous，线宽为默认，并使该图层处于当前状态。

（2）根据道路的形状设置地形，要考虑障景和透景线的使用。单击"默认"选项卡"绘图"面板中的"样条曲线拟合"按钮，首先绘制地形的坡脚线，然后绘制地形上的等高线，绘制后如图 12-11 所示。

12.3.5　地形的绘制

（3）对广场及道路的细部进行处理，具体绘制不再详述。这些细部处理的目的是丰富广场和局部场地的空间变化，如图 12-12 所示。

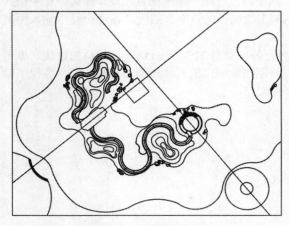

图 12-11　地形的绘制

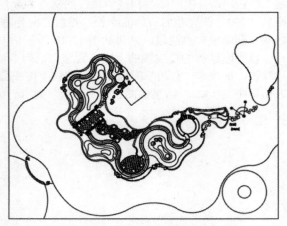

图 12-12　广场的细部处理

Note

12.3.6 建筑小品的绘制

1. 桥的绘制

首先绘制东西方向的桥，绘制好后旋转至轴线方向，将其移至合适位置。
下面来分析桥的绘制，如图 12-13 所示。

1）绘制轴线

（1）建立"轴线 2"图层，颜色选取红色，线型为 CENTER，线宽为默认，并将其设置为当前图层。

（2）单击"默认"选项卡"绘图"面板中的"直线"按钮／，在绘图区适当位置选取直线的初始点，方向为垂直向下（打开"正交"命令），输入距离 15000，按 Enter 键后绘制出竖向轴线；重复"直线"命令，在绘图区适当位置选取直线的初始点，水平方向输入距离 30000，如图 12-14 所示。

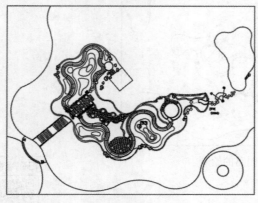

图 12-13 桥的绘制

图 12-14 轴线绘制

2）桥平面图的绘制

（1）建立"桥"图层，参数设置如图 12-15 所示。

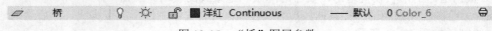

图 12-15 "桥"图层参数

（2）台阶的绘制 1。将"桥"图层设置为当前图层。单击"默认"选项卡"绘图"面板中的"直线"按钮／，以横向轴线和竖向轴线的交点为起点，水平向左绘制一条横向直线段，在命令行中输入距离 7250，该尺寸为桥体的半长；然后方向为垂直向上绘制一条竖向直线段，在命令行中输入距离 1550，删除横向直线段，结果如图 12-16 所示。

以刚刚绘制的直线段的上端点为起点，向下绘制一条长度为 3100 的直线段，为桥的边线。单击"默认"选项卡"修改"面板中的"偏移"按钮 ，将刚刚绘制出的直线段向右偏移，在命令行中输入偏移距离 1500，结果如图 12-17 所示，为第一个台阶。

图 12-16 台阶的绘制 1

图 12-17 台阶的绘制 2

（3）台阶的绘制 2。将步骤（2）偏移后的直线段向右侧阵列。单击"默认"选项卡"修改"面板中的"矩形阵列"按钮▦，指定行数为 1，指定列数为 14，指定间距为 350，完成阵列，结果如图 12-18 所示。

（4）桥栏的绘制。

❶ 单击"默认"选项卡"绘图"面板中的"直线"按钮✏，如图 12-19 所示，在台阶一侧绘制一条直线（以桥的左端为起点，到"河道中心线"结束）；单击"默认"选项卡"修改"面板中的"偏移"按钮⬮，向下偏移，在命令行中输入偏移距离 200，为桥栏杆的宽度。

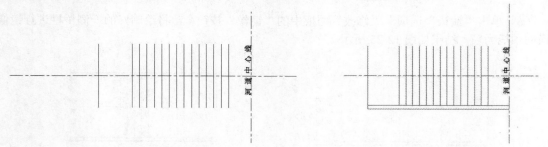

图 12-18　台阶的绘制 3　　　　　　　　图 12-19　桥栏的绘制

❷ 将栏杆的两侧边线分别向内侧进行偏移。单击"默认"选项卡"修改"面板中的"偏移"按钮⬮，在命令行中输入偏移距离 25，然后以偏移后的直线为基准线，再向内偏移 25，结果如图 12-20 所示。

（5）望柱的绘制。

❶ 单击"默认"选项卡"绘图"面板中的"多段线"按钮⌐，以第一个台阶与桥栏的交点为起始点，沿桥栏水平向右绘制长为 50 的直线段，然后垂直向下，与桥栏的外侧边缘线相交，结果如图 12-21 所示。

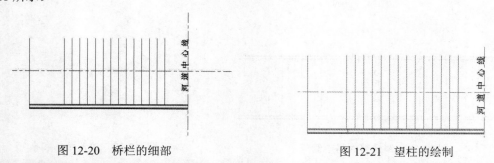

图 12-20　桥栏的细部　　　　　　　　　图 12-21　望柱的绘制

📖 说明：这一步主要是为了找到望柱的起始位置。

❷ 单击"默认"选项卡"绘图"面板中的"矩形"按钮▭，以折点为第一角点，如图 12-22 所示。在命令行中输入"@240,-200"。

❸ 单击"默认"选项卡"修改"面板中的"修剪"按钮✂，将矩形内部的线条修剪掉，结果如图 12-23 所示。

❹ 单击"默认"选项卡"修改"面板中的"偏移"按钮⬮，将绘制的矩形向内侧偏移，在命令行中输入偏移距离 30，然后将内外矩形对应的 4 个角点连接起来。单击"默认"选项卡"块"面板中的"创建"按钮，将其命名为"望柱"。

❺ 单击"默认"选项卡"修改"面板中的"矩形阵列"按钮▦，向右水平方向阵列 3 个"望柱"，间距设置为 1500。然后单击"默认"选项卡"修改"面板中的"修剪"按钮✂，将"望柱"内部直线修剪掉，结果如图 12-24 所示。

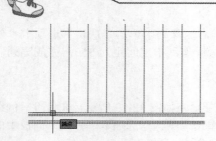

图 12-22　折点的位置

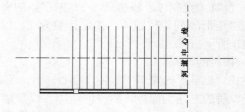

图 12-23　修剪多余线条

（6）单击"默认"选项卡"修改"面板中的"镜像"按钮▲，将绘制好的一侧桥栏进行镜像，以横向轴线为轴，结果如图 12-25 所示。

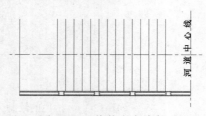

图 12-24　修剪多余线条

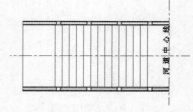

图 12-25　一侧桥栏绘制

采用同样的方法，对河道中心线以左的图案进行镜像。重复"镜像"命令，以河道中心线为轴，结果如图 12-26 所示。

（7）单击"默认"选项卡"修改"面板中的"旋转"按钮○和"移动"按钮✛，将桥体移至图 12-27 所示的位置。

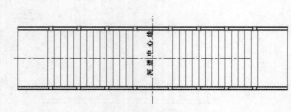

图 12-26　镜像得到另一侧

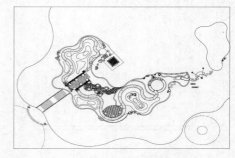

图 12-27　放置桥体和亭

2．亭的绘制

首先绘制东西方向的亭，绘制好后旋转至轴线方向，将其移至合适位置即可，如图 12-27 所示。下面来分析亭的绘制。

（1）轴线绘制。将"轴线 2"图层设置为当前图层，单击"默认"选项卡"绘图"面板中的"直线"按钮╱，在绘图区适当位置选取直线的初始点，方向为垂直向下（打开"正交"命令），输入距离 8000，按 Enter 键后绘制出竖向轴线；重复"直线"命令，在绘图区适当位置选取直线的初始点，在水平方向输入距离 8000，按 Enter 键后绘制出竖向轴线，如图 12-28 所示。

扫码看视频

12.3.6　建筑小品中亭的绘制

📖 **说明**：范围缩放图标❑位于中心缩放图标的右侧，其位置位于下拉框内。

（2）亭平面图的绘制。

❶ 建立"亭"图层，颜色选取 6 号紫色，线型为 Continuous，线宽选择默认，并将其设置为当前

图层。

❷ 单击"默认"选项卡"修改"面板中的"偏移"按钮▲，将绘制的轴线进行偏移，向上、下和左、右方向各偏移两条横向轴线和竖向轴线，偏移量为 1500（此距离与设计的亭子尺寸（如图 12-29 所示）有关），结果如图 12-30 所示。

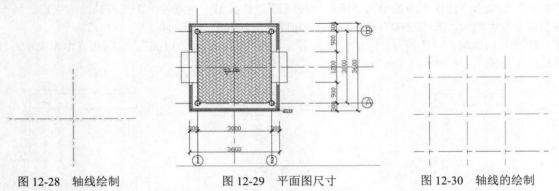

图 12-28　轴线绘制　　　　　　图 12-29　平面图尺寸　　　　　　图 12-30　轴线的绘制

❸ 单击"默认"选项卡"绘图"面板中的"圆"按钮◎，以 100 为半径画出亭子的柱子；然后打开"正交"命令，以圆心为起点，水平向左绘制一条长度为 1500 的直线，向下偏移 20，作为座椅的边缘，删除步骤❷绘制的长度为 1500 的直线（辅助线），以座椅边线为偏移对象，分别向上偏移 220、240、280、300 和 320，即座椅的宽度为 220，靠背的宽度为 100（包括靠背的装饰格子），如图 12-31 所示。

📖 说明：在亭子平面图的绘制中先绘制出亭子的 1/4，然后应用"镜像"命令绘出平面图的其他部分。

❹ 单击"默认"选项卡"修改"面板中的"镜像"按钮▲，将步骤❸绘制的座椅选中，镜像轴线选择通过柱心的 45°斜线，绘出另一侧座椅，如图 12-32 所示。

❺ 单击"默认"选项卡"修改"面板中的"修剪"按钮✂和"延伸"按钮⊸，对其进行修改，结果如图 12-33 所示。

图 12-31　座椅的绘制 1　　　　图 12-32　座椅的绘制 2　　　　图 12-33　座椅的绘制 3

📖 说明：当直线被选中时，会显示蓝色点，当鼠标光标移动到此处时，点的状态变成绿色，单击点并向右拉伸，如图 12-34 所示；然后对竖向直线采用"延伸"命令，如图 12-35 所示；最后进行修剪，结果如图 12-33 所示。

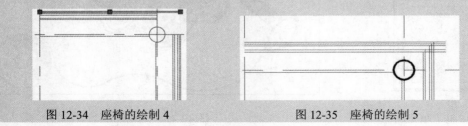

图 12-34　座椅的绘制 4　　　　　　图 12-35　座椅的绘制 5

❻ 以柱的圆心为圆心、150 为半径画圆，对其进行修剪，绘制柱基础。

❼ 座椅转折处的绘制。在座椅靠背转折处画直线，如图 12-36 所示，向左、右各偏移 10，然后进行修剪，如图 12-37 所示。

❽ 台阶的绘制。台阶长 600、宽 300，这里为半个台阶的长度，以两条轴线的交点为基点，单击"默认"选项卡"绘图"面板中的"矩形"按钮▭，选择第一角点时单击两条轴线的交点，另一角点在命令行中输入"@300,600"；向右复制一相同矩形，为第二级台阶。

❾ 方柱的绘制。以座椅与台阶的交点为第一角点，输入"@100,100"，绘制正方形来表示方柱，最后结果如图 12-38 所示。

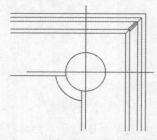 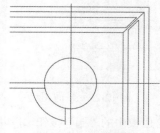 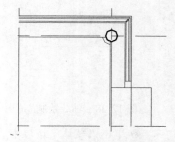

图 12-36　绘制直线　　　　图 12-37　修剪线段　　　　图 12-38　台阶与方柱的绘制

❿ 单击"默认"选项卡"修改"面板中的"镜像"按钮⚑，选择要镜像的对象，镜像第一点和第二点均选择在轴线上，结果如图 12-39 所示。

⓫ 对平面图内部进行图案填充，建立"填充"图层，颜色选取 9 号灰色，线型为 Continuous，线宽选择默认，并将其设置为当前图层。单击"默认"选项卡"绘图"面板中的"图案填充"按钮▨，选择样例并设置合适的比例，结果如图 12-40 所示。

⓬ 单击"默认"选项卡"修改"面板中的"删除"按钮✎，删除辅助轴线，继续单击"默认"选项卡"修改"面板中的"移动"按钮✛，将桥移动到图中的合适位置。

12.3.6　建筑小品中花架的绘制

3. 花架的绘制（见图 12-41）

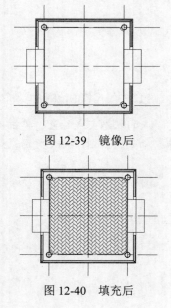

图 12-39　镜像后

图 12-40　填充后

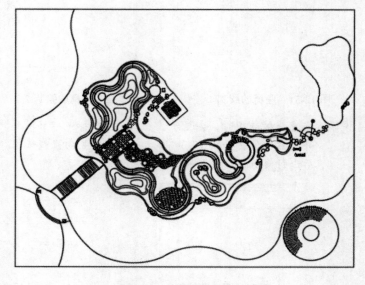

图 12-41　花架的绘制

（1）建立"花架"图层，颜色选取 6 号洋红色，线型为 Continuous，线宽选择默认，并将其设置为当前图层。

（2）花架梁的绘制。

❶ 单击"默认"选项卡"绘图"面板中的"圆弧"按钮 ⌒ ，绘制半径为 4200、包含角为-90°的圆弧，结果如图 12-42 所示。

❷ 单击"默认"选项卡"修改"面板中的"偏移"按钮 ⬤ ，向外侧偏移，距离为 135，偏移后如图 12-43 所示。

以图 12-43 所示偏移弧线为基准线，分别向外侧偏移 1800 和 1935，结果如图 12-44 所示。

图 12-42　花架梁的绘制 1　　　　图 12-43　花架梁的绘制 2　　　　图 12-44　花架梁的绘制 3

（3）花架柱的绘制。

❶ 在距梁端 400 处绘制 200×200 的矩形，作为柱。单击"默认"选项卡"修改"面板中的"偏移"按钮 ⬤ ，以最外侧花架梁轮廓线为基准线，向内侧偏移 62.5，作为绘制柱的辅助线，结果如图 12-45 所示。

❷ 单击"默认"选项卡"块"面板中的"创建"按钮 ▭ ，将步骤❶绘制的矩形命名为"柱"。单击"默认"选项卡"绘图"面板中的"定距等分"按钮 ◢ ，命令行提示与操作如下：

```
命令：_measure↙
选择要定距等分的对象：
指定线段长度或 [块(B)]：b↙
输入要插入的块名：柱↙
是否对齐块和对象？[是(Y)/否(N)] <Y>：↙
指定线段长度：2000↙
```

❸ 单击"默认"选项卡"修改"面板中的"复制"按钮 ⬡ ，水平复制到外侧花架梁位置（带基点复制），输入距离 1935，结果如图 12-46 所示。重复执行"重复"命令，将内侧柱体向外侧进行复制，结果如图 12-47 所示。

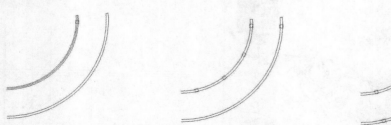

图 12-45　花架柱的绘制　　　　图 12-46　复制侧柱　　　　图 12-47　花架外侧柱的绘制

（4）花架架条的绘制。

❶ 绘制第一根架条。单击"默认"选项卡"绘图"面板中的"直线"按钮 ╱ ，在距梁的上端 200 处绘制一条长为 3500 的直线段。单击"默认"选项卡"修改"面板中的"偏移"按钮 ⬤ ，对其进行

向下偏移，偏移距离为50。将两条直线段的端口封闭，结果如图12-48所示。单击"默认"选项卡"块"面板中的"创建"按钮，选中绘制出的架条，并将其命名为"架条"。

❷ 单击"默认"选项卡"修改"面板中的"环形阵列"按钮，选取架条为阵列对象，指定项目数为30，填充间角度为-90°，项目间角度为3°，如图12-49所示。

❸ 单击"默认"选项卡"修改"面板中的"镜像"按钮，绘制如图12-50所示的花架。

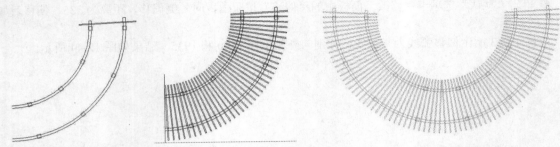

图 12-48　花架架条的绘制　　图 12-49　架条阵列后的效果　　　图 12-50　花架平面图

❹ 单击"默认"选项卡"修改"面板中的"移动"按钮，将花架平面图移动到图中的合适位置，继续单击"默认"选项卡"修改"面板中的"旋转"按钮，将花架进行旋转。

4. 茶室的绘制（见图12-51）

（1）轴线绘制。

❶ 将"轴线2"图层设置为当前图层，确定后回到绘图状态。单击"默认"选项卡"绘图"面板中的"直线"按钮，在绘图区适当位置选取直线的初始点，方向为垂直向下（打开"正交"命令），输入距离27000，按Enter键后绘制出竖向轴线；重复"直线"命令，在绘图区适当位置选取直线的初始点，在水平方向输入距离42000，按Enter键后绘制出横向轴线。

❷ 单击"默认"选项卡"修改"面板中的"偏移"按钮，按照设计尺寸将轴线依次偏移，将水平轴线依次向上偏移1037、2931、7229、483和483，将水平轴线向右侧进行偏移，偏移距离依次为7350、2240、4222、3758、3529、5195和282，结果如图12-52所示。这几条轴线表示建筑设计的屋面中轴线的相对位置。

扫码看视频

12.3.6　建筑小品中茶室的绘制

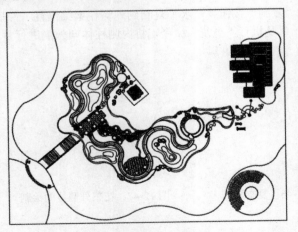

图 12-51　茶室的绘制

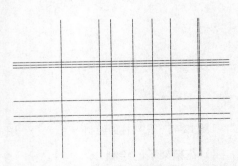

图 12-52　轴线绘制

（2）建立"茶室顶视图"图层，颜色选取洋红，线型为Continuous，线宽为默认，并将其设置为当前图层，如图 12-53 所示。

| ✔ | 茶室顶视图 | ♀ | ☼ | 🔓 | ■ 洋红 Continuous | —— 默认 | 0 Color_6 | 🖶 |

图 12-53 "茶室顶视图"图层参数

（3）屋面轮廓的绘制。

❶ 单击轴线，使轴线处于被选中状态，单击轴线的两个端点，调整轴线合适的长度，如图 12-54 所示。单击"默认"选项卡"修改"面板中的"偏移"按钮⌶，将绘制的横向轴线和竖向轴线分别向两侧偏移，作为每个屋面的轮廓，结果如图 12-55 所示。

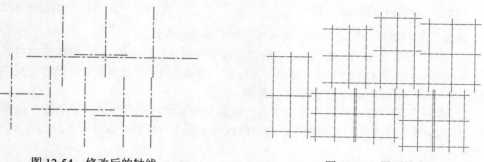

图 12-54 修改后的轴线

图 12-55 屋面轮廓

❷ 将偏移后的轴线全部选中，然后单击工具栏中的"线型"下拉列表框，将这些直线全部选中，并将其线型全部改为 Continuous，如图 12-56 所示。单击"默认"选项卡"修改"面板中的"修剪"按钮⼀，将多余的线条修剪掉，结果如图 12-57 所示。

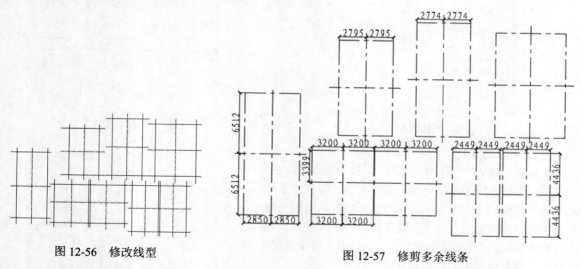

图 12-56 修改线型

图 12-57 修剪多余线条

（4）屋面两侧檐口的绘制。

❶ 隐藏轴线层。将步骤（3）绘制的屋面的横向轮廓线向内侧进行偏移，偏移距离为 500，将竖向轮廓线向外侧进行偏移，偏移距离为 300，结果如图 12-58 所示。

❷ 单击"默认"选项卡"修改"面板中的"延伸"按钮⼀，将偏移后的横向直线向两侧延伸。然后单击"默认"选项卡"修改"面板中的"修剪"按钮⼀，修剪掉多余的线条，结果如图 12-59 所示。

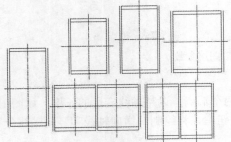

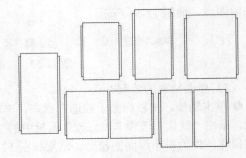

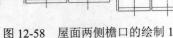

图 12-58　屋面两侧檐口的绘制 1　　　　　　　　图 12-59　屋面两侧檐口的绘制 2

（5）建筑之间的墙体。以最左侧的墙体的绘制为例进行介绍。

❶ 单击"默认"选项卡"绘图"面板中的"直线"按钮，以步骤（4）绘制好的右侧檐口的右上角点为第一角点，如图 12-60 所示，竖直向下绘制一条长为 1200 的直线段，然后方向转为水平向右，绘制长度为 3350 的直线段，作为墙体的外侧。

❷ 单击"默认"选项卡"修改"面板中的"偏移"按钮，将直线段向下侧进行偏移，偏移距离为 200，作为墙体的宽度。然后将偏移后的直线段向下侧进行偏移，偏移距离分别为 4750、200、3700 和 200。

❸ 单击"默认"选项卡"修改"面板中的"修剪"按钮，对多余的线条进行修剪。依照上述方法绘制其他建筑之间的墙体，结果如图 12-61 所示。

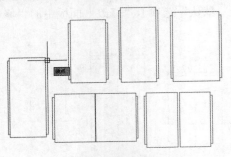

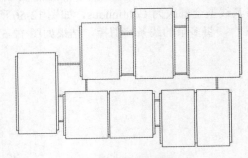

图 12-60　墙体绘制 1　　　　　　　　　　　图 12-61　墙体绘制 2

（6）阳台的绘制。

❶ 单击"默认"选项卡"绘图"面板中的"多段线"按钮，以图 12-62 所示角点为第一角点，竖直向下绘制长度为 3800 的直线；方向转为水平向右，绘制长度为 27750 的直线段；方向转为竖直向上，绘制一条长为 13500 的直线段；方向转为水平向左，打开"对象捕捉"命令，与右上角房屋的檐口相交于一点。

❷ 单击"默认"选项卡"修改"面板中的"偏移"按钮，将绘制的多段线向外侧进行偏移，偏移距离为 100，结果为如图 12-63 所示的阳台。

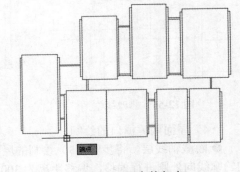

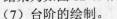

图 12-62　阳台的起点

（7）台阶的绘制。

❶ 在右下角方向设一台阶，单击"默认"选项卡"绘图"面板中的"直线"按钮，以右下角房屋檐口的右上角为第一角点，沿水平方向绘制直线段，与阳台内侧多段线相交于一点。

❷ 单击"默认"选项卡"修改"面板中的"偏移"按钮，将绘制的直线向下侧进行偏移，偏移距离为 300，结果为如图 12-63 所示的台阶。

（8）屋面、廊道等的材质填充。上侧 4 个屋面的填充图案一致，将"填充"图层置为当前图层。单击"默认"选项卡"绘图"面板中的"图案填充"按钮，选择合适的图案和比例进行填充。用同样的方法填充阳台、走廊的铺装样式，如图 12-64 所示。

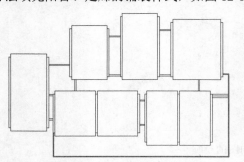

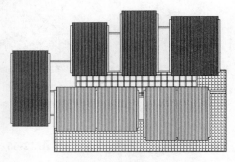

图 12-63　阳台与台阶的绘制　　　　　　图 12-64　屋面填充效果

12.3.7　施工图的绘制

1. 放线图的绘制

具体绘制方法同屋顶花园放线图的绘制方法。此处文字的标注采用数字和字母标注的方法结合尺寸的标注进行，具体方法这里不再详述，结果如图 12-65 所示。

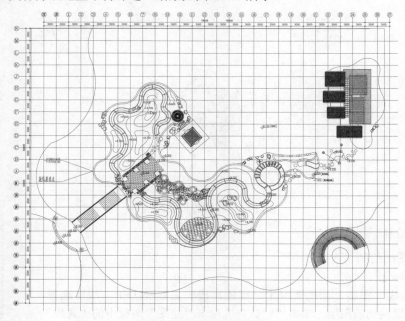

图 12-65　放线图的绘制

2. 竖向图的绘制

根据场地设计的要求，按照如图 12-66 所示，对必要处的竖向标高进行标注，方法同屋顶花园的标注。

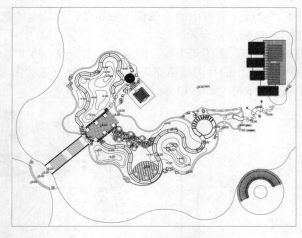

图 12-66　竖向图的绘制

3. 植物种植图的绘制

植物图例的绘制方法和标注方法同屋顶花园，结果如图 12-67 所示。

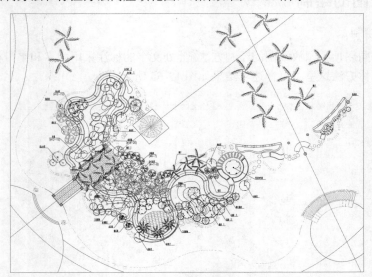

图 12-67　植物种植图的绘制

4. 详图的绘制

1）亭仰视图的绘制

（1）绘制轴线。

❶ 建立"轴线"图层，颜色选取 1 号红色，线型为 CENTER，线宽选择默认，并将其设置为当前图层。单击"默认"选项卡"绘图"面板中的"直线"按钮／，在绘图区适当位置绘制轴线，如图 12-68 所示。

❷ 单击"默认"选项卡"修改"面板中的"偏移"按钮（🔁），向上、下和左、右方向各偏移两条横向轴线和竖向轴线，偏移量均为 1500，结果如图 12-69 所示。

❸ 单击"默认"选项卡"绘图"面板中的"直线"按钮／，绘出灯心木、童柱和柱子连成的轴线，

扫码看视频

12.3.7　施工图中亭仰视图的绘制

如图 12-70 所示。

图 12-68　轴线的绘制 1　　　　图 12-69　轴线的绘制 2　　　　图 12-70　轴线的绘制 3

（2）建立"亭仰视图"图层，颜色选取 7 号白色，线型为 Continuous，线宽选择默认，并将其设置为当前图层。

（3）柱子的绘制。根据设计尺寸，灯心木的平面尺寸是直径为 160 的圆，童柱是直径为 180 的圆，柱子是直径为 200 的圆。单击"默认"选项卡"绘图"面板中的"圆"按钮 ⊙，在如图 12-71 所示的位置绘制出柱子。

（4）梁的绘制。

❶ 以临近的柱心或轴线作为参照来确定梁的尺寸。选择菜单栏中的"绘图"→"多线"命令，命令行提示与操作如下：

```
命令：_mline↙
当前设置：对正=上，比例=180.00，样式=STANDARD
指定起点或 [对正(J)/比例(S)/样式(ST)]：j↙
输入对正类型 [上(T)/无(Z)/下(B)] <上>：z↙
当前设置：对正=无，比例=180.00，样式=STANDARD
指定起点或 [对正(J)/比例(S)/样式(ST)]：s↙
输入多线比例 <180.00>：↙
当前设置：对正=无，比例=180.00，样式=STANDARD
指定起点或 [对正(J)/比例(S)/样式(ST)]：
指定下一点：
```

绘制后如图 12-72 所示。

❷ 单击"默认"选项卡"绘图"面板中的"直线"按钮 ╱，对双线进行延伸、封口，如图 12-73 所示。

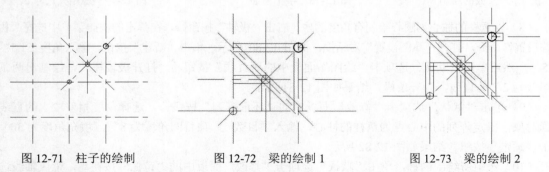

图 12-71　柱子的绘制　　　　图 12-72　梁的绘制 1　　　　图 12-73　梁的绘制 2

❸ 单击"默认"选项卡"修改"面板中的"修剪"按钮 ╱，对交叉的直线进行修剪，结果如图 12-74 所示。

📖 **说明**：单击"修改"工具栏中的"分解"按钮🗗，可以把双线分解成两条直线，然后对其进行编辑、修改等操作。

（5）屋面的绘制。单击"默认"选项卡"绘图"面板中的"样条曲线拟合"按钮∿，根据尺寸绘出曲线，如图 12-75 所示。单击"默认"选项卡"修改"面板中的"镜像"按钮⚠，将绘制的屋面曲线沿 45°轴线进行镜像，结果如图 12-76 所示。

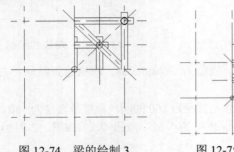

图 12-74　梁的绘制 3　　　图 12-75　屋面的绘制 1　　　图 12-76　屋面的绘制 2

（6）戗的绘制。在命令行中输入"ml"，比例设为 120，起点选择柱子的圆心；然后对屋面曲线进行偏移，单击"默认"选项卡"修改"面板中的"偏移"按钮⚏，偏移量为 75，结果如图 12-77 所示。镜像另一半之后半个屋面如图 12-78 所示。

（7）椽的绘制。椽的画法根据图 12-79 所示设计尺寸，先用"直线"命令绘出直径分别为 30 和 70 的椽，绘制时以临近的 90°轴线作为距离参照来确定尺寸，然后剩余椽的绘制方法可借助辅助环形阵列来实现。

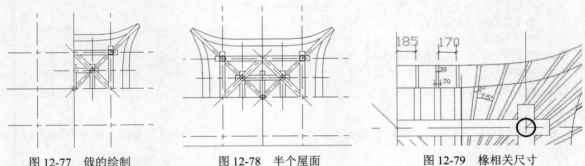

图 12-77　戗的绘制　　　　图 12-78　半个屋面　　　　图 12-79　椽相关尺寸

（8）以童柱的柱心为圆心绘制有角度的椽。右击"极轴"按钮◔，在弹出的快捷菜单中选择"极轴追踪设置"命令，打开"草图设置"对话框，如图 12-80 所示，单击"新建"按钮，输入角度 51.5°和 53.5°，然后单击"默认"选项卡"绘图"面板中的"直线"按钮╱，打开极轴模式，绘制出两条角度相差为 2°的直线，为一条椽，结果如图 12-81 所示。

（9）单击"默认"选项卡"修改"面板中的"环形阵列"按钮∷，选择角度相差 2°的直线为阵列对象，指定阵列的中心点为童柱的柱心，输入项目数 5，项目间角度为 8°，填充角度为 30°，单击"确定"按钮，结果如图 12-82 所示。

（10）选中所绘制的椽，单击"默认"选项卡"修改"面板中的"镜像"按钮⚠，镜像轴线选择 45°轴线，结果如图 12-83 所示；选中所绘制的半个屋架进行镜像，镜像轴线选择水平中心轴线，结果如图 12-84 所示。

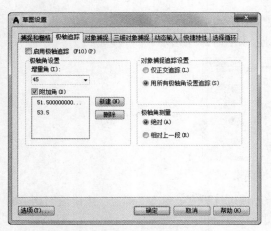

图 12-80 极轴角度设置

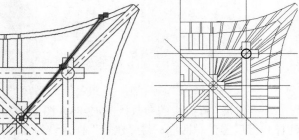

图 12-81 椽的绘制 1　　　图 12-82 椽的绘制 2

（11）枋的绘制。选择菜单栏中的"绘图"→"多线"命令，命令行提示与操作如下：

```
命令: _mline✓
当前设置: 对正=上, 比例=20.00, 样式=STANDARD
指定起点或 [对正(J)/比例(S)/样式(ST)]: j✓
输入对正类型 [上(T)/无(Z)/下(B)] <上>: z✓
当前设置: 对正=无, 比例=20.00, 样式=STANDARD
指定起点或 [对正(J)/比例(S)/样式(ST)]: s✓
输入多线比例 <20.00>: 80✓
当前设置: 对正=无, 比例=80.00, 样式=STANDARD
指定起点或 [对正(J)/比例(S)/样式(ST)]:
指定下一点:
指定下一点或 [放弃(U)]:
指定下一点或 [闭合(C)/放弃(U)]:
```

沿着梁的轴线绘制双线，绘制结果如图 12-85 所示。

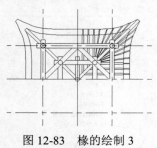

图 12-83 椽的绘制 3　　　图 12-84 屋架的绘制　　　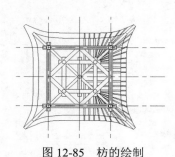图 12-85 枋的绘制

（12）尺寸标注及轴号标注。

❶ 建立"尺寸"图层，颜色选取 3 号绿色，线型为 Continuous，线宽选择默认，如图 12-86 所示，并将其设置为当前图层。

| ✓ | 尺寸 | ♀ ☼ ⌂ ■绿 | Continuous | —— 默认 | 0 Color_3 | ⊖ |

图 12-86 "尺寸"图层参数

❷ 标注样式设置。标注样式的设置应该和绘图比例相匹配。

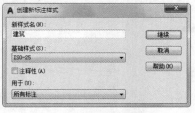

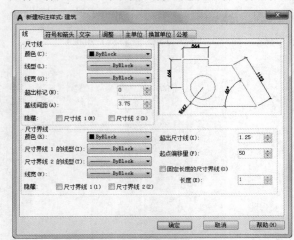

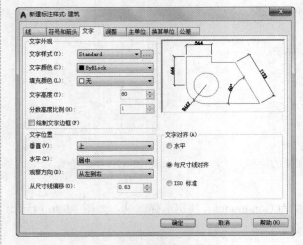

单击"默认"选项卡"注释"面板中的"标注样式"按钮，打开"创建新标注样式"对话框，新建一个标注样式，命名为"建筑"，单击"继续"按钮，如图 12-87 所示。

图 12-87　新建标注样式

将"建筑"样式中的参数按图 12-88～图 12-92 所示逐项进行设置。单击"确定"按钮后回到"标注样式管理器"对话框，将"建筑"样式设为当前，如图 12-93 所示。

图 12-88　设置参数 1

图 12-89　设置参数 2

图 12-90　设置参数 3

图 12-91　设置参数 4

❸ 尺寸标注。该部分尺寸标注分为两道，第一道为局部尺寸的标注，如图 12-94 所示；第二道为总尺寸，如图 12-95 所示。尺寸标注完成后如图 12-96 所示。

Note

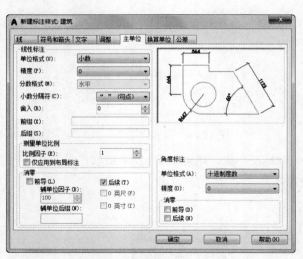

图 12-92 设置参数 5

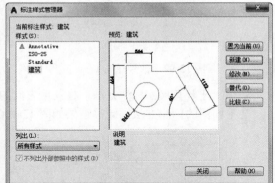

图 12-93 将"建筑"样式置为当前

图 12-94 第一道尺寸

图 12-95 第二道尺寸

图 12-96 尺寸标注完毕

📖 **说明:** 对于尺寸字样出现重叠的情况,应将它移开。用鼠标单击尺寸数字,再用鼠标点中中间的蓝色方块标记,将字样移至外侧适当位置后单击"确定"按钮。

❹ 轴号标注。根据规范要求,横向轴号一般用阿拉伯数字 1、2、3……标注,纵向轴号用字母 A、B、C……标注。

在轴线端绘制一个直径为 400 的圆,在圆的中央标注一个数字"1",字高为 250,如图 12-97 所示。将该轴号图例复制到其他轴线端头,并修改圈内的数字。

双击数字,打开"文字编辑器"选项卡,输入修改的数字,轴号标注结束后如图 12-98 所示。

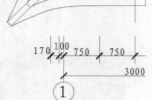

图 12-97　轴号标注 1

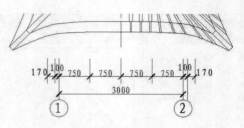

图 12-98　轴号标注 2

采用上述整套尺寸标注方法，将其他方向的尺寸标注完成，结果如图 12-99 所示。亭平面图的标注方法同此，结果如图 12-100 所示。

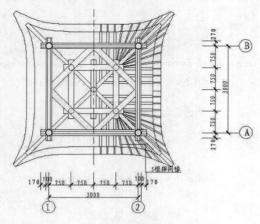

图 12-99　尺寸标注结束

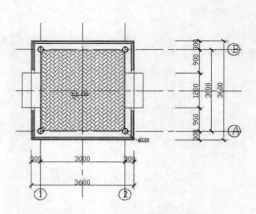

图 12-100　亭平面图尺寸标注

2）花架结构图的绘制

（1）轮廓的绘制。

❶ 单击"默认"选项卡"绘图"面板中的"圆弧"按钮，绘制半径为 3840、包含角为 90°的圆弧。

❷ 单击"默认"选项卡"修改"面板中的"偏移"按钮，偏移距离为 2500，然后用"直线"命令对其端口进行封口处理，结果如图 12-101 所示。

（2）花架柱的绘制。

❶ 单击"默认"选项卡"修改"面板中的"偏移"按钮，以基础内侧轮廓线为基准线，向外侧偏移一条距离为 360 的曲线作为绘制柱的辅助线。在距基础的上端 400 处绘制 200×200 的矩形作为柱，结果如图 12-102 所示。

❷ 单击"默认"选项卡"块"面板中的"创建"按钮，将步骤❶绘制的图形创建为块，命名为"柱 2"。单击"默认"选项卡"绘图"面板中的"定距等分"按钮，命令行提示与操作如下：

```
命令：_measure↙
选择要定距等分的对象：
指定线段长度或 [块(B)]：b↙
输入要插入的块名：柱 2↙
是否对齐块和对象？ [是(Y)/否(N)] <Y>：↙
指定线段长度：2000↙
```

结果如图 12-103 所示。

扫码看视频

12.3.7　施工图中花架结构图的绘制

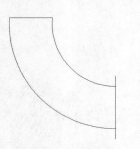
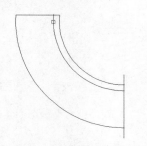
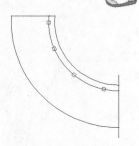

图 12-101　花架轮廓　　　　图 12-102　花架柱的绘制　　　图 12-103　定距等分后的效果

❸ 单击"默认"选项卡"修改"面板中的"复制"按钮，打开状态工具栏中的"正交"命令，将最上面的"柱"水平向左复制，输入距离为 1832，结果如图 12-104 所示。重复"复制"命令，沿柱体垂直方向，将内侧柱体向外侧复制，绘制外侧柱，结果如图 12-105 所示。

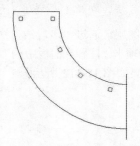
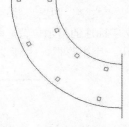

图 12-104　花架外侧柱的绘制　　　　图 12-105　花架柱子绘制完毕

（3）坐凳的绘制。

❶ 单击"默认"选项卡"修改"面板中的"偏移"按钮，对基础外侧轮廓线向内侧偏移，偏移距离为 100，为坐凳外侧距基础外侧轮廓线的距离；对坐凳外侧轮廓线向内侧偏移，偏移距离为 300，结果如图 12-106 所示。

❷ 坐凳轮廓线的绘制。如图 12-107 所示，以最上端柱左上角的角点为基点，向下绘制长为 60 的多段线，然后水平向左和坐凳的外轮廓线相交，作为坐凳的上端边缘。同理，绘制出坐凳的下端边缘线，结果如图 12-108 所示。

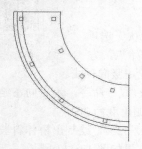
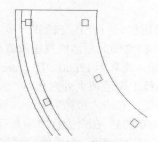
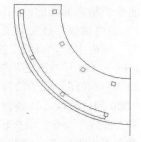

图 12-106　坐凳的绘制 1　　　　图 12-107　坐凳的绘制 2　　　　图 12-108　坐凳的绘制 3

（4）花架平面图的绘制。将总平面图中绘制的花架顶部图与图 12-109 所绘制的图放在一起，结果如图 12-110 所示。

（5）尺寸标注及轴号标注。

❶ 建立"尺寸"图层，并将其设置为当前图层。

❷ 标注样式设置。标注样式的设置应该和绘图比例相匹配，这里不再详述。

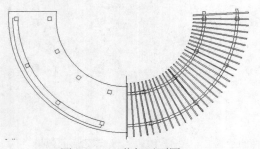

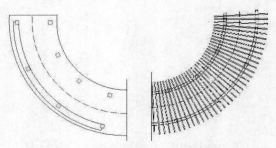

图 12-109　花架平面图　　　　　　　　　　图 12-110　花架平面图另外一种合成方式

❸ 尺寸标注。单击"默认"选项卡"标注"面板中的"角度"按钮△，以柱心为基点进行标注，结果如图 12-111 所示。

📖 说明：其他尺寸线的标注方法同上述其他建筑的标注方法，在此不再详述。

❹ 文字标注。建立"文字"图层，并将其设置为当前图层。通过"多段线"命令，在柱的位置引出一条多段线，作为文字标注的指示位置。单击"默认"选项卡"注释"面板中的"多行文字"按钮A，在待注文字的区域拉出一个矩形框，字高设置为 200，结果如图 12-112 所示。

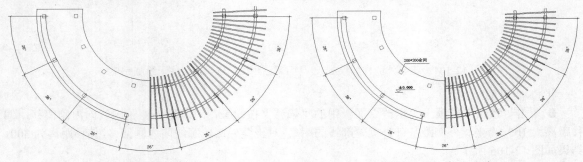

图 12-111　尺寸标注　　　　　　　　　　　图 12-112　标注文字

3）桥的绘制

桥平面图的绘制在场地平面图绘制过程中已详述，这里不再详述。

下面介绍桥立面图的绘制。

（1）将"轴线"图层设置为当前图层，打开正交模式。单击"默认"选项卡"绘图"面板中的"直线"按钮╱，在绘图区适当位置选取直线的初始点，方向为垂直向下（打开"正交"命令），输入距离为 12000，按 Enter 键后绘出竖向轴线。

（2）桥立面图轮廓的绘制。以轴线上端近顶点处为起点，重复"直线"命令，水平向左绘制一条长为 1000 的直线段，为桥体的最高处。右击"极轴"命令，设置附加角度为 203°。

重复"直线"命令，沿极轴追踪方向 203°在命令行中输入直线长度 5250，绘制出桥体斜坡的倾斜线；然后沿水平向左方向输入直线长度为 2000，为桥体的坡脚线，结果如图 12-113 所示。

（3）桥拱的绘制。拱顶距常水位高度为 3000，拱券宽度为 150，拱券顶部距桥面最高处 300。

❶ 单击"默认"选项卡"绘图"面板中的"直线"按钮╱，以轴线与桥面最高处的交点为第一角点，沿垂直向下方向绘制直线段，在命令行中输入距离为 3000；然后水平向左绘制直线段，在命令行中输入距离为 3000。然后单击"默认"选项卡"绘图"面板中的"圆弧"按钮╱，以折点为圆心，命令行提示与操作如下：

扫码看视频

12.3.7　施工图中
桥的绘制

```
命令：_arc↙
指定圆弧的起点或 [圆心(C)]：c↙
指定圆弧的圆心：(折点如图 12-114 所示)
指定圆弧的起点：(轴线与桥面最高处的交点如图 12-115 所示)
指定圆弧的端点或 [角度(A)/弦长(L)]：(水平方向直线段的端点如图 12-116 所示)
```

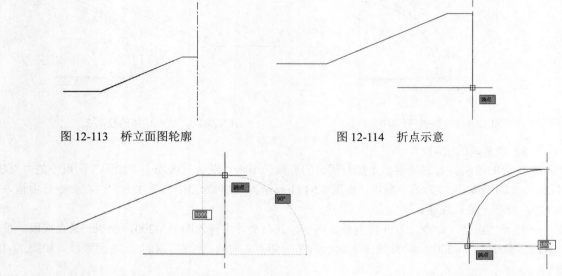

图 12-113　桥立面图轮廓　　　　　　　　图 12-114　折点示意

图 12-115　轴线与桥面最高处的交点示意　　　图 12-116　水平方向直线段的端点示意

完成圆弧的绘制，如图 12-117 所示。

❷ 将绘制好的圆弧进行偏移。单击"默认"选项卡"修改"面板中的"偏移"按钮 ，向内侧进行偏移，在命令行中输入"300"；然后以偏移后的弧线为基准线，重复上述命令，在命令行中输入偏移距离为 150。

❸ 单击"默认"选项卡"绘图"面板中的"直线"按钮 ，在常水位处绘制长短不一的直线段，表示水面，结果如图 12-118 所示。

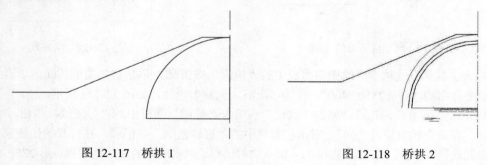

图 12-117　桥拱 1　　　　　　　　　　图 12-118　桥拱 2

（4）桥拱砖体的绘制。

❶ 单击"默认"选项卡"绘图"面板中的"直线"按钮 ，在拱的最下端绘制一条水平方向的直线段，如图 12-119 所示。

❷ 单击"默认"选项卡"修改"面板中的"环形阵列"按钮 ，选择步骤❶绘制的直线为阵列对象，指定阵列中心点为最下侧水平线与轴线的交点。项目数为 12，填充角度为-90°，项目间角

度为 8°。

选择对象为步骤❶绘制的直线段，中心点选择拱的弧心，方法是在下拉列表框中选择"填充角度和项目间的角度"选项，其他设置按对话框所示设置。结果如图 12-120 所示。

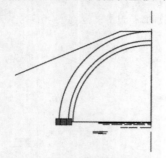
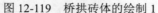

图 12-119　桥拱砖体的绘制 1

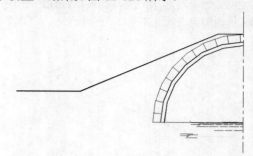

图 12-120　桥拱砖体的绘制 2

（5）桥基础的绘制。

❶ 桥台的绘制。首先绘制挡土墙与桥台的界线，单击"默认"选项卡"绘图"面板中的"直线"按钮，以桥面转折点为第一角点（如图 12-121 所示），方向为沿桥面斜线方向，在命令行中输入距离 450，绘制一条直线段。

❷ 打开"正交"命令，方向转为垂直向下，在命令行中输入距离 4200，绘制一条直线段。重复"直线"命令，以 4200 长的直线段下端点为第一角点，向两侧绘制直线，作为河底线，如图 12-122 所示。

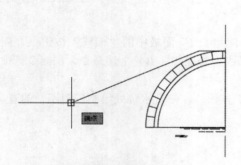

图 12-121　桥基础的绘制

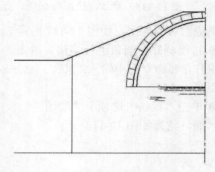

图 12-122　河底线

❸ 单击"默认"选项卡"绘图"面板中的"矩形"按钮，以桥拱的内侧弧线的端点为第一角点，在命令行中输入"@2850,-400"，作为挡土石。删除多段线，如图 12-123 所示。

❹ 以矩形右下角点为起点，单击"默认"选项卡"绘图"面板中的"多段线"按钮，方向为水平向左，在命令行中输入"50"；右击状态栏中的"极轴追踪"按钮，在打开的快捷菜单中选择"正在追踪设置"命令，打开如图 12-124 所示的对话框。以多段线的端点为起点，沿 275° 方向在命令行中输入多段线为桥台的边缘线，与河底线相交。

❺ 单击"默认"选项卡"修改"面板中的"删除"按钮，删除绘制的多段线，结果如图 12-125 所示。

❻ 单击"默认"选项卡"绘图"面板中的"矩形"按钮，以挡土墙与桥台的界线和河底线的交点为第一角点，在命令行中输入"@3400,100"作为河底基石，结果如图 12-126 所示。

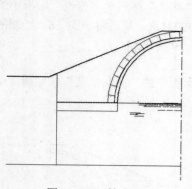

图 12-123　挡土石

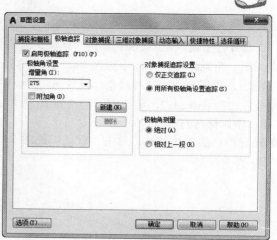

图 12-124　角度设置

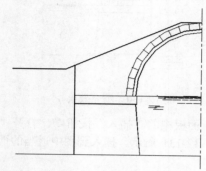

图 12-125　桥台的边缘线

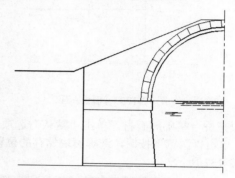

图 12-126　河底基石

（6）挡土墙的绘制。单击"默认"选项卡"绘图"面板中的"多段线"按钮，以桥面转折点为第一角点（如图 12-127 所示），方向为水平向左，在命令行中输入距离 80，绘制一条直线段。然后单击"默认"选项卡"绘图"面板中的"矩形"按钮，以前面绘制的直线段左端点为起始点，绘制一宽度为 250 的矩形，与右侧竖向直线相交，为挡土墙上的基石；单击"默认"选项卡"绘图"面板中的"直线"按钮，以基石的左下角点为第一角点，打开"极轴"命令，附加角度为 256°，沿256°方向绘制直线，与河底线相交，结果如图 12-128 所示。

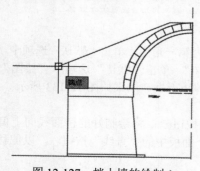

图 12-127　挡土墙的绘制 1

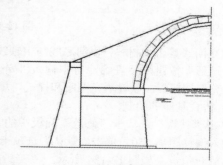

图 12-128　挡土墙的绘制 2

（7）河底基石的绘制。单击"默认"选项卡"绘图"面板中的"直线"按钮，以挡土墙与桥台的界线和河底线的交点为第一角点垂直向下绘制直线段，在命令行中输入长度 325，方向改为水平向左，在命令行中输入距离 360；单击"默认"选项卡"绘图"面板中的"矩形"按钮，以直线段的端点为第一角点，在命令行中输入"@-2100,-350"。单击"默认"选项卡"修改"面板中的"延伸"按钮，以矩形作为选择对象，以 256°斜线作为要延伸的对象。最后将步骤（6）绘制的线条的线型全部改为 dashedx2，将比例因子设为 10，结果如图 12-129 所示。

（8）桥体材料的填充。

❶ 填充桥台的砖体材料，单击"默认"选项卡"绘图"面板中的"图案填充"按钮，结果如图 12-130 所示。

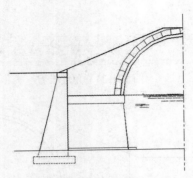
图 12-129　河底基石

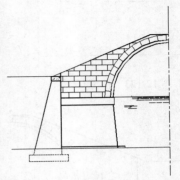
图 12-130　填充效果

❷ 填充桥台基础的石材，单击"默认"选项卡"块"面板中的"插入"按钮，打开"插入"对话框，单击"浏览"按钮，选择石块储存的位置，如图 12-131 所示。插入到图中适当的地方，结果如图 12-132 所示。

图 12-131　插入块

❸ 填充河底素土的材料，以河底线与中轴线的交点为第一角点，单击"默认"选项卡"绘图"面板中的"矩形"按钮，在命令行中输入"@-7158,-210"。单击"默认"选项卡"绘图"面板中的"图案填充"按钮，设置填充图案和样式，填充后去掉矩形框，结果如图 12-133 所示。

（9）桥栏基座的绘制。

❶ 单击"默认"选项卡"修改"面板中的"偏移"按钮，将绘制好的桥面线向上偏移，在命令行中输入偏移距离 150。单击"默认"选项卡"绘图"面板中的"直线"按钮，以偏移后的下端转折点为第一角点，如图 12-134 所示。

❷ 打开"正交"命令，方向为水平向左绘制直线段，在命令行中输入距离 1500。打开状态工具栏中的"捕捉"命令，方向转为垂直向下，与桥面垂直相交，如图 12-135 所示。

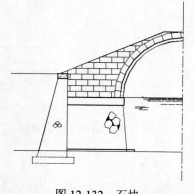

图 12-132　石块

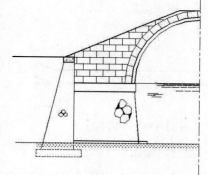

图 12-133　填充河底素土

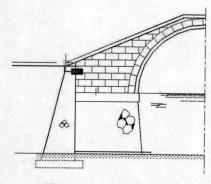

图 12-134　基座的绘制 1

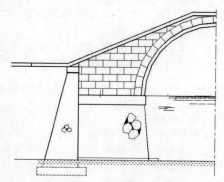

图 12-135　基座的绘制 2

❸ 单击"默认"选项卡"修改"面板中的"修剪"按钮 ✄，以刚绘制的垂直线段为选择对象，以桥面线偏移后的直线段为要修剪的对象，结果如图 12-136 所示。

❹ 单击"默认"选项卡"修改"面板中的"偏移"按钮 ♙，将绘制好的桥面线的偏移线向上偏移，在命令行中输入偏移距离 110。单击"默认"选项卡"绘图"面板中的"直线"按钮 ╱，以偏移后的下端转折点（如图 12-137 所示）为第一角点。

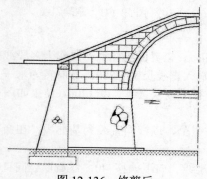

图 12-136　修剪后

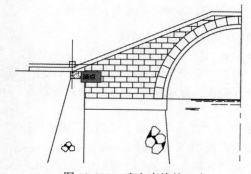

图 12-137　确定直线第一点

❺ 打开"正交"命令，方向为水平向左绘制直线段，在命令行中输入距离 1200。打开状态工具栏中的"捕捉"和"极轴（附加 45°角）"命令，方向转为倾斜 225°，与桥面基座线相交，如图 12-138 所示。

❻ 单击"默认"选项卡"绘图"面板中的"圆弧"按钮 ╱，以刚绘制的斜线段端点为基点，按如

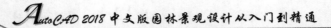

图 12-139 所示绘制圆弧。

图 12-138　绘制直线　　　　　　　　图 12-139　绘制圆弧

命令行提示与操作如下：

命令：_arc↙
指定圆弧的起点或 [圆心(C)]：（刚绘制的斜线段的上端点）
指定圆弧的第二个点或 [圆心(C)/端点(E)]：e↙
指定圆弧的端点：（斜线段的中点）
指定圆弧的中心点(按住 Ctrl 键以切换方向)或 [角度(A)/方向(D)/半径(R)]：a↙
指定夹角(按住 Ctrl 键以切换方向)：90↙

用同样的方法绘制第二条圆弧，命令行提示与操作如下：

命令：_arc↙
指定圆弧的起点或 [圆心(C)]：（斜线段的中点）
指定圆弧的第二个点或 [圆心(C)/端点(E)]：e↙
指定圆弧的端点：（斜线段的下端点）
指定圆弧的中心点(按住 Ctrl 键以切换方向)或 [角度(A)/方向(D)/半径(R)]：a↙
指定夹角(按住 Ctrl 键以切换方向)：90↙

结果如图 12-140 所示，删除斜线段后如图 12-141 所示。

图 12-140　绘制第二条圆弧　　　　　　图 12-141　删除斜线

（10）桥栏栏杆的绘制。

❶ 单击"默认"选项卡"绘图"面板中的"直线"按钮，以界面内任意一点作为多段线的第一角点，打开"正交"命令，方向为垂直向上，在命令行中输入直线长度 1200；方向转为水平方向，在命令行中输入直线长度 200；方向转为垂直向下，在命令行中输入直线长度 1200，结果如图 12-142 所示。

❷ 单击"默认"选项卡"修改"面板中的"偏移"按钮，以横向直线为基准线，在命令行中输入偏移距离 180，结果如图 12-142 所示。

重复"偏移"命令，以刚刚偏移后的横向直线段为基准线，向下偏移 40；然后以竖向直线段为基准线，向右偏移 35。单击"默认"选项卡"绘图"面板中的"矩形"按钮，以两条直线的交点为第一角点，在命令行中输入"@125,-800"，结果如图 12-142 所示。

❸ 单击"默认"选项卡"绘图"面板中的"圆弧"按钮，以矩形的 4 个端点为圆心绘制圆弧。打开"对象捕捉"和"极轴"命令，以矩形的角点为圆心，绘制半径为 18 的圆弧。

❹ 单击"默认"选项卡"修改"面板中的"修剪"按钮，以步骤❸绘制的圆弧为选择对象，

矩形为要修剪的对象，结果如图12-142所示。

❺ 单击"默认"选项卡"块"面板中的"创建"按钮，将绘制好的栏杆创建为一个名为"栏杆"的块。拾取点选择栏杆的左下角点。在图中合适的点上插入名为"栏杆"的块，然后将块分解，进行修剪后，结果如图12-143所示。

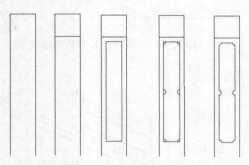

图12-142 栏杆的绘制

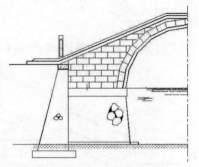

图12-143 分解块并进行修剪

❻ 打开"极轴"命令，右击，设置附加角度为23°。单击"默认"选项卡"绘图"面板中的"直线"按钮，以栏杆的右上角点为第一角点，垂直向下绘制直线段，在命令行中输入直线长度280；然后方向转为23°，在命令行中输入距离1180。单击"默认"选项卡"修改"面板中的"偏移"按钮，将23°斜线向下偏移，在命令行中输入偏移距离80。单击"默认"选项卡"修改"面板中的"延伸"按钮，将偏移后的直线段延伸至栏杆，对斜线段的另一端进行修剪，使竖向整齐，结果如图12-144所示。

❼ 单击"默认"选项卡"修改"面板中的"路径阵列"按钮，选择前面所绘制的栏杆和柱为阵列对象，最上方的斜线为路径曲线，设置数目为4，间距为1750，完成阵列操作。

❽ 单击"默认"选项卡"绘图"面板中的"直线"按钮，以第三根栏杆与第四根柱的两个交点为起点，水平向右绘制直线，与中轴线相交，结果如图12-145所示。

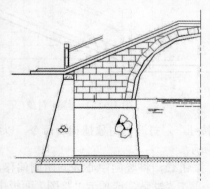

图12-144 绘制直线并偏移

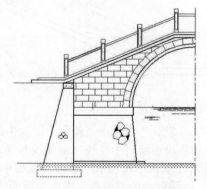

图12-145 绘制直线

（11）栏杆内装饰物的绘制。

❶ 单击"默认"选项卡"修改"面板中的"偏移"按钮，将栏杆的线条向内侧偏移，在命令行中输入偏移距离130，如图12-146所示。单击"默认"选项卡"修改"面板中的"修剪"按钮，将多余的线条进行修剪，结果如图12-147所示。

❷ 单击"默认"选项卡"修改"面板中的"偏移"按钮，将直线段（如图12-148所示）向内侧进行偏移，偏移距离为30，结果如图12-149所示。

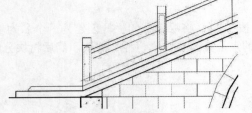

图 12-146　栏杆内装饰物的绘制 1

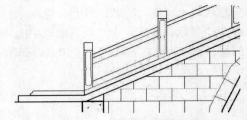

图 12-147　栏杆内装饰物的绘制 2

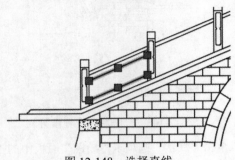

图 12-148　选择直线

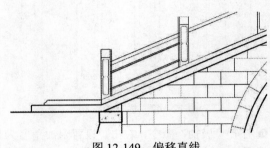

图 12-149　偏移直线

❸ 单击"默认"选项卡"修改"面板中的"修剪"按钮 ，将多余的线条进行修剪，结果如图 12-150 所示。

❹ 单击"默认"选项卡"绘图"面板中的"圆弧"按钮 ，以平行四边形的 4 个端点为圆心绘制圆弧。打开"对象捕捉"和"极轴"命令，以四边形的角点为圆心，绘制半径为 30 的圆弧。

❺ 单击"默认"选项卡"修改"面板中的"修剪"按钮 ，以步骤❹绘制的圆弧为选择对象，矩形为要修剪的对象，结果如图 12-151 所示。

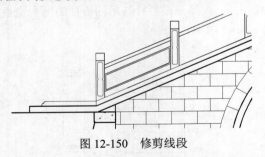

图 12-150　修剪线段

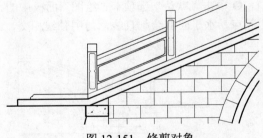

图 12-151　修剪对象

❻ 单击"默认"选项卡"绘图"面板中的"直线"按钮 ，打开"对象捕捉"命令，以线段中点为起始点和终端点绘制中心线（辅助线），如图 12-152 所示。

❼ 单击"默认"选项卡"修改"面板中的"偏移"按钮 ，将竖向中心线向两侧偏移，偏移距离为 190，以偏移后的直线段与横向轴线的交点为圆心。单击"默认"选项卡"绘图"面板中的"圆"按钮 ，绘制半径为 100 的圆。单击"默认"选项卡"绘图"面板中的"圆弧"按钮 ，以一侧圆的圆心为起点，另一侧圆的圆心为端点，创建包含角为 120° 的圆弧。删除多余线条，结果如图 12-153 所示。

❽ 单击"默认"选项卡"修改"面板中的"修剪"按钮 ，对多余线条进行修剪，结果如图 12-154 所示。

❾ 单击"默认"选项卡"修改"面板中的"编辑多段线"按钮 ，将图 12-154 中的圆弧图案创建成一体。单击"默认"选项卡"修改"面板中的"偏移"按钮 ，将合并后的多段线向外侧偏移，

偏移距离为 32，结果如图 12-155 所示。

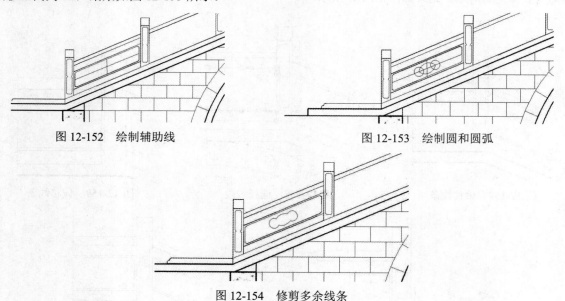

图 12-152 绘制辅助线

图 12-153 绘制圆和圆弧

图 12-154 修剪多余线条

⑩ 将绘制好的栏杆装饰全部选中，单击"默认"选项卡"修改"面板中的"复制"按钮，带基点复制，结果如图 12-156 所示。

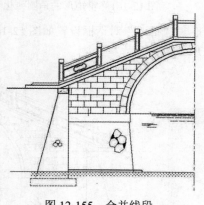

图 12-155 合并线段

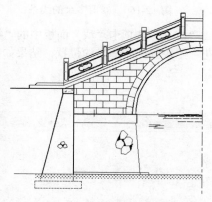

图 12-156 偏移并复制

（12）桥面最高处的栏杆装饰的绘制。

❶ 单击"默认"选项卡"修改"面板中的"偏移"按钮，将桥面最高处水平方向的栏杆线条向内侧偏移，在命令行中输入偏移距离 130，结果如图 12-157 所示。

❷ 重复"偏移"命令，将直线段（如图 12-158 所示）向内侧进行偏移，偏移距离为 30，结果如图 12-159 所示。

❸ 单击"默认"选项卡"修改"面板中的"修剪"按钮，将多余的线条进行修剪，结果如图 12-160 所示。

❹ 单击"默认"选项卡"绘图"面板中的"圆弧"按钮，以步骤❸修剪好的矩形的两个角点为圆心，绘制半径为 30 的圆弧。

❺ 单击"默认"选项卡"修改"面板中的"修剪"按钮，以步骤❹绘制的圆弧为选择对象，

矩形为要修剪的对象，结果如图 12-161 所示。

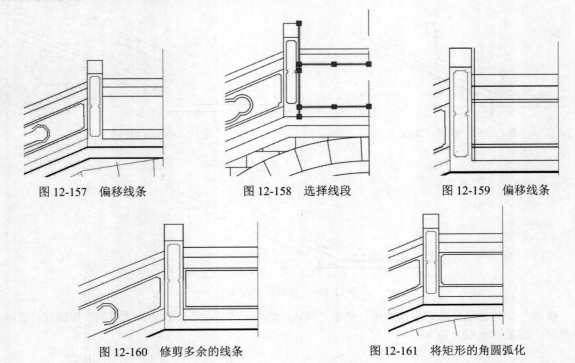

图 12-157　偏移线条　　　　　图 12-158　选择线段　　　　　图 12-159　偏移线条

图 12-160　修剪多余的线条　　　　　图 12-161　将矩形的角圆弧化

❻ 单击"默认"选项卡"块"面板中的"插入"按钮 （"插入"对话框设置如图 12-162 所示），插入"石花"图块到图中适当的位置，结果如图 12-163 所示。

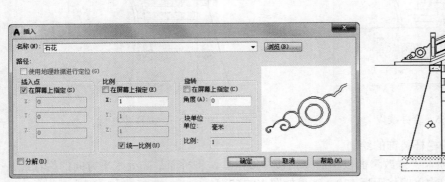

图 12-162　插入块

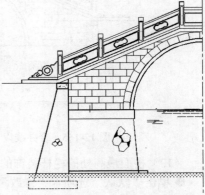

图 12-163　插入块后的效果

❼ 利用二维绘图和修改命令绘制剩余的图形，并将绘制好的一侧全部选中，单击"默认"选项卡"修改"面板中的"镜像"按钮，以中轴线作为对称轴，镜像后如图 12-164 所示。

4）茶室平面图的绘制（如图 12-165 所示）

（1）轴线绘制。

❶ 建立一个新图层，命名为"轴线"，颜色选取红色，线型为 CENTER，线宽为默认，并将其设置为当前图层。

扫码看视频

12.3.7　施工图中
茶室平面图的绘制

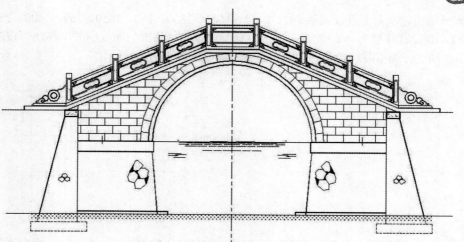

图 12-164 桥体绘制完毕

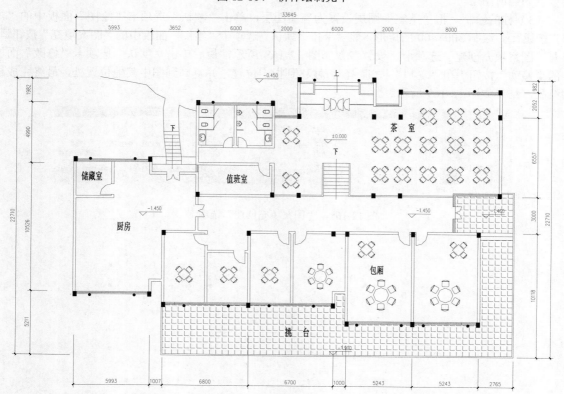

图 12-165 茶室平面图设计

❷ 根据设计尺寸,单击"默认"选项卡"绘图"面板中的"直线"按钮✎,在绘图区适当位置选取直线的初始点,绘制长为37128的水平直线;重复"直线"命令,绘制长为23268的竖直直线,如图12-166所示。

❸ 单击"默认"选项卡"修改"面板中的"偏移"按钮⬧,将竖直轴线依次向右进行偏移3000、2993、1007、2645、755、2245、1155、1845、1555、445、2855、1000、2145、2000、1098、5243

和 1659，水平轴线依次向上进行偏移 892、2412、1603、2850、150、1850、769、1400、2538、1052、1000 和 982，并设置线型为 40，然后单击"默认"选项卡"修改"面板中的"移动"按钮，将各个轴线上下浮动进行调整并保持偏移的距离不变，结果如图 12-167 所示。

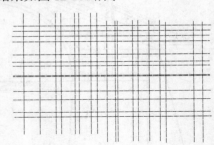

图 12-166　绘制轴线　　　　　　　　　　　图 12-167　轴线设置

（2）建立一个新图层，命名为"茶室"，颜色选取紫色，线型为 Continuous，线宽为默认，并将其设置为当前图层。

（3）柱的绘制。把"茶室"图层设置为当前图层，单击"默认"选项卡"绘图"面板中的"矩形"按钮，绘制 300×400 的矩形，然后单击"默认"选项卡"绘图"面板中的"图案填充"按钮，打开"图案填充创建"选项卡，设置参数如图 12-168 所示，最后单击"默认"选项卡"修改"面板中的"移动"按钮和"复制"按钮，将柱移到指定位置，并复制到图中其他位置处，最终完成柱的绘制，结果如图 12-169 所示。

图 12-168　"图案填充创建"选项卡

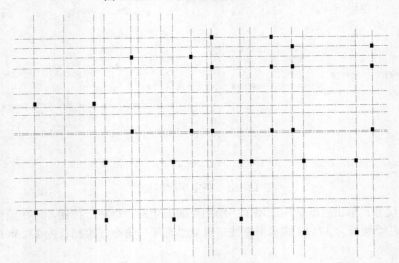

图 12-169　柱的绘制

（4）墙体的绘制。选择菜单栏中的"绘图"→"多线"命令，绘制墙体，设置墙厚为 200，结果如图 12-170 所示。

依照上述方法绘制其他墙体，修剪多余的线条，将墙的端口用直线连接上。绘制洞口时，常以临近的墙线或轴线作为距离参照来帮助确定墙洞位置，结果如图 12-171 所示。

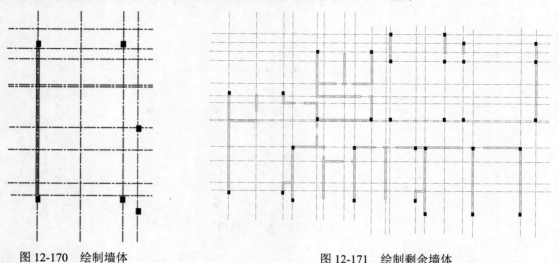

图 12-170　绘制墙体

图 12-171　绘制剩余墙体

如图 12-172 所示为隐藏"轴线"图层后的平面。

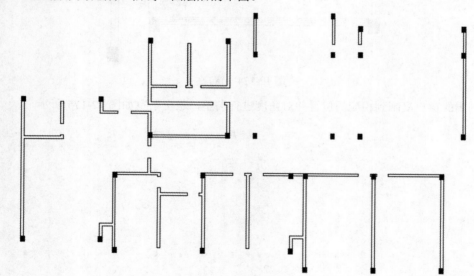

图 12-172　隐藏"轴线"图层后的平面

（5）入口及隔挡的绘制。单击"默认"选项卡"绘图"面板中的"直线"按钮，以最近的柱为基准，确定入口处的准确位置，绘制相应的入口台阶。新建一图层，命名为"文字"，并将该图层设置为当前图层，在合适的位置标出台阶的上下关系，结果如图 12-173 所示。

（6）窗户的绘制。将"茶室"图层设置为当前图层。单击"默认"选项卡"绘图"面板中的"直线"按钮，找一基准点，绘制出一条直线。单击"默认"选项卡"修改"面板中的"偏移"按钮，将直线依次向下偏移 50、100 和 50，最终完成窗户的绘制，如图 12-174 所示。

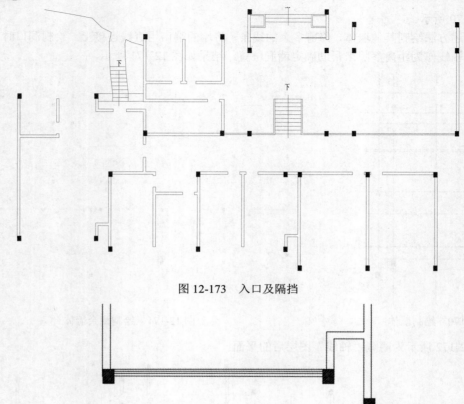

图 12-173　入口及隔挡

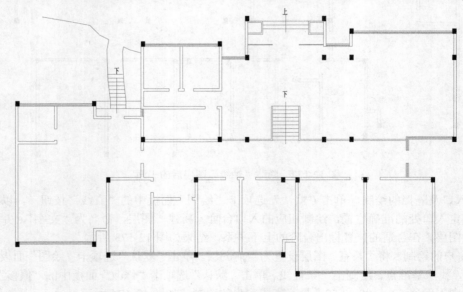

图 12-174　窗户

将绘制出的窗户复制到相应的位置并对角度进行调整，整个茶室如图 12-175 所示。

图 12-175　茶室平面图

（7）窗柱的绘制。单击"默认"选项卡"绘图"面板中的"圆"按钮 ，绘制一半径为 110 的圆，对其进行填充，填充方法同方柱的填充方法。绘制好后，复制到准确位置，结果如图 12-176 所示。

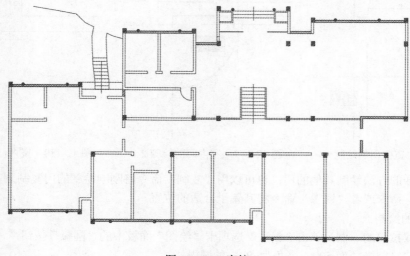

图 12-176　窗柱

（8）阳台的绘制。单击"默认"选项卡"绘图"面板中的"多段线"按钮 ，绘制后对其进行填充，结果如图 12-177 所示。

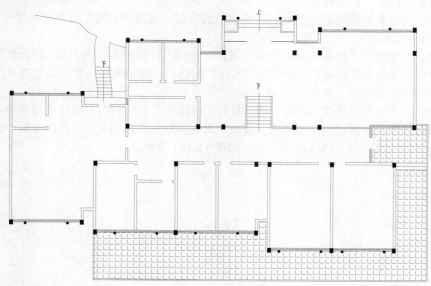

图 12-177　填充后效果

（9）室内门的绘制。

❶ 单拉门的绘制。

单击"默认"选项卡"绘图"面板中的"圆弧"按钮 ，以墙的内侧的一点为起点（如图 12-178 所示），绘制半径为 900、夹角为-90°的圆弧，如图 12-179 所示。

单击"默认"选项卡"绘图"面板中的"直线"按钮 ，以圆弧的末端点为第一个点，水平向右绘制一直线段，与墙体相交，如图 12-180 所示。

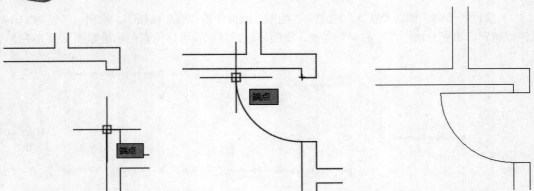

图 12-178　室内门的绘制 1　　　图 12-179　室内门的绘制 2　　　图 12-180　室内门的绘制 3

然后以同样的方法绘制其他的门，也可以用"复制"命令将刚刚绘制的门复制到其他门的位置，再使用"旋转"命令或者"镜像"命令将其置于合适的位置。

❷ 双拉门的绘制。

首先绘制双拉门的一侧，单击"默认"选项卡"绘图"面板中的"圆弧"按钮，以墙的内侧的一角点为圆心，绘制半径为 500、夹角为-90°的圆弧。

绘制好圆弧后，单击"默认"选项卡"绘图"面板中的"直线"按钮，以圆弧的末端点为第一角点，水平向右绘制一直线段，与墙体相交。然后单击"默认"选项卡"修改"面板中的"镜像"按钮，将绘制好的门的一侧进行镜像，结果如图 12-181 所示。

用"复制"命令将刚刚绘制的门复制到其他门的位置，再用"旋转"命令将其置于合适的位置。

❸ 多扇门的绘制。

单击"默认"选项卡"绘图"面板中的"圆弧"按钮，绘制半径为 500、包含角为-180°的圆弧。单击"默认"选项卡"绘图"面板中的"直线"按钮，将刚刚绘制的半圆的直径用直线封闭起来，这样一扇门就绘制好了，如图 12-182 所示。

单击"默认"选项卡"修改"面板中的"复制"按钮，将绘制的一扇门全部选中，以圆心为指定基点，以圆弧的顶点为指定的第二点进行复制。单击"默认"选项卡"修改"面板中的"镜像"按钮，将绘制好的两扇门进行镜像操作，结果如图 12-183 所示。

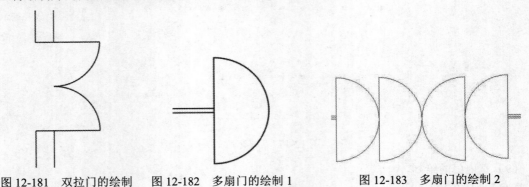

图 12-181　双拉门的绘制　　图 12-182　多扇门的绘制 1　　　图 12-183　多扇门的绘制 2

将绘制好的门复制到茶室的相应位置，结果如图 12-184 所示。

（10）建立"家具"图层，参数设置如图 12-185 所示，并将其设置为当前图层。

下面的操作需要利用附带资源中的素材。

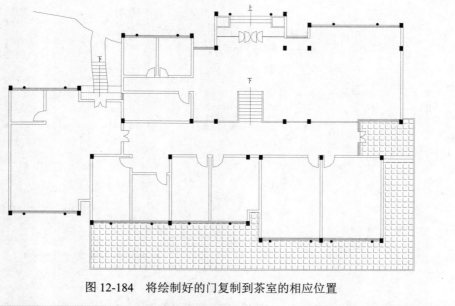

图 12-184　将绘制好的门复制到茶室的相应位置

| ⬚ | 家具 | ♀ | ☼ | 🔓 ■洋红 Continuous | —— 默认 | 0 Color_6 | 🖶 |

图 12-185　"家具"图层参数

（11）室内设备包括卫生间的设备、大厅的桌椅等，单击"默认"选项卡"绘图"面板中的"直线"按钮 ∕，绘制卫生间墙体。单击"默认"选项卡"块"面板中的"插入"按钮🔲，将源文件\图库中的马桶、小便池和洗脸盆插入到图中，结果如图 12-186 所示。

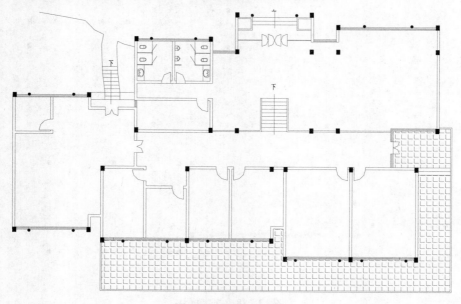

图 12-186　室内设备 1

（12）桌椅的添加。单击"默认"选项卡"块"面板中的"插入"按钮🔲，将源文件\图库中的方形桌椅和圆形桌椅插入到图中，结果如图 12-187 所示。

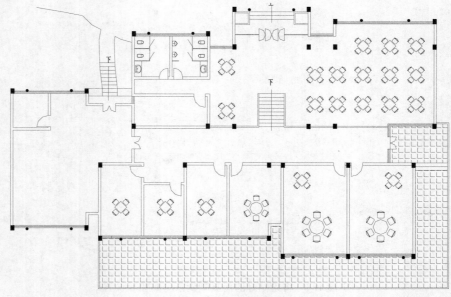

图 12-187　室内设备 2

（13）文字、尺寸的标注。

❶ 文字的标注。建立"文字"图层，单击"默认"选项卡"注释"面板中的"多行文字"按钮A，在待注文字的区域拉出一个矩形，打开"文字格式"对话框。首先设置字体及字高，其次在文本区输入要标注的文字，单击"确定"按钮后完成。结果如图 12-188 所示。

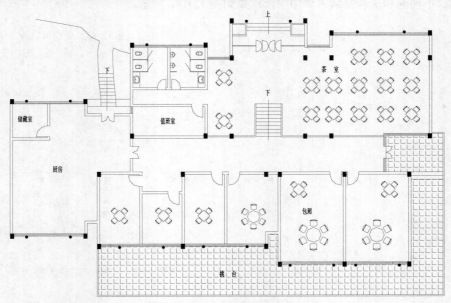

图 12-188　文字标注

❷ 尺寸的标注。首先建立"尺寸"图层，参数设置如图 12-189 所示，并将其设置为当前图层。

| ⬦ | 尺寸 | ♀ | ☼ | ⭤ | ■绿 | Continuous | —— 默认 | 0 Color_3 | ⊖ |

图 12-189　"尺寸"图层参数

然后单击"默认"选项卡"绘图"面板中的"直线"按钮／和"注释"面板中的"多行文字"按钮A，标注标高，如图 12-190 所示。

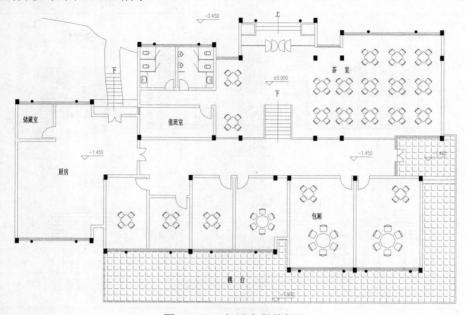

图 12-190　相对高程的标注

最后将"轴线"图层打开，单击"默认"选项卡"注释"面板中的"线性"按钮├─┤和"连续"按钮├┼┤，标注尺寸，并整理图形，将"轴线"图层关闭，如图 12-191 所示。

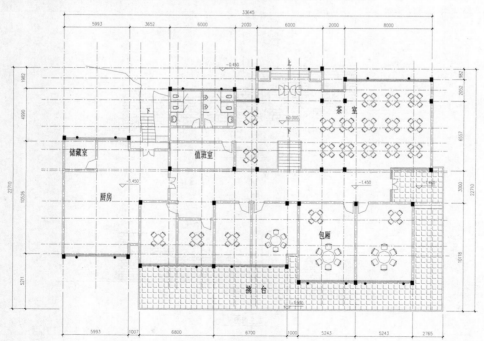

图 12-191　尺寸的标注

（14）茶室顶视平面图的绘制在场地平面图的绘制过程中已详述，这里不再详述。

如图 12-192 和图 12-193 所示为附带的茶室的立面图，具体绘制方法在此不再详述。

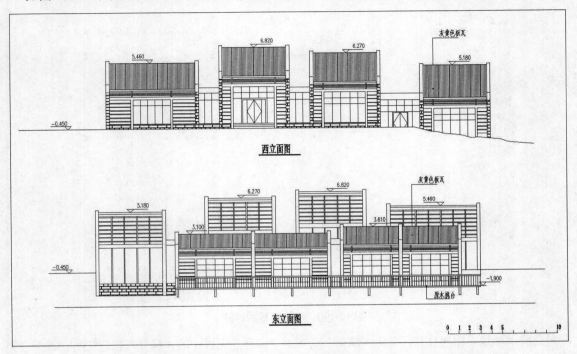

图 12-192　茶室立面图 1

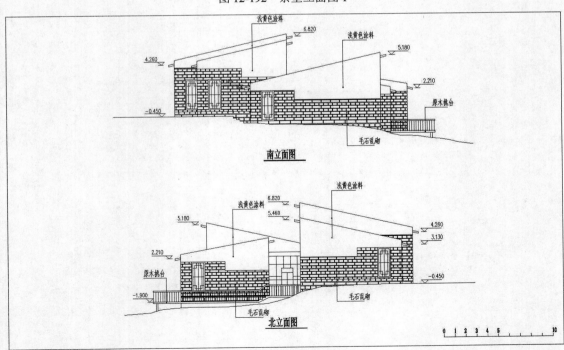

图 12-193　茶室立面图 2

5）景墙的绘制

（1）建立"景墙"图层，颜色选取 6 号洋红，线型为 Continuous，线宽选择默认，并将其设置为当前图层。单击"默认"选项卡"绘图"面板中的"圆弧"按钮⌒，绘制一条半径为 72600、角度为 25°的圆弧；然后单击"默认"选项卡"绘图"面板中的"样条曲线拟合"按钮∿，绘制如图 12-194 所示的样条曲线。

12.3.7　施工图中景墙的绘制

（2）单击"默认"选项卡"修改"面板中的"偏移"按钮⬀，对圆弧景墙进行偏移操作，向内侧偏移距离为 1200；样条曲线景墙向内侧偏移距离为 900，如图 12-195 所示。单击"默认"选项卡"修改"面板中的"修剪"按钮⊁，对偏移后多余的线条进行修剪，或单击"默认"选项卡"修改"面板中的"延伸"按钮⟶，将线条延伸至两端。

图 12-194　外轮廓线的绘制

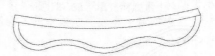

图 12-195　偏移

（3）景观柱的绘制。

❶ 景观柱平均分布于圆弧形景墙中，可借助圆弧景墙的中心辅助线来进行绘制。单击"默认"选项卡"修改"面板中的"偏移"按钮⬀，将圆弧景墙向内侧偏移 600，为圆弧的中心辅助线，如图 12-196 所示。

❷ 绘制一组景观柱，单击"默认"选项卡"绘图"面板中的"圆"按钮⊙，绘制半径为 675 的圆作为景观柱。单击"默认"选项卡"块"面板中的"创建"按钮🖧，将其命名为"景观柱"。

❸ 单击"默认"选项卡"绘图"面板中的"定数等分"按钮⧂，命令行提示与操作如下：

```
命令: _divide↙
选择要定数等分的对象：（选择中心辅助线）
输入线段数目或 [块(B)]: b↙
输入要插入的块名：景观柱
是否对齐块和对象？[是(Y)/否(N)] <Y>:（输入"Y"）
输入线段数目: 5↙
```

灯柱下柱基础的宽度为 1100，单击圆形的纵向中轴线，向两侧偏移 550，然后对多余的线段进行修剪，结果如图 12-197 所示。

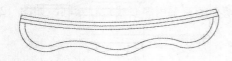

图 12-196　偏移

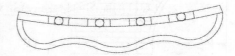

图 12-197　景观柱的绘制

（4）景墙剖面图的绘制。

❶ 单击"默认"选项卡"绘图"面板中的"直线"按钮╱，首先绘制最下面的基线，长度设置为 1500。单击"默认"选项卡"绘图"面板中的"多段线"按钮⤵，绘制基线以上的柱，以基线上一点为起点，打开"正交"命令，方向为竖直向上，输入距离 200；方向转为水平向左，输入距离 20；方向转为竖直向上，输入距离 650；方向为水平向右，输入距离 330；方向转为竖直向下，与基线垂直相交。右侧景墙与左侧景墙间距 640，单击"默认"选项卡"绘图"面板中的"直线"按钮╱，

扫码看视频
12.3.7　施工图中景墙剖面图的绘制

以刚刚绘制的竖直线与基线的交点为起点，水平向右绘制一长度为 640 的直线段，然后方向转为竖直向上，输入距离 380，为右侧柱的高度，方向转为水平向右，输入距离 260，方向转为竖直向下，与基线垂直相交。

❷ 两个柱之间为水域，水面的高度为 300，单击"默认"选项卡"修改"面板中的"偏移"按钮💰，将基线向上偏移，偏移距离为 300。单击"默认"选项卡"修改"面板中的"修剪"按钮✂，对多余的线条进行修剪。最右侧横线段为地面，地面与基线的距离为 200，同步骤❶的方法，将基线向上偏移 200 后进行修剪、拉伸即可。其他部分绘制简略，结果如图 12-198 所示。

❸ 景观柱顶部的绘制。单击"默认"选项卡"绘图"面板中的"多段线"按钮⤵，以步骤❷绘制的景观柱的左上角点为起点，方向为水平向右，输入距离 15；方向转为竖直向上，输入距离 100；方向转为水平向左，输入距离 15；方向转为竖直向上，输入距离 30；方向转为水平向右，输入距离 1650。单击"默认"选项卡"修改"面板中的"镜像"按钮⚏，以中轴线为轴，镜像出另一半，如图 12-199 所示。

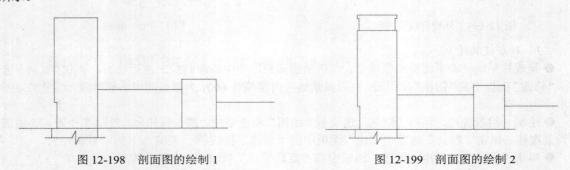

图 12-198　剖面图的绘制 1　　　　　　　　图 12-199　剖面图的绘制 2

❹ 以上绘制的是内部框架，针对左侧景观柱，单击"默认"选项卡"修改"面板中的"偏移"按钮💰，对绘制的多段线向外侧偏移，偏移距离为 10，如图 12-200 所示；单击"默认"选项卡"修改"面板中的"修剪"按钮✂，对多余的线条进行修剪。重复上述步骤，以偏移后的多段线为对象，继续向外侧偏移，偏移第二层多段线，偏移距离为 10；同样对多余的线条进行修剪。针对景观柱上部的半圆，可先绘制半径为 20 的圆，然后对多余的线条进行修剪即可。针对右侧景观柱，同样使用"偏移"命令，对于上部圆角的处理，单击"默认"选项卡"修改"面板中的"圆角"按钮◱，外部偏移线的圆角半径输入为 20，内部偏移线的圆角半径输入为 10。其他细部处理不再详述。

❺ 建立"填充"图层，并使该图层处于当前状态。单击"默认"选项卡"绘图"面板中的"图案填充"按钮▨，对景观柱剖面图的材质进行填充处理。池内的石采用多段线进行绘制，如图 12-201 所示。

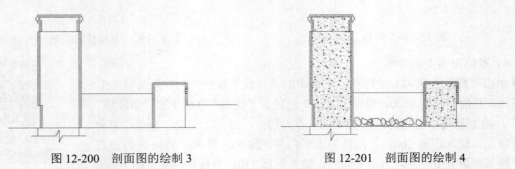

图 12-200　剖面图的绘制 3　　　　　　　　图 12-201　剖面图的绘制 4

❻ 尺寸、文字的标注。文字高度设为 30，结果如图 12-202 所示。

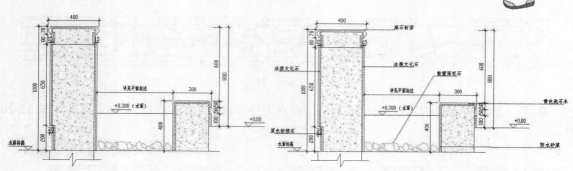

图 12-202 剖面图的绘制 5

❼ 局部详图的绘制。针对上段绘制的需要清楚表达的节点进行详图绘制，可将上段绘制的图进行复制，然后按照如图 12-203 所示进行处理，标注尺寸和文字。

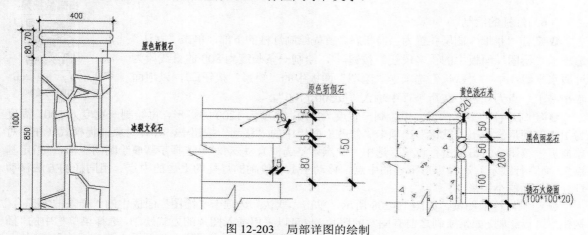

图 12-203 局部详图的绘制

（5）景墙立面图的绘制。

扫码看视频

12.3.7 施工图中景墙立面图的绘制

❶ 图 12-204 中的矩形表示的是景墙的下段部分，长为 10m、高为 0.85m。单击"默认"选项卡"绘图"面板中的"矩形"按钮，绘制下面的矩形，在命令行中输入"@10000,200"；重复"矩形"命令，以刚刚绘制的矩形的左上角点为起点，在命令行中输入"@10000,650"，结果如图 12-204 所示。

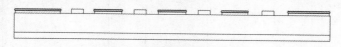

图 12-204 景墙立面图的绘制 1

❷ 绘制景墙上部。绘制方法同景墙的剖面图，这里不再详述，结果如图 12-205 所示。

图 12-205 景墙立面图的绘制 2

❸ 将"填充"图层置为当前状态。最底部的图案可在填充图案中找到，上部的图案绘制可通过单击"默认"选项卡"绘图"面板中的"多段线"按钮进行绘制，结果如图 12-206 所示。

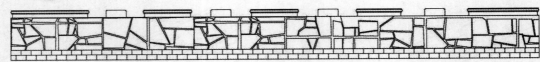

图 12-206　填充

❹ 进行文字、尺寸的标注，将"标注"图层置为当前状态，文字高度为 75，结果如图 12-207
所示。

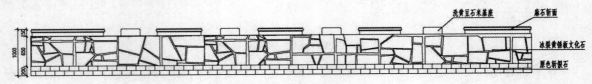

图 12-207　标注

扫码看视频

12.3.7　施工图中
灯柱的绘制

（6）灯柱的绘制。

❶ 新建"景墙"图层并置为当前状态。首先绘制灯柱的下部，单击"默认"
选项卡"绘图"面板中的"多段线"按钮，绘制一条长度为 800 的直线段为
地面水平线；单击"默认"选项卡"绘图"面板中的"矩形"按钮，以地面
水平线上一点为起点，在命令行中输入"@500,1700"。

❷ 绘制灯柱的上半部分。先绘制一宽度为 470、高度为 1200 的矩形，再绘制一宽度为 500、高度
为 100 的矩形。单击"默认"选项卡"修改"面板中的"移动"按钮，打开对象捕捉模式（在"对
象捕捉"按钮上右击可进行设置，选中"中点"复选框），移动对象选择步骤❶绘制的矩形，"指定基
点"（命令行显示）选择矩形下边的中点，移动至上段绘制的灯柱的上边的中点。用同样的方法移动
灯柱最上面的小矩形。

❸ 绘制灯柱的图案，如图 12-208 所示。单击"默认"选项卡"绘图"面板中的"样条曲线拟合"
按钮进行绘制。如果绘制之前有图案的照片，也可以采用插入图片的方式绘制，选择菜单栏中的"插
入"→"光栅图像参照"命令，插入图片后，单击"默认"选项卡"修改"面板中的"缩放"按钮，
缩放至合适的大小，然后单击"绘图"工具栏中的"样条曲线"按钮进行描绘，最后删除图片即可。

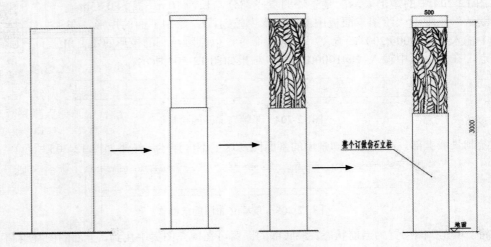

图 12-208　灯柱的绘制流程

❹ 进行文字、尺寸的标注。新建"标注"图层并置为当前状态，文字高度设为 60。

12.4　实践与操作

通过本章的学习，读者对小游园的设计原则、设计方法和具体的设计过程有了大体的了解。本节将通过一个操作练习使读者进一步掌握本章知识要点。

绘制如图 12-209 所示的公园设计图。

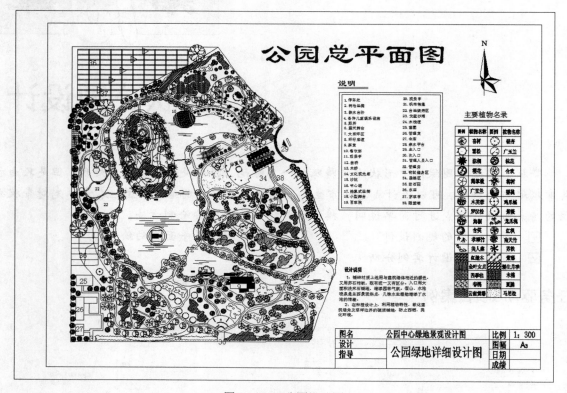

图 12-209　公园设计图

第13章

带状公园设计

带状公园是公园绿地中形状比较特殊的一类绿地，因此设计时不容易处理；但是又由于其穿越城市的特性，可以设计成对城市生态改善作用比较大的绿色廊道。本章首先对带状公园的特点和设计要点进行简单说明，接着比较详细地讲解其绘制方法。

- ☑ 带状公园的规划设计
- ☑ 带状公园设计实例分析
- ☑ 带状绿地平面图的绘制

任务驱动&项目案例

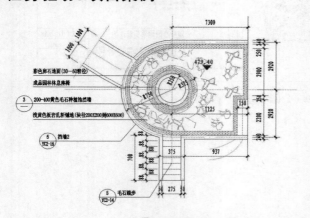

① 圆形广场1平面详图 1:50

（1）

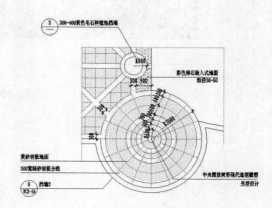

② 圆形广场2平面详图 1:50

（2）

13.1 概　　述

　　带状公园是指沿城市道路、城墙、水滨等，有一定游憩设施的狭长形绿地，如沿道路分布且属于公园用地的绿地、各种滨河绿地、城墙遗址公园等。

　　城市带状绿地是城市绿色景观的重要组成部分。与斑块状绿地不同，带状公园由于其穿越城市的特性，可以设计成为生态防护、商业、休闲于一体的绿色廊道。这些廊道有利于城市内外空气交流，引入外界的新鲜空气，缓解城市中的热岛效应，改善小环境气候，为动植物提供保护和安全的迁移路线，保持自然群落的连续性，得以实现人、建筑环境与自然的共生、共乐和协调。因此，随着城市的发展，带状绿地得到了城市管理者的重视，而这类绿地中的带状公园与人们的生活尤其亲近。下面便重点介绍带状公园的设计与绘制。

13.2 带状公园的规划设计

　　带状公园的规划设计与一般公园类似，应设置亭、廊、座椅、雕塑、水池、喷泉等设施，用来隔离、装饰街道和供市民短暂休息。园内应设置简单的休憩设施，植物配置应考虑与城市环境的关系及园外行人、乘车人对公园外貌的观赏效果。最后，因其特殊的形状、穿越城市的特性，更应注意发挥其生态效益。

　　本章重点在于对园林规划设计图纸的绘制程序进行一一介绍，对详细景点的设计只作简单介绍。

13.3 带状公园设计实例分析

　　此园为一 L 形带状绿地，长约 600m，宽约 40m，面积将近 24000m²。园区上北下南，绿地内侧为居住区用地，南侧滨河。现状园区为连绵起伏的微地形，最高处高约 3m。如图 13-1 所示为规划园区的现状图。绘制流程如图 13-2 所示。

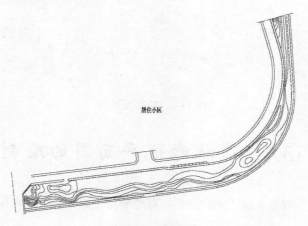

图 13-1　现状图

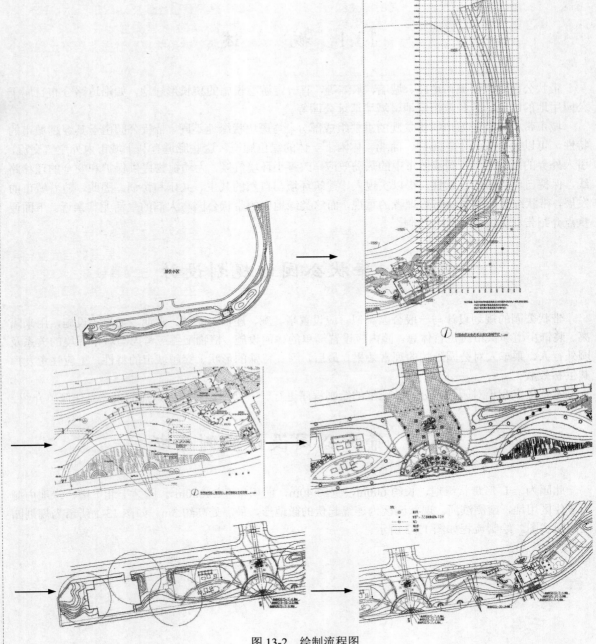

图 13-2　绘制流程图

13.4　带状绿地平面图的绘制

首先绘制入口，然后规划道路广场和景区，再绘制施工图和各个景点详图，最后绘制照明和给排水。

13.4.1 必要的设置

1. 单位设置

将系统单位设为毫米（mm）。以 1:1 的比例绘制，具体操作不再详述。

2. 图形界限设置

AutoCAD 2018 默认的图形界限为 420×297，是 A3 图幅，但是我们以 1:1 的比例绘图，所以应将图形界限设为 420000×297000。

13.4.2 建筑位置的确定与绘制

《园冶》中提到："凡园圃立基，定厅堂为主。"因此在此狭长形的带状绿地中，首先应确定主要建筑的位置。本设计中将建筑定址在绿地的拐角处。

（1）单击"默认"选项卡"图层"面板中的"图层特性"按钮 ，打开"图层特性管理器"对话框，建立一个新图层，命名为"建筑"，颜色选取洋红，线型为 Continuous，线宽为默认，并将其设置为当前图层，如图 13-3 所示。确定后回到绘图状态。

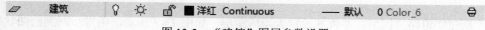

图 13-3 "建筑"图层参数设置

（2）单击"默认"选项卡"绘图"面板中的"直线"按钮 ，绘制出如图 13-4 所示的主要建筑，在此不再详述。

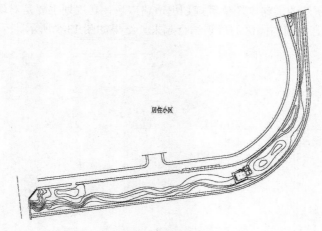

图 13-4 主要建筑规划

13.4.3 入口位置的规划

（1）新建"入口"图层，并将其设置为当前图层，如图 13-5 所示。确定后回到绘图状态。

图 13-5 "入口"图层参数设置

（2）在如图 13-6 所示的入口位置绘制主要入口。

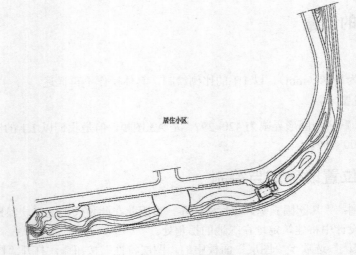

图 13-6　入口的规划

13.4.4　道路广场位置的规划

（1）新建"道路"图层，并将其设置为当前图层，如图 13-7 所示。确定后回到绘图状态。

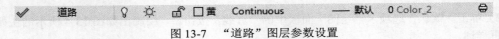

图 13-7　"道路"图层参数设置

（2）在如图 13-8 所示的道路广场位置规划出道路广场，其规划主要是对现状图竖向的一个规划设计，将开敞空间和闭合空间与园区的规划结合起来，结果如图 13-8 所示。

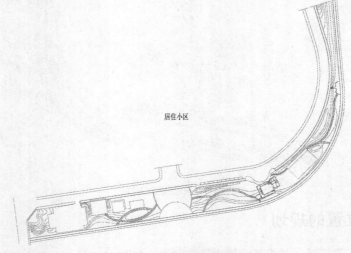

图 13-8　道路广场的规划

13.4.5　景区的规划设计

各个景点的规划设计在后面附有详图，结果如图 13-9～图 13-13 所示。

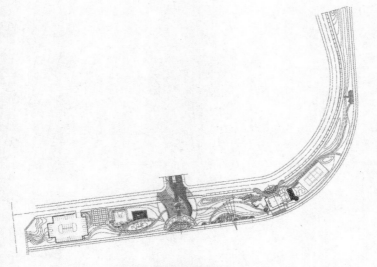

图 13-9 总平面图

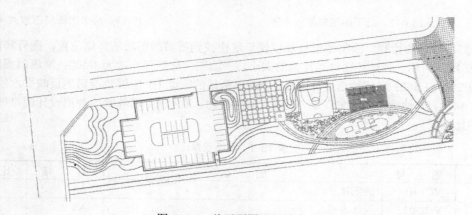

图 13-10 总平面图局部放大 1

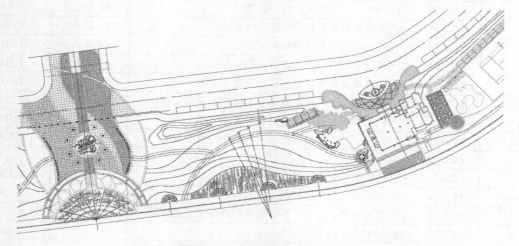

图 13-11 总平面图局部放大 2

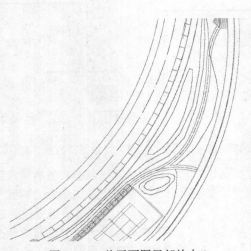

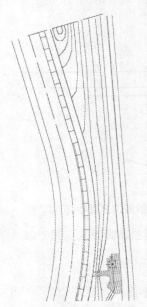

图 13-12　总平面图局部放大 3　　　　　图 13-13　总平面图局部放大 4

（1）图纸目录的绘制。绘制图纸目录以便于尽快找到所需的图纸的具体位置，图号和图名一一对应，如表 13-1 所示。另外还要注意比例的大小，平面图的比例尺一般为 1:500；横纵剖面图的比例尺一般为 1:200～1:500；局部种植设计图在 1:500 比例尺的图纸上，能够较准确地反映乔木的种植点、栽植数量、树种；其他种植类型如花坛、花境、水生植物、灌木丛、草坪等的种植设计图可选用 1:300 或 1:200 的比例尺。

表 13-1　图纸目录

序　号	图　号	图　名	图　幅	比　例
1	VC1-01	图纸目录	A3	
2	VC1-02	设计说明	A3	
3	YC1-03	河滨总平面图	A1	1:600
4	YC1-04	河滨会所西南景区放线平面图	A1 加长	1:300
5	YC1-05	河滨会所及会所东北景区放线平面图	A1 加长	1:300
6	YC1-06	河滨会所西南景区竖向平面图	A1 加长	1:300
7	YC1-07	河滨会所及会所东北景区竖向平面图	A1 加长	1:300
8	YC1-08	河滨会所西南景区上层植物配置平面图	A1 加长	1:300
9	YC1-09	河滨会所及会所东北景区上层植物配置平面图	A1 加长	1:300
10	YC1-10	河滨会所西南景区下层植物配置平面图	A1 加长	1:300
11	YC1-11	河滨会所及会所东北景区下层植物配置平面图	A1 加长	1:300
12	YC1-12	需水泥	A2	
13	YC1-13	河滨停车场平面详图	A2	1:150
14	YC1-14	河滨树阵广场平面详图	A2	1:150
15	YC1-15	河滨篮球场、健身广场、儿童游戏场 1 平面详图	A2	1:150
16	YC1-16	河滨中心广场平面详图	A2	1:150
17	YC1-17	河滨休闲咖啡区、莲花池 1、条石辅地区平面详图	A2	1:150

续表

序　号	图　号	图　名	图　幅	比　例
18	YC1-18	河滨会所前广场平面详图	A2	1:150
19	YC1-19	河滨儿童游戏场2、网球场区域平面详图	A2	1:150
20	YC1-20	河滨观景平台平面详图	A2	1:150
21	YC2-01	跌水莲花池详图	A3	
22	YC2-02	中心广场草地喷泉详图	A3	
23	YC2-03	花岗石金属高灯柱详图	A3	
24	YC2-04	花岗石矮灯柱、车阻柱详图	A3	
25	YC2-05	河滨休息座详图	A3	
26	YC2-06	河滨休息座前铺地详图	A3	
27	YC2-07	花架1、花架4详图	A3	
28	YC2-08	花架2、花架3详图	A3	
29	YC2-09	圆形广场1、圆形广场2详图	A3	
30	YC2-10	会所前广场雕塑花坛详图	A3	
31	YC2-11	水墙详图	A3	
32	YC2-12	水墙详图	A3	
33	YC2-13	园路详图	A3	
34	YC2-14	大样1	A3	
35	YC2-15	大样2	A3	
36	DC1-01	河滨灯位平面图	A1	
37	SC1-01	河滨水景平面图	A1	

对于建筑小品、铺装等内容的剖面图要求用 1:20 的比例绘制，植物配置图的比例尺一般选用 1:500、1:300 或 1:200，根据具体情况而定。大样图可用 1:100 的比例尺，以便准确地表示出重要景点的设计内容。

（2）总体布局。整个图绘制完毕后，用文字标注好每个区域、景点的名称，如图 13-14～图 13-17 所示。

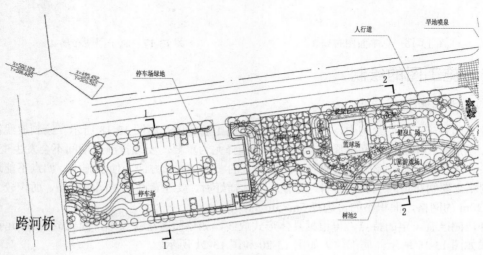

图 13-14　总平面图布局 1

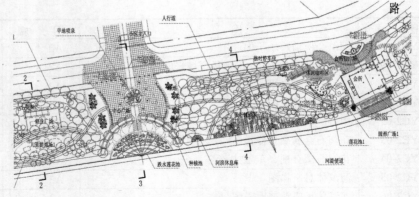

图 13-15　总平面图布局 2

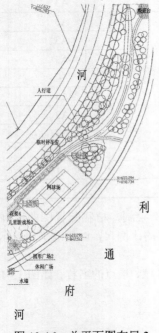

图 13-16　总平面图布局 3

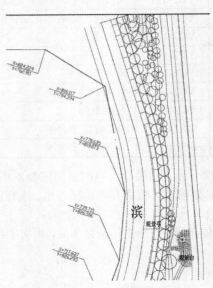

图 13-17　总平面图布局 4

13.4.6　施工图的绘制

1. 平面放线图

在整个园林施工图的绘制中，首先要绘制平面施工放线图，如图 13-18 所示。绘制放线图之前要找到施工原点——平面放线网格原点。该原点的选择尤为重要，要选择施工期间不会发生变化的点，如拆迁、破坏等，一般选择比较长期稳定的建筑上的一点；另一方面要便于施工，如点不能选在道路上，否则施工期间在道路上放线会引起不便。点选择好后，要注意网格的间距大小，面积较大的可选择 20m×20m 的网格，面积小的可选择 5m×5m 的网格。

另外，园区有一定的特点，可根据具体形式放线，如该园区呈狭长形，因此放线分为两个部分，具体形式如图 13-19 所示。局部放大如图 13-20 和图 13-21 所示。

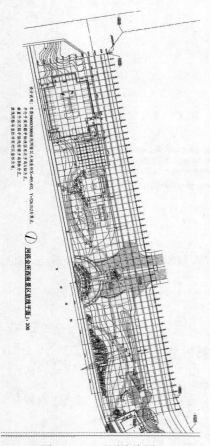

图 13-18 平面放线图 1

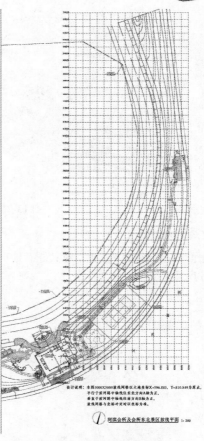

图 13-19 平面放线图 2

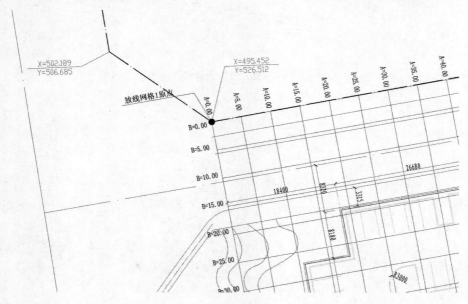

图 13-20 平面放线图局部放大 1

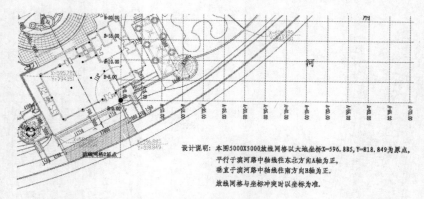

设计说明：本图5000X5000放线网格以大地坐标X=596.885,Y=818.849为原点,
平行于滨河路中轴线往东北方向A轴为正,
垂直于滨河路中轴线往南方向B轴为正,
放线网格与坐标冲突时以坐标为准.

图 13-21　平面放线图局部放大 2

2. 竖向设计图

在平面网格放线完成之后，对其原有地形进行竖向的整理，以便于各个景点的准确施工，如图 13-22～图 13-26 所示。

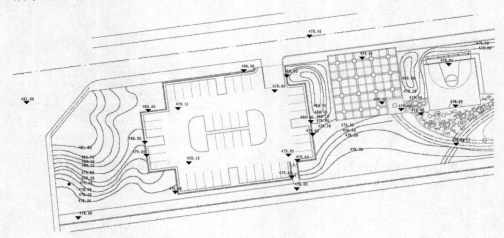

图 13-22　竖向设计图 1

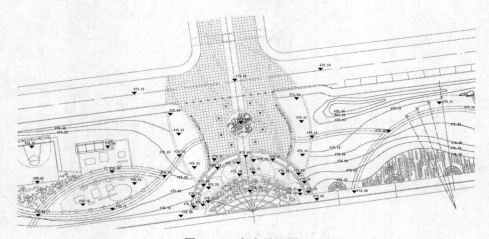

图 13-23　竖向设计图 2

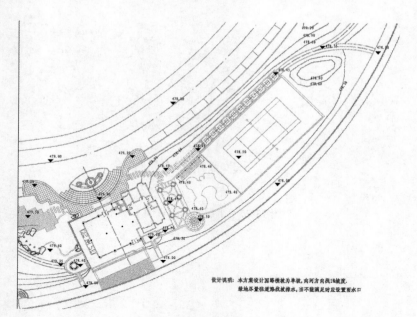

图 13-24　竖向设计图 3

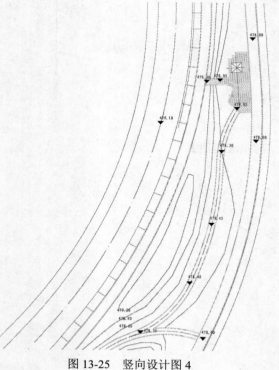

图 13-25　竖向设计图 4

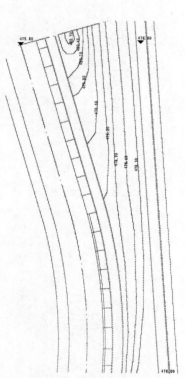

图 13-26　竖向设计图 5

13.4.7　植物配置

植物配置过程中，首先要分别建立"乔木"图层、"灌木"图层等，将其分别管理，以便于出图。如图 13-27～图 13-31 所示为上层乔木配置。如图 13-32～图 13-37 所示为下层灌木配置。

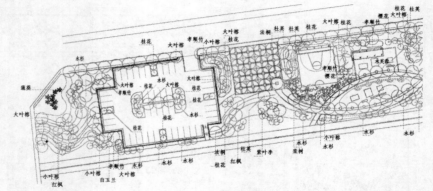

图 13-27 上层乔木配置图 1

图 13-28 上层乔木配置图 2

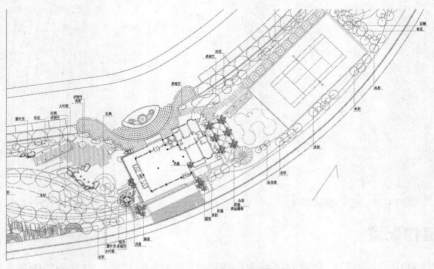

图 13-29 上层乔木配置图 3

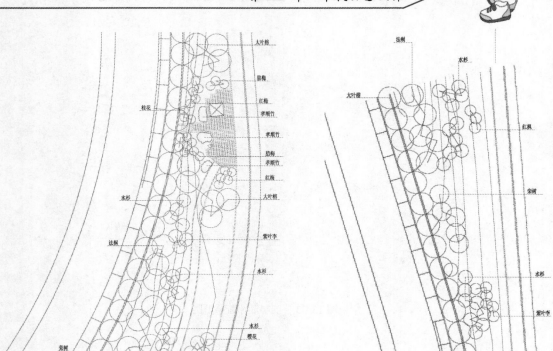

图 13-30　上层乔木配置图 4　　　　　　　图 13-31　上层乔木配置图 5

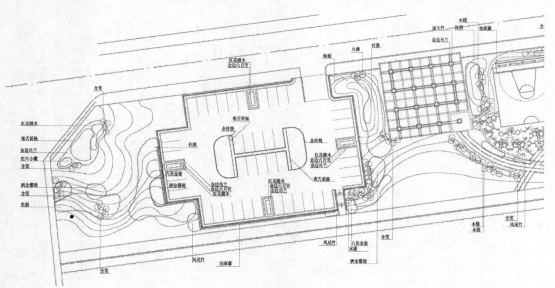

图 13-32　下层灌木配置图 1

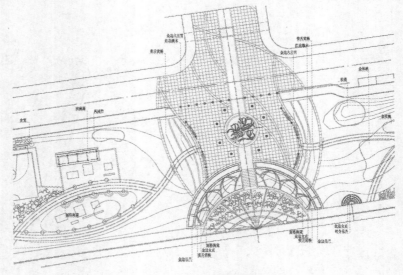

图 13-33　下层灌木配置图 2

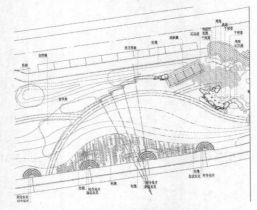

图 13-34　下层灌木配置图 3

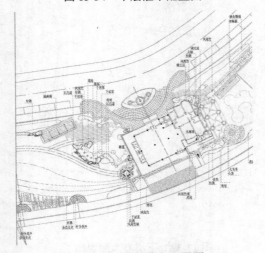

图 13-35　下层灌木配置图 4

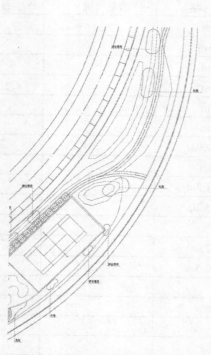

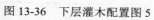

图 13-36　下层灌木配置图 5

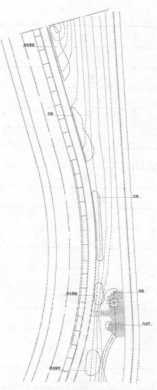

图 13-37　下层灌木配置图 6

苗木表的绘制如表 13-2 所示，内容包括编号、名称、规格、数量等，在此不再详述，详细绘制方法参见 10.2.4 节。

表 13-2　苗木表

编　　号	名　　称	规　　格	数量（株）	备　　注
1	杜英	D=15～20cm		
2	广玉兰	D=8～10cm		
3	水杉	D=8～10cm		
4	大叶榕	D=15～20cm		
5	小叶榕	D=8～10cm		
6	法桐	D=8～10cm		
7	栾树	D=8～10cm		
8	芭蕉	H=3.5～4.0m		
9	大蒲葵	H=3.5～4.0m		
10	蒲葵	H=2.0～2.5m		
11	棕榈	H=1.5～2.0m		
12	孝顺竹	H=2.5～8.0m		
13	凤尾竹	H=3.5～4m		
14	凤尾竹环	H=2.5～3m		

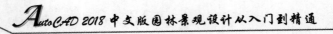

Note

续表

编　号	名　　称	规　格	数量（株）	备　注
15	红梅	D=5～6cm		
16	枇杷	H=0.8～1m		
17	紫叶李	D=5～6cm		
18	桂花	D=5～6cm		
19	樱花	D=5～6cm		
20	红枫	D=5～6cm		
21	蜡梅	H=1.5～2.0m		
22	白玉兰	D=5～6cm		
23	木槿	H=0.9～1.2m		
24	含笑	H=0.9～1.2m		
25	火棘	H=0.5m		
26	木芙蓉	H=1.5～2.0m		
27	洒金珊瑚	H=2.2～2.5m		
28	山茶	H=0.5m		
29	八鱼金盘	H=0.8m		
30	南天竹	H=0.5m		
31	红花继木	H=0.5m		
32	金丝桃	H=0.5m		
33	金叶女贞（球）	H=1.0m		
34	金边六月雪	H=0.3m		
35	杜鹃	H=0.5m		
36	雀舌黄杨	H=0.5m		
37	金边吊兰	H=0.8m 或 0.7m		
38	丽格海棠			
39	满天星			
40	菖蒲			
41	黄菖蒲			
42	石菖蒲			
43	鸢尾			
44	睡莲			
45	荷花			
46	千屈菜			
47	爬山虎	二三年生		
48	油麻藤	二三年生		
49	草坪			
50	应时花卉			

13.4.8 各个景点详图的绘制

详图的绘制便于指导施工，每一个台阶、小品均按照施工详图来进行，如图 13-38～图 13-44 所示。

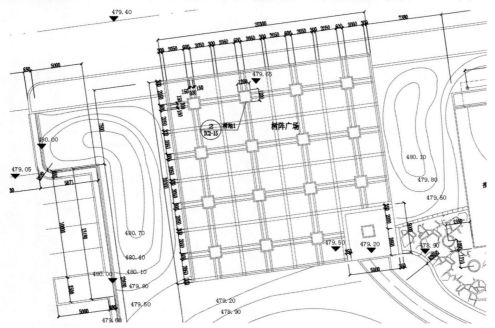

树阵广场平面详图 1:150

图 13-38 树阵广场平面详图

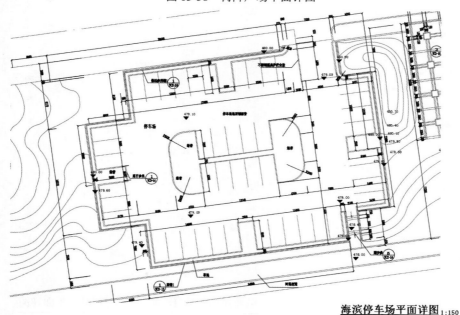

海滨停车场平面详图 1:150

图 13-39 停车场平面详图

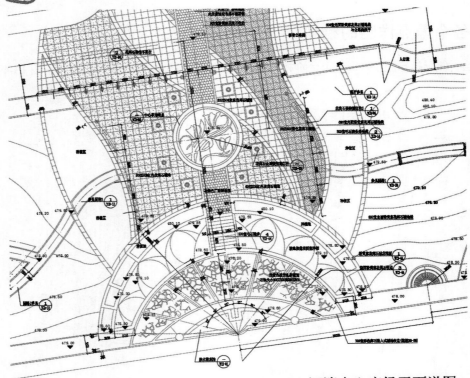

河滨中心广场平面详图

1:150

图 13-40 中心广场平面详图

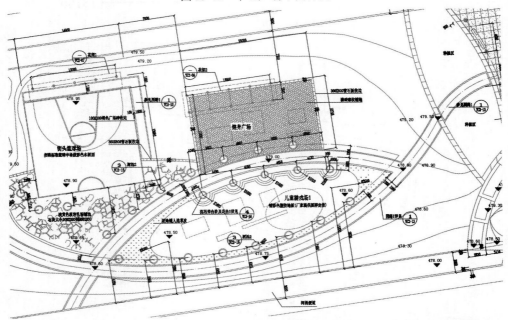

海滨篮球场、健身广场、儿童游戏场1平面详图

1:150

图 13-41 篮球场、健身广场、儿童游戏场 1 平面详图

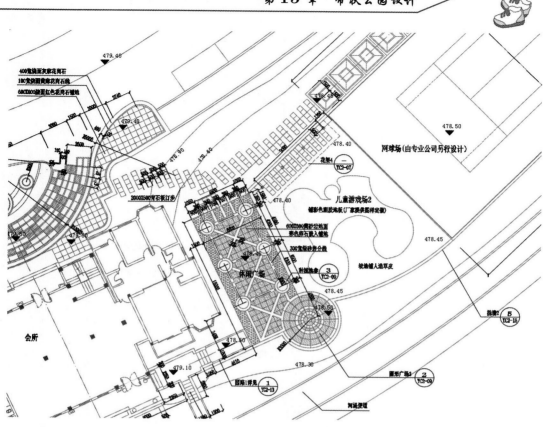

儿童游戏场2、网球场区域平面详图 1:150

图 13-42 儿童游戏场 2、网球场区域平面详图

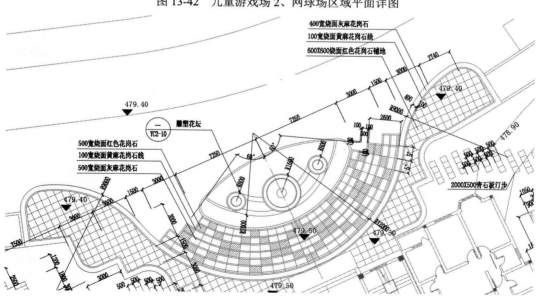

滨河会所前广场平面详图 1：150

图 13-43 会所前广场平面详图

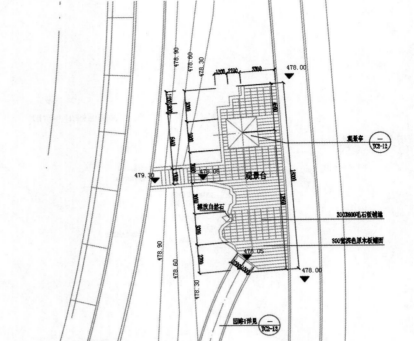

海滨观景平台平面详图 1:150

图 13-44　观景平台平面详图

其中 ⌀ 符号代表该图的局部放大详图在第 YC2-15 号图纸上，其标号为 2，这样可以方便找到该详图。另外还有 ⌀ 符号，表示该图的局部放大详图在本张图纸上。

13.4.9　竖向剖面图的绘制

竖向剖面图可表现竖向设计中重点区域的立面效果，如图 13-45 所示。

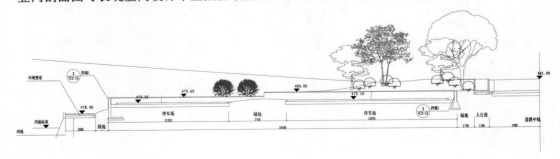

1-1 剖面图

图 13-45　竖向剖面图的绘制

2-2 剖面图

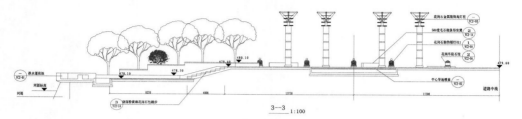

3-3 剖面图

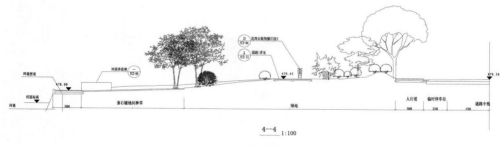

4-4 剖面图

图 13-45 竖向剖面图的绘制（续）

休闲咖啡区、莲花池 1、条石铺地区平面详图如图 13-46 所示。

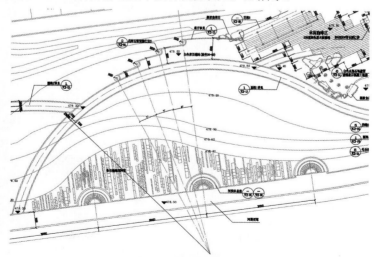

休闲咖啡区、莲花池1、条石铺地区平面详图 1:150

图 13-46 休闲咖啡区、莲花池 1、条石铺地区平面详图

13.4.10 建筑、铺装、小品的做法详图

13.4.8 节和 13.4.9 节为一些建筑、铺装、小品等平面详图，以下则为建筑、铺装、小品的做法详图，如图 13-47～图 13-61 所示。

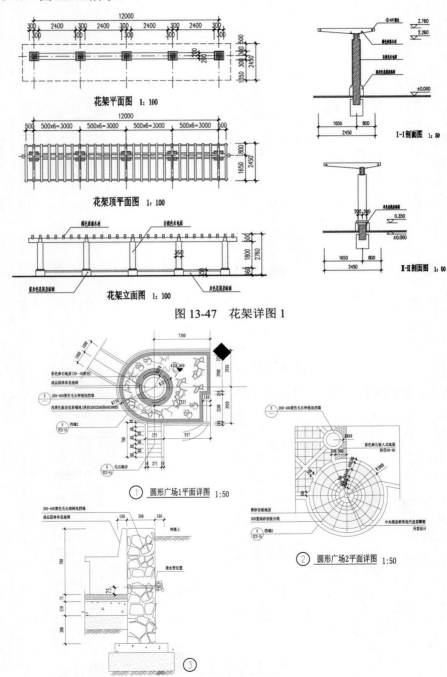

图 13-47 花架详图 1

图 13-48 圆形广场详图

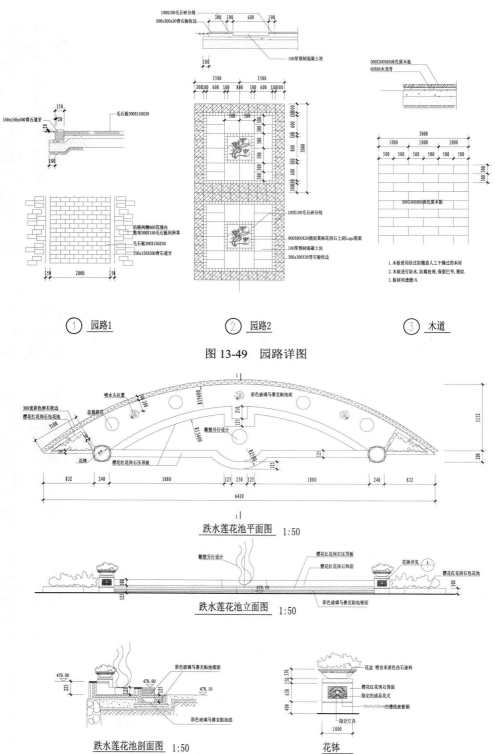

图 13-49 园路详图

① 园路1　② 园路2　③ 木道

跌水莲花池平面图 1:50

跌水莲花池立面图 1:50

跌水莲花池剖面图 1:50　花钵

图 13-50 水池详图

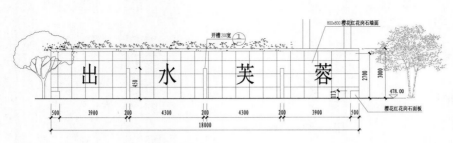

水墙平面图 1:50

水墙1-1剖面图 1:50

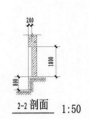

2-2 剖面 1:50

水墙立面图 1:50

图 13-51　水墙详图

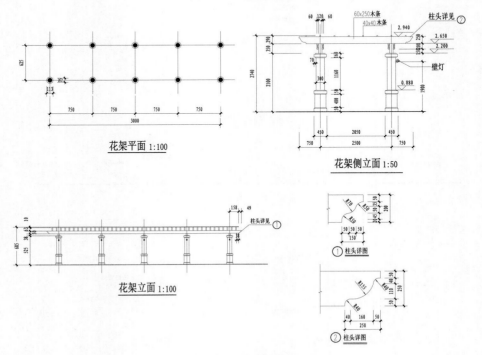

花架平面 1:100

花架侧立面 1:50

花架立面 1:100

① 柱头详图

② 柱头详图

图 13-52　花架详图 2

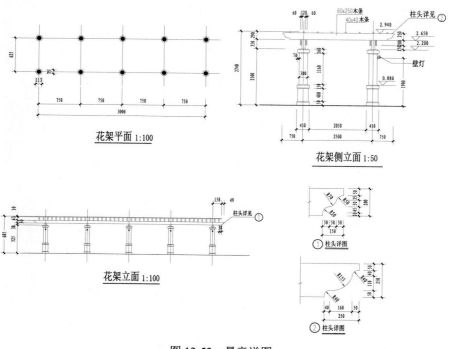

图 13-53　景亭详图

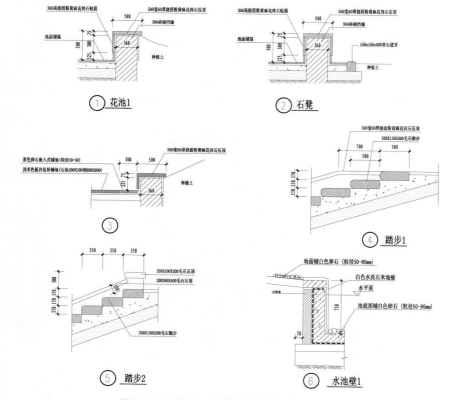

图 13-54　花池、石凳、踏步等小品详图

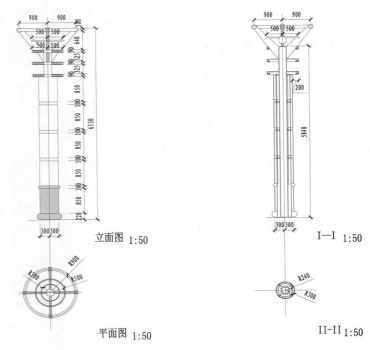

图 13-55　景观灯柱详图

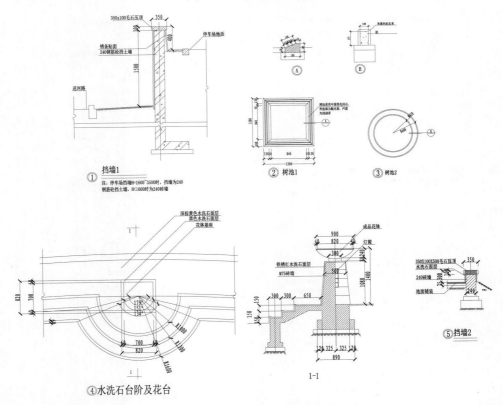

图 13-56　挡墙、树池、台阶及花台详图

灯柱1平面图 1:20

车阻柱平面图 1:20

灯柱2平面图 1:20

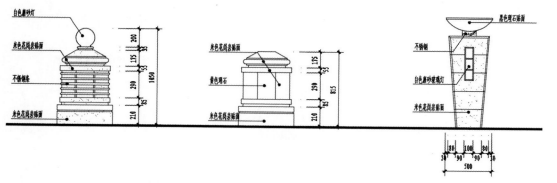

灯柱1立面图 1:20　　　　车阻柱立面图 1:20　　　　灯柱2立面图 1:20

图 13-57　景观灯柱、车阻柱详图

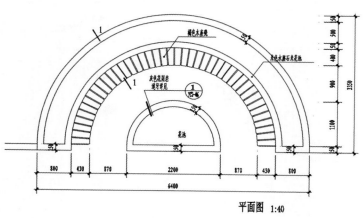

平面图 1:40

木坐椅平面局部放大图 1:20

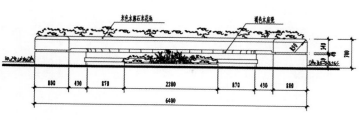

立面图 1:40　　　　1-1截面图 1:20

图 13-58　木座椅详图

Note

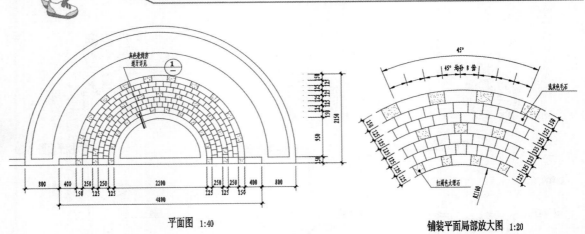

平面图 1:40

铺装平面局部放大图 1:20

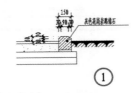

①

图 13-59　铺装详图

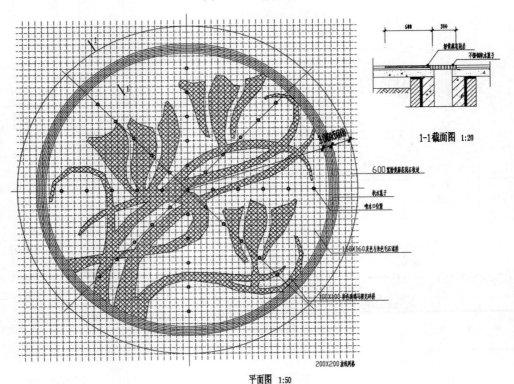

平面图 1:50

图 13-60　中心广场铺装详图

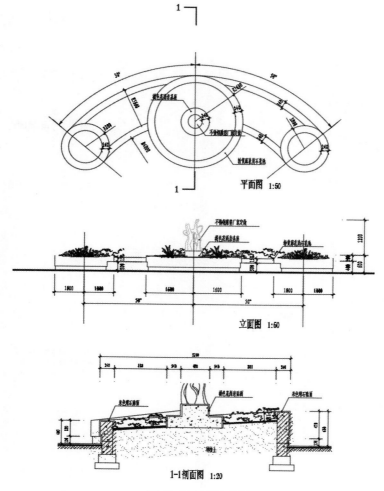

图 13-61　花池详图

13.4.11　照明设计

在照明设计中，不同的灯具图例代表不同的灯具，如庭院灯、草坪灯等。下面在园区合适的位置布置合适的灯，并根据灯的数量和功率计算出用电负荷，如图 13-62～图 13-66 所示。

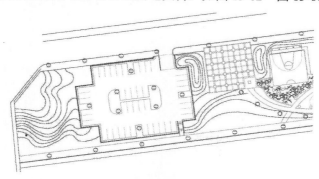

图 13-62　灯位平面图 1

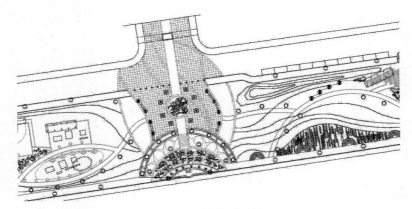

图 13-63　灯位平面图 2

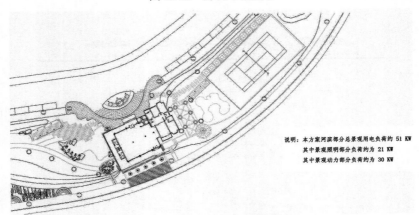

说明：本方案河滨部分总景观用电负荷约 51 KW
其中景观照明部分负荷约为 21 KW
其中景观动力部分负荷约为 30 KW

图 13-64　灯位平面图 3

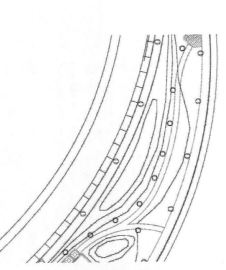

图 13-65　灯位平面图 4

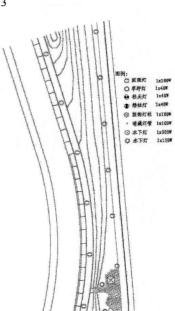

图 13-66　灯位平面图 5

13.4.12　给排水设计

　　下面根据园区的形状、水源所在地，合理安排给水管道和排水管道。该园区主要靠竖向地形来排水，另外要考虑当地冻土层的厚度，将管道设在冻土层之下，如图 13-67～图 13-69 所示。

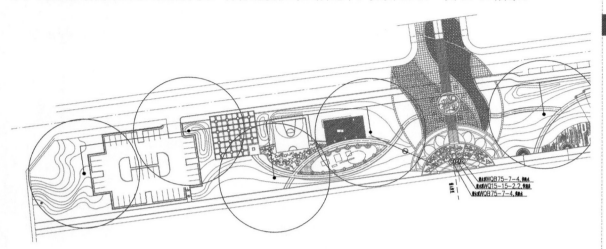

图 13-67　给水管线布置 1

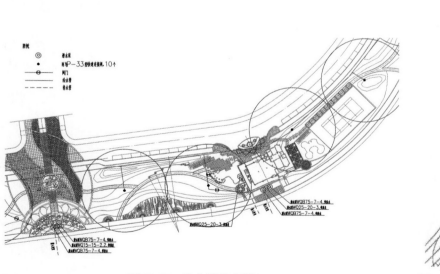

图 13-68　给水管线布置 2

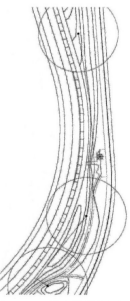

图 13-69　给水管线布置 3

13.5　实践与操作

　　通过本章的学习，读者对带状公园等形状比较特殊的园林绿地的规划和绘制过程有了大体的了

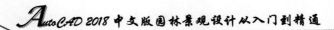

解。本节通过一个操作练习使读者进一步掌握本章知识要点。

绘制如图 13-70 所示的广场铺装方案图。

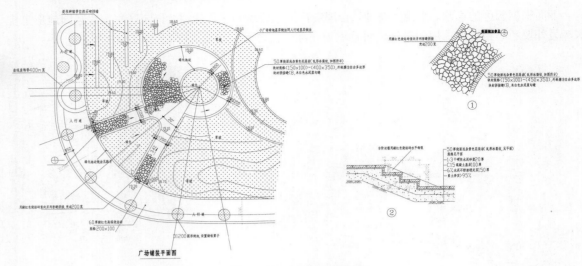

图 13-70　广场铺装方案图